世界の
舷窓から

~七つの海をめぐる模型的艦船史便覧~

See the world by ship

岩重多四郎 著
大日本絵画

世界の舷窓から ～七つの海をめぐる模型的艦船史便覧～

CONTENT

第1部　舷窓彩色館
- 「瑞鳳」の巻 …… 6
- 「関西丸」の巻 …… 10
- 「プリンス・オブ・ウェールズ」の巻 …… 12
- 「ホーネット」の巻 …… 17
- 「グロワール」の巻 …… 22
- 「ビスマルク」の巻 …… 24
- 「リットリオ」の巻 …… 26
- その他の国の迷彩 …… 28

第2部　舷窓懐古館
- 「黒船」の巻 …… 30
- 「ウォーリア」の巻 …… 32
- 「三笠」の巻 …… 34
- 「信濃丸」の巻 …… 36
- 「U9」の巻 …… 38
- 「シュルクーフ」の巻 …… 40
- 「ブイスカヴィッツァ」の巻 …… 42
- 「タシケント」の巻 …… 44
- 「ヴァン・ゲント」の巻 …… 46
- 「吹雪」の巻 …… 48
- 陰影とカウンターシェイド …… 50

第3部　舷窓戦史館
- 「Z1」の巻 …… 52
- 「ZH1」の巻 …… 54
- 「T28」の巻 …… 56
- 「SP1」の巻 …… 58
- 「アトランティス」の巻 …… 60
- 「ウッカーマルク」の巻 …… 62
- 「カサビアンカ」の巻 …… 64
- 「ソクウ」の巻 …… 66
- 「エンパイア・モードレッド」の巻 …… 68
- 「フォート・ヴァーチャーズ」の巻 …… 70
- 「スティーブン・ホプキンス」の巻 …… 72
- 「イースデイル」の巻 …… 76
- 「ラバーナ」の巻 …… 78
- 「大瀬」の巻 …… 80
- 「でりい丸」の巻 …… 82
- 「安土山丸」の巻 …… 84
- 模型的塗装表現 …… 86

第4部　舷窓工房
- 「平安丸」の巻 …… 88
- 「りおでじやねろ丸」の巻 …… 92
- 「報国丸」の巻 …… 94
- 「金龍丸」の巻 …… 96
- 「君川丸」の巻 …… 98
- 「相模丸」の巻 …… 102
- 「日栄丸」の巻 …… 104
- 「間宮」の巻 …… 106
- 「はわい丸」の巻 …… 108
- 「Uボートの……」の巻 …… 110
- 「ヴェンチュアラー」の巻 …… 112
- 模型的リアリティ …… 114

第5部　舷窓随筆館
- 「ツェサレヴィッチ」の巻 …… 116
- 「カティ・サーク」の巻 …… 118
- 「タイタニック」の巻 …… 120
- 「アリス」の巻 …… 122
- 「桜」の巻 …… 124
- 「ニューオーリンズ」の巻 …… 126

太平洋戦争当時の駆逐艦「吹雪」。ヤマシタホビーの1/700インジェクションプラスチックキット（裏表紙作例）用パッケージイラストとして筆者が描いたもの。従来アフターパーツを販売していた同社が手掛ける初の艦船本体キットであり、このスケールでの他社先行品を凌ぐハイグレードな内容に対する艦船模型ファンの期待の大きさに加え、社会的背景としてオンラインゲーム「艦隊これくしょん -艦これ-」の基幹キャラクターとしてのアイテムの一般的知名度の高さもあったため、作画にはかなり慎重な検討を加えている。即ち、(1) 雪交じりの荒天は艦名そのものを象徴し、やや演出的な描画表現によって擬人的な連想をしやすくする効果も持つ、(2) 背景に当時の第三水雷戦隊旗艦「川内」を入れることで商品の時代設定を明確化し、画面に躍動感を与える、(3) モデラーの心理的欲求とメーカー1作目のイメージ効果に配慮し、若干右舷に傾斜させて甲板面を見せつつ艦首をやや画面上方へ向けた状態とした。「川内」との対比で特型の凌波性の高さも印象付ける、(4) ディテール考証に関しては、船首楼後端の形状処理と後部煙突前の機銃、キットにない舷外電路の追加の可否をメーカー側と詰めている。見落とされがちな煙突の短縮や姉妹艦によって微妙に異なる給気トランクの形状はキットでも再現されている。開戦時の第三水雷戦隊戦時日誌から煙突白線の数を推定。なお、資料にはすでにこの時点で隊内序列記号（○△□）の記入が指示されているが、イラストでは省略、(5) パッケージイラスト特有の画面バランスに留意し、主題を引き立てるよう調整、などがある。「作る」部分において何を織り込むかの気配りと、実際にアイデアを表現するための「描く」部分の力量が求められる難しい仕事だ。

See the world by ship

主要参考文献 (順不同)

「Conway's All The World's Fighting Ships 1906-1921」Conway Maritime Press
「Conway's All The World's Fighting Ships 1922-1946」Conway Maritime Press
「Jane's Fighting Ships Of World War I」Studio
「Jane's Fighting Ships Of World War II」Studio
「The Eclipse Of The Big Gun, Conway's History Of The Ship」Conway Maritime Press
「British And Empire Warships Of The Second World War」H. T. Lenton, Naval Institute Press
「Naval Camouflage 1914-1945」David Williams, Naval Institute Pless, 2001
「Warship Perspectives Camouflage vol.1-4」Alan Raven, WR Press, 2000-2003
注：この２点はほぼ同時期に発売されたものだが、内容にはかみ合わない部分が多い。本書では前者をベースに適宜後者を反映させる形をとっている。
「United States Navy Camouflage 1」The Floating Drydock
「US Navy Ships Camouflage WW2: Desroyers and Destroyer Escorts」Al Adcock, Squadron / Signal Publications
「Malowanie okretow U.S. Navy 1941-45 cz.1-2」Piotr Cichy, Okrety Wojenne
「Before the Ironclad」D.K.Brown, Conway Maritime Press
「Battleships Of World War Two」M. J. Whitley, Arms and Armor Press
「Destroyers of World War two」M. J. Whitley, Arms and Armor Press 1988 (第二次大戦駆逐艦総覧：岩重多四郎訳・大日本絵画)
「Submarines Of World War Two」Erminio Bagnasco, Cassel
「Allied Submarines; World War 2 Fact Files」A.J.Watts, MacDonald and Jane's
「Allied Submarine Attacks of World War Two, European Theatre of Operations 1939-45」Jurgen Rohwer, Naval Institute Press
「The Allied Convoy System 1939-1945」Arnold Hague, Vanwell Publishing
「Profile Morskie #72 HMS Onslow」Slawomir Brezezinski, BS Firma wydawniczo-handlowa
「Profile Morskie #74 HMS Obedient」Slawomir Brezezinski, BS Firma wydawniczo-handlowa
「Warships Illustrated #11 British Submarines in World War Two」Paul J. Kemp, Arms and Armor Press
「British Escort Ships, WW2 Fact Files」H. T. Lenton, Macdonald And Janes
「Flower Class Corvettes, Ship Craft Special」John Lambert and Les Brown, Seaforth Publishing
「Flower Class Corvettes In World War Two, Warship Perspectives」John Lambert, WR Press
「Agassiz, The Flower Class Corvette, Anatomy Of The Ship」John McKay / John Harland, Conway Maritime Press
「British Ocean Tramps (volume 1 and 2)」P. N. Thomas, Waine Research Publications
「British Invasion Fleets」John de S. Winser, The World Ship Society
「The World Tankers」Lawrence Dunn, Adlard Coles
「U.S. Subs In Action」Squadron&Signal publications
「Les Liberty Ships」Jean-Yves Brouard, Glenat
「La Marine Marchande Francaise 1939-1945」Brouard / Mercier / Saibene, JYB Aventures
「Le Torpilleurs D' Escadre Du Type Le Hardi」Charles Salou, Lela Presse
「Die deutschen Zerstoerer 1935-1945,」Koop / Schmolke, Bernard & Graefe Verlag
「Die Schiffe der deutschen Kriegsmarine und Luftwaffe 1939~45 und ihr Verbleib」Erich Groener, J. F. Lehmans Verlag
「German Naval Camouflage (volume 1 and 2)」Asmussen / Leon, Seaforth Publishing
「Osprey New Vanguard #156 Kriegsmarine Auxiliary Cruisers」Gordon Williamson, Osprey Publishing
「Anstriche Und Tamanstriche Der Deutschen Kriegsmarine」Jurg, Abendroth, Kelling, Bernard & Graefe Verlag
「Handelsschiffe Im Kriegseinsatz」Herberd Baasch, Stalling Maritim
「La Mimetizzazione Delle Navi Italiane 1940-45」Bagnasco / Brescia, Ermanno Albertelli Editore
「Regia Marina, Italian Battleships Of World War Two」Bagnasco / Grossman, Pictorial Histories Publishing
「Dutch Warships Of World War II」Henk van Willigenburg, Lanasta
「Destroyers Of The World War Two #3 Evertsen」Slawomir Brezezinski, BS Firma wydawniczo-handlowa
「Soobrazitel' ny I Drugne」Morskaya Kollektsiya 6/1997

「世界の艦船・世界の艦船増刊」各号 (海人社)
「丸スペシャル」各号 (潮書房)
「丸グラフィッククォータリー」各号 (潮書房)
「戦前船舶」各号 (戦前船舶研究会)
「船の科学」各号 (船舶技術協会)
「世界の艦船別冊 日本の客船」(海人社)
「世界の艦船別冊 日本客船の黄金時代 1939～41」(海人社)
「軍艦の塗装」(モデルアート臨時増刊)
「日本潜水艦戦史」(木俣滋郎著 図書出版社)
「福井静雄著作集 日本特設艦船物語」(光人社)
「福井静雄著作集 日本補助艦艇物語」(光人社)
「駆逐艦 その技術的回顧」(堀元美著 原書房)
「豪華客船の文化史」(野間恒著 NTT出版)
「シーパワーの世界史」(青木栄一著 出版協同社)
「船の歴史文化図鑑～船と航海の世界史」(ブライアン・レイヴァリ著 増田義郎・武井摩利訳 悠書館)
「図説日の丸船隊史話」(山高五郎著 至誠堂)
「日本郵船戦時戦史」(日本郵船)
「商船三井戦時戦史」(野間恒編著)

「戦時造船史」(小野塚一郎著 今日の話題社)
「戦争と造船」(山縣昌夫著 鶴書房)
「戦時船舶史」(駒宮眞七郎著)
「日本商船隊の崩壊」(妹尾日彦著 損害保険事業研究所)
「日本・油槽船列伝」(松井邦夫著 海文堂)
「ある海軍応募兵の奮戦記」(海原芳郎著)
「日本海軍航空隊戦場写真集」(大日本絵画)
「世界の傑作機 #136」(文林堂)
「写真太平洋戦争 (# 4)」(光人社)
「太陽臨時増刊 日露海戦史」(東京博文館)
「随筆 船」(和辻春樹著 明治書房)
「海上護衛戦」(大井篤著 朝日ソノラマ)
「大西洋戦争」(レオンス・ペイヤール著 長塚隆二訳 早川書房)
「潜水艦戦争」(レオンス・ペイヤール著 長塚隆二訳 早川書房)
「大西洋の戦い」(ライフ第二次世界大戦史)
「潜水艦の死闘」(エドウィン・グレイ著 秋山信雄訳 光人社)
「第22戦隊戦時日誌」(アジア太平洋歴史資料センター)
「横鎮乙作戦部隊戦闘詳報」(アジア太平洋歴史資料センター)
「カラー版徹底図解 坂本龍馬」(新星出版社)
「山川Mook 坂の上の雲と日露戦争」(山川出版社)
「入門色彩学」(松崎規則著 繊研新聞社)
「日本の色 世界の色」(永田泰弘著 ナツメ社)
「カラー版 20世紀の美術」(末永照和監修 美術出版社)
「建築学入門シリーズ 近代建築史」(藤岡洋保著 森北出版)
「図説アール・デコ建築」(吉田鋼市著 河北書房新社)
「アール・デコ 光のエレガンス」(池田まゆみ監修 美術展図録)
「面白いほどよくわかるジャズの名演250」(日本文芸社)

資料協力 岩崎裕(1・2) 安達利英(1) 本間春樹・斎木伸生(16) 米波保之(31・41) 吉野泰貴(38)

はじめに

岩重多四郎 Tashiro IWASHIGE

1970年7月16日生。関西大学文学部史学・地理学科卒。2000年より艦船関連を主体に翻訳・模型誌ライター・イラストレーターとして活動。著書「戦時輸送船ビジュアルガイド（1・2）」「日本海軍小艦艇ビジュアルガイド（駆逐艦編）」（大日本絵画）の他、「第二次大戦駆逐艦総覧」（大日本絵画）などの訳書がある。山口県岩国市在住。バードウォッチングをたしなむ。

　模型なり出版なり、ミリタリーコンテンツを扱う業界では俗に「ゼロ戦・タイガー・戦艦大和」を三種の神器と称し、鉄板アイテムとして認知される状況が戦後長らく続いている。世の常として一部のトップスターが安定した人気を誇る一面、そのジャンルがある時点で盛況かどうかを占うポイントは裾野の広まりであり、それをどこまでコントロールできるかがそのジャンルの地力と考えられる。

　本書は雑誌月刊「モデルグラフィックス」2010年11月号（通巻312号）から掲載されている連載「世界の舷窓から～七つの海をめぐる模型的艦船史便覧～」の既出分を再編集したもの。前身である「日の丸船隊ギャラリー」（同誌2001年8月号～2010年8月号掲載）がほぼ太平洋戦争中の日本商船に特化していたのに対し、扱う対象と時期を広げ、より幅広いユーザーの志向や時事的な話題への対応、および本誌の特集との連動を考慮した内容へとシフトした。筆者の連載の主眼はあくまで艦船模型界の裾野の充実にあり、必ずしも模型そのものにこだわらず一定の距離感を意識している。各誌が普通にとりあげる市販のインジェクションプラスチックキット（いわゆるプラモデル）や人気アイテムの工作ガイド的なものは極力避け、ファンとしてちょっとかじってみたいが模型誌としてわざわざ特集を立てるのは難しいようなエアポケット的テーマを主体に選定。作例を実物写真などと同様の視覚的参考情報とみなし、レジンキャストキット（ポリウレタン樹脂製の少数生産型商品）やフルスクラッチビルド（全自作）を積極的に取り混ぜたうえ、イラストや図表類も用意して全体のバランスをとりながら誌面を構成するスタイルをとっている。ただし、「日の丸船隊ギャラリー」とその単行本版「戦時輸送船ビジュアルガイド」の追補を含めた系譜に加え、戦時輸送船を扱う記事がその後も他ではあまり見られないことから、このジャンルに関してはかなり具体的な市販キットの利用法を扱う機会も多く、各号の内容には一定の幅がある。あまり散漫な印象にならないよう、連載の段階からある程度一つのテーマに沿って数回シリーズを組む場合が多いが、本書ではこれらをさらに5章に再構成し、全体としての流れを作った。すなわち、（1）やや模型寄りだが視覚的により普遍的な娯楽性を持つもの（2）（3）文章に重点があり、歴史読物的、あるいは学術的な要素が強いもの。時代により前後に大別（4）模型に重点があり、制作上の参考資料の要素が強いもの（5）比較的軽く読み流しやすいもの、といったところ。相互関係の綾でいくらか出し入れしている項目もある。

　近年世間ではアニメやオンラインゲームの人気を背景として艦船模型も脚光を集め、従来ない規模の新規モデラーの参入に対し関連業界としていかに対応するかの課題が強く認識されつつある。艦船模型の品質は年々長足の進歩を遂げており、誰もがハイレベルな作品をものにできる環境も整備されてきた。その反面、敷居にあたる基礎的な所要工作スキルも上昇し、昔のように小学生がお小遣いで船の模型を買って作るのが難しい時代にもなってきているし、老眼に悩まされるという声はベテランモデラーの間でも次第に増しつつあるのが実情だ。年代に関係なく新規参入者への門戸の幅をとり、快適な環境を整える策として、細密さが全てではないという認識を模型関係者が持っていることを示す必要があると考えており、もともと筆者の連載のようなスタイルは模型誌の中でそれを可能とする一手法として編み出された面もある。また、比較的文章の比重が高い点を踏まえ、「世界の舷窓から」への仕様変更以後、周辺事情の変化に対応して題目の選定とあわせ文章表現の平易化を順次進め、本誌ではアニメキャラのショートコントまで織り込んだ。単行本用の再編集にあたってはある程度トゲ抜きをして体裁をとっているが、内容との関連から項目によって多少のトーンの違いも残っている旨ご了承いただきたい。

　プラモデルを始めるきっかけとして商品や作品があっても、まず重要なのは作りたいという衝動だ。その船の物語なりビジュアルなり、感銘を受け、イマジネーションを掻き立てられて模型作りの意欲が生まれ、お店の売り場を見た時に感じる新たな未知の世界への高揚感から、一つの作品を完成させるクリエイティブな充足感へ。しばらく模型をやっていると、新製品を待ち構えてはどこがどうだという話ばかりになってしまいがちだが、筆者自身、幼少時の自分に誠実でありたいと願う気持ちを持っているうちは、そんな初心を多くの模型ファンと共有できることを期待した紙面作りを続けたいと願っており、本書もその一具現と位置付けている。

　それでは、歴史の上下、洋の東西を問わずモデリングを通して艦船全般を概観し、模型誌的艦船世界の歩き方を模索しようという「モデルグラフィックス」名物企画の単行本版、貴殿のお眼鏡にかないますよう切に願いつつ歩を委ねることにいたしましょう。

第1部 舷窓彩色館
Portholes on dyer

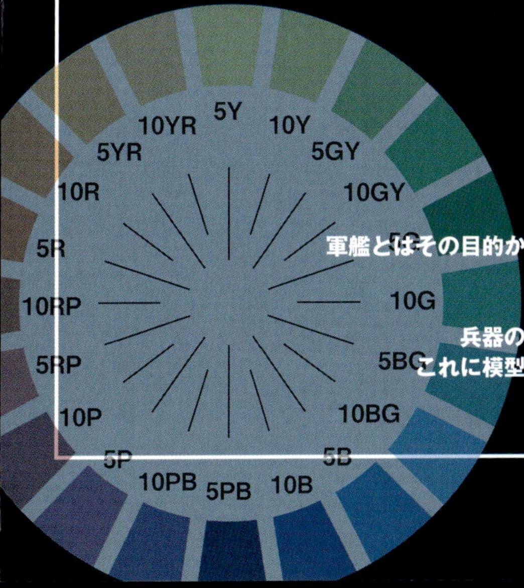

日本人のファンがおのずと触れる機会の多い日本の艦艇は、
旧海軍時代から現在の海上自衛隊に至るまでほとんどが灰色の1色塗りであり、
カラー写真で模型を見てもイメージが限られやすい。
軍艦とはその目的からして色彩的には地味で面白味のない物だと思い込んでしまいがちなのではないだろうか。
しかし古今東西に視野を広げると、艦艇の塗装は決してモノトーンの世界ではなく、
特有の理論立てを持つ多様な色彩と模様にあふれていることに気付く。
兵器の色彩学の一部としてその理論体系を概観するのは艦船ファンならずとも有意義なことだが、
これに模型を絡めることで光学・視覚・素材・デザインなどの人間工学的・美術的切り口が明示され、
より理解を深める一助となるだろう。
軍艦の模型でも充分色彩を楽しめることを再確認しておきたい。

1 「瑞鳳」の巻
迷彩塗装と日本海軍
Japanese Navy camouflage in WW2

我々が普段目にする機会の多い日本海軍の戦艦や巡洋艦、駆逐艦では、太平洋戦争の大半の期間において模様を伴う迷彩塗装がほとんど知られていない。研究の着手はむしろ世界の中でも早かったし、マイナーな艦艇では案外しばしば使われていたらしいが、現在それらの記録もあまり残っていないところに組織的な取り組みの弱さが示されているといえそうだ。

艦船の塗装と迷彩

いわゆる迷彩には大きく二つのカテゴリーがある。その言葉から誰もがまず連想するのは、軍服やそれをまねたカジュアルウェアなどの模様、いわゆる迷彩柄だろう。これは対象を周囲の風景に溶け込ませ目立たなくするための隠蔽型迷彩に類するものだが、この目的に沿う限り単色でも迷彩の範疇で考える必要がある。草むらひとつない海の上では、むしろ単色でどんな色にするかの選定が迷彩の基本となる。近世までの海軍で、巨大な帆を張る帆船に隠蔽迷彩はおよそ縁がないものであり、塗装の理由は概ね船体素材の保護、威容の保持、士気高揚などだったが、それが変わってきたのは蒸気力海軍が発達した19世紀末。日本では明治新政府の海軍が始まってしばらく規定がない状態が続いた後、1880年代末から統一塗装として灰色、白、黒、黄色（芥子色）の単色や併用をあれこれ試し、日清戦争では白船体に黄色上部構造物のスタイルだったが、1904年の日露戦争開戦直前に灰色単色を採用、そのまま太平洋戦争終了まで通した。英独など西欧主要国もほぼ同じころ灰色単色に転換。米海軍は1898年の米西戦争にあたって灰色を導入したが、その後白と黄色に戻し、列強では最後の1909年に灰色単色となった。軍艦イコール灰色という通念はこれ以後のもので、一部の例外を除き現在も世界の軍艦は基本的に最もシンプルな迷彩の状態にあると考えていい。

艦船の世界で「模様」を伴う狭義の迷彩塗装が出現したのは第一次大戦中で、最初の例は1915年のイギリスと日本とされる。早い段階から多種多様なパターンが試され、隠蔽型としては陸地近辺での効果を狙った通俗的な迷彩柄に相当するものから、近代絵画の表現技法を用いた異常に手が込んでいて実用性が疑わしいものまであった。しかしその一方で、それらとは全く異なる誤認や照準混乱といった欺瞞効果を狙った迷彩が出現し、むしろ艦船の場合はそちらのほうが重点を置かれるようになる。草むらひとつない海の上では、どうせ見つかるだろうからその先のことを考えようというわけで、同じ迷彩でも欺瞞型迷彩はむしろ派手に目立たせる方が効果が高まる点で、隠蔽型迷彩とは対極的な性質を持つ。この欺瞞効果への執着の強さ、両極端の並立が、艦船迷彩が陸戦兵

「瑞鳳」
HIJMS Zuiho (Fujimi) model length:295mm

軍縮時代に計画された軽空母で、給油艦「高崎」として着工されたあと仕様変更されて1940年完成。レイテ沖海戦時に米軍機が撮影した写真が有名で、大戦後期の日本空母が施した特徴的な迷彩塗装の実態を広く知らせる代表例。「雲龍」型や「隼鷹」などでは四角の中に縦線を入れた柄がいかにも商船を連想させるが、「瑞鳳」や「龍鳳」ではデザインが大きく崩れていて艦種誤認の目的はあまり感じられない。作例は2014年末発売されたフジミ版のテストショットで、商品としての修整と作例制作時の変更がいくつか含まれる。

第1部 舷窓彩色館

器や航空機のそれと大きく異なる傾向だろう。

迷彩塗装の理論的発展に大きな影響を及ぼしたのが潜水艦の台頭だった。魚雷による打撃力が著しい脅威となった反面、水中の潜水艦は低速で索敵能力に劣り、砲弾よりはるかに遅く射程距離の短い魚雷を命中させるには相当近い間合いでのシビアな立ち回りと照準を要することから、それを妨害する策として塗装を利用する価値が高いと考えられたのだ。第一次大戦末期に連合国で軍艦・商船を問わず広く普及した対潜迷彩は幻惑塗装（Dazzle painting）と呼ばれ、とりわけ刺激的なパターンや配色を追及する傾向が強い。最終的に第一次大戦の戦訓として得られた迷彩塗装に関する評価としては、（1）有効距離は概ね6〜7km程度、（2）隠蔽と欺瞞、対空と対水上、および様々な気象条件のそれぞれに一つのデザインで対応するのは難しく、別個のデザインが必要、（3）原色の赤や黄色など、いかにも不自然な色は洋上では必要なく、灰色や青系統だけでも同様の効果を得られる、などがある。第二次大戦時の迷彩塗装は、これらの通則をある程度の再検証を伴いながら踏襲したものであり、基本的な様式のほとんどは第一次大戦の段階で出来上がっていた。

なお、欺瞞効果は発想の面で造形的手段との強い関連性を持つ点も指摘できる。第一次大戦では前後対称の船や商船風の対潜艦艇も実際に建造されたが、欺瞞塗装はそれらと同じ目的の簡易手段でもあり、商船の舷側に護衛艦艇そのものの絵を描いた例は端的にそれを示している。同様に造形との関連が深く、隠蔽とも欺瞞とも異なるものとして、目や口を描き込むといった敵への威嚇や味方の士気高揚を意図した塗装がある。20世紀の艦船には似つかわしくないように思えるが、特にドイツでは両大戦とも小艇レベルで愛用されたようで、今でもデモンストレーションの時に使う国があるようだ。パーソナルエンブレム、帯や文字などの識別表示と迷彩塗装の中間的な位置付けのものと考えられる。

「大和」
HIJMS Yamato (Tamiya) model length:375mm

説明無用の日本海軍の象徴的存在。前の「陸奥」から20年のブランクを経て竣工したその姿はまったく一変したもので、軍縮時代といえども海上兵力の中心的存在としての戦艦に多大な関心が寄せられ続け、研究開発がおし進められていたことがよくわかる。作例はタミヤのキットで、ある程度発売後の考証的変化を取り入れて手直ししてある。「大和」はレイテ沖海戦の前に木甲板を暗色でオーバーコートされていたことが知られており、わざわざ除去すべきものでもないため最終時までその状態だったと思われるが、白黒写真では材質に起因する光の反射の差から鉄甲板部分との明暗差が逆転する場合があり紛らわしい。少なくとも後日の重ね塗りはしていないようなので、こだわるなら劣化による剥落や退色を踏まえた表現にするといいのでは。日本海軍では木甲板の塗りつぶしの実例はあまり知られておらず、単色でも迷彩塗装として認識されやすい。

「多摩」
HIJMS Tama (Tamiya) model length:229mm

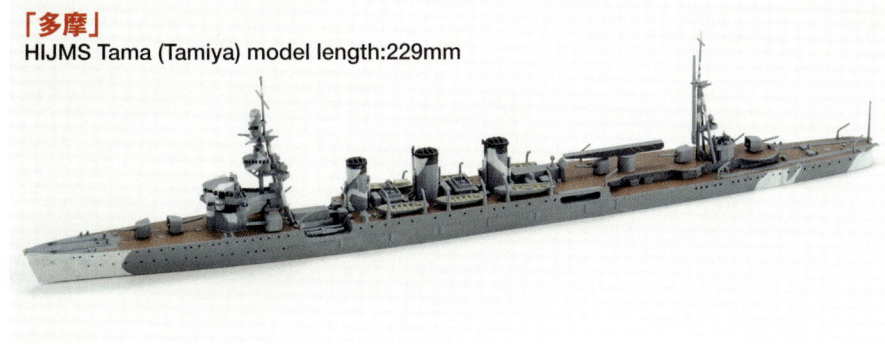

大正時代に14隻が建造された通称5500トン型軽巡の2番艦。太平洋戦争では長らく北方水域担当の第五艦隊に所属しており、開戦時から白模様の迷彩塗装を施していた。同じ5500トン型の「由良」が戦前にこれとよく似た塗装を施している写真が知られており、その場の思い付きではなく既存の研究資料を応用したものだったようだ。しかし、まだ情報の乏しかった1970年代のタミヤのキット発売当時、実艦写真を模写したボックスアートを見て初めて「日本海軍に迷彩塗装があったのか」と知ったモデラーも少なくなかったはず。あいにく右舷側の映像は不鮮明な遠景しかなく、時期によって変更された可能性もある。キット自体は現在でも充分通用する優秀作で、当時の子供目線では地味な割に細かくてつらい印象だったが、今ではこれが普通レベルなのが艦船模型の進化を示す。

「響」
HIJMS Hibiki (Pitroad) model length:170mm

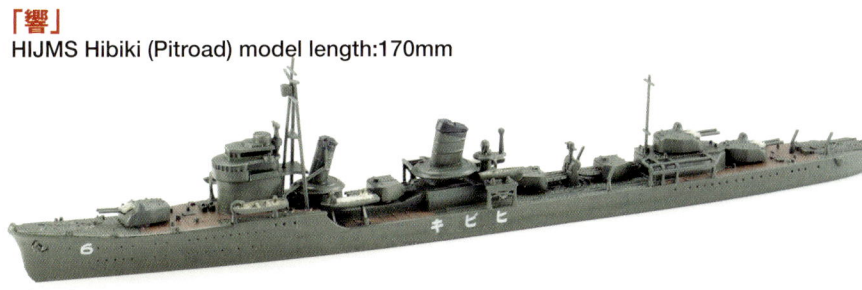

昭和初期に登場し、世界の駆逐艦のデザイン思想を大きく変えた特型のひとつ。戦後の日本艦船研究者に大きな影響力を与えた元技術少佐・福井静夫の回想に、1935年当時の軽巡洋艦「那珂」と第6駆逐隊（「響」「雷」「電」）が夜戦用隠蔽色の研究として緑褐色（オリーブ色）の船体塗装を施していた話が出る。具体的な色調は定かでないが、どうしても単調になりがちな日本艦艇の、しかも押しの弱い戦前状態の模型でインパクトを出すには格好の題材だろう。大戦末期の主要艦艇が適用した隠蔽迷彩でも緑が用いられており、外舷2号系をそのまま利用したかどうかは不明ながら、終戦時シンガポールにあった重巡洋艦「妙高」や「高雄」も緑色塗装だったことがわかっており、現地周辺で鹵獲され日本に行ったことのない艦艇でも後期迷彩を施した例がある。

「伊19」
HIJMS I-19 (Tamiya) model length:155mm

乙型と呼ばれる太平洋戦争中の日本海軍標準型潜水艦で、竣工数は29隻と最も多い。潜水艦は日本海軍の中でも比較的塗装のバラエティが豊かな艦種であり、「伊19」のように飛行機格納筒の上に波型の模様を描いたものは塗装だけでもオリジナリティが出せる。艦名と日の丸の表示方法にもこだわりたい。乙潜は現在の模型界では1/350のほうがラインナップが充実している特殊なアイテムで、1/700だと基準デザインのキットは発売年次が古くディテールの劣るフジミ版しかなかった。作例はタミヤの「伊58」最終時と新造時（「伊16」とのセット）を組み合わせたものだが、主砲ブルワークの自作が難しく、アオシマの新キットの発売が待たれるところ。

日本海軍の迷彩塗装

　日本海軍の軍艦色（鼠色）は日本近海の海面、特に黒潮を意識して比較的低い明度を採用しているのが特徴だが、材料調達の便宜上からか塗料を用意していた各海軍工廠で若干色調が違っていたとされており、特に日本海側や北方海域を管轄する舞鶴工廠ではかなり明るめだったと見るのが通説。色味の要素はなく、ベースに使っている植物油（特に亜麻仁油）の影響でいくらか黄色味がついていたと思われるが、少なくとも模型レベルでは単純な無彩色の灰色と考えていいだろう。

　先述の通り、日本海軍では早くも1915年に迷彩塗装を導入していたが、演習の一環としての実験の域は出ていない。第一次大戦では連合軍に加わり、地中海まで進出して対潜護衛作戦を展開したものの、英米ほど熱心な迷彩理論の研究はせず、前線の艦隊でも対潜迷彩はほとんど適用しなかった。両次大戦間も散発的に実験が続けられており、いくつかの写真や証言が残されているし、太平洋戦争の開始にあわせて北洋担当の第5艦隊ではいち早く主要艦艇に迷彩を施していた。掃海艇以下の小型艦艇や補助艦、特設艦船では写真や文献の記述からしばしば迷彩塗装を用いた様子がうかがえる。しかし戦艦隊をはじめとする連合艦隊の主力ではその採用に消極的で、欺瞞＝姑息＝格好悪いといった思想があったためではないかともいう。味方機からの誤爆を防ぐため甲板上に日の丸の対空標識を掲げ、ミッドウェイ海戦で敵機の的にされたのはよく知られる話。海上戦闘の主役が航空機に移ったことが明確になった状況にもかかわらず、大戦全期を通じ対空隠蔽塗装の実例がほとんど知られていないのも驚くべき点だ。他国のような迷彩を専門的に扱い実務的に高いイニシアティブを持つ組織も作られず、現場の個別対応に終始した。日本海軍にとって迷彩塗装は、せいぜい第一次大戦時からの内外の資料をもとに一部の関係者が創意工夫を凝らすものといった程度の位置付け

日本郵船 A型特設巡洋艦の考証

　郵船A型特設巡洋艦の知名度を高めた重要な迷彩塗装。この船は従来「粟田丸」と言われていたが、後述する図5によって同船ではないことがほぼ確定した。流氷が印象的なカットが有名だが、A型は42年夏に装備変更を実施しているため撮影時期は同年初頭（1月19日～2月1日）、場所は厚岸湾と思われる。注目は救命艇がボートデッキ後端にあるという「赤城丸」固有の特徴で、同船は太平洋戦争開始直後に改装完成し、当初から射出機を搭載したといわれていたが、第22戦隊の戦時日誌には魚雷を搭載した旨の記述があり、当時の哨戒任務でも共同作戦中の特水母「君川丸」だけが航空機を使っていることから、「赤城丸」も他の2隻と同じ仕様だったらしい。手の込んだ迷彩も「報国丸」などと同じくらいに呉で実施したと考えると合点がいく（他2隻は厚岸で実施）。一方、「浅香丸」は2番船倉横のウォッシュポートの形状が開戦前に特設運送艦となったときの写真と合致せず（公式図面と異なる）、可能性はかなり薄いが、特設巡洋艦状態の同船のディテールを判別できる資料がないため、現状では完全な否定もできない。

　北方戦域で活躍した特設艦船として水上機母艦「君川丸」についてよく知られているのが、日本郵船A型貨物船の姉妹船3隻で編成された第22戦隊の特設巡洋艦だろう。これらは本土東方洋上に展開していた徴用漁船の監視艇隊を統括する任務を帯びており、当直の交代期間などを利用してしばしばアリューシャン作戦にも従事した。抜群のインパクトがある迷彩を施した「粟田丸」とされる写真をはじめ映像資料もいくつか残っているが、通説となっていたこれら3隻の装備と識別についてはそろそろ再検討が必要な時期に来ているようだ。もちろん各種資料にはまだ不備が多く、断定的なことはあまりいえないものの、「どうも通説をうのみにはできないようだ」という感覚だけは提起しておきたい。

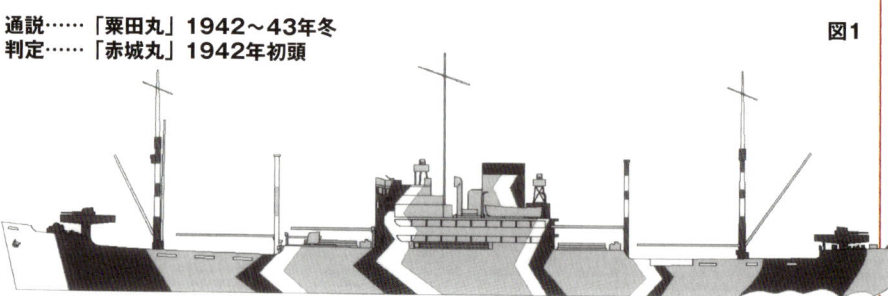

通説……「粟田丸」1942～43年冬
判定……「赤城丸」1942年初頭　図1

　占領直後のキスカに敵機が来襲したときの映像から。撮影者からの距離が遠く、辛うじてA型とわかる程度の解像度だが、こちらの迷彩も特徴的。出撃直前に船橋直前で撮った記念写真があり、船橋前面のパターンが一致することから通説通り「粟田丸」と見てよさそう。開戦直前の厚岸とされる空撮写真で「粟田丸」と「浅香丸」の迷彩パターンが異なることだけはわかるので、後者の可能性は低いと思うが、この写真は撮影距離が遠すぎて断定できるほどの根拠にはならない。「赤城丸」はアリューシャン攻略に参加していないので可能性なし。

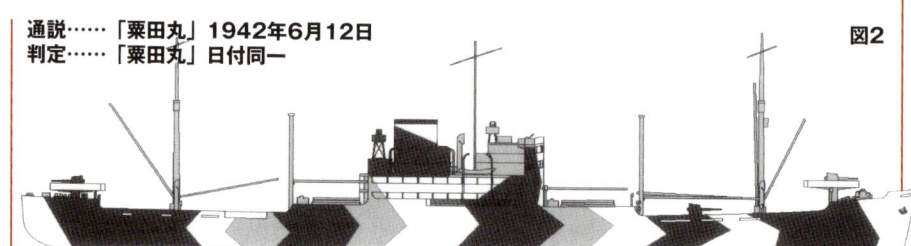

通説……「粟田丸」1942年6月12日
判定……「粟田丸」日付同一　図2

　「粟田丸」元乗組員の著書で同船として紹介されているもの。不鮮明だが右舷ほぼ正横付近の近距離から捉えた空撮写真。前後マストを撤去し射出機を搭載した直後、42年秋頃の映像と思われる。キスカの写真と一見全く別のパターンだが、よく見ると多くの場所で塗り分け線が一致しているらしく、2隻は同一船で艤装変更のついでに迷彩もマイナーチェンジしたと解釈できる（3色の可能性もあるが判別不能のため図は2色としている）。この写真では伝馬船が右舷側にあるという本来「赤城丸」だけのはずの特徴があり、判断に迷うところだが、救命艇の位置は「粟田丸」「浅香丸」のそれで、「赤城丸」飛行作業甲板付近の船上写真によると同船のボートダビットの移動はなかったらしい。砲配置も図5と一致する。ウォッシュポートの形状が「浅香丸」と一致し、「粟田丸」のパターンが確認できないため、「浅香丸」の可能性も残っている。

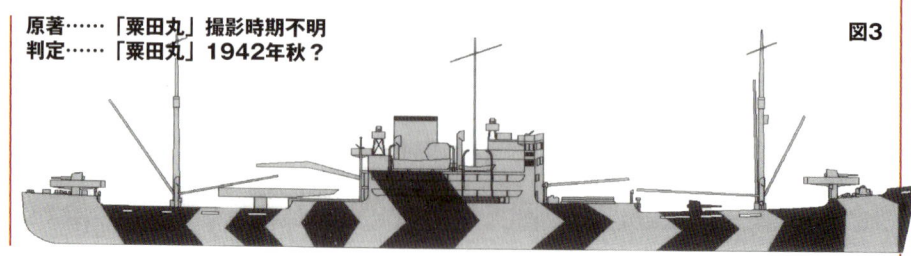

原著……「粟田丸」撮影時期不明
判定……「粟田丸」1942年秋？　図3

　大湊で撮影された「浅香丸」といわれる写真から。撮影時期と場所が正しければ同船で確定するが、同船が21号電探を装備したのは6月で時期が矛盾する。この写真ではウォッシュポートは確認できないが、救命艇や2・3番砲の位置など図1の船と共通点が多いため、この2枚が両方「赤城丸」で通説の船名がどちらも覆される可能性が出てきた。ただし「赤城丸」はちょうどこの時期に横須賀で電探搭載工事を実施しており、どのみち通説のキャプションは何らかの問題があると考えざるを得ない。現時点で「浅香丸」の砲配置は確定できないが、福井静夫の記述ではいちおう「浅香丸」「粟田丸」とも2番船倉横としてあり、もともと写真と矛盾していたのは確かだ。

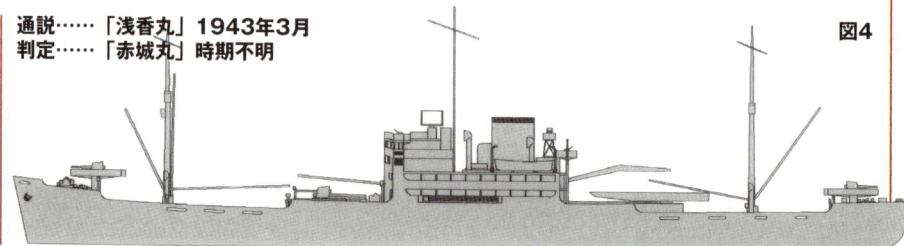

通説……「浅香丸」1943年3月
判定……「赤城丸」時期不明　図4

　横須賀で撮影された駆逐艦「夕暮」の写真の左後方に見えている船。当時3隻とも現場にいたが、「赤城丸」は船橋前面の形状が異なる（航海船橋下の開口部の幅が狭い）ため除外。また、船橋上に電探があるので、この写真に関しては「粟田丸」で確定（同船の電探搭載は3～4月と推定される）。撮影角度の関係で射出機やクレーンが確認できないので、図では線のみの表記としてある。3番主砲が2番船倉横にあり、救命艇が商船当時の位置にあり、図1が通説の船名は成り立たないことになる。主砲の位置は、2番船倉横のほうが給弾の便はよさそうだが、射界や舟艇搭載の利便性などを考えると3番船倉横のほうがいいはずなので、わざわざ後者から前者に換える可能性は低いだろう。

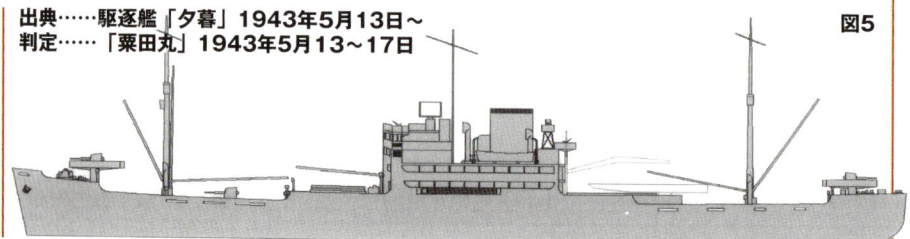

出典……駆逐艦「夕暮」1943年5月13日～
判定……「粟田丸」1943年5月13～17日　図5

8

第 1 部 舷窓彩色館

で、民間の学者や芸術家が本格的に関与するべきものとは考えられていなかったようだ。

迷彩色は大戦中期までほとんど無彩色で、青や緑は実験レベルのみ。1944年6月から海上護衛総司令部が商船用標準色として外舷2号と呼ばれる緑灰色を導入すると、空母もこれを採用。飛行甲板は明度を下げて一定の隠蔽効果にも配慮していたようだが、全体の模様やコントラストの強い側面の配色を見ると商船への誤認を狙う意図が感じられる。1945年に入り戦艦・巡洋艦でも迷彩塗装が施されるようになったが、これらは外洋行動を意図しない係留隠蔽のための塗装で、偽装の一部と考えるべきだろう。その性質から緑系も用いられた。

IJN first experimented camouflage painting as early as 1915 in exercise. During WW1 they had joined to the allied and could get great benefit to receive advanced study for camouflage in UK and US, although was not eager to apply this tactical measure to elements of main battle fleet after then. Such negative correspondence is said to be come from pride of crewmen and they had regarded camouflage only mean makeshift, that must be exclude to show their fair attitude. Also strangely, they had paid little attention to anti-aircraft concealment camouflage regarding intensity of aircraft attack in the Pacific war. Certain number of smaller vessels and auxiliaries were clothed various camouflage, but those were voluntary study by smaller and terminal units and decent station in central organization of IJN treating camouflage comprehensively and taking initiative was never established.

後期迷彩の色調
1944年6月から商船塗装は外舷2号と呼ばれる緑灰色を標準とし、新造船は造船所の段階でこの塗装を施した。この色は素材としては紺青（プルシャンブルー）と黄鉛（クロムイエロー）の混合といわれており、いずれも工業生産が可能で理論上も混合する。もちろん混合比によって色調は変わるが、この両者からなる色は一般にクロムグリーンと呼ばれ、比較的青味の強い緑として表現されるのが普通だ。しかし、紺青は劣化が早く、アルカリにも弱い（舶用塗料として多用される白顔料の亜鉛華＝ジンクオキサイドが塩基性こと）、黄鉛は次第に黒化する傾向があることから、クロムグリーンとしては時間が経つと色調が黄褐色に振れてくるらしい。オリーブグリーンとする説はここから来ていると考えられる。ちなみに、絵具メーカーのホルベインでは、クロムグリーンの劣化対策として同じ色を別の素材で発売させ、パーマネントグリーンという名称で発売している由。GSIクレオスのMr.カラーでは124番「暗緑色（三菱系）」が最も近く、これが色味の基準になりそうだが、好みや劣化状態の表現によって15番「暗緑色（中島系）」や16番「濃緑色」などを用い、適宜明度や彩度を調整していくといいのでは。

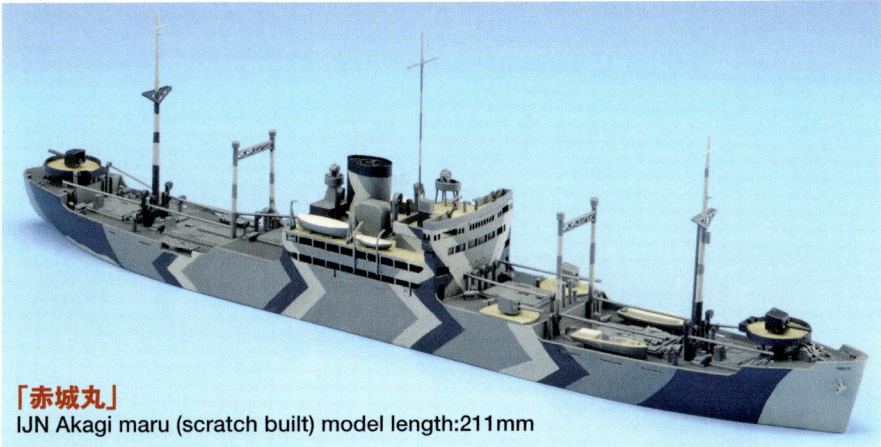

「赤城丸」
IJN Akagi maru (scratch built) model length:211mm

特設艦船の迷彩例でも有名なものの一つ。従来の資料では姉妹船「粟田丸」とされていた写真を、別項の検証から「赤城丸」と推定した。迷彩塗装は視覚的インパクトが強く、通説の船名判定を覆すのは結構勇気がいるが、あえてこの状態の作例とした。後に射出機を装備し航空機搭載設備を強化。本土東方の監視艇隊は3直制で各チームをA型特設艦が率いる形をとっており、緒戦の経験から各直に水上機母艦1隻をつけるよう要望が出され、ドーリットル空襲もあって上層部としては無視できないものの、船がないので結局A型自身が水母を兼任することになったらしい。記録では旗艦「赤城丸」が最大3機の水偵を搭載している。造形的にもかなり魅力のある船だがキットはなく、作例も自作。

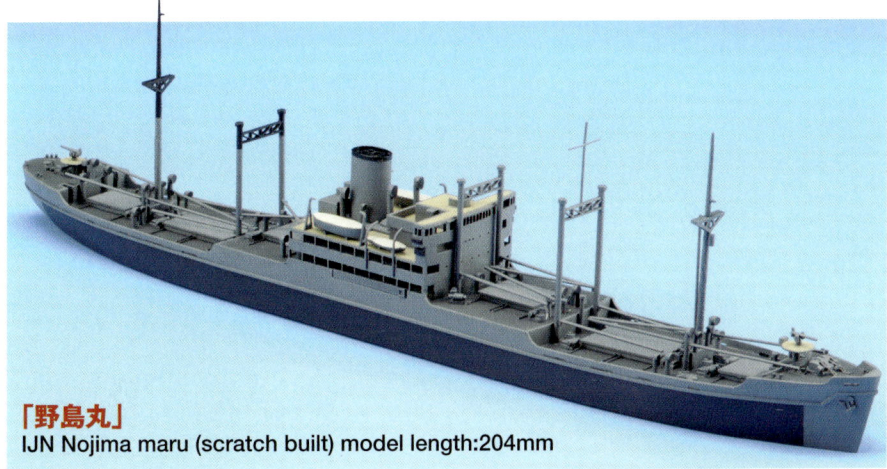

「野島丸」
IJN Nojima maru (scratch built) model length:204mm

「赤城丸」などのA型の一つ前、日本郵船N型の優秀貨物船で、戦前の船では珍しいサイドローリング式（マッカンキング式）金属製倉口ハッチが特徴。海軍特設運送船として行動していたが、1942年9月16日アリューシャンのキスカ島で空襲を受けて機関部を損傷、復旧のめどが立たなくなったため付近の河口に任意擱坐し、その後の空襲で全損となった。干潮時には船体が完全に露出して歩いて行ける場所にあり、いくつか破口はあるものの米軍再占領時はなお原型をほぼ完全に保っていた。当時の写真を見ると、大戦末期の緑系迷彩とほぼ同じ要領で船体に濃色の長方形パネルが描かれているらしい様子がうかがわれる。同様の迷彩は第一次大戦時の英海軍にもあり、第二次大戦後期の日英双方で広く使われたこのパターンが同じルーツから来ている可能性も出てきた。「野島丸」はなぜか前部マストから前だけが最近までそのまま残っていたが、急激に崩壊している模様。

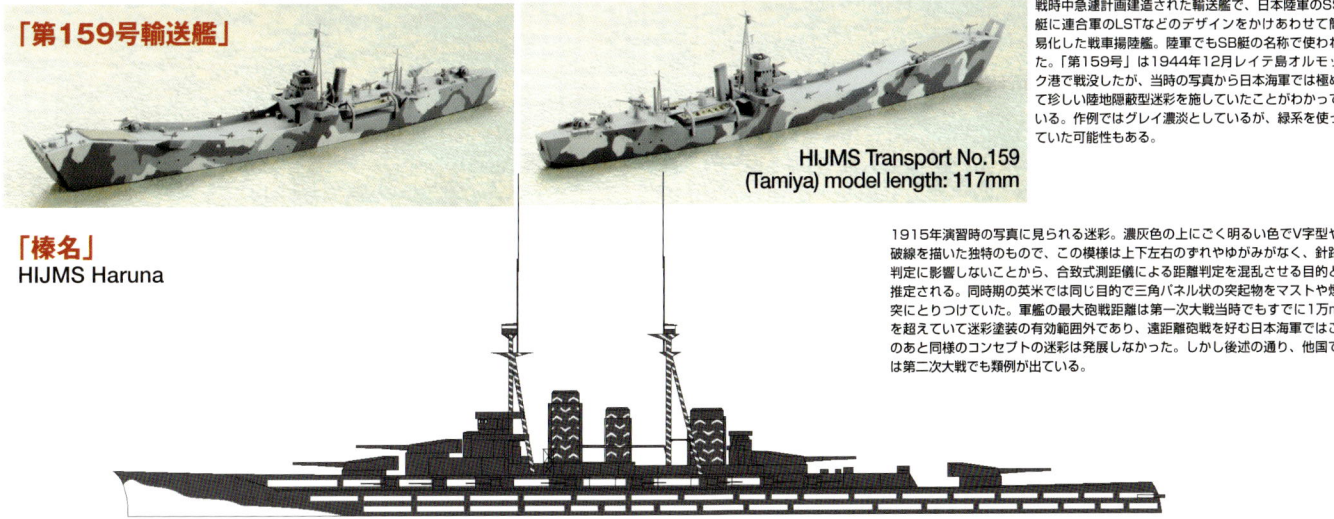

「第159号輸送艦」
HIJMS Transport No.159 (Tamiya) model length: 117mm

戦時中急速計画建造された輸送艦で、日本陸軍のSS艇に連合軍のLSTなどのデザインをかけあわせて簡易化した戦車揚陸艦。陸軍でもSB艇の名称で使われた。「第159号」は1944年12月レイテ島オルモック港で戦没したが、当時の写真から日本海軍では極めて珍しい陸地隠蔽型迷彩を施していたことがわかっている。作例ではグレイ濃淡としているが、緑系を使っていた可能性もある。

「榛名」
HIJMS Haruna

1915年演習時の写真に見られる迷彩。濃灰色の上にごく明るい色でV字型や破線を描いた独特のもので、この模様は上下左右のずれやゆがみがなく、針路判定に影響しないことから、合致式測距儀による距離判定を混乱させる目的と推定される。同時期の英米では同じ目的で三角パネル状の突起物をマストや煙突にとりつけていた。軍艦の最大砲戦距離は第一次大戦当時でもすでに1万mを超えていて迷彩塗装の有効範囲外であり、遠距離砲戦を好む日本海軍ではこのあと同様のコンセプトの迷彩は発展しなかった。しかし後述の通り、他国では第二次大戦でも類例が出ている。

2 「関西丸」の巻

日本陸軍徴用船の塗装
IJA camouflage to requisitioned ships

日本陸軍徴用船の塗装は公式文献に恵まれず、曖昧な物証をもとに傾向をつかむ程度にとどまる。紹介するサンプルは過去の作例の修整を含め、実際の映像で確認できるものばかりを選んでいる。

日本陸軍徴用船の迷彩

日本初の実用迷彩の適用例は意外にも民間商船で、第一次大戦中ドイツUボートが跳梁するヨーロッパ周辺を定期航路とする貨客船が、ダズルペインティングを施した写真が知られている。長い日本海軍の歴史の中でも、軍艦が戦場で通念的な意味での迷彩塗装を施した例が現れるのは太平洋戦争まで待たなければならない。

日本陸軍では、少なくとも日中戦争初期にはすでに徴用船に灰色塗装を施す習慣があったことがわかっている。ただしこの時期の塗装は、平時状態で白や薄茶色などを塗っている上部構造物を灰色で塗りつぶす程度なのが普通で、船体の白線をそのまま残している例もあり、それほど深刻に隠蔽効果を重視していたようには見えない。太平洋戦争開始の時点では全面灰色の船が主流となっていたと思われるが、南部仏印進駐から開戦後のリンガエン上陸作戦までファンネルマークを残している船があるなど、規制はさほど厳しくなかったようだ。

太平洋戦争で陸軍船が幻惑迷彩を導入したのは第一段作戦以降とされ、シンガポールで押収した英海軍の文書を参考にしているとの説があるが、確かに実際の映像を見るとそれを裏付けるような例が散見される。典型的なのが大まかなパターンの三色迷彩で、第一次大戦の幻惑迷彩のコンセプトとは明らかに異なっており、後述する英海軍破形型迷彩とよく似ているのがおわかりいただけるだろう。ただし英海軍の色彩理論の部分は踏襲した形跡がないようだし、もっぱらこのタイプというわけではなく、旧来の幻惑タイプや欺瞞波も盛んに使われた。一方、対空迷彩に関しては海軍と同様に消極的だったようで、戦前のままの弁柄色鉄甲板、無塗装木甲板の陸軍輸送船を米軍機の撮影したカラーフィルムで確認できる。大戦初期の商船用灰色塗装を外舷1号＝防空鼠色とする資料もあるが、同じ色で垂直面・水平面とも塗る前提だったかどうかを含め詳細は不明。

1943年中盤〜44年中盤の時期は、大型船による前線輸送の機会が減って主要な情報源となる連合軍機からの空撮写真が出ない影響が大きく、詳しい状況はほとんどわからないが、各種迷彩の効果は疑問であるとして廃止の傾向にあったとみられる。1944年夏以降は緑系迷彩も用いられたが、船舶事情が逼迫する中で稼働中の船に対し円滑に整備再塗装が進められたとは考え難い。

Although grey paint had been applied on IJA requisitioned transports well before the Pacific war, the painting regulation is not clear and seems to be somewhat makeshift. Camouflage painting was hurriedly introduced after initial invasion assault including disruptive, dazzle painting and false wave by no hue of two or three grey paints. It is becoming clear that some of basis pattern of these camouflage was prepared. From mid-1944 standard green paint scheme was gradually applied. Like navy IJA paid little attention to anti-aircraft concealment painting.

「日洋丸」
IJA Nichiyo maru

日中戦争初期に上海で撮影されたとされる写真をもとに作図したもの。平時塗装の上半分だけを灰色に塗りつぶした例で、前部船体に徴用船番号を記入するのはこの時期の特徴だが、本船の場合は船名や舷側の白線がそのままになっている。「日洋丸」は東洋汽船の大型貨物船で、普段は三井船舶に貸し出されていたため、中央部の白線が途切れているところには「MITSUI LINE」と書かれていたはず。後に両社が共同出資した新会社・東洋海運の「球磨川丸」となる。上部構造物とマストなどは見かけの明度が異なっており、灰色のペイントが薄かったか、あるいはマスト類はオーバーコートしていなかった可能性も。

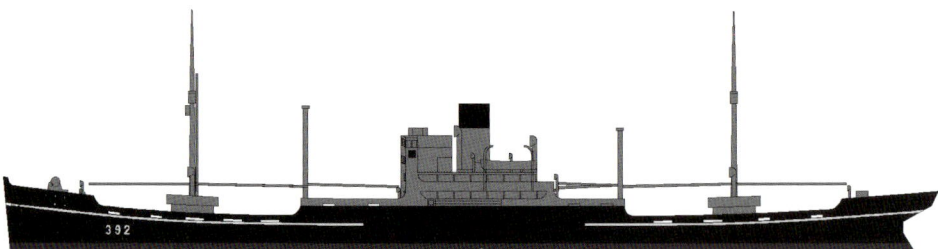

「山月丸」
IJA Yamazuki maru
(scratch built) model length:199.5mm

「宏川丸」
IJA Hirokawa maru

1942年6月のミッドウェイ攻略作戦失敗後、陸軍のフィジー・サモア攻略船団はマニラへ回航したが、この時の写真が発見され、当時の重要な陸軍輸送船の迷彩パターンが明らかとなった。「山月丸」「宏川丸」はいずれも第三次ソロモン海戦でガダルカナル島に擱座した船で、前者は甲標的のバックに写っている写真が印象的。

「宏川丸」は特設水上機母艦として有名な「神川丸」クラスの準姉妹船で、本書101ページに作例を掲載。マニラの写真は塗装の状態がかなりよく、FS作戦前に迷彩を適用し、戦没までそのままだったと推測される。

第 1 部 舷窓彩色館

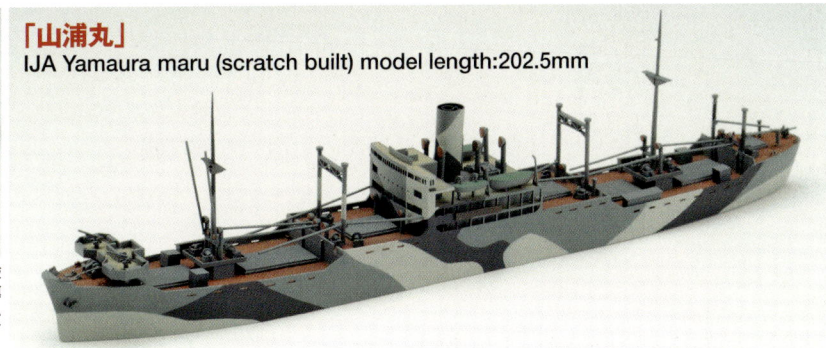

「山浦丸」
IJA Yamaura maru (scratch built) model length:202.5mm

「山月丸」と同じくガダルカナルに擱座した船。これらは擱座後の爆撃の他、ルンガ沖夜戦でも侵入した日本艦隊と間違われて撃たれたらしく、激しく焼けて後で撮影された写真からは迷彩の状況はほとんどわからない。本船の場合は当時撮影された報道映画フィルムに登場しており、特設巡洋艦「浮島丸」とのダイナミックな編隊運動シーンなどが残っているが、映像から読み取れる迷彩は英海軍の破形型迷彩にきわめて近い印象のもの。

「昭浦丸」
IJA Akiura maru

「宏川丸」「山月丸」と同じ1942年6月の写真には「日洋丸」型が2隻写っており、ヘビーデリックが写っていないものを「昭浦丸」と判定した。同年末に乗り組んだ上田毅八郎氏も三色迷彩のイラストを描いておられる。注目すべきはパターンが「相模丸」(103ページ参照)と酷似していることで、同様に同じマスターパターンを使っているらしい例として「長良丸」「すえず丸」もあがる

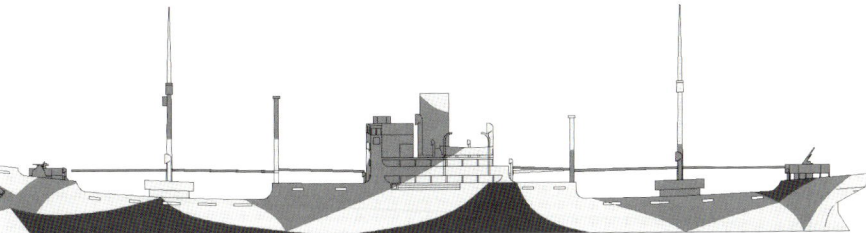

「関西丸」
IJA Kwansai maru (scratch built) model length:208.5mm

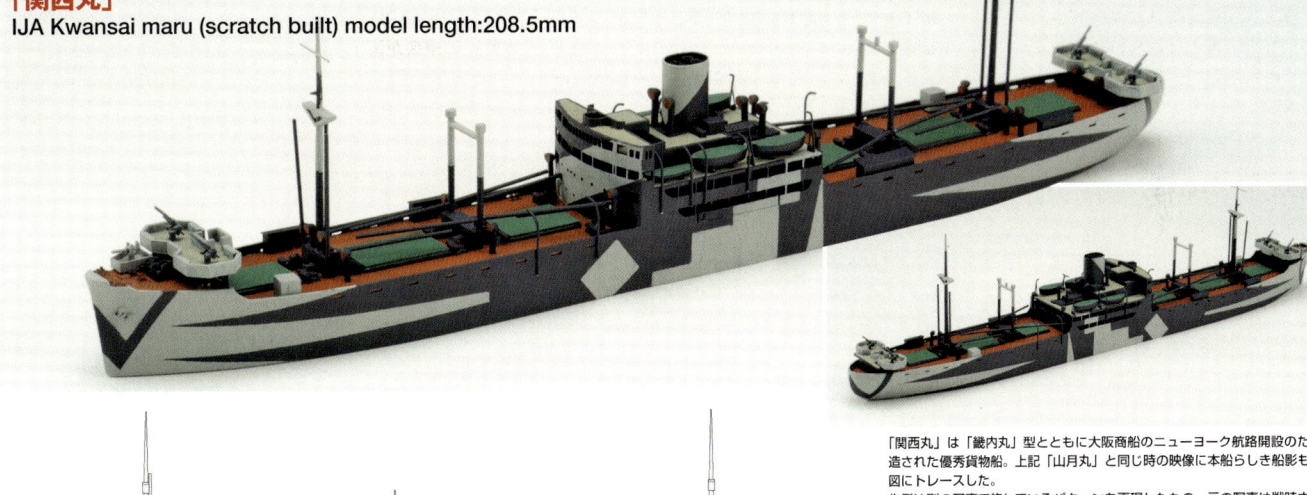

「関西丸」は「畿内丸」型とともに大阪商船のニューヨーク航路開設のため建造された優秀貨物船。上記「山月丸」と同じ時の映像に本船らしき船影もあり、図にトレースした。
作例は別の写真で施しているパターンを再現したもの。元の写真は戦時中公表されたものらしく、撮影時期や場所が特定できないうえ、画面にリタッチが加えられていて配色や細かいパターンには正確を期し難いが、停泊中をすぐそばの船から撮影しており本船なのは間違いない。こちらは典型的な第一次大戦型幻感迷彩だが、図面のパターンより後の写真であれば迷彩史的には逆行していて興味深い。こちらの写真は右舷側なので、いちおう両方同時にも塗られていた可能性も残っている。1943年9月18日、「摩耶山丸」とともにラバウルからパラオへ回航中米潜「スカンプ」の雷撃を受け沈没。

「ぼるねお丸」
IJA Borneo maru (scratch built) model length:173.5mm

「浦塩丸」
IJA Urajio maru (scratch built) model length:149mm

第一次大戦末期から川崎造船所が大量建造した「大福丸」型の1隻で、大阪商船の所有。1942年10月15日キスカ島で空襲を受け中部船体に亀裂が入り、浅瀬に任意擱座放棄された。その後墜落した敵機が後部に激突し炎上したため、米軍の写真を見ると後部はほぼ焼損しているが、船体の3分の2ほどは迷彩塗装のパターンがかなり良く残っており、ほぼ左右対称だったことがわかる。最終時は積荷の高射砲1個中隊のうち3門を甲板上に展開していたといい、作例でも適当な場所に直接置いてある。実際は陸上用マウントの5本足がついていたはず。本船は現在でもかなり原形を保っているらしく、インターネット写真地図サービスの映像でも確認できるという。

こちらもキスカ島に船骸が現存する船。第一次大戦時の英C型戦時標準船で、大正末に川崎汽船が購入。他に辰馬汽船や浜根汽船なども姉妹船を持っていた。船名はウラジオストックの漢字表記から。1942年12月31日の空襲で損傷、修理中に暴風雨で流されて擱座、放棄された。場所は岩礁地らしいが船体にさほど大きな傾斜はなく、すぐそばに山なのでおあつらえ向きな場所から写真が撮られている。迷彩は同じマスターパターンを使ったのか、「ぼるねお丸」とよく似ており、別角度の写真から本船の場合も左右対称が確認できる。この2隻のように両側の写真が残っている船は貴重。本船の場合は上部構造物に船形誤認を狙ったと思われる特徴的な塗り分けも見られる。現在は辛うじてそれとわかる程度まで崩壊している。

3 「プリンス・オヴ・ウェールズ」の巻

第二次大戦の英海軍迷彩 Royal Navy camouflage in WW2

第二次大戦当時の英海軍の塗装は、やたらと複雑かつバリエーションが豊かで、全体像の把握が難しい。ここでは概説として、全体の経緯や代表的迷彩の位置づけと解釈の仕方をまとめてみた。それらからは英海軍を取り巻く軍事的事情だけでなく、イギリス人の国民性やセンスさえうかがい知ることができる。

第二次大戦の英海軍迷彩

イギリスは第一次世界大戦で複雑な幻惑迷彩を開発していたが、貴重な経験はその後ほとんど顧みられず、迷彩塗装に関する継続的研究は無論のこと、戦火の再来が現実問題となってきた1930年代末に至っても組織だった再検討の動きは見られなかった。両次大戦間にはイギリス主導で無制限潜水艦戦に否定的な国際的機運が醸成されていたこともあり、開戦後も当分の間、英海軍は商船に対し「軍艦と間違われると攻撃されるから灰色1色塗りはするな」という指示を出していたほどだ（公式撤回は1940年4月）。戦前あれほど釘をさしておいた甲斐もなく、ドイツは再び無制限潜水艦戦を宣言し、イタリア、ソ連、日本と有力国家が軒並み参戦すると、英海軍を巡る環境も一段と厳しさを増し、様々な迷彩塗装が導入されることとなる。

英海軍の迷彩にもいくつか顕著な特徴があるが、まずあげるべきは現場のイニシアティブの強さ。英海軍にはもともとそういう風潮があったようで、戦前は正式塗装として1920年に制定された濃淡2種類の船体塗装、つまり本国艦隊のダークグレイと地中海艦隊など暑熱地のライトグレイがあったほか、本国の練習艦などではライトグレイと黒、極東警備艦ではバフ（黄褐色）とライトグレイ、地中海の小型艦などではライトグレイとダークグレイで上下を塗り分ける例があり、艦側の裁量がかなり認められていた。大戦初期もこのスタンスは変わらず、現場のデザインによる多種多様なパターンの迷彩塗装が出現。それらの全てが理論的に有効だったとは限らないものの、その実例を見ていけばいくほど、イギリスの船乗りに根差した迷彩に対するセンスの豊かさに圧倒されるだろう。

海軍省はようやく1941年2月、自軍艦艇について迷彩を必須とする見解を出し、ウォリックシャー州レミントン・スパに迷彩管理部（Directorate of Camouflage：迷彩理事会）を置いて組織的統制に乗り出した。しかし現場主義の傾向は変わらず、同じマスターパターンを使っている形跡があっても断定できないほど艦によって模様が違う例、カタログの基準色と色調が違う例、公式には廃止された様式をずっと後まで使い続ける例はごく普通だった。また、本国艦隊や北大西洋船団の護衛艦艇は普段から海象条件が悪いエリアで行動するため、塗装の傷みも激しく、塗り直しの機会が多ければついでにパターンを変える機会も多いということで、いっそうバリエーションが増える一因となっていた。また、塗料の供給問題も迷彩のパターンに影響を及ぼしていた。

英海軍にとって枢軸国の空軍力は相当な脅威だったはずなのに、迷彩の効果対象として航空機にはさほど注意を払っていないように見えるのは少々意外なところ。いちおう各迷彩様式に対して甲板色も規定されており、空母や一部の水上艦艇では甲板にも舷側と同様の迷彩を入れる場合があったものの、概して木甲板を地色のままにしたがる傾向があり、中には砲塔上に複雑な雲型迷彩を塗っているのに甲板は無塗装とか、木甲板の一部だけ迷彩を施すといった不可解な例もあった。

もうひとつは、迷彩に関わる公式文書の位置づけがアメリカと大きく異なる点。米海軍では後述の通り、筋道立った理論とそれに基づく具体的なプラクティスを示した指示書を出し、それに艦隊側が従う形をとっていたが、英海軍が迷彩理論に関する文書を最初に出したのは1943年のこと（機密参考文書CB3098R「洋上における艦船迷彩」）で、どちらかというと既存迷彩の事後評価のような要素が強い。具体的な塗装指示はそれとはまったく別個のもので、要はとりあえずやることやって模範解答は後からということらしい。

初期の迷彩

英海軍では1939年末から幻惑迷彩が使われ始めたが、初期のものは直線的な塗り分けが多く、虎縞に近いもの、パッチワーク的なものから高度な幾何学模様まで見られた。アンオフィシャルなので使える色は限られており、標準船体色のダークグレイ（507A）とライトグレイ（507C）、中間の507Bに、せいぜい白と黒が入る程度。概して第一次大戦末期の幻惑塗装のプラクティスを踏まえつつ、ある程度シンプルにした感じととればいいだろう。この時期は欺瞞波も使われることがあったが、なぜか以後ぱったり使われなくなってしまった。

1940年夏、第5駆逐群司令マウントバッテン大佐は、夕暮れ時の隠蔽迷彩として淡いピンクが有効であると主張し、部下のK級駆逐艦にこの色を塗らせた。夕方はUボートが夜襲に備えて動き出す重要な時間帯であり、他にもまねをするものが現れたため、42年にはマウントバッテン・ピンクとして公認される。

同じ頃、ウェスタン・アプローチ司令官ダンバーナスミス大将は、アメリカから旧式駆逐艦50隻が貸与されることになったのを機に、大西洋船団護衛艦艇の専用迷彩を作らせた。当初は開発責任者の名をとってピーター・スコット式迷彩と呼ばれていたこのパターンは、白地に明るい水色と緑というユニークなもの。曇りがちな北大西洋に合わせ全体を明るめに調色し、水色と緑の顔料消費は控えめで、このどちらかが現場の海の色に溶け込んで隠蔽効果、もう一方が欺瞞効果を出すとともに、夜間はプルキニェ効果（後述）も期待できるといういいことづくめの迷彩で、瞬く間に関係艦艇の間で広まった。これも42年にはウェスタン・アプローチ迷彩と改称された。

海軍省式破形型迷彩の出現と混乱

新設された迷彩管理部は在来の各種迷彩に代わるべき標準迷彩の研究を進め、41年晩夏頃には「海軍省式破形型迷彩」（Admiralty disruptive pattern）というシステムを構築する。その特徴は多数の新色導入と不規則曲線を多用した複雑なパターンにある。すなわち、色を増やしたのはピーター・スコット式の発展で、より多様な状況で背景と混濁しやすい色を得るための方策。原則的に当該艦の行動海域を想定してトータルの明度や色調を設定し、近距離では各色の複雑なパターンとコントラストによって艦型判定を困難にさせるだけでなく、その時点で最も背景と混濁しやすい色が割り込むことで形状そのものを壊してしまう効果、遠距離では全体の色調の平均化による隠蔽効果を期待されていた。本書ではいちおう破形という訳をつけたが、disruptには分裂、破砕、混濁、妨害といった幅広い意味があり、いずれも迷彩の効果ないし目的をよく表している。最適の効果を得るため、原則として巡洋艦以上に対しては1隻ごとにパターンを設定し、配属替えにも細かく対応した。駆逐艦以下はクラスごとに濃淡2通りのパターンを決めてあり、濃いほうは遠隔暑熱地用、淡いほうは本国艦隊用またはウェスタン・アプローチ迷彩の代替を意図していた。間もなく中間の色調バリエーションも用意されている。ただし、実艦レベルでは必ずしも画一化されておらず、似て非なるパターンになっているのが普通。また、新使用色も指示に基づいて自前で調合するようになっていたため、

第 1 部 舷窓彩色館

現場の意図的操作の余地が残されていた。

ちょうどこの時期、本国艦隊では迷彩の弊害として味方同士の衝突事故が問題となっていた。そこで駆逐艦に対し、通常Uボートに向ける機会が多い艦首側の迷彩効果だけを重視し、後半部を濃い色にして僚艦の注意を喚起するパターンが作られた。この本国艦隊駆逐艦用特殊迷彩の制定にあわせて、顔料の在庫状況を勘案した新色が追加された。

このほか互換型（Admiralty alternative scheme）というのもあったが、これは戦前からあった上下塗り分けの発展型。艦が各戦域を往来する場合に備え、下半分濃色、上半分淡色のそれぞれを地域によって適宜塗りかえるよう指示していた。やはり現場対応は様々で、本来の船体と構造物で塗り分ける例の他、米海軍のメジャー22と同じ上甲板のラインを境界とする例、部分的に幻惑パターンを入れる例が見られる。

つまり、オフィシャル迷彩になったといってもアメリカのメジャー31～33のようにパターンが集約されたわけではなく、理論だけを統一してプラクティスは相変わらず艦ごとにばらばらという状態だったわけだ。しかも、曲者理論のおかげで色彩的なバリエーションはかえって格段に幅広くなった。一方で破形型迷彩の導入後も独自のパターンを使い続けた例があるほか、ウェスタン・アプローチ迷彩と破形型迷彩の折衷型まで登場する始末で、1942年頃の英海軍迷彩はかえって難解の度を深めていた。

迷彩システムの簡略化

ところが、1943年に全戦域で実施された実地調査の結果、破形型迷彩の効果は思ったほど出ていないという報告が上がってきた。すでにこの頃、レーダーの性能が飛躍的に向上しつつあり、遠距離での隠蔽効果はあまり意味がないと考えられるようになった。43～44年の破形型迷彩は次第にパターンがシンプルになり、形状判定の妨害に主眼が置かれるようになったほか、塗料も漸次レディメイドの新色と置き換えられて統制が進んでいたが、枢軸側海上兵力の衰退もあってもはやその役割は終えようとしていた。

1944年9月、英海軍最後の第二次大戦型迷彩として、海軍省式標準迷彩（Admiralty standard scheme）が採用される。これは維持管理の利便性に配慮しつつ比較的近距離の隠蔽効果を狙ったもので、明るめの基本色と船体中央の暗い色の帯からなる。行動海域や任務によっていくつかの色の組み合わせが用意されたが、パターンは共通で、いずれも明るめに設定してあり、全て高明度（light tone）に区分される。外観はちょうど日本海軍で大戦後期に採用した緑系商船用標準迷彩と同じパターンとなっているが、理論上はむしろ米海軍のメジャー22と共通しており、下半分は海、上半分は空との混濁が目的で、前後が明るい色なのは全長を短く見せるため、および艦首波や艦尾波を見づらくするためと説明されている。異なるパターンを設定した特務艦や潜水艦を含むと標準迷彩の対象は全艦艇に及び、煩雑を極めた英海軍迷彩は終戦にかけて急速に鎮静化したものの、やはり終戦まで在来迷彩を維持した艦が相当数あった。

レーダーをはじめとする各種探知兵器が長足の進歩を遂げた現代、陸地付近で行動する場合はともかく、外洋上での艦船で視覚混乱を目的とする迷彩が再び議論される機会が来るのか、あるいはどのような形になるのか、「未来」の持つ迷彩効果には何物もかなわないところではある。

「プリンス・オヴ・ウェールズ」
HMS Prince of Wales (Tamiya)
model length:323mm

1941年12月の最終時。もっとも初期の破形型迷彩で、日本の艦船ファンにとっても馴染みが深い。独戦艦「ビスマルク」追撃戦後の損傷修理とあわせて施されたパターンで、タミヤのキットの塗装指示にもあるとおり5色も使った相当手の込んだものだった。ただしこれは短期間で一部修整され、作例のように4色と後部煙突の白という構成となったため、厳密にはキットの状態はマレー沖海戦当時ではない。近年、付属の日本海軍陸攻の入数が増えて姉妹艦より高めに価格改定された。

「アンソン」
HMS Anson (Revell/Duke of York)
model length:325mm

1942年6月の竣工時。この時期としてはかなりシンプルなパターンの迷彩で、1年以上同じものを使ったらしい。「キング・ジョージ五世」「ハウ」もほぼ同じパターンを施しており、英海軍の巡洋艦以上で姉妹艦3隻が揃い柄という例は珍しい。個人主義の典型例と思いきや、意外なところで紛らわしいこともあるのが面白い。この作例に使ったのはドイツレベルで近年再販された旧マッチボックスの1/700「デューク・オヴ・ヨーク」で、タミヤのものより新しいが商品のグレードは及ばない。

「キング・ジョージ五世」
HMS King George V (Tamiya)
model length:323mm

大戦末期の状態。対空火器の強化で造形的にはかなり複雑化した反面、迷彩のほうはいたってシンプルで芸がなくなった。木甲板はキットの指示では地色だが、本艦の場合カラー写真で灰色塗装が確認できる。商品は今なお第一線の優秀作ながら、これから姉妹艦などのバリエーションキットを出す可能性は低く、近年の市場動向を見る限りそろそろ次世代キットの出現に向けて外堀が埋まりつつあるといった様相では。

英海軍迷彩は個別対応で

イギリス艦は艦船界のゴールドブレンドというべきか、非常に通好みの傾向が強いとの説がある。ウォーターラインシリーズで特に英艦を好んでキット化するのがタミヤで、世界最高峰のレベルで蛇の目（ではないが）が揃えばうるさ方もホクホク顔というわけだが、あえて難があるとすれば、普段タミヤカラーを使っていないファンにとって塗装が重大なネックとなる点だろう。

英海軍の迷彩は米海軍とは様相が大きく異なり、はるかに複雑な色彩システムを採用していた。これは背景と混濁しやすい色をパターンの中に組み込んで破形型迷彩の効果を高めるためで、米海軍にはない発想だった。しかも英海軍の作戦海域は米海軍より広範で多様であり、特に本土周辺の曇りがちな天候と独特の海の色の影響が大きく、緑味ないし黄色味がかった英海軍特有の色が何通りも用意されていた。そしてこれらの色は、単一の原色を段階的に薄めるという調合方法ゆえ色相が統一されていた米海軍と異なり、個々の色ごとに複数の原料を個別のレシピで混ぜて作る方法をとっていたため、同じ時に導入された一連の色でさえ微妙に色相が異なっていた。

つまり、英海軍の迷彩色に関しては、従来通り既存色から似たようなものを工面する方法が簡便で手軽だと思われる。

英海軍迷彩使用色（1942～1943年・駆逐艦及び小型艦艇）

様式	側面（1942）	側面（1943）	甲板
ウェスタン・アプローチ迷彩	WAB, WAG, white	B55, white	B30
破形型迷彩（濃色）	507A, MS1~4, B5	G5~B55	G5
破形型迷彩（中間）	507A, MS1,3,4, B5	G5~B55	G10
破形型迷彩（淡色）	507A,C, MS1~4A, B5	G5~B55	G20

注：本表の使用色は1942年4月発令の英海軍省機密訓令679号（CAFO679/42）、および1943年発行の機密参考文書CB3098Rに基づくもの。この指定色に従い艦型別（それぞれ17通り、24通り）に迷彩パターンが指定されていたが、実際はあくまで大雑把な目安程度にしか扱われていなかった。CAFO679は既存色にG5～B55を加えており、それ以前の甲板色は507AやMS2などが使われていたらしい。CB3098Rでは旧色をすべて廃止し、G5～B55のみとなった。現場に普及するまでは時間がかかるので、上記のパターンは概ね1943年型・1944年型と考えておくといいのでは

海軍省式標準迷彩（1944年）

様式	対象	側面	船体下部	甲板	摘要
A	主要艦艇汎用	G45	B20	B15	
B	同本国・地中海（冬季）	B55	B30	B15	
C	北大西洋護衛艦艇	white	B55	B15	
D	上記外護衛艦艇	B55	G45	B15	
E	本国沿岸小艇	G45/white		B15	カウンターシェイド付加
F	海外沿岸小艇	G45		B15	カウンターシェイド付加
G	揚陸戦艦艇	B30/white		G10	派生パターンあり
H	本国潜水艦	B30/white	PB10	black	PB10は紺色
J	海外潜水艦	B20/G45		black	またはblack/G45、紺、濃緑、濃灰
K	特務艦艇	G45orG10（定係艦）		B15	

注：海軍省式標準迷彩が文書化されたのはなぜか終戦後（CB3098R・1945年10月版）だが、1944年春から順次移行し、1945年の主流迷彩となっていた

「ホワールウィンド」
HMS Whirlwind (converted from Tamiya Vampire)
model length:135mm

戦前塗装

AP507A塗料、いわゆるホームフリートグレイの例。明度はほぼ米海軍のネイビーブルーに相当する。戦前塗装で注意すべきは、本国と遠隔地で使用色の明度が隠蔽効果の点では逆転していること。平時は軍艦の塗装に対し、居住性やショウイング・フラッグの要素を重視されていたことがうかがわれる。「ホワールウィンド」は第一次大戦末期から戦後にかけて多数建造されたV・W級のうち敷設艦仕様のもので、タミヤの「ヴァンパイア」から改造可能。キットに指示はないが、甲板にはコーディシン（リノリウム）の被覆範囲がモールドされているので茶褐色に塗っておく。大戦中期以降は不燃性舗装材のセムテックスと置き換えられており、甲板色を塗ること。

英海軍艦艇用塗色簡易調合表（GSIクレオス・Mr.カラー使用）

色名	近似色	反射率
507A	333+33	10
507B	333+306	20?
507C	306	45

戦前の標準船体色。やや青味ないし紫味のあるグレイ。507Bは顔料節約のため1941年使用中止

MS1	33+301	5
MS2	301	10
MS3	301+31	20
MS4	31	30
MS4a	334	45

1941年導入。従来色よりやや黄味味があり、緑褐色と解されることもある

B5	328+13	15
B6	337	30

1941年導入。いわゆるブルーグレイだが色相、明度、彩度ともかなり曖昧

WAB	74+62	55
WAG	20+319	55

ウェスタン・アプローチ用の青と緑。明度、彩度がかなり高い

pink	306+29	(20)

マウントバッテン・ピンク。実際はさまざまな明度の例がある

G5	40	5
G10	116+40	10
G20	23+31	20
G45	25	45

1942年以降導入の新シリーズ。緑褐色がかった灰色で全般に彩度は低め

B15	14+72	15
B20	328+72	20
B30	72+118	30
B55	118	55

1942年以降導入の新シリーズ。青灰色だが色相は紫より緑側に近く、彩度も高めの傾向あり

white	311	75

参考。反射率75～80程度と思われる色

注：本表は第二次大戦中に英海軍で使われた主要な迷彩用塗装色を、できるだけ簡単な調合で再現するためのモデルパターンを示したもの。数字はGSIクレオス・Mr.カラーの品番を示す。各色の混合比は反射率（明度）の数値を参考に適宜調節されたい
1：実際の色とやや異なる場合もあるが、実際の色にも相当な変異があった。とくにMS1～4a、B5・6、WAB（ウエスタン・アプローチ・ブルー）、WAG（ウエスタン・アプローチ・グリーン）、pink（マウントバッテン・ピンク）は、現場調合を建前としていたため変異幅が大きい
2：B20～55は導入からしばらくして改正されており、表は改正後を示す。初期版はあまり使われなかったらしい

第 1 部 舷窓彩色館

大戦初期の迷彩例

典型的な大戦初期の迷彩例。第一次大戦時のダズルペインティングの影響をうかがわせる。普通はワンオフものなのだが、このパターンはどういうわけか1940年中ごろから複数の駆逐艦で使われ、後に制式化までされている。作例はタミヤのE級を改造。キットの船首楼後端の処理に問題があるため、「トライバル」以前のA～I級は寸法からディテールまでいちいち細かく違っているが、基本形状はほとんど同じなので適当に手を抜きながら作るのがおすすめ。

「ヘスペラス」
HMS Hesperus (converted from Tamiya E class) model length:143mm

マウントバッテン・ピンク

マウントバッテン大佐の部下の1隻。マウントバッテン・ピンクはK級の他に20数例が確認されているとのこと。当然ながら白黒写真ではほとんど判別できない。作例は早い時期からラインナップを拡充したレジンキャストキットの大手・ドイツのHPモデルのキットで、なぜか舷窓の開け方が雑だが、レジンなのに寸法が正確に出ているなど同社製品の中でも上位の出来。

「キプリング」
HMS Kipling (HP) model length:155mm

ピーター・スコット／ウェスタン・アプローチ迷彩

ウェスタン・アプローチ迷彩の例。曇り空を基準に決めた色調が、模型にすると軍艦らしからぬプリティな印象を醸し出す。基本は3色だが顔料不足で緑を省略することもあり、米海軍のメジャー16と酷似する。49ページの「ベドウィン」がその状態。「イーグレット」は対空護衛用の色彩を強めたスループで、4インチ高角砲8門を搭載した通商保護用としてはかなり贅沢な艦。作例はシールズモデルスの「河川」級フリゲートから改造。

「イーグレット」
HMS Egret (converted from Seals River class) model length:127.5mm

海軍省式破形型迷彩

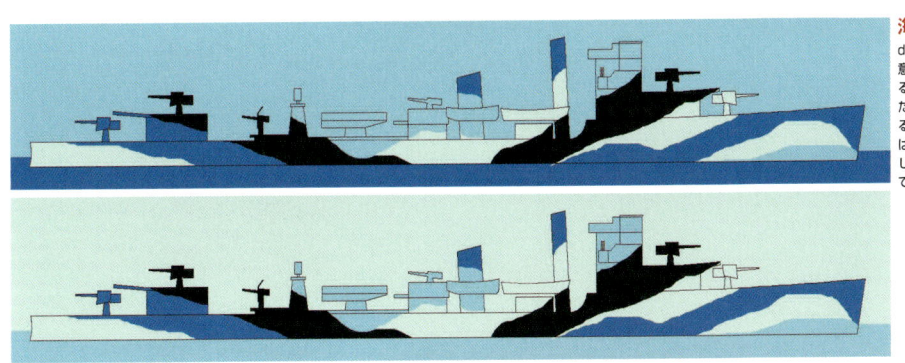

disruptiveには分裂、破砕、混濁、妨害といった意味が包含されており、あえて近い日本語をあてるなら「ぐちゃぐちゃ」（大阪では「ワヤクソ」）だと思われる。本文で触れた色彩的論拠を図示すると、だいたいこのような感じになる。米海軍では幻惑効果を重視した幾何学的な塗り分けを多用したが、英海軍では遠距離での隠蔽効果を欲張って不規則曲線の塗り分けが好まれた

マウントバッテン対ピーター・スコット

夕焼けの景色に紛れる効果を狙ったマウントバッテン・ピンクに関しては、多くの方が感覚的に理解しやすいのでは。おおむね好評だったらしいが、当局の評価は「赤はプルキニェ効果の面で青と対照的な色であるから、これを使うぐらいならピーター・スコット式迷彩にする方がいい」という否定的なものだった。そのためマウントバッテン・ピンクは、公認された1942年以降は逆に使われなくなってしまった。人間の目は明るいところでは色覚、暗いところでは明度が優先する特徴があり、朝夕は両者が遷移する微妙な時間帯でもある。おそらく本国のスタッフは北ヨーロッパのセンスで後者を重視したのだろうが、K級が活躍したのは地中海や紅海であり、画家ゴッホが色彩を求めて南フランスに移住したように、地理的な視覚への影響も見逃せない要素だ。余談だが、このピンクに空軍の特殊部隊が目をつけて砂漠用車両に塗り、「ピンクパンサー」という渾名が生まれたのはAFVファンがご存知のところ。

「ボーディシア」
HMS Bordicea (converted from Tamiya E class)
model length:143mm

濃色系

濃色系の例。使用色は1942年春の段階で507A、MS1〜4、B5と規定されており、甲板色はG5。以下の各例も含め、使用色は43年に一部改訂されている。「ボーディシア」はB級で、タミヤのE級から改造。この色系はあまり使われなかったらしく、サンプルが少ない。

「オファ」
HMS Offa (Tamiya/O class)
model length:149mm

中間系

中間系の例。公式指示が出た1942年秋当時の使用色は507A、MS1・3・4、B5、甲板色G10で、具体的には明色系の塗装指示の配色を変更する形が取られていた。このパターンは本国艦隊の新造駆逐艦で盛んに使われたもの。タミヤのO級駆逐艦はずいぶん便利そうなアイテムに見えて、実は船首楼の長さなどの都合で「オンスロウ」しか作れないという紛らわしいキットだが、我慢して使えば100隻以上の艦のベースになることに変わりはない。

「パスファインダー」
HMS Pathfinder (Tamiya/O class)
model length:149mm

明色系

明色系の例。1942年春の使用色は507A・C、MS1〜4A、B5、甲板色B20。最も多く使われた系で、作例のパターンも複数の艦に適用。タミヤのO級はピットロードから金型を引き継いだとき4インチ砲を追加、後述の理由から実質的にはP級主砲5門艦（「パートリッジ」「パンサー」）とのコンバーチブルキットにより近い状態となった。ただシールドなしの砲が1門あるのを見落としたのが惜しい。

「オベディエント」
HMS Obedient (Tamiya/O class)
model length:149mm

本国艦隊駆逐艦用迷彩

対潜攻撃兼事故防止用という珍しい目的で開発された迷彩。本国艦隊所属駆逐艦の専用パターンとして大戦末期まで使われ、若干のバリエーションはあるものの模様は基本的に1通り。これもO級の1隻だが、O級4インチ砲艦は機雷設備も足す必要があって実際はP級より手がかかる。いずれにせよ、この両級はのちのクラスより迷彩のバリエーションが圧倒的に多いし、キットの単価も安いので、存分に楽しんでやりたい。

「ズールー」
HMS Zulu (Pitroad)
model length:165mm

諸調式迷彩

戦前から存在した507AとCの上下諸調式迷彩。他の色を使う場合もあったようで、その後複数の色の組み合わせを指定した互換型（Alternativeを直訳すると選択肢式）に発展した。船体全部を濃色とするのが基本で、「ダークハル・ライトアッパーワークス」タイプとも呼ばれたが、空母「アーク・ロイヤル」など完全な一本線の塗りわけをする例もある。「ズールー」は同艦が沈没したとき護衛で同行していた1隻で、ピットロード／トランペッターのキットはこの状態。

Royal navy camouflage in WW2 is characterized by variety and high discretion on individual ship. In early stage of WW2 many units soon introduced camouflage painting much influenced by WW1 style. From Feb 1941 Directorate of Camouflage started general control and Admiralty disruptive pattern with new colors was extensively adopted, while many different system of camouflages, including Western Approach pattern, Mountbatten pink, Home fleet destroyer scheme etc. were also simultaneously existed. Besides, when applied both color and pattern was often heavily arranged by each ship crew, leading to extra confusion. Eventually the chaos became to be settled toward the end of war as decreased importance of camouflage.

第1部 舷窓彩色館

4 「ホーネット」の巻
第二次大戦の米海軍迷彩
US Navy camouflage in WW2

米海軍の迷彩理論には英海軍の影響も少なからず見られるが、全般に組織的統制の度合いが強く、イギリスほど個別対応に頭を悩まされることはない。また、特有の調色システムは模型製作の上でも大いに興味をそそる面があり、理論を踏まえた塗装によって米艦コレクションがぐっと引き立つはずだ。

第二次大戦の米海軍迷彩

アメリカは第一次大戦当時から迷彩の研究が盛んで、学者や芸術家も動員して様々なパターンを編み出していた。1930年代半ばには再び戦時迷彩の準備が進められたものの、参戦が遅かったこともあって第二次大戦中は英海軍の動向を後追いする傾向が見られた。第二次大戦型迷彩の特徴は航空機に対する効果が重要性を増したことで、多くの場合において対空迷彩と対水上迷彩は相容れない関係を生じるため、迷彩の用途別分化がさらに進展。大戦中期以降には従来の経験を踏まえた多数のオフィシャルな迷彩パターンが設定された。一方、調達の単純化や、後には火災対策から艦内のストックをできるだけ減らしたい意向も強まって、英海軍より塗料の種類を極限したのも特徴だ。これらは、米海軍の迷彩塗装が通常塗装とひっくるめて造修局（のち艦船局）という役所の管轄となっていた影響が強く、基本的に艦隊側の現場対応で済ませていた日本海軍と比べると話の規模が桁違いに大きい。具体的な迷彩の適用も造修局の指示書に従っており、改訂に伴って廃止や新規採用がなされるため、個々の迷彩規格にもある程度はっきりした使用時期の傾向が見られる。もちろん、現実的対応として、指示書が改訂されるたびに全艦一斉に塗り替えをするわけではなく、指示書と実際にはある程度のタイムラグが生じる。

大戦初期の迷彩

第二次大戦が始まった頃の米海軍は1937年設定の塗装基準に従っていたが、これは基本的に濃中淡の3通りの灰色のどれかを使いなさいという程度のものだった。暗い色は空から見たとき、中間は好天時に水上から見たとき、明るい色は曇りなどの天気で水上から見たとき最も隠蔽効果が強いとされる。このうち、各艦がそれぞれの作戦海域で敵と出会う可能性の高いシチュエーションがどれかによって、使う色を決める。いずれも甲板はダークグレイを指定していた。概して水上からだと明るい色のほうが目立たないことが多いのに対し、上からの隠蔽効果は暗い色のほうがいい。水平面は横からではまず見えないから濃い色でいいとしても、垂直面は上からでもそこそこ見えてしまうので、対空・対水上のどちらにも効果的な迷彩は理屈の上では不可能なのが問題だった。指示書の中では、妥協形として3色を水平に重ねた諧調迷彩に触れているものの、この時点では適用に消極的だった。旧来の幻惑迷彩など、その他の迷彩については一切具体的な指示をせず、それぞれの方法に対する善し悪しの評価だけ言及してあったようだ。この中には塗装だけでなく、電飾や霧吹き、垂れ幕といった大道具についての項目もあったというから、さすがハリウッドの国（?）。

最初の改訂が実施されたのは1941年1月で、このとき初めて、それぞれの塗り方に対してメジャー（Measure）という米海軍独特の用語を使うようになった。日本風にいえば之字運動A法みたいな感覚で「艦船塗装1法」ぐらいのところだろう。ただし、この1941年1月版指示書は第二次大戦中の米海軍迷彩の中ではなぜか異色の存在で、塗料から従来効果が認められていた青の顔料を省いて無彩色にかえたり、あまり評価されていなかった水上艦艇の黒づくめや騙し絵型迷彩（メジャー4～8）を導入したりと唐突な内容が目立つうえ、実績不良のため同年9月にはほぼ全面的な改訂を余儀なくされた。ただし現場の変更作業は遅く、太平洋戦争が始まった12月の時点で真珠湾の米艦隊は大半が1月版のままだったといわれる。

1941年9月版は、早い話が37年版の基準に戻したもので、いったん既存メジャーを廃止して（潜水艦用黒塗装のメジャー9のみ継承）、青味を再び加えた新塗料に対応する新しい番号を付与。このとき現場で混用素色（tinting material）と白を混ぜて各色を用意させるシステムが導入された。1942年6月には使用色の一部変更などの再改正を実施している。

幻惑迷彩の発展

もう一つの新機軸が、複雑な塗り分けを伴うタイプの迷彩だ。1941年9月の改訂の中で、水平3色塗り分けのメジャー12に対し、オプションとしてこの種の塗装方法が登場した。これは3色それぞれの境界の上下に互いの色の部分を侵食させるようなパターンで、滲み型（splotch）迷彩と呼ばれている。諧調迷彩本来の隠蔽効果に、艦の形状や進行方向をわかりにくくする効果を追加するものだったといわれるが、あまり評価は高くない。しかし艦隊側では、この種のごちゃごちゃした迷彩がすでに英海軍で盛んに使われていたのに自軍になかったのがうらやましかったらしく、目ぼしい艦はこぞってメジャー12改を施した。おおまかな塗り方しか指示していなかったこともあって、具体的なパターンは艦ごとにばらばらで、次第にもとの基準や目的を逸脱したものも多く見られるようになった。中には実質的な迷彩効果が期待できないものも多く、この際それは別として「うちはこれだけ気合い入れて塗ったのだから大丈夫」という乗組員の士気高揚効果があったとする、何とも苦し紛れな評価も見られる。

メジャー12改は1942年6月の改定で早くも公式には廃止されていたが、ガダルカナル戦が山場を越える頃まで使われた。一方、これに代わる迷彩法の研究も進められ、英海軍の雲型塗装を参考にしたメジャー15、第一次大戦で幾何学模様型の幻惑迷彩を手掛けたエヴァレット・ワーナーが再招聘されてデザインしたメジャー17が知られているが、それらは実艦テストまでで終わり、1942年6月版ではメジャー16のみ正式採用された。これがまたきわめて特殊なもので、専用の明るい青と白を使った2色パターン塗装。ポーランドの生理学者ヤン・プルキニェが発見した「人の目は暗い所ほど青を明るく補正する」視覚効果を利用し、曇天の昼間は2色の色調差が増して幻惑効果、夜間は差が減って隠蔽効果が高まる一石二鳥を狙っていた。第一次大戦時にアメリカの自然学者アボット・サイヤーが艦船用迷彩として提唱したが、結局第二次大戦で先に英海軍が採用し、米海軍が追随したのだった。

大規模迷彩システムの導入と廃止

1942年の各種迷彩塗装の研究と今後の展望を踏まえ、1943年3月の指示書改訂の中で新たな迷彩システムが導入された。これがメジャー31～33だ。3種のそれぞれは従来通りの濃中淡の関係で、対空・対水上好天時・同曇天時に最も効果を発揮するよう調節されていたが、そのシチュエーションとしてより具体的に、中部・南部太平洋の島嶼攻略作戦、同海域での外洋艦隊作戦、北部太平洋・大西洋での洋上行動を想定。前者に対応して新たに緑系塗色を導入し、揚陸艦艇や沿岸哨戒艦艇に幅広く適用された。一般艦艇と接する機会の多いモデラーにはややピンとこないところだが、メジャー31はむしろ緑系を主体に考えるほうが理にかなっている。このシリーズで最も特徴的なのは、具体的な塗装パターンを3者で共有していた点で、31～33のそれぞれに定められた全体的な明るさの基準に沿うよう配色を変更する手法が取られていた（互換性のないものもある）。基本的なデザインプラクティスは船の形状や進行方向の判定を妨害する効果を追求したもので、自前のワーナー式迷彩に配色・模様ともややシンプルな中期以降の英海軍省式破形型迷彩の特徴を加味したものとされ、不規則曲線を多用した英海軍に対し直線的な幾何学模様が大半を占める点、英海軍より使用色の種類が少ない点が異なる。また、この時期には艦船用の吹き付け塗装技術も開発され、グラデーション迷彩も限定的ながら採用された。おそらくメジャー12改の失敗に鑑みて、デザインは艦船局であらかじめ艦種ごとに特定のものを多数準備し、できるだけ厳密に適用させるようにしたが、偽装混乱効果の観点から他の艦種のものを流用することは認められていた。いずれにせ

17

よ、第二次大戦中期に隠蔽効果より欺瞞効果を重視した迷彩が普及したのは、レーダーの影響が大きい。つまり先述した「どうせ見つかるなら」の理論がちょっと形をかえたもので、同時に当時のレーダーがまだ単独での射撃管制に充分な性能を持っていなかったことも暗示している。メジャー31〜33は1944年の米海軍を代表する迷彩塗装となった。しかし同年末には日本海軍の戦力が著しく弱まり、かわって特攻機の攻撃が最大の脅威となったため、最も有効な対空隠蔽迷彩とされるネイビーブルー1色のメジャー21に塗りかえる船が急増。就役する艦艇の数も雪だるま式に膨れ上がっており、さすがのアメリカでも塗料の供給不足が見られるようになった。特に青味のもとであるプルシャンブルーの確保が難しかったらしく、混用素色を抜いた無彩色のグレイを代用してもいいことになった。1945年3月には戦時中最後の塗装指示書改訂が実施され、手入れの手間がかかるメジャー31〜33は廃止となり、順次シンプルな水平2色塗り分けのメジャー22に切り替えられた。なお、潜水艦部隊では1944年夏からグラデーション迷彩を導入し、終戦まで継承したが、当初から艦内ストックを局限するため無彩色のカラーリングを指定している。

米海軍に限らない話ではあるが、模型作りに際しては、それぞれの迷彩パターン自体のデザイン性を楽しむばかりでなく、その背景にある目的やトレンドを踏まえると、新たな発見や表現へのヒントを得ることができるだろう。

「レキシントン」

USS Lexington CV-2 (Fujimi)
model length:386mm

メジャー1＋5に相当するパターン。メジャー1はほぼ無彩色のダークグレイでマストトップを白としたもの、メジャー5が艦首の欺瞞波を示す。メジャー1は晴天の中部太平洋で水面上一定の高さから見る場合は有効と思われるが、日本潜水艦の艦長から「水平線上にガスタンク」と評された巨大煙突がこの色では相当目立つはす。逆に俯瞰ではトップの白が目を引き、模型のアクセントとなる。メジャー5の欺瞞波は輪郭だけなのが特徴。「レキシントン」は太平洋戦争開始時にすでにメジャー12に変更済みだったという。作例はフジミのシーウェイシリーズで、旧ウォーターラインシリーズのひとつ。1936〜42年の様々なディテールが混在するなど考証面では厳しいが、何といっても「大和」並の巨大艦が2014年時点で駆逐艦並みの値段で購入できるのが魅力。上位キットとしてピットロード／トランペッター版があるので、細かいことはそちらに任せてエントリーユーザーはまずこちらを選ぶといい。作例も未修整。

「ホーネット」

USS Hornet CV-8 (Tamiya)
model length:349mm

典型的なメジャー12改迷彩の適用例。東京空襲や南太平洋海戦の記録写真、そしてタミヤの本キットの影響によって、この迷彩ならますこの艦を思い浮かべるファンが多いのでは。迷彩の塗り方も比較的指示書の推奨基準に近く、ある程度艦を背景と混濁させ、なおかつ形状判定を阻害しようとする意図が感じられると思うが、隠蔽迷彩としてはうるさすぎ、幻惑迷彩としてはパンチ不足といったところ。空母は比較的形がシンプルなので、効果の良し悪しが出やすい。キットはいくつか考証上の問題やディテール表現の癖（20㎜機銃の銃架が銃座と一体化しているモールドが近年のトレンドに見合わないなど）が取り沙汰されるものの、タミヤ特有の切れ味があり、作例も特に形はいじっていない。

「ジュノー」

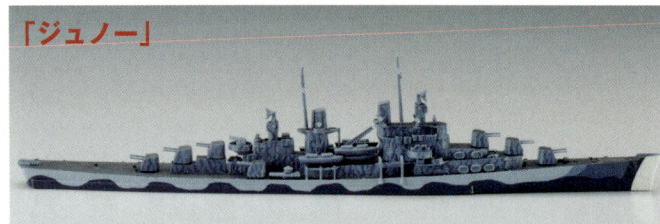

USS Juneau CL-52 (Pitroad)
model length:238mm

同じくメジャー12改迷彩だが、かなり変則的な例。船体にライトグレイが使われていて本来の諧調構造を失い、船体短縮や欺瞞波といったメジャー12と無関係な要素を加えたうえ、上部構造物の滲み模様が細かすぎて単に小汚いだけのような見栄えになってしまっている。作例はピットロードのもので、アイテム自体の人気は高いものの金型の他社移籍などで現在入手が難しい。形状的な考証は中途半端なので悪しからず。

米海軍艦船塗装表

measure	塗装	目的	明度	条件	対象	適用期間	普及度	備考
C&R-4（1937年9月）								
	オーシャングレイ単色	対空・対水上隠蔽	★★	好天	水上艦艇	37.9-41.1		
	水平3色諧調	対水上隠蔽	★★	好天	水上艦艇	37.9-41.1		
	ネイビーグレイ単色	対空・対水上隠蔽	★	曇天	水上艦艇	37.9-41.1	○	
	ダークグレイか黒単色	対空・対水上隠蔽	★★★	曇天・夜間	水上艦艇	37.9-41.1		夜間対探照灯
BuShip-2, 1st edition（1941年1月）								
1	ダークグレイ単色	対空隠蔽	★★★	全天候	水上艦艇	41.1-9	○	マスト頂部などは白
2	水平3色諧調	対水上隠蔽	★★	全天候	水上艦艇	41.1-9		
3	ライトグレイ単色	対水上隠蔽	★	曇天	水上艦艇	41.1-9		
4	黒単色	対空隠蔽	★★★	全天候	水上艦艇	41.1-9	×	駆逐艦限定
		対水上隠蔽		夜間				夜間対探照灯
5	欺瞞波	対水上幻惑	─	昼間	水上艦艇	41.1-9		Ms1〜3と併用
6	偽装	対水上幻惑	─	昼間	水上艦艇	41.1-9	×	ブルックリン級専用
7	偽装	対水上幻惑	─	昼間	水上艦艇	41.1-9	×	オマハ級専用
8	偽装	対水上幻惑	─	昼間	水上艦艇	41.1-9	×	ブルックリン級専用
9	黒単色	対空隠蔽	★★★	全天候	潜水艦	41.1-	○	上面含め完全単色
BuShip-2, 2nd edition（1941年9月）								
11	シーブルー単色	対空隠蔽	★★★	全天候	水上艦艇	41.9-42.6		
12	水平3色諧調	対水上隠蔽	★★	全天候	水上艦艇	41.9-42.6	○	
12改	3色滲み迷彩	対水上隠蔽・幻惑	★★	全天候	水上艦艇	41.9-42.6	○	パターンは艦側任意
13	ヘイズグレイ単色	対水上隠蔽	★★	曇天	水上艦艇	41.9-		
14	ネイビーグレイ単色	対水上隠蔽	★★	好天	水上艦艇	41.9-		
BuShip-2, revised 2nd edition（1942年6月）								
10	オーシャングレイ単色	対空隠蔽	★★	全天候	潜水艦	42.6-		上面含め完全単色
(15)	多色雲型迷彩	対水上幻惑	★★	全天候	水上艦艇	42後半	×	非公式（英式類似）
16	2色幾何学迷彩	対水上隠蔽・幻惑	★	曇天・夜間	水上艦艇	42.6-45.3	○	サイヤー式迷彩
(17)	多色幾何学迷彩	対水上幻惑	★★		水上艦艇	42後半	×	非公式（WW1型）
21	ネイビーブルー単色	対空隠蔽	★★★	全天候	水上艦艇	42.6-	○	
22	水平2色諧調	対水上隠蔽	★★		水上艦艇	42.6-	○	
BuShip-2, revised 2nd edition supplement（1943年3月）								
23	ライトグレイ単色	対水上隠蔽	★	曇天	水上艦艇	43.3-		
31	多色幾何学迷彩	対空隠蔽・幻惑	★★★	全天候	水上艦艇	43.3-45.3	○	緑系・青系
32	多色幾何学迷彩	対水上隠蔽	★★	好天	水上艦艇	43.3-45.3	○	青系・緑系
32(SS)	垂直3色迷彩	対空・対水上隠蔽	★	曇天・夜間	潜水艦	44.6-		Ms42/3SS-B（明色） Ms32/9SS（暗色）
33	多色幾何学迷彩	対水上隠蔽	★★	好天	水上艦艇	43.3-45.3		

1：表のうち、明度の星印は多いほど暗いことを示す。条件は指示書で好適とされる時間帯・気象条件を示し、似たような迷彩でも変更される場合がある。普及度は特に水上艦艇（一部潜水艦）で多用されたものに○印を付与、×印はほとんど用いられなかったか、試験運用のものを示す。

2：メジャー1,11,21改の濃色塗装は、対空隠蔽を主目的とする場合に全体がシルエット状になって形状や進行方向の判定を困難にする効果が見込まれていたものと思われる。メジャー4も同様に昼間目立ちすぎるため、夜間用（暑くて住めない）という大欠点もあった。メジャー1は上部の明色部が対空効果を減じて中途半端、11はやや明るすぎるとされた。

3：メジャー2,12,22は対潜隠蔽を主目的とし、2と12は塗り分け線を艦のシアーラインに沿わせていたが、22では水平とされた。

4：メジャー3,16,23,33は主に曇天が多い北大西洋・北太平洋での使用を想定。33は16の代替と位置づけられるが、実際は併用された。

5：メジャー6は「ブルックリン」級を「ニューオーリンズ」級に、同7は「オマハ」級を「クレムソン」級等の旧式駆逐艦に、同8は「ブルックリン」級を「ベンソン」級などの新型駆逐艦に偽装するもの。かなりマニアックな迷彩。

6：メジャー15は大戦末期長との区別が難しく、分類に諸説ある。メジャー17は使用例が多く、色の判別に諸説ある。この他、シーブルーに近いサファイアブルー（メジャー1Bとする資料あり）、英海軍から供与の赤系塗料（通称マウントバッテンピンク）も試された。また、ガダルカナルなど初期の上陸作戦では暫定的な緑系迷彩が使われた。

7：メジャー31と32には緑系塗色も用意された（色調は何度か変更されている）が、32ではほとんど使用されなかった。メジャー31と32の中間の31aという派生型もある。規定ではカウンターシェイド（日陰の部分を白く塗る）も併用することになっていた。カウンターシェイドは米海軍では早い段階から推奨されていたが、実艦では確認できないことが多い。

8：1945年にはS-TM系塗料の代用で無彩色のグレイが導入されたが、在来色と併用可とされたらしく実際の使用状況は確認困難。

第1部 舷窓彩色館

米海軍迷彩色の再現と模型的操作

太平洋戦争開始直後から終戦にかけて、米海軍が最も多用した塗料は青味のあるグレイで、暗いもの（ネイビーブルー）から明るいもの（ペイルグレイ）まで、5号混用素色（5-TM）に一定の割合の白（5-U）を混ぜて作るようになっていた。これらを模型で再現する場合、国内塗料最大手のGSIクレオスが扱っておらず、ピットロードが一部を出しているだけなので、不便を感じているモデラーも少なくないだろう。レシピは以前から模型誌でも紹介されているものの、既存色から個別に類似のものを選んで調整する方式が主流のため、どうしても若干のばらつきを生じやすく融通もきかない。それぞれの商品は本来、特定の色に対して最良の発色や隠蔽力（薄い塗膜でもしっかり発色させるための透けにくさ）などを得られるよう開発されているから、当然と言えば当然で、14番のネイビーブルーに白を足してもオーシャングレイにならないのは不思議な話ではない。

幸い、現在ではGSIクレオスから「色の源」という素材が発売されており、これと黒・白を組み合わせることで、オリジナルと同じ5-TM+5-Uの調色プロセスをほぼそのまま再現できるようになった。「色の源」は減法混色（光を混ぜる加法混色ではなく、絵の具による色彩表現法）の効果を得るため必然的に隠蔽力が劣るのだが、艦船のように彩度の低い用法でこの点はあまり問題にならず、濁りのない色相を得られるメリットの方が大きい。

5-TMと同様の調色法は、緑系塗料（5-GTM+5-U）、サイヤーブルー（5-BTM+5-U）、甲板色（20-TM+20-U）でも採用されていたが、緑以外は実際の調合パターンが1通りしかないので模型への応用価値はない（実際に甲板色はあとで専用色を支給するようになった）。

米海軍の塗装指示書では、戦前からマンセル表色システムに準拠した色調指定をつけてあり、理論上は現在でも当時の色を正確に再現できることになっている。ただし、マンセルシステムは戦時中改定されており、実際の計測値とシステム上の指数の関係も変わってしまったらしいので、自前で色を作る場合は注意。米海軍も改定後の43年3月からマンセル表示をやめており、その後新しく指定した潜水艦用や水上艦艇用の無彩色グレイは、明度の実測値である反射率を直接それぞれの色名に添えるようになった。色相と彩度が必要な他の有彩色は、各種情報から類推する必要がある。米海軍の指示書で5-TM系の色相は単にPB（青紫）としか書いていないが、これは着色剤であるプルシャンブルーの現在の表示である5PBとしておくのが無難だろう。あとは研究者や塗料メーカーが作った再現見本や、現存する当時のカラーフィルムを参考に彩度を調節する。指示書通りの比率で適当な色が揃うような5-TMが出来上がれば完璧だが、塗料の質の違いなどを考えれば必ずしもこだわる必要はないだろう。重要なのは、各色の色相が統一され、明度や彩度が一定のライン上に並ぶことで模型の見た目の印象がすっきりすることだ。

色相を出すには、最近なら本やインターネットで欲しい色のCMYK値を探してきて、「色の源」をCMY（シアン・マゼンタ・イエロー）それぞれの比率で混ぜるといい。CMYKは原則的に、白地の上に印刷する時の単位面積に対する各色の塗布率に相当する。各色の数値が明度の高低にあたり、同じ理論で塗装するなら塗料の濃さに反映させることになる（明るい色は白の上に薄く塗る）が、実際は塗料自体に白を混ぜても同じ結果が得られる。ただし、K（黒）は白を併用しない前提で濃度を手っ取り早く上げるための便宜混入（理論上はC100M100Y100で黒になるはずだが、K100のほうが現実的ということ）であり、白と黒を同時に混ぜると彩度が下がってしまう。今回の調色ではグレイ系を作るので結局両方混ぜることになるが、純色のグラデーションを作る場合はくれぐれも注意。いずれにせよ、いったん色相が決まれば、明度と彩度は白と黒のコンビネーションで調節できる。

上級モデラーの心理としては、鑑賞者をできるだけ作品に引き寄せたい傾向があるので、直球勝負も一理ある。その一方で艦船レベルの縮尺になると、それほど作り込まなくてもそれなりにセンスを出したいとき、ドキュメンタリーな現実感を演出したい場合など、さりげない小技として空気遠近法の適用を検討する価値が高まってくる。通常は迷彩塗装でこれをやると非常に面倒臭いことになるのだが、5-TMを作ってあれば、たとえば白に適当なエフェクトをかけてから通常の混合比で各色を作るだけでも、充分な効果が得られるだろう。やや霞がかった晴天なら微量の青を、曇天なら黒を若干足してから、白をやや多めに調色するとベターでは。

US navy studied camouflage enthusiastically in WW1 mobilizing scientists, naturalists and artists to act initiative role in establishing world-wide fundamental theory, but those experience was almost reset during interwar period and they started to construct new stream of camouflage system. The Bureau of Construction and Repair had authority and their control was much strictly driven home to individual ship after failure on early measure 12 mod system; halfway direction often caused deviation from original intention of the scheme. Measure 31-33, introduced very extensively from late in 1943 was not only much influenced by British Admiralty Disruptive pattern, but still incorporated the thought of WW1 dazzle painting in the process of simplify. Since US navy gradually affected by paint material shortage because too large number of ships entered in service, as declining enemy threat, camouflage painting was substituted with simple scheme in 1945.

1943年後半の重巡「ミネアポリス」。米海軍では極めて珍しい艦種偽装の実例で、船首楼の短縮や救命筏の加算のほか、羅針艦橋の窓枠も大ぶりなものを描きこんでおり（実際は小さい丸窓しかない）、たぶん駆逐艦に見せかけたかったのだろう。米海軍ではこのような偽装も迷彩の一種とみなしていたようで、メジャー6～8がそれにあたるが、実際は使われなかったようだ。(Photo/U.S.NAVY)

米海軍5-TM系迷彩色一覧

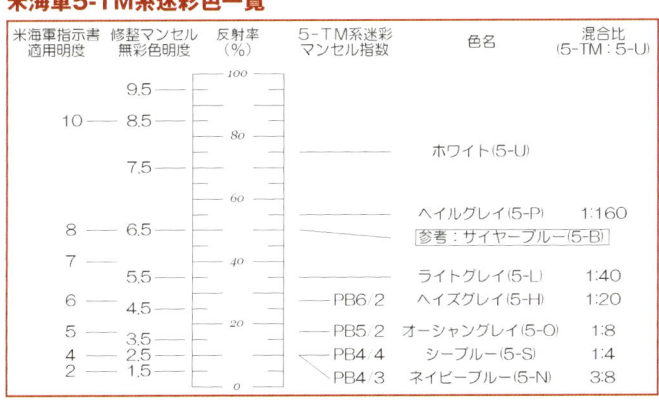

明度と彩度は白と黒で調整できる

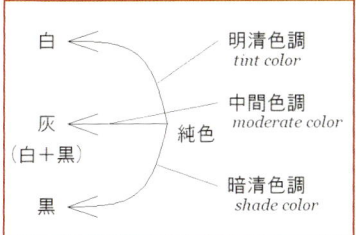

米海軍5-TM系迷彩色の概念図

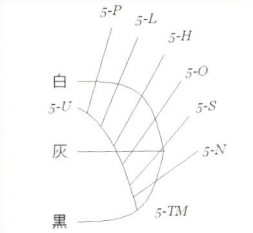

ほとんど黒に近い色やハデハデに鮮やかな色を買ってきても、模型用塗料の底をのぞくとたいてい白っぽい色が沈んでいる。商品としての調色はあくまでメーカーが長年かけて開発した複雑な仕掛けを経て結果として現れる色なので、普通の色を扱っているとなかなかあの教科書通りの色彩変化を体感できない。「色の源」は、このような特殊事情を省いた調合が可能なのが強み。

色彩の観点から5-TM系迷彩を分析すると、プルシャンブルーを暗清化した混用素色から一定のライン上に並んだ色彩群と捉えられる。米海軍の5-Uは白ということになっているが、資料によると反射率75%で、これをそのままとると「洗っても落ちないシャツのシミ」みたいにはっきり色として認識できるレベルの濃さに相当する。空気遠近法的な影響を考えても、自作で色を作る場合はある程度この点を反映させるとよさそうだ。標準的な調色としては、シアンとマゼンタを3対2ぐらいで混ぜてプルシャンブルーを作り、これと黒をだいたい1:3～4ぐらいに混ぜたものを5-TMとして、順次白を加えていくのが単純明快な手順だが、あらかじめ少し白を濁らせておくと全体に落ち着いた色系になってくる。

19

「バックレイ」
USS Backley DE-51 (Pitroad)
model length:134mm

メジャー31／3Dの適用例。メジャー31は対空隠蔽が主目的で反射率を約10〜15％に調整していたため、かなり地味な印象。使用色は濃い順に黒、オーシャングレイ、ヘイズグレイ。オフィシャルパターンでは甲板上にもオーシャングレイの柄が入るが、写真では日光の照り返しに負けて確認できないことが多い。「バックレイ」級は映画「眼下の敵」でおなじみ。

■メジャー3＿／3D
このパターンは米駆逐艦で最も多く使われたもので、31〜33のどの色系もあった。このような汎用パターンをオープンメジャーと称し、3＿／3Dなどと表記することがある。斜線の後の3が個別のデザイン番号、Dが駆逐艦用を意味する。デザイン番号は艦種ごとに1からつけられ、1A（空母用）、1B（戦艦用）、1C（巡洋艦用）などはすべて別物。他艦種用を流用してもいいことになっており、3Dは他に戦艦「コロラド」や軽空母、巡洋艦でも適用例がある。独特の幾何学模様は現場で「クレイジーキルト」と呼ばれた。同じデザインを使う限り基本的パターンはどの艦も共通だが、細部の微妙な差は見られるため、模型でこだわる場合は各艦の資料をよく検討する必要がある。作例はいずれもピットロードのインジェクションキット（一部絶版あり）。

「ポープ」
USS Pope DE-134 (Pitroad)
model length:134mm

メジャー32／3Dの適用例。メジャー32は反射率を約20〜40％に調整されていたが、対艦欺瞞用でコントラストが強めになるようデザインされており、模型映えもいい。使用色はメジャー31のヘイズグレイをライトグレイに差し替える。パターンのもとにした「ポープ」は「エドソール」級だが、キットは「キャノン」級を使用。この両級はいずれもデザイン3Dの使用率が高い。

「ジャッカード」
USS Jaccard DE-355 (Pitroad)
model length:134mm

1944年に「ジョン・C・バトラー」級護衛駆逐艦3隻で米英6通りの迷彩を比較実験した際の塗装で、右舷がメジャー32／3D、左舷が33／3Dという特殊な例。メジャー33は曇りの弱い光の下でメジャー32のように見えるよう調整されており、3色それぞれを1ランク明るい色に置き換えて、濃い順にネイビーブルー、ヘイズグレイ、ペイルグレイを使うのが基本。反射率は約40〜50％とされており、やや武器離れした装飾性の強い配色。

「デンヴァー」
USS Denver CL-58 (Pitroad/Cleveland)
model length:263mm

「クリーヴランド」級軽巡洋艦。駆逐艦以外でメジャー33／3Dを適用した例。メジャー32や33でも甲板上にオーシャングレイのパターンを入れることになっていたようだが、本艦の場合はドックで修理中を撮ったアップ写真でも確認できない。「ジャッカード」のように全く異なるパターンが設定された例もある。作例は「クリーヴランド」のキットに「マイアミ」の部品と追加工作若干でまとめてある。

「ウィリアム・J・パティソン」
USS William J. Pattison APD-104
(converted from Pitroad Rudderow class)
model length:134mm

緑系迷彩

緑系迷彩の適用例。通称グリーンメジャーは艦船ファンにはあまり縁がなく、デザインナンバーがよくわからないものが多いが、太平洋の水陸両用戦艦艇や支援艦艇に幅広く使われていた。柄もほぼAFVのコンセプトに近く、写真で確認できず作例では省略しているが、マスターパターンでは甲板上にも目いっぱい模様がつくのが普通。「色の源」から作る場合はマゼンタのかわりにイエローを使えばいいが、モデラー的需要からすれば既存色から適当に工面してもいいのでは。適用例はほとんどメジャー31のようなので全体は暗い。この艦は護衛駆逐艦改造の兵員輸送艦で、作例もピットロードのキットを改造したもの。

20

第1部 舷窓彩色館

「サンプソン」
USS Sampson DD-394 (NIKO)
model length:165mm

メジャー16迷彩の例。サイヤーブルーはライトグレイとペイルグレイの中間に位置する高い明度の色で、ブルキニェ効果を出すため彩度も高めに設定され、青というより空色にあたる。とても戦争と縁のなさそうな配色が目を引く。作例はNIKOモデルのレジンキット。今回はかなり割り引いた段階で止めてあるが、かなりハイディテールな上級者向けキットだ。ちなみに、本艦もこのあとメジャー32／3Dに塗り替えている。

■サイヤーシステム

メジャー16、別名サイヤーシステムは、英海軍で対潜護衛艦艇に幅広く適用されたウエスタンアプローチ迷彩（ピーター・スコット式迷彩）と同じ原理に基づくもの。Uボートが活動する暗夜の隠蔽迷彩としてはシルエットを相殺する白が最適だが、太陽や照明弾などの光があたると逆に目立つため、予備的迷彩としてブルキニェ効果のあるライトブルーが使われた。このブルキニェ効果は、錯覚の一種で実体験として感じる機会もあまりないので、実際の効果が理解しにくい（紙面でも表現しにくい）。真夜中に車を運転していると、ヘッドライトに照らされた行先案内板の青が意外と鮮やかではっとした経験はないだろうか。これが暗夜の視覚補正の残像効果らしく、暗いところでは青味が明るめに補正されて白とのコントラストが縮まり、単色の隠蔽効果に近づくよう巧妙に設定されたのが空色の色調だった。

■空気遠近法の適用

作例はいずれも「キャノン」級護衛駆逐艦（どちらもピットロード）だが、左は1/350を普通に塗ったもの、右は1/700に空気遠近法のエフェクトをかけたもの（各色に明るい青灰色＝Mr.カラー337番「グレイッシュブルー FS35237」を足してある）。1/700を手前に置いて撮影しても画面上はナチュラルに遠く見えるのでは。ただし、これは本来両者が同じ色であるというコンセンサスがあって成り立つトリックだ。塗装も精密再現の一部と見なして正確さを追求するのも一つの手だが、正確になるほど作品をそれ自体の縮尺に押し込めてしまうジレンマがある。空気遠近法には疑似的に作品を大きく見せる効果があり、艦船模型はその恩恵を受けやすいジャンルであるという面もある。距離500mで撮った写真と、2000mで撮って引き伸ばした写真は同じではない。わざと遠めに基準を置いて、鑑賞者を突き放しながら作品世界に引き込むような駆け引きも面白い。

瀬戸内海の風景。3月に撮影した映像で、撮影者から貨物船の距離は約2000mだが、白黒に塗り分けた船でも状況次第で結構くすんで見える。背景の島は右（甲島）が約10km、左（大黒神島）が約20km。インターネットの地図検索サービスなどで手近のランドマークの距離を測って時々眺めるようにすると、空気遠近法のセンスがつくのでは。

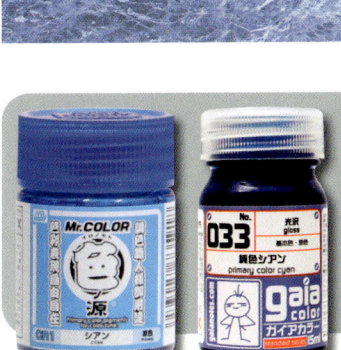

GSIクレオスから発売されている『Mr.カラー色ノ源』。三原色「シアン」「マゼンタ」「イエロー」を、純度の高いままMr.カラーと混色できるように濃度調整を行なった塗料添加剤で、一般的な下地隠蔽力を増す顔料（白や黒）を含んでいないため、既存のカラーの色味を濁らせずに微調整することが可能。ガイアカラーからも同様のコンセプトの純色シリーズが発売されている。

21

5 「グロワール」の巻
第二次大戦の仏海軍の塗装
Painting to French Warships

第二次大戦のフランスは早い段階で降伏してしまったため、艦船の塗装に関してもあまり奥行きがない。しかし中立ならではの派手なマーキングや、連合軍規格に必ずしもとらわれない特異な塗装例も見られる。こまかいことは抜きにして個々のオリジナリティを楽しめばいいのでは。

第二次大戦の仏海軍の塗装

フランス海軍では日露戦争のころに灰色一色の船体塗装を採用し、以後継承されたが、細部の塗り分けについてはさほど厳しく規制していなかったようで、大戦間には主砲や副砲の砲塔・砲身、錨と錨口、前後マストなど、艦によってまちまちなところを黒く塗った例が見られる。これらのイレギュラー塗装は第二次大戦開始までにほぼ消滅し、かわって欺瞞波のような迷彩塗装を施した例が現れるが、自国が早々に降伏してしまったためそれもなくなってしまった。地中海沿岸に集結したヴィシー政権軍は、連合軍・枢軸軍のどちらにも加わらない意思を示すため、前後の砲塔にニュートラルストライプを記入。駆逐艦以下の小型艦艇では戦前規格の大判の隊内識別符号も書き込まれ、同時期の主要国艦艇では異彩を放っていた。しかしこれも1942年11月のトゥーロン大自沈事件で終了となる。一方、本国の指揮下を抜けて連合軍側に加わった艦や供与された艦からなる自由フランス海軍の塗装は、現場の個別対応に任されており、整備改修を実施した場所や供与艦の建造場所に従ってアメリカ風とイギリス風が混在した。それらとまったく同じパターンの迷彩塗装を採用した例もあるが、その一方で実験的ともいえる独特のパターンが施された例もある。

Fallen in the early stage of WW2, French navy got little chance to apply camouflage painting. Under control of Vichy government French warships were maintained pre-war custom with large noticeable marking to show intension of neutral. As concerns units belonged with Free French Force both British and US pattern of camouflage was used depend on location of yard received maintenance and newly delivered. In several instance experimental patterns were applied and that of light cruiser Gloire was one of most complicated work in world's major warships in WW2.

「グロワール」
FRA Gloire (HP) model length:256mm

1935～37年竣工した軽巡「ラ・ガリソニエール」級の1隻で、姉妹艦6隻中3隻が連合軍側に加わった。本艦の1943年末当時の迷彩は、たぶん第二次大戦中の世界の巡洋艦で最も手の込んだもの。やはりメジャー33相当のネイビーブルー・ヘイズグレー・ペイルグレーのコンビネーションだが、当の米海軍では魚雷艇で試験運用されたパターンを使っており、目がくらむようなシマシマは圧巻。
作例はHPモデルのキットで、商品仕様は1945年だが武装に変更がないためそのまま作っている。とにかく塗装が猛烈に大変なので、面倒臭がりには決してお勧めできない

第1部 舷窓彩色館

「リシュリュー」
FRA Richelieu (Pitroad) model length:354mm

第二次大戦時の仏海軍最新鋭戦艦。降伏時は未完成のまま北アフリカに回航し、のち連合軍側に参加してアメリカで残工事を済ませ、1943年8月完成。主砲の集約配置や菱型に近い船体平面形状など外見上の特徴が多いが、完成当時の塗装がこれまた凝っていて模型にしても面白い。米海軍の体系的にはメジャー33の変形版で、ネイビーブルーとベイルグレイを使っていると思われるが、当時実際の船舶塗装に導入されて間もないスプレー吹き付けを利用した複雑なグラデーション迷彩を採用している。そのため、部分的には中間色であるヘイズグレイが使われている可能性もあるもの

の、モノクロ写真では判別が難しい。1945～46年には別図のようなはっきりした塗り分けに変わったが、塗り分け線の設定にまるで緊張感がなく、ただの装飾に近い印象を受ける。
作例はピットロードのキットで、発売当時は品番W100の記念商品にしてまさかのアイテム選定が話題となった。しかし1943年状態の年代設定に対し塗装指示の迷彩は考証不良。その後品番W115で1946年状態とのコンバーチブルキットが発売され、W100は欠番となった模様（W100の塗装指示図も同梱。1946年状態の塗装指示は迷彩なし）だが、現在はどちらも入手困難。

「ヴォルタ」
FRA Volta (HP) model length:195mm

フランス海軍が誇る大型駆逐艦の最終型「モガドル」級の2番艦。ほぼ日本の軽巡「夕張」と同じサイズで14cm砲8門、55cm魚雷発射管10門を持ち、試運転では最大43.8ノットを叩き出した。装甲がないのを差し引いても恐るべき戦力で、どちらかというと偵察巡洋艦に近い性格と考えられる。作例はHPモデルのキットで1942年の状態だが、基本塗装のライトグレイに中立識別帯と隊内符号、煙突帯を記入し、とても戦時中とは思えないカラフルないでたちとなっている。中立識別帯は必ず前後の砲塔に記入し、砲塔が複数ある時は背負式の高いほうに入れることが多いが、厳密

な規定はなかったらしく下のほうに入れていることもあるし、姉妹艦でも上と下のものが混じっている。識別帯の色は1940年から41年初めまでは白と青の2色、以後は赤白青の3色で、前後の砲塔とも艦首側から記載の順番に塗り分ける。隊内符号は、戦前は白文字黒シャドウの一般的な塗り分けだったが、ヴィシー時代は文献によると赤文字青シャドウというド派手な塗り分けだったという。写真ではそのように見えるものと青文字黒シャドウに見えるものとがある。なお、仏駆逐艦の甲板は日英と同じリノリウム張りで、鉄甲板の部分もそれに近い色で塗りつぶしていたようだ。

「デュモン・デュルヴィル」
FRA Dumond d'Urville (HP) model length:149mm

植民地警備用の砲艦で、仏海軍ではアヴィゾと呼んでおり、日本では通報艦と訳す資料が多い。1945年8月撮影とされる左舷側の写真は米海軍制式のメジャー32/3dとなっており、作例の右舷のパターンはこれに基づいて推測したもの。こちらもHPモデルのキットだが、開発年次が新しいらしくディテールがこまかい。商品仕様は1940年状態で作例の状態にするには若干の修整が必要。

「ブーラスク」
FRA Bourrasque

大戦初期の塗装例。本艦は1940年5月30日、ダンケルクから撤退する連合軍兵士を輸送中触雷沈没したが、この時の映像で欺瞞波を描いていたことがわかる。船体色も通常より濃いように見え、その一方で大判の駆逐艦表記が使われているのも興味深い（配色は不明）。「ブーラスク」級は基準排水量1300トンで世界標準としては駆逐艦だが、仏海軍では艦隊水雷艇（Torpelleier d' Escadre）に区分していたため符号のイニシャルもTとなっている。

6 「ビスマルク」の巻
ドイツ海軍の迷彩
German Navy Camouflage in WW2

ミリタリーファンはジャンルを問わずドイツが好きだ。戦力的には空陸をはるかに下回る海軍さえ、「ビスマルク」やUボートというスターのおかげで日本でも多くの刊行物を目にする。その迷彩塗装を見ても、やはり厳しい台所事情や職人気質といった毎度のキーワードが含まれていて面白い。

ドイツ海軍の迷彩

ナチス時代のドイツ海軍は陸海空のなかでは冷遇された存在であり、帝政時代の大艦隊の再構築を夢見ていたが、なかば身内から裏切られたような状況で戦力不足のまま第二次大戦に突入。潜水艦の大量生産でかなりの戦略的成果を得たものの水上艦艇は戦時建造もままならず、少ない駒を少しでも大事にしようとして手詰まりを起こす傾向が見られた。このような経緯は、艦艇塗装のジャンルでも色濃く反映されている。

1930年代末、ドイツ海軍の艦艇塗装は色番50・51と称する比較的明るいグレイ2色の階調方式を標準としていた。第二次大戦前からいちおう迷彩塗装の研究もしていたようで、水雷艦や特務艦艇で試験運用をしていたほか、開戦と同時に迷彩を施したUボートも出現。遠洋通商破壊活動に従事した装甲艦「アドミラル・グラフ・シュペー」の迷彩もよく知られる。しかしこれはあくまで例外で、駆逐艦以上の主要艦艇では当面迷彩は使わず、1940年末ごろからようやく重巡「アドミラル・ヒッパー」や駆逐艦で見られるようになる。このあたりまではほとんどが、在来塗装に色番52または53のダークグレイのスプリットパターンを加えたものだったようだ。1941年に入ると、戦艦「ビスマルク」以下バルト海にあった主要艦艇に白黒のストライプをつけた独特のパターンが登場するが、現場の評判が悪く同年中ごろには廃れてしまった。「ビスマルク」の戦没後、フランス西岸に滞留していた巡洋戦艦「シャルンホルスト」らの迷彩は陸地擬装の一種で他とは分けて考える必要がある。

艦隊用迷彩の開発運用が本格化するのは1942年以降で、かつて「ヒッパー」で迷彩を扱ったヴァルター・デシェンド少佐を長とする迷彩班（Kommando Deschend）が同年1月に編成され、海外の迷彩の研究から独自パターンの開発まで体系的な活動を展開。16種の迷彩様式と北方戦域用の新迷彩色を提唱した。絵柄は同型艦やそれに近いもので共有する傾向があり、「T22」級初期建造艦など造船所であらかじめ同じ迷彩塗装を施されて竣工したものもある。新色はノルウェータイプと呼ばれる青味の強い濃淡グレイ、泥灰色と呼ばれる若干緑味の付いたライトグレイで、背景混濁の効果を意識した英海軍の影響をうかがわせる。だが、ドイツ海軍の主要艦艇の迷彩は伝統的に幻惑効果に重点を置いている印象があり、距離や速力の判定を妨害するようなパターンが好まれた。そのため、英海軍のような不規則曲線より直線主体の幾何学模様を多用し、コントラストも強め。艦首尾に別の色を塗って欺瞞波を足し、全長を縮めて見せる手法もよく使われた。また、対空迷彩にあまり興味を示さないのも特徴で、むしろ前後甲板のハーケンクロイツや砲塔上の戦域識別色といった味方向けのアピールが目立つ。これらは模型的には見栄えを稼ぐ性質ではあるが、反面で塗り分けの面倒さを伴う。加えて、特に主力艦では頻繁に塗り替えを実施しており、いちいちこまかいところをちょっとだけ変えたりするので、考証の面でとんでもなく煩雑である。また、規定外として地中海戦域のUボートのみに見られるイタリア海軍の艦と同様の斑点迷彩あたりがあり、現地の塗料を使ったと思われる。

1942年末、バレンツ海海戦の失敗から中央では艦隊不要論が高まり。1943年には迷彩の基本パターンこそ大きな変化はないものの、微妙な立場を反映してか、色調を外洋向きのノルウェータイプから緑系に切り替えて陸地隠蔽を重視するようになったらしい。1944年中期以降、行動圏がほぼバルト海に制約された主要艦艇は再び戦前塗装かそれに近いものへ戻り、複雑なパターンは消滅する。理由は定かでないが、対艦迷彩の意味がなくなったためや、対地砲撃任務では自分が海側なので目立つだけだから、あるいは塗料の供給難などが考えられる。

特務・特設艦艇や商船ではかなり様相が異なる。これらは1939年中から順次迷彩の適用が進められており、イギリス本土侵攻作戦に参加す

独海軍主要艦船塗料名称表

色番	名称	細分	
22 a,b,c	Schiffsbodenfarbe	I, III, IIIa rot	艦底色（赤）
23 a,b	Wasserlinienfarbe	I, III grau	水線塗料（灰）
30	Schiffstarnfarbe	weiss	迷彩色（白）
31 1,2		hellgrau, dunkelgrau	迷彩色（灰）
32 1~7		hellgrun, dunkelgrun, olivegrun, hellbraun, dunkelbraun, rosa, blau	迷彩色（緑、緑褐、茶、赤、青）
33		schwalz	迷彩色（黒）
50	Deckfarbe	hellgrau fur aussen	外舷色（明灰）
51,52,53		dunkelgrau fur aussen	外舷色（濃灰）
58	Tarnfarbe, petrofest	schlinckgrau matt	迷彩色（緑灰）
58 1,2		blaugrau matt, blau-schwarz matt	迷彩色（青灰、紺）
60	Deckfarbe	weiss	外舷色（白）
80 b	Leightmetall-Deckfarbe	weiss oder grau getont	軽金属塗料（淡灰）
81,82		hellgrau, dunkelgrau	軽金属塗料（明灰、濃灰）
96 1,2	Persenningfarbe	grau, braun	帆布塗料（灰、茶）
105	Schlauchbootfarbe	taubengrau	ゴム筏塗料（淡青灰）

注：本表は「Anstriche und Tarnanstriche der deutschen Kriegsmarine」の掲載表から、模型塗装時に重要と思われるものを抜粋し一部補ったもの。他に下地塗装色などがある

「ベルグラーノ」 DKM Belgrano

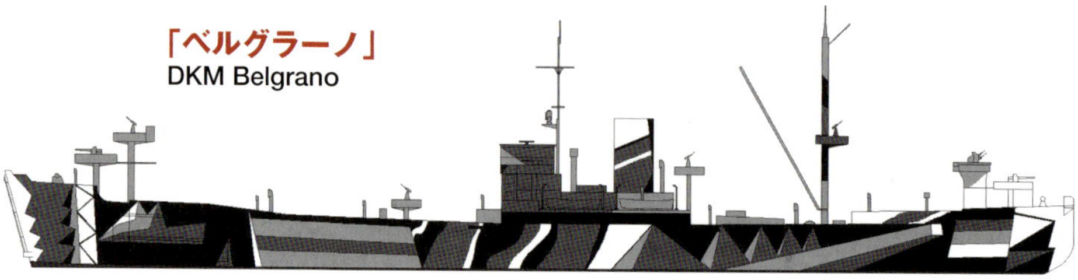

「ツィンタウ」 DKM Tsingtau

青島という名前だが1934年竣工の水雷母艦。41年6月、ソ連侵攻作戦開始に伴い各種支援艦艇が一時ノルウェーへ移動したが、このとき各艦はフィヨルド地域に対応した隠蔽迷彩を施した。使われた色調は褐色とオリーブグリーン、両者の混合といわれる。極めて目のこまかいパターンで、遮蔽物のない洋上ではまったく意味をなさないが、切り立ったフィヨルドの岸に張り付いていると効果的。イラストの元写真でも見られる偽装ネットもドイツ艦ではおなじみ。HPモデルのキットがあるので、興味のある方は試してみてはいかが。

特務艦艇の迷彩の例。典型的な都市隠蔽型迷彩で、デザイン的には米海軍のメジャー30番台を思いきりポップにしたような感じだが、これでもまだおとなしいほうで、なかには歯車そのものや欺瞞としては稚拙なデザインの艦影、高さが乾舷いっぱいもあるパーソナルマーキングにしては確信犯的に巨大なサイズの人形が描かれた、悪ノリとしか思えないような例もあった。本船はシュペールブレッヒャー（Sperrbrecher）と称する艦種の1隻で、日本では一般に封鎖突破船と訳されているが、実際は自軍の港湾防御機雷原を味方艦船が出入りする際の水路誘導や安全確認を担当する船で、戦後の日本で用いられた掃海試航船に近い。

第 1 部 舷窓彩色館

る予定の船舶はすべて迷彩を施していた。これらのカテゴリーの船は行動範囲が艦隊以上に厳しく制約されているため、ある程度は第一次大戦型の幻惑迷彩の影響も受けながら、外洋上での照準混乱を狙った比較的シンプルなものより、陸地を背景とする前提で全般的に暗めでごちゃごちゃしたものを好む傾向がある。複数の緑系に白、黒、青、赤を加えた30番台の迷彩色があり、ハンブルクのKMD（Kriegsmarinedienstelle）という部局がデザインを決めていたが、その凝り方は半端ではなく、さ まざまな様式のものを1隻ずつ事細かに描き上げ、船によっては何回か模様替えもした。虎縞や雲形といった他国でも見られるパターンもあるが、母艦など普段あまり動かない船や商船などでは、港湾の都市風景と混濁させる目的で極めて人工的な印象の幾何学模様をくどいほど盛り込んだ独特のパターンが多用された。一部には固有の作戦対応迷彩も見られる。なお、一部の通商破壊艦艇は作戦中に他国の商船塗装やマーキングを施したが、これはもちろん塗装というより偽装の範疇に入る。

German Kriegsmarine put emphasis on confusion effect for their camouflage design, but it is peculiar that several meaning were contained in the word; general purpose of camouflage for tactical demand, a part of disguise technic for commerce raider, and trick as countermeasure to spy activity. The typical instance for the former is that of Bismarck, called to 'Baltic scheme' intended to confuse aiming by rangefinder. The second, auxiliary cruisers and refueling units were often re-painted to disguise ships of neutral nations. The latter, since had to enter the war in very weak situation German navy and merchant marine extremely feared loss of unit, besides they had to enter and stay occupied ports, warship paintings were often altered and unique patterns to melt into land, even urban scene were developed to confuse eyes of spies and its cooperators. Although, from about 1944 their maximum efforts were remarkably exhausted because they no longer sailed to outside of home water.

「アドミラル・グラフ・シュペー」
DKM Admiral Graf Spee (Fujimi)
model length:265mm

ポケット戦艦と呼ばれる建艦史上極めて特異な船。第二次大戦開始時から迷彩塗装を施していたことが知られており、作例に用いたフジミ版の美麗なボックスアートにはグリーン系の模様が施されているが、実際は平時の上下諧調塗装の上に同じ色系の灰色2色を用いたようだ。本艦の場合は通商破壊活動に関連した偽装の意味合いが強く、時期によってパターンは少し変わり、途中から欺瞞波を足したうえ、塗装以外にも前部砲塔の上に木製の偽砲身を置いたり後部に偽煙突のスクリーンを立てたりと諸策講じていたが、1939年12月のラプラタ沖海戦当時はダミーストラクチャーを撤去して作例の状態となっていた。フジミ版はウォーターラインシリーズ時代の古い商品で、出来はまずまず。よりカタチにこだわりたければ後発のピットロード／トランペッター版を使うといい。

「ビスマルク」
DKM Bismarck (Dragon)
model length:360mm

ご存じドイツ海軍の至宝。作例は1941年3月頃、通称バルチックスキームを施した状態で、独特のストライプは本艦のトレードマークとしてセットでよく知られている。距離判定を混乱させる目的といわれているものの、真横から見ないと模様がはっきり出ないうえ上半分は構造物の複雑さに負けてしまうと思われ、このあと段階的に消されてしまい、最後の出撃のときはなくなっていた。かつてのウォーターラインシリーズ外国艦編第1号（当時の商品番号101）にして、現時点で外国艦唯一の完全リニューアル商品。アオシマとほぼ同時にドラゴンとトランペッターが発売して空前の3社競作、艦船模型界でも何かと話題に事欠かない。作例はこのうちドラゴンのもので、煙突基部に幅1mm近い隙間ができたり煙突先端に金色を塗る指示があったりツッコミどころ多数搭載のパラダイスアイテムではあるが、後の同社発展の片鱗も垣間見られる点で歴史的に興味深い。

「Z39」
DKM Z39 (Tamiya)
model length:182mm

「Z23」級駆逐艦の追加建造分・1936A臨戦型の最終艦。この塗装はコマンド・デシェンドの第7様式（ビルト7）を示すもので、重巡（旧装甲艦）「リュッツォウ」や給油艦「ディトマルシェン」なども適用した。戦艦「ティルピッツ」が42年夏以降に施したのはビルト5で、いずれもノルウェイタイプのブルーグレイ系だったようだ。作例はグリーンマックスからピットロードを経て現在タミヤが発売している商品。このクラスと判断せざるを得ない程度の造形で各社の後発キットに太刀打ちできないが、直すガイがあれば安価で流通量も多い利点が生きるはず。現行キットは大戦末期の対空装備強化状態の部品が入っただけでなく、既存パーツの一部も修整されている。

7 「リットリオ」の巻
イタリア海軍の迷彩
Italian Navy Camouflage in WW2

芸術の国というイメージが強いイタリアだけに、迷彩塗装もさぞかしユニークでバラエティに富んだ様相かと思いきや、その体系は意外とシンプルで少々拍子抜けする。しかしマニアックな特徴や他国にない独自のパターンもあり、模型のコレクションにもぜひ入れておきたい。

イタリア海軍の迷彩

イタリア海軍では第一次大戦後しばらくダークグレイ一色を艦艇標準塗装としていたが、1931年に規定を変更し側面がライトグレイになった。この色は日本語と同じ灰色（cenerino）とも呼ばれるもので、地元の書物のサンプルでもほぼ日本海軍機の明灰白色と同じような色調を示している。甲板色のダークグレイも色味は同様で、この2色は第二次大戦中も基本色として使われた。

第一次大戦では最初から連合軍だったイタリアは、1918年にダズルペインティングを導入していたが、その後はこれといった研究をしていなかったらしく、第二次大戦参加からしばらく平時塗装しか使っていなかった。1941年に入り、重巡「フューメ」が濃淡グレイのダズルペインティングを、駆逐艦「カミチア・ネラ」などが全面ダークグレイの前後一部を明るくした船体短縮迷彩を実施。これに対し、戦艦「リットリオ」など巡洋艦以上の数隻が採用したのは他国に見られない独特なもので、全面ダークグレイの上にライトグリーンの楔模様を前後対称に入れた。ほぼ同時期にドイツ海軍で見られたバルチックスキームと同じく、合致式スコープによる照準を混乱させるものであり、魚骨式（双魚骨式／doppia spina di pesce、lisca di pesceともいう）と呼ばれており、間もなく船体短縮の技法も追加した。一方、やや遅れて同年夏から戦艦「アンドレア・ドリア」などが導入したダズルペインティングは、オーストリア出身の画家ロドルフォ・クラウドゥスがデザインを手掛けたもので、横長のラインと鋸歯状の細分割をかけあわせた特徴的な模様を持ち、ライトグレイに白、黒、アズール（水色）、1例のみだがベージュも使用。欺瞞波や船体短縮の技法も取り入れた。だが、これらはいずれも散発的なもので、主力艦隊以外でもほんの数例の試験実施が知られている程度らしい。

1941年12月に海軍技術局が迷彩塗装の指針をまとめ、原則として海軍艦艇はすべて迷彩塗装を施すこととなった。適用対象が一挙に増えたにもかかわらず、主な艦艇は従来と同じく1隻ずつ固有のデザインを用意されていたから、目の肥えた人なら迷彩のパターンだけで水雷艇以上のほぼ全艦の識別が可能で、モデラー的には最もコレクション向きのやり方だったと見ることもできる。ただし、商船に対しては10通りのマスターパターンを使い回す方策がとられた。これらはほとんどが濃淡グレイだけのコンビネーションで、従来からの船体短縮技法として前後に白を使う例が多く、稀に中間的なグレイ、黒、緑、アズールを使用。資料によってはさらに細かく多数の色名を列記しているものがあるが、単に呼び名を統一していなかったのか実際に別の色だったのか定かでない。模様は直線や曲線の幾何学図形、または不規則曲線の雲形と多種にわたり、魚骨式やクラウドゥス式の影響が残るものもある。基本的には隠蔽効果より幻惑効果を重視する傾向が見られるが、白は日射の強い地中海では目立ちすぎるとして次第に避けられ、もっぱらこの色で表現されていた船体短縮技法は順次廃止された。この場合を含め多少のマイナーチェンジをすることはあるものの、この期間中にまったく異なる2通り以上のパターンを施した例はほとんどない。

潜水艦は戦前まで黒塗りを用いていたが、1940年中から迷彩艦が現れたようで、1941年にはさまざまな模様や色調のものが混在した。しかし水上艦艇とは逆にダズルペインティングが排除されていき、同年中期以降は中立色（tinta neutra）と称する褐色の専用色を用いた、隠蔽寄りの効果を狙ったと思われる斑点ないし雲形の模様が基準とされた。大雑把に見えて、やはりマスターパターンが用意されていた。

イタリア海軍の特色として対水上迷彩の凝り方とは対照的なのが、派手な紅白の対空識別塗装だ。参戦直後の1940年7月、英艦隊との最初の

「セステリアーノ」
SS Cesteriano

標準商船迷彩の例。この迷彩はデザインされた時点では対象船の性能に応じて3カテゴリーに分けられていたが、実際には左右で別カテゴリーの別タイプを施すこともあった。「セステリアーノ」はサイズも外見もほとんど日本の「さんぺどろ丸」型と同じものだが、規定通りの塗装を施しているらしく、旧式低性能船用のタイプ3Cで、船橋前面のパターンから左右対称と推定される。迷彩色の境界を細かい波線や中間色の帯でぼかす技法もイタリアでは多用された。また、標準迷彩導入以前には、大型客船「コンテ・ディ・サヴォイア」のような、ほとんど宣伝看板並の風景画が描かれた変わり種も見られる。

「ジュリオ・チェザーレ」
RN Giulio Cesare

クラウドゥス式迷彩の例。基本的には第一次大戦型のダズルペインティングだが、ノコギリ模様に特徴があり、全長や細部形状の判定妨害を狙った要素も含まれる。両舷対称。「コンテ・ディ・カヴール」「アンドレア・ドリア」もよく似たパターンを施したが、配色や細部デザインはやや異なる。いずれにせよ、最初に戦艦で迷彩塗装が普及したのもイタリア海軍の特徴といえる。ピットロードから「カヴール」のレジンキットが発売されたことがあり、当時としてはかなり出来のいい代物だった。もし手に入れば迷彩仕様にしてみてはいかが。

第 1 部 舷窓彩色館

本格的衝突となったカラブリア海戦で戦艦「リットリオ」が味方機の誤爆を受けたために導入されたもので、前甲板に左舷が艦首寄りの斜線を入れるよう規定された。ただし実施状況はかなりルーズで、艦尾側にもラインを入れた例、甲板色との塗り分け境界が識別帯に合わせて斜めになっている例、あるいはライン自体を塗っていない例が見られ、同じ艦でも時期によって様式が異なることもある。イタリア空軍は必ずしも制空権をとれる実力を持っていたわけではないが、少なくとも1942年までは支配地域の都合から連合軍側の制約が大きく、地中海中央部では枢軸側が航空優勢を保っていた。従って海軍からすれば、連合軍機に見つかる心配より味方に間違われる心配のほうが大きかったと考えられる。制度の上ではいちおう休戦まで継承されていたようだ。

1943年9月に休戦協定が結ばれると、イタリア艦隊主力はマルタへ移動して連合軍の管理下に入った。その後はあまり目立った活動をせず、塗装に関しては英海軍の互換式または標準式を採用し、船体の濃色部分に供与された英海軍のB20を使った例もある。また、大戦末期に大西洋方面で行動した潜水艦9隻は、米海軍メジャー32／9ssを適用したという。一方、本土北部では小型艦艇を中心とする一部の艦が枢軸側に確保され、迷彩を施された場合もあったが、以前の標準迷彩の流れをくむもの以外に、ドイツ由来と思われる上下階調塗装も使われたようで、皮肉にも連合軍側、枢軸軍側の双方に同じパターンが現れていた。

In contrast to IJN, Italian navy in WW2 introduced camouflage painting first to capital ships. Two early prominent pattern, Fishbone type and Claudus type were designed in similar way to German Baltic scheme and WW1 Dazzle painting respectively. In Dec 1941 Italian Navy decided to apply camouflage to all units and generally two color scheme pattern was prepared to each individual surface warship, while some of standard patterns were designed for submarines and merchant ships. On the contrary anti-aircraft concealment painting was completely ignored, because Italian navy always operated in radius of friend aircrafts, and rather had to paint insignia on deck to notice them to be not their target. After armistice many ships sailed to Malta were clothed British camouflage, alternative or standard type in generally, while units joined to axis force were applied German style.

「リットリオ」
RN Rittorio (Pitroad) model length:341mm

イタリア海軍のオリジナル迷彩「スピナ・デ・ペスケ」の適用例。1941年春の採用直後は艦全体が魚の骨で、間もなく前後を白く塗った作例の状態に修整。姉妹艦「ヴィットリオ・ヴェネト」のデザインはもう少し複雑だった。これ以外では戦艦「カイオ・デュイリオ」と軽巡「デューカ・ダオスタ」が適用している。42年には変型迷彩となり、連合軍参加後は英海軍標準型迷彩を使用。第二次大戦時の最新鋭戦艦「リットリオ」級は、まさしくイタリア風「大和」と呼ぶべきデザイン上の類似点とファッション性を兼ね備えたキャラクターで、日本でも人気が高い。2012年にようやくピットロード／トランペッターでキット化されたが、魚骨迷彩は扱っていないのでなんとか再現して一枚上を行きたいところ。模型自体は標準的で手堅い印象ながら、不用意に箱組みの積み重ねが多用されていて建築物的重厚感を出すには多少の慎重さが求められる。艦名はファシスト党のシンボルである古代の権標（持ち手が束になった手斧）を意味し、ムソリーニ失脚後「イタリア」と改名している。

「サエッタ」
RN Saetta (Pitroad) model length:134.5mm

大戦中期の典型的標準迷彩。本艦のパターンはドイツの「ティルピッツ」のものとよく似ており、コマンド・デシェンドがイタリアの迷彩も参考にしていたことをうかがわせる。「サエッタ」は1932年完成の駆逐艦。艦名は「電」で、同じ年に完成した同名の日本艦をザコキャラ化したような少々コミカルな外見が特徴。作例は「カヴール」と同時期に発売されたピットロードのレジンキット。なお、小型艦艇にはアルファベット2文字の識別符号があり、規定では艦首尾両舷に赤で入れるが、戦時中にはしばしば消されていた。作例の引用元の図面集では符号表記がすべて省略されているため、今回は入れていない。

「フルット」
RN Flutto (Delfis) model length:89mm

潜水艦の塗装例。斑点は戦車や航空機ではごくありふれたものだが、艦船用迷彩としては世界的にかなり珍しい点に注意。ティンタ・ネウトラは栗色ともいわれるが、やや緑褐色がかった有色系の灰色とでも表現するしかないような独特の色調らしい。「フルット」級は1942年末から就役開始した中型潜水艦で、迷彩塗装とUボート式司令塔が標準仕様。スリット状通水口より下を黒で塗りつぶしているのもドイツ流だが、この塗り分けは初期のマスターパターンにはなく、既存艦では適用していないものもあり、途中で規定変更された可能性がある。作例はご当地メーカー・デルフィスモデルのキット。素材はポリウレタンより前から使われていたホワイトメタルで、細密度は劣る。

column 1 その他の国の迷彩
Paintings to the other Navies

■ソ連海軍

ソビエト連邦海軍の基本色は青味のあるミディアムグレイで、現地語では鳩色と形容される。色相環では赤味よりやや緑味に振れた、ドイツ空軍のRLM65や78のような色調らしい。船底塗装の上端に細い白線を入れる慣習があり、平時・戦時を問わず不定期に確認できる。戦時の情報は質・量ともに限られるが、迷彩は盛んに用いられたようで、一般的なスプリットパターンや雲形塗りわけのほか、グラデーション系も使用。黒海艦隊では単なる写真写りとは思えないほど濃い色調の単色塗りがある。北洋艦隊では英海軍の破形型迷彩を参考にしたと思われるパターンも見られ、大戦後期に貸与された艦は特に塗り替えもしていない。

「ラズヤリョンヌイ」
USSR Razyaryonny (Samek/Razumny)
model length:161mm

第二次大戦時のソ連海軍標準型駆逐艦「プロイェクト7」型で、建造地の極東から北極海経由で北洋艦隊に加わったもの。白黒のパンダ柄は最もコントラストが強く、理論上は極めて強い幻惑効果が期待できるが、意外と他の国ではほとんど使われていない。北洋特有の地吹雪のような気象条件で効果を得るためと推測される。作例はサメックモデルというメーカーのかなり古いレジンキャストキットだが、艦首尾が細く構造物が前のめりの印象のシルエットをうまく表現している。商品名は姉妹艦「ラズムヌイ」で迷彩のパターンもほぼ同じだが、ここでは写真が入手できた「ラズヤリョンヌイ」としておく。若干武装が実艦と異なる。

「KXVI」
HMNS K-XVI (scratch built) model length:105.5mm

オランダ潜水艦のうち、インドネシア用としてデザインされたKシリーズの最終グループに属するもの。ほぼ日本の海中5型に相当するサイズで、アメリカのホランドの筋を引くシンプルなデザインと、艦尾・水上各2門を含む魚雷発射管8門を有するのが特徴。艦番号はなぜか本国用のOグループはアラビア数字、Kグループはローマ数字と使い分けていた。作例は自作。潜水艦は船体に潜水艦専用のミディアムグリーンを使う。「KXVI」は1941年12月24日ボルネオ島クチンで日本駆逐艦「狭霧」を撃沈するも、翌日「伊166」に撃沈され、日本潜水艦が沈めた最初の軍艦となった。

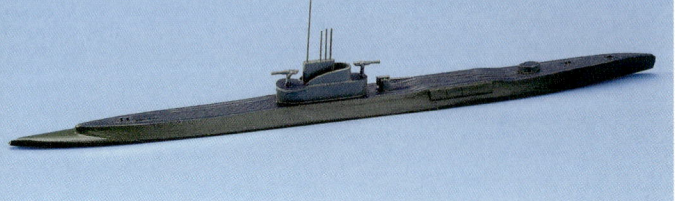

■オランダ海軍

オランダ海軍は緑灰色を平時から標準塗色としていた数少ない国で、本国・東南アジア植民地とも共通。色味は日本の外舷2号系に近く、文献では21号と22号の中間ぐらいの明度が指定されている。市販色に適当なものがなく、Mr.カラーでは315とSC05を合わせるなどで自作する必要がある。連合軍側に転じた本国配備艦は概ねイギリスの塗装を適用し、新造供与艦も初期状態のまま。対日戦に臨んだ蘭印配備艦は巡洋艦などで2ないし3色を用いたスプリットパターン迷彩を施しており、同一色系の濃淡とも、絵の具のビリジアンに近いかなり彩度の高い緑を使っていたともいわれる。緑系の基準色は他に第一次大戦時のオーストリア・ハンガリーが知られる。

Russian navy in WW2 is known to have extensively used camouflage painting. Many of available information is naturally that of Northern fleet, often cooperated with allied force. Strangely white and black pattern seldom can be seen in other navy. According to literature written by domestic author Dutch navy had used green-grey to standard warship paint. In early stage of Pacific war split pattern camouflage consists of two or three colors was reported to be applied to some units of Dutch West Indies fleet.

マンセル表色システム

現在もっとも一般的に用いられている色の分類法。アメリカのアルバート・マンセルが1905年に提唱した。昔は印刷技術の都合で区分に限りがあったが、その後1943年に現在の形式に修正され、今では数値表示に小数点も使われる。本書では模型の塗装に対しあまり厳格に色を定めず、作例も割と曖昧に塗っているが（もともと雑誌では白黒ページが多いもので）、説明の中である程度色彩区分の基礎知識を踏まえた方が理解しやすいという部分もあるので、参考に掲載しておく。

1／色相……大きく10通りに分類して環状に配列し、それぞれ時計回りに10段階をつける。たとえば「青の基準色」は5B、10Bの次は1PB（青紫）。

2／明度……黒を0、白を10とするが、完全な黒と白は表現できないので実際は1～9.5で分類する。

3／彩度……完全な無彩色を0とするが、上限は色相と明度によって異なり、最大値は色相5R・明度4付近で14。

各色は「色相　明度／彩度」で表現される。システム変更前の米海軍指定では、たとえばネイビーブルーはPB4／3、デッキブルーはPB3／4で、甲板の方が暗くて彩度が高いことになるが、色味の違いは分からない。絵画に使う絵の具には各商品にこの分類値を記載しているものもあるが、残念ながら模型用塗料ではまだ普及していない。メーカー様にご配慮願いたいものだ。

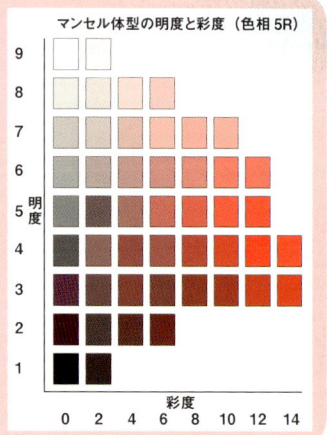

第2部 舷窓懐古館
Portholes on forerunners

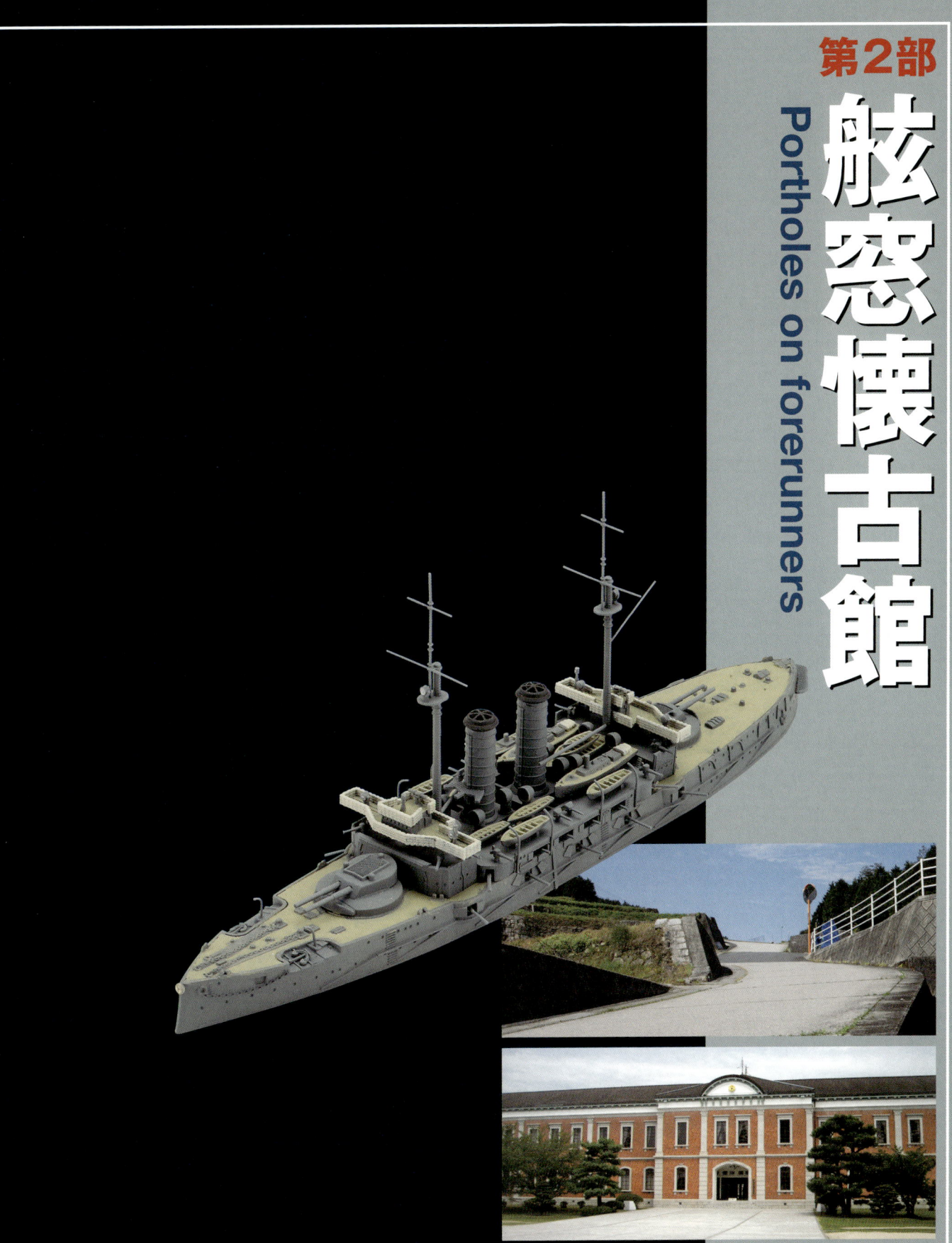

本書発売の2015年、沈没した戦艦「武蔵」の船体が発見されたニュースが世間をにぎわせた。
棚から以前作った「武蔵」の模型をとって海底の画像と見比べたファンもおられるだろう。
往時の姿をそのまま復元するのが難しいものを模型で再現する手法は考古学でも重要なアプローチの一つであり、
専門家にとってはそれ自体が失われた事実を推察するための研究として機能するのはもちろんだが、
そこまで大げさに考えなくても、市販品のキットを組み立てるだけで、あるいは人が作った模型を見るだけで、
誰もがそのアイテムに親近感を持ち、過去に思いをはせて心の豊かさを感じるきっかけにできるはずだ。
ここでは19世紀から概ね第二次大戦前を扱ったタイトルを集めており、
製作した模型は知名度と資料的充実度が必ずしも一致せず、考証を二の次に立体化したものが多いが、
むしろそこから得られるインパクトを通してそれら艦船の置かれた歴史的背景をうかがう要素が強く出ている。

8 「黒船」の巻
「黒船」から「坂の上の雲」へ
From sailing ship to ironclad

ペリー艦隊の来航を契機とする江戸幕府の鎖国政策撤廃が明治維新を引き起こす決定的要因の一つとなり、新政府が経験した最初の大規模対外武力衝突である日清・日露戦争で戦局を決定づけたのも海上戦闘だった。近代日本史においてこれほどの影響力を及ぼした海軍力の意味をより理解する一助として、当時の艦船発達史を概観してみよう。

「黒船」から「坂の上の雲」へ

1853年6月、浦賀に入港した米東インド戦隊のフリゲート「サスケハナ」以下4隻を、江戸の人々は驚異の目で見つめた。それは彼らにとって、長い鎖国の間に飛躍的進化をとげていた世界的シーパワーの一端に触れた瞬間であり、その一人である坂本龍馬はやがて近代海運への興味を萌芽させ、あまつさえ明治への政治的大転換にも深く関与することとなる。

明治の日本はひたすら欧米列強に比肩する国家の構築に邁進した。国民生活しかり、産業育成しかり。しかしその中には、新時代を拓いた強引な政治的エネルギーの新たな矛先として大陸方面への覇権志向に訴える向きもあり、国力に見合わない過剰軍備を伴う綱渡りのような国家経営も見られた。司馬遼太郎は、坂の上の雲をも追わんとした明治という時代を代表させる人物の一人として、明治元年に松山で生まれた日露戦争時の連合艦隊作戦参謀・秋山真之を選んだ。黒船の脅威によって新時代を迎えた日本は、「三笠」によって今や他国の脅威に抗う力を持ちえたように思われた。

さて、黒船来航から日本海海戦まではほぼ半世紀に相当するが、ペリーの旗艦「サスケハナ」と東郷の旗艦「三笠」の間には隔世の差がある。「三笠」と「ドレッドノート」の間にはそこそこのステップがあるものの、そこから「大和」までの35年には19世紀ほどの飛躍はない。この間の艦船発達史に何があったのかを把握することで、明治の日本がとった軍拡路線の意味を検討する上でも重要なヒントを得ることができるだろう。ただ、この問題に関してはとても50年の中では収まらない。坂本龍馬が思いをはせる以前の七つの海へと話は広がっていく。

帆船の時代

1630年代、カトリック系キリスト教の浸透を警戒した江戸幕府は鎖国政策を選択する。欧州方面への窓口として唯一残されたのは、新興のプロテスタント国家・オランダだった。この国は当時まだスペインと長年の独立抗争を続けていたものの、北部ヨーロッパ沿岸の中心にある立地を生かして海運で富をなし、イギリスやフランスと並んで東アジアまで勢力圏をのばすほどになっていた。要するに商売人の国なので、布教への興味もなく江戸幕府との折り合いがつきやすかったわけだ。しかしイギリスで共和制を打ち立てたクロムウェルは、自国の交易から他国船を締め出す保護主義政策でオランダに挑み、1652年から3度に及ぶ英蘭戦争が展開。蘭海軍はトロンプやデ・ロイテルといった後の艦名でお馴染みの提督が善戦するものの、いずれも戦死して最終的に敗北、国家としてのオランダも衰退の一途をたどっていく。

この英蘭戦争で、英海軍は規格化された軍艦を単縦陣で運用する戦術を確立し、戦列艦という名称が登場した。そしてこの頃から、軍艦の形状は1世紀以上もの間ほとんど進歩しなくなる。木造の強度的限界によるサイズの制限、帆走に依存した推進手段にもとづく運動性と船形の関係（戦闘行動や港湾内での取り回し）、そして火砲に進歩がなく戦闘様式を大きく変える要因がなかったことなどが理由のようだ。

産業革命と艦船の変革

オランダの没落後、イギリスと海上の覇権を争う力を持っていたのはフランスだったが、自国の政治的不安定や陸軍との勢力争いなどで安定した海軍力を維持できず、1805年のトラファルガー海戦敗北と10年後のナポレオン失脚でフランスの勢力も衰え、イギリスが世界の海洋を支配するパックス・ブリタニカの時代となった。ただし、フランス艦隊の優勢期にその支援を受けたことで、アメリカが独立を達成した点は見逃せない。

トラファルガー海戦は、帆走戦列艦時代の最後の大海戦となった。産業革命の根幹となる蒸気機関をワットが発明したのは1760年だが、1807年にようやくアメリカで、フルトンが蒸気船を使った商業航海を軌道にのせる。当時の蒸気機関はまだ舶用としては非効率で、燃料の制約もあって蒸気船はごく近海や内陸河川などの限られた場所でしか使い物にならなかった。また、主用されていた外輪式推進もやはり非効率のうえ、軍艦用としては砲配置の邪魔になり被弾にも弱いとくれば、採用に消極的なのも当然だった。それでも、風がなくても走るのだから少しは役に立つだろうということで、警備用小型艦などを主体に蒸気推進がぼちぼち導入された。一方、外輪式の欠点をすべて補う手段であるスクリュー推進は、1836年にエリクソンとスミスが特許を取って以降動き始め、1845年に英海軍が同大同出力のスクリュー船と外輪船を綱引きさせるパフォーマンス（「ラトラー」と「アレクト」の実験が有名）を行なった後、主要艦艇から外輪式は次第に姿を消していく。英海軍の外輪フリゲートは1838年から10年間で11隻、スクリュー式でフリゲートに分類されたのは1846年から28年間の38隻とされる。「サスケハナ」は1847年着工、1850年竣工だから、建艦史の上ではやや型落ち加減ということになるが、日本相手ならそのほうが派手でいいぐらいだったろう。

ただ、この頃から技術革新とそれに伴う既存艦船の価値減少のサイクルが急激に早まってきたのは確かだ。産業革命は、それまで100年以上のあいだ艦船の発達を阻んだ制約を撤廃し、新技術の一つ一つが着実に優位をもたらし、それが新たな対応策を要求した。また、19世紀に入ると各国で海上戦闘に対しても、情報を蓄積して学術的な研究を加える姿勢が強まり、世界のどこかで起こる個々の戦闘がその後の発展の方向性に与える影響も次第に大きくなりつつあった。当事者の経験則だけがゆるやかに積み上がっていく時代ではなくなったのだ。黒船が技術と連動して国家組織が複雑巧緻化していく過程の一具象であるというところに、江戸の日本人は得体の知れないプレッシャーを大なり小なり感じたのではないだろうか。

盾と矛の争い

海上戦闘における大砲の役割は、長らく前座にとどまっていた。帆船時代の大砲は投石機の発展型の域を出ず、鉄球（なければ石でもOK）で浅間山荘よろしく敵船を損壊させるが、そのまま撃沈まで持っていく威力はなく、最後は船ごと横付けし

黒船（4隻揃い）

日本人なら知らない人はいないペリーの黒船艦隊のうち、第一次訪日時の4隻を1/700で再現。一度見てみたいと思ったファンも少なくないのでは。「サスケハナ」は既存キットのスケールダウン、その他は写真資料からの推測作図で、全体的には「それらしきもの」といった程度の代物ではあるが、サイズの対比など陣容の実態を把握する程度の役に立つだろう。旗艦「サスケハナ」はほぼ先代の練習帆船「日本丸」と同じ大きさで、今の目から見れば怖くもなんともないのだが、当時の大型和船（いわゆる千石船）の寸法がスループの3分の2ぐらいであることを考えれば、やはり幕府にとっては脅威だったろう。

第2部 舷窓懐古館

て白兵戦で決着をつけていた。ただの鉄球より中に火薬をつめた炸裂弾（榴弾）のほうが効果的だが、導火線の調整が難しく、自爆の危険が高くてなかなか導入できなかった。艦砲として使えるめどが立ったのは、1822年にフランスのペクザンが発砲時の装薬で時限信管を作動させる方式を開発してからだ。日本にペリー艦隊が来航した1853年の秋、ナヒモフ提督率いるロシア艦隊が榴弾砲でトルコ艦隊に完勝して本格的な榴弾時代に突入。2年後のクリミア戦争でロシアのセヴァストポリ要塞占領を目指した英仏連合軍は、木造船で陸上砲台との撃ち合いは戦にならないと痛感し、急遽、装甲を張った自走式の浮砲台を作って戦闘に投入、ロシアを屈服に追い込む。この装甲砲台の成功を受け、本格的な航洋装甲艦「グロワール」が1859年完成した。1861年からアメリカで南北戦争がはじまり、南北の装甲艦「ヴァージニア」と「モニター」が交戦したが、おたがいに決定打を出せなかった。つまりこの時期、装甲は火力を上回り、装甲艦同士の砲戦ではなかなか決着がつかないが、少なくとも木造艦は装甲艦に対しほぼ無力という関係が成立したわけだ。同じころ、日本では攘夷派が外国相手に暴れて薩英戦争や馬関戦争が発生するが、まだ極東にまでは装甲艦が出回っておらず、英艦隊が薩摩の反撃で手傷を負う一幕もあった。この件がもとで薩摩はイギリスの支援を得られるようになり、倒幕の重要なファクターとなる。

フリゲート「サスケハナ」について

サスケハナUSS Susquehanna
（排水量3824トン）

ニューヨーク工廠で1850年12月竣工。「佐助鼻」という日本語臭い名前だが、ニューヨークとワシントンDCの間にある河川名。同時期建造され第二次交渉で訪れた「ポーハタン」と並び、米海軍最後の外輪フリゲート。東インド戦隊艦艇として二度の日本開国交渉に参加、地中海戦隊旗艦を経て南北戦争のため帰国し、北軍で活躍。奇しくも日本が明治改元する1868年に退役し、1883年売却解体。なお、帆船時代から当時までのフリゲートという呼称は、概ね20世紀の巡洋艦に相当する（コルヴェットやスループはその下位艦種）。

One of Japanese greatest writer Ryotaro Shiba expressed a spirit of Japanese enterprises of Meiji period, from late 1800s to early 1900s to 'chasing after crowds over ascent'. Since adopted seclusion in early 1600s Japanese nation solely enjoyed peaceful sleep, while world's civilization gradually developed and the movement was strongly accelerated by the industrial revolution started from late 1700s. When US navy East Indies squadron entered to Uraga, entrance to capital Edo, future Tokyo, probably Japanese citizens felt a kind of mysterious oppression from their black hull; it was an embodiment of process that a state turns to be complicated interlocking technological development. Paddle propulsion adopted to US frigates Susquehanna and Mississippi was already obsoleted, though seemed to demonstrate sea power of advanced country effectively by its showiness. These models of US ships are almost an assumption because of uncommonness of available information in Japan, and among them Susquehanna was based on semi-fictional model tool designed in about 1970s.

「サスケハナ」
USS Susquehanna (scratch built)
model length:120mm (hull)

黒船の代名詞ともいえるペリーの旗艦。作例は現在アオシマから発売されている旧イマイの1/150版をほぼそのまま1/700に縮めたもの。実艦の容姿は「ミシシッピ」に近く、このキットはどちらかというとキャラクターモデルに近いが、全長70cmに及ぶ大物で木目もモールドされており、抜群の存在感を持つ。

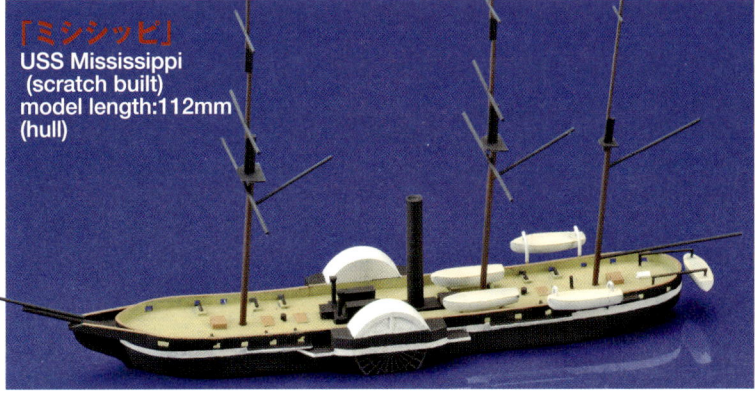

「ミシシッピ」
USS Mississippi (scratch built)
model length:112mm (hull)

「サスケハナ」を参考に実艦写真と合わせ推測作図したもの。アメリカは独立戦争以来フリゲートを得意芸にしていたが、外輪式はほんの数隻しかなく、ペリー艦隊もそれなりに気合の入った布陣といえなくもない。

「サラトガ」「プリマス」

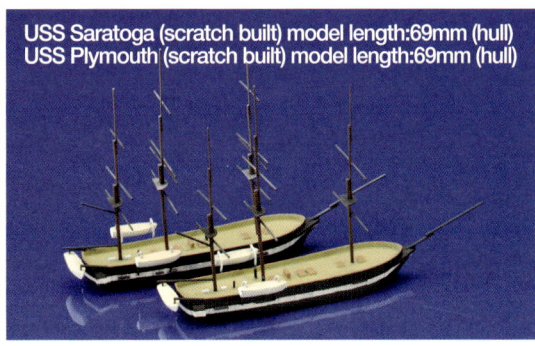

USS Saratoga (scratch built) model length:69mm (hull)
USS Plymouth (scratch built) model length:69mm (hull)

ペリーの第一次訪日時に随伴した2隻の帆走スループを再現。実艦の資料がきわめて限られるため、同一造船所で近い時期に建造されたサイズの近いものを重視しつつ、類似艦の資料を総合して造形している。ちなみに、「咸臨丸」もこの両者とほぼ同大で、やや細長く軽い。

⑨「ウォーリア」の巻

「黒船」から「坂の上の雲」へ(2)
From sailing ship to ironclad-continued

幕末から明治初期にかけて日本国内が混沌とした状態にあった頃、世界の艦船発達史も同様に雑然とした状況を迎えていた。鉄製装甲艦、巨大船、究極の高速帆船、体当たり砲艦、駆逐艦……今の目から見れば玉石混交の様々な新顔が可能性を求めて建造された。それらを巡る技術的、あるいは社会的環境を分析する。

帆走商船の衰退

　17～18世紀は商船にも大きな変化が見られなかった。アジア航路の長距離貨物船はきわめて大きな権限を持つ各国の東インド会社の管理下にあり、競争原理が働かず個船の性能を追求する必要性があまりなかった。また、これらは海賊船対策のため武装を施しており、有事には東インド会社の武力活動にも参加したという。つまり、武装商船は鎖国時代の長崎にも出入りしていた。19世紀に入り世界の海上支配圏を確立したイギリスは、海軍力の庇護のもとで商船を自由航行させる方策を望んだ。最大の眼目は海賊船の根絶。一般的な意味の海賊船もないではないが、当時は国の免状と市民のスポンサーを得て活動する海賊屋というべき事業（私掠船）が存在しており、戦争ともなれば敵の海上交通を妨害する重要な手段でもあった。イギリスにとって目障りなこの制度は、1856年のパリ宣言で非合法化され、それまでの徹底的な取り締まりもあって次第に商船は自衛武装をしなくてもよくなっていった。また、東インド会社の独占交易も段階的緩和を経て1833年に廃止された。蒸気機関の発展でタグボートが出現し、帆船は港湾内での取り回しを無視して外洋での速力発揮を追求した細長い船形がとれるようになった。この恩恵をいち早く活用したのはむしろ商船で、クリッパーと呼ばれる高速帆船が発達、条件さえよければ20ノット以上を出して速力なら充分蒸気船に対抗できた。1860年の段階で世界の外航船は帆船1500万トン、蒸気船170万トンの割合だったという（出典は異なるが、1858年当時の英国では帆船408万トン、蒸気船42万トン）。しかし帆船には季節風にスケジュールを依存する根本的不利がある。1869年にスエズ運河が開通して極東～ヨーロッパの航海距離が大幅に短縮され、蒸気船のネックだった長距離航海に伴う燃料関係の不利も一段と緩和されたのに対し、風のない中近東を苦手とする帆船は従来通りの喜望峰回りを強いられ、旗色が一気に悪くなっていった。保存船「カティ・サーク」はこの年の竣工で、知名度は高いが船歴はいまいち恵まれなかった。

　最初の蒸気機関はボイラーで発生した蒸気を1回使って捨てていたが、2個目のシリンダーで再利用する複合機関が1853年から船舶に導入。1874年には3回使用する三段膨張式機関が開発され、これがいわゆるレシプロエンジンの代名詞として昭和まで使われることとなる。

鉄船の時代

　世界初の鉄製蒸気船は1822年の「アーロン・マンビー」とされているが、英海軍ははじめのうち被弾時の破片が危ないとして鉄船に消極的だった。しかしクリミアの戦訓に加えフランスが装甲艦を作ったことから、本格的な鉄構造の軍艦を着工。「グロワール」の翌年（1860年）「ウォーリア」を進水させ、装甲以外は木造だった仏艦からさらに一歩踏み出す形となった。鉄の生産技術が大きく向上したのも19世紀に入ってからで、1857年には鋼鉄の大量生産技術が確立し、1880年代には鋼鉄を用いた装甲板の研究が本格化していく。

　鉄の使用によって、船のサイズは木造よりはるかに大きくできるようになった。1854年には全長210m、1万9000トンの「グレート・イースタン」が着工されるが、さすがにこれは当時としても破天荒な計画で、6年かけてようやく就航したものの商船としては成功しなかった。しかし、機関の性能向上とヨーロッパからアメリカへの移民の増加に加え、軍艦とは別の意味で国家間の見栄の張りあい的な要素も加わり、北大西洋航路の客船に突出して大型高速化の傾向が強まっていった。

　一方、軍艦のほうは装甲を張るとどうしても重くなり、大きい船では機関の馬力がついていかないし、そこそこバランスのとれた船をつくって編隊運用で補う方が理にかなっているので、大型化のペースはずっと遅かった。

海戦術の複雑化

　装甲艦が大砲を受け付けない厄介な奴となると、これを始末する別の方法が考えられる。すなわち、水面下に穴を開けて沈めてしまおうという撃沈戦術のクローズアップ。南北戦争が終らないうちから、軍艦の艦首下方が前にのびて先端がとがる、衝角型が普及し始めた。特にフランスはこれに熱心で、小型艦に大型衝角を付けたタイプの装甲砲艦を好んで建造、その1隻がアメリカを経て1867年日本に購入される（注文したのは江戸幕府だが、戊辰戦争のどさくさのうちに朝廷側が取得した）。本邦初の装甲艦は、その装甲だけでアイデンティティが成立してしまうことから甲鉄艦と呼ばれていたが、のち「東」と命名された。

　1861年に成立したイタリアは、5年後、ヴェネチア周辺を「回収」しようとプロイセンと組んでオーストリアに宣戦。このとき伊・墺両艦隊がリッサ島沖で対決したが、テゲトフ提督率いる墺艦隊は優勢な伊艦隊に果敢な接近戦を仕掛け、旗艦が衝角攻撃でイタリア装甲艦を撃沈するなど圧勝を収めた。この戦闘は、イタリアのペルサーノ提督がなぜか戦闘開始直前に突然船を乗り換えるという奇行に出たことが最大の問題だったが、なまじ戦果が上がったぶん衝角がその後も当分軍艦に残されることとなった。

　体当たりよりもう少し進歩した水面下攻撃は爆破であり、古くはアメリカ独立戦争時の小型潜水艇作戦があるが、南北戦争では小型蒸気艇や半潜水艇が爆薬付きの棒をかざして敵艦に体当たりをするという相当向こう見ずな戦法がとられ、当然ながら自ら巻き添えを食ってしまう例も見られた。しかし1868年に自走式水中爆薬、すなわち魚雷が発明されると、小型艇でも大型装甲艦に勝ち目があることになり、俄然戦術に幅が出てきた。フランスでは一時期、大型装甲艦を全廃して水雷艇をそろえたほうがいいとする極論も出るほどだった。ある意味では航空機時代と似た性質があるが、世界的制海権に結びつかないという根本的差異もある。いずれにせよ、大型艦にとって水雷艇対策の小型砲や水中防御力の強化は必須項目となった。イギリスが1892年建造した「ハヴォック」は水雷艇駆逐艦（駆逐艦）と呼ばれたが、技術的には水雷艇を大きくしたもので魚雷攻撃を主武装とする点は同じ。以後も単に大きいものを駆逐艦、小さいものを水雷艇と呼んだ。

日本海運界の成長

　坂本龍馬はなにかと交渉術に優れた話を伝えられている割に商才のほうは怪しい男だったようで、資金繰りに腐心する様子もちらほら聞かれる。同郷の岩崎弥太郎もその被害者の一人で、長崎では土佐藩の出先機関の責任者として資金援助をしたのに、海援隊の不祥事の処置が不適切だといわれのない叱責を受けるなど、彼にあまりいい印象は持っていなかったという。しかし海運商社の運営に関する考え方には共感し、その後にも強い影響を及ぼしていると思われる。

　1859年に主要港湾が開港されてから、日本近辺では外国船の商業航海も盛んになり、明治政府は三井家

甲鉄艦「東」（手前）と「ウォーリア」を並べると日英の国力差の一端がわかって興味深い。作例は各種資料の側面図や写真に類似艦の上面図をかけあわせて製作。最大の売りが水面下の衝角なので（バウスプリットの前端付近まで突き出している）、この船の特徴をよりはっきり見せるならフルハルで作る方が望ましい。別掲図に衝角砲艦の大まかな側面形状を示す。

衝角砲艦側面概形図

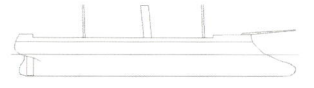

第2部 舷窓懐古館

の支援を受けつつこれに対抗すべき自国企業を設立するが、その経営は軌道に乗らなかった。これに対し、三菱商会を設立して海運業を始めていた岩崎は政府の要人とコネクションを作り、明治政府樹立後に頻発していた内乱の鎮圧のため積極的に船を供出して功績をあげ、ついに国内海運界のリーディングカンパニーの座へとのし上がった。だが、あまりの勢力増大に反発した民間から政界までの勢力が結集して共同運輸が設立、激しい勢力争いで両社は疲弊し、岩崎弥太郎も病死。共倒れを避けるため、1885年に両者が合併して日本郵船の誕生となった。これに対しては、前年設立された大阪商船が対抗勢力へと成長するが、さすがに前回の轍は踏まず、日本の海運界はこの2社を軸に発展を続けることとなる。ちなみに郵船という名前は、国が主要航路の運航会社に郵便輸送の認可と補助金を出す制度に由来しており、太平洋航路のアメリカ側主要船会社パシフィック・メイル（太平洋郵船と訳していた）などと同様のものだ。

装甲艦「ウォーリア」について

ウォーリアWarrior（排水量9210トン）

ロンドンのテムズ鉄工で1861年竣工。「グロワール」と並んで近代艦船史の一里塚と目される。装甲装着のため砲甲板を一段としており、船体を長くして砲門数を稼いだことから、いきなり世界最大最強の存在となった。その後の目覚ましい艦艇発達の結果1883年には退役したが、その船体は奇跡的に100年以上たった今も残っており、レストアのうえ1987年から一般公開されている。

「東」について

東Azuma（排水量1358トン）

1864年フランス製の米艦「ストーンウォール」を購入した日本最初の装甲艦。当初は「甲鉄」（この頃は1隻ごとに接尾語として「艦」をつけて呼んでいたので、一般的には「甲鉄艦」）という特異な艦名だったが、1871年「東」と改名した。正統的ないわゆる主力艦ではなく、体当たり戦術をメインに考えられた当時のフランス特有の小型砲艦。主砲の300ポンド砲1門も艦首正面にある。1888年除籍。

19世紀までの艦船発達史主要年表

年	世界史	艦船技術史
1633〜39	日本鎖国 蘭と通商継続	
1652〜74	英蘭戦争	戦列艦の定着
1760		蒸気機関の発明
1775〜83	米独立戦争	
1805	トラファルガー海戦	最後の白兵戦型大規模海戦
1807		蒸気船による商業航海開始
1822		ペクザン式榴弾砲の提唱
1845		「ラトラー」「アレクト」の推進方式比較実験
1850		「サスケハナ」竣工
1853	ペリー艦隊第一次訪日 シノブ湾海戦	榴弾砲の本格使用
1855	クリミア戦争	自走装甲砲台の開発 アームストロング層成砲身の開発
1859		装甲艦「グロワール」竣工
1860		巨大船「グレート・イースタン」竣工
1861〜65	米南北戦争	装甲艦同士の海戦発生
1863/64	薩英戦争・馬関戦争	
1866	リッサ海戦	衝角攻撃による装甲艦撃沈
1868	明治政府樹立	魚雷の発明
1869	スエズ運河開通	「カティ・サーク」竣工
1874		三段膨張式レシプロの開発
1883		「定遠」竣工
1885		日本郵船設立
1890頃		近代戦艦の形状確定
1894	日清戦争	速射砲の活躍 初のタービン船「タービニア」進水

Oceangoing sailing ship was received a benefit of steam engine earlier than steamer counterpart. Being released from annoying movement in harbor by steam tugboat, they could concentrate developing hull shape for high speed in the open sea. But they were essentially restricted their schedule by trade wind and even new design, called to clipper was finally to be driven out by oceangoing steam ship. New Japanese international shipping was developed without sailing ship era and both of two leading companies, Nippon Yusen and Osaka Shosen were established in the middle of 1880s. Introducing steel construction enabled shipbuilding to design much larger and robust ship. Sinking tactics was given attention and ramming gunboat including Japanese Azuma was developed, though more effective weapon torpedo boat was also emerged in late 19th century. Destroyer, exactly Torpedo boat destroyer was actually enlarged Torpedo boat.

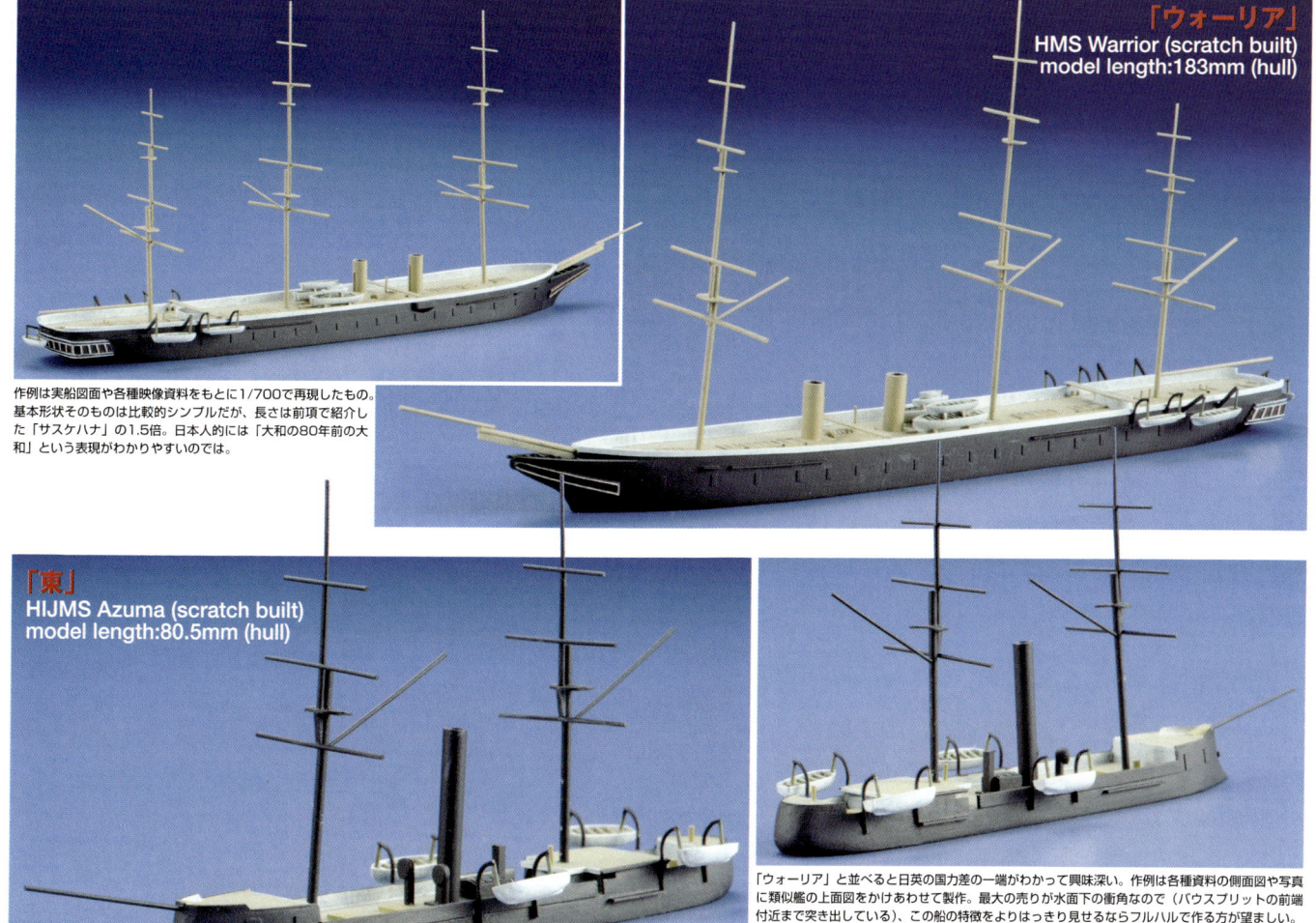

「ウォーリア」
HMS Warrior (scratch built)
model length:183mm (hull)

作例は実船図面や各種映像資料をもとに1/700で再現したもの。基本形状そのものは比較的シンプルだが、長さは前項で紹介した「サスケハナ」の1.5倍。日本人的には「大和の80年前の大和」という表現がわかりやすいのでは。

「東」
HIJMS Azuma (scratch built)
model length:80.5mm (hull)

「ウォーリア」と並べると日英の国力差の一端がわかって興味深い。作例は各種資料の側面図や写真に類似艦の上面図をかけあわせて製作。最大の売りが水面下の衝角なので（バウスプリットの前端付近まで突き出している）、この船の特徴をよりはっきり見せるならフルハルで作る方が望ましい。

33

10 「三笠」の巻
「黒船」から「坂の上の雲」へ(3)
From sailing ship to ironclad (continued)

明治政府の樹立で急速に近代国家への脱皮を進めた日本だったが、倒幕を成し遂げたパワーの余剰が欧米列強への対抗心と結びつき、次第に領土的野心として露見していった。日清・日露戦争の勝利にも艦船発達史における技術革新が深く関与しているが、その技術供与でアジアのパワーバランスを調整しようとしていたイギリス自身も、技術革新の波に飲み込まれていく。

艦砲の発達と日清戦争

「グロワール」や「ウォーリア」のように、ただ在来型軍艦の舷側一面に装甲板を張るだけでは重くなって仕方ない。そこで舷側一面に大砲を並べる形式はやめて、ある程度武装を集約し、装甲も重点的に配分する方がいいという考え方が出てきた。アームストロングは1855年、砲身を二重構造として焼き締めをかける技法を開発し、大砲の発達にも大きな弾みがついていた。そこで艦艇の設計にあたっては、メインとなる大口径砲を数門搭載し、それぞれができるだけ広い射界をカバーできるような配置をとりつつ、これに重点的に防御を施す方向で模索が進められていく。主砲の装備方法についてはすでに南北戦争の「モニター」で答えが出ていて、装甲砲塔を甲板上に置いておくのが望ましいと考えられるが、これもやはり重心の上昇を伴うため、船のサイズと乾舷の高さ、全体のレイアウトがいろいろ試された。ぼちぼち蒸気動力も独り立ちして、重心低下の一環として帆走設備も次第に姿を消していった。1883年に完成した清国の「定遠」型もそのような過程で生まれたパターンの一つで、2個の砲塔をできるだけ接近させて防御を固め、リッサ海戦の戦訓を汲んで側面より前方の火力を重視した典型的突撃型デザインをとっており、当初設計にあった補助帆装もすぐ外されている。

さて、坂本龍馬は基本的に商売に興味があったため、無理に江戸幕府の勢力をつぶさなくても対外的に通用する政治システムが構築できればOKと考えていたようだが、その切り札として彼が画策した大政奉還は打倒幕府を目指す薩長同盟の意気込みに水を差すこととなり、恩を仇で返す形で龍馬の暗殺に至ったのではないかといわれている。結果として戊辰戦争で我を通した倒幕勢力にはサディスティックな権勢欲が潜在し続け、いずれその新たなはけ口として大陸への権益拡大を推し進めることとなる。1894年の日清戦争はそんな強引な謀略を伴う朝鮮半島への進出策が清国との衝突をもたらしたものだが、両国艦隊が激突した黄海海戦も近代海戦史上の重要なステップとなる。清国艦隊は「定遠」「鎮遠」の突進力に物を言わせるべく、両艦を中心に立った単横陣でまっしぐらに日本艦隊へ殺到した。しかし、30年近くの間に見られた艦砲の発達がこの戦闘の行方を左右した。すなわち、「定遠」型やそれに対抗して日本の「松島」型が搭載した大口径砲はまだ装填機構に難があり、いずれも戦闘を通して1門あたり数発しか発射せず、ほとんど役に立たなかった。逆に口径15cm以下の中小サイズの砲は装填機構がかなりよくなっていて、新型の速射砲を多数搭載した日本艦隊の手数に清国艦隊が圧倒されて撃沈破が続出、退却せざるを得なくなったのだった。ただ、肝心の「定遠」「鎮遠」は200発以上（前者は159発ともいう）の被弾をしながら最後まで戦闘能力を維持できた。

近代海戦と徴用商船

黄海海戦には日本郵船から徴用した仮装巡洋艦「西京丸」も参加していた。この船は三菱と共同が合併してから最初に建造された船で、たまたま軍令部長の前線視察に使われていて海戦に巻き込まれたものだが、このとき、「松島」型の速力は16ノット、「定遠」型は14.5ノットで、もっと低い船も多かったから、14ノットの「西京丸」もさほど遅くはなかった。とはいえ、このときの最新鋭艦「吉野」は最大速力23ノットを誇ったし、黄海海戦と同じ年にはイギリスで初の蒸気タービン搭載船「タービニア」が進水、34ノットを叩き出して舶用機関の新時代を開こうとしていた。急速な技術進歩のもとで艦船の専門化が進み、日清・日露戦争の頃には武装商船が艦隊作戦にどう関与できるか微妙な時期に差しかかっていた。だが軍艦とて無尽蔵に作れるわけではないから、その補助としていかに商船を使いこなすかは複雑化しつつもなお重要なファクターであったし、哨戒や通商保護などの副次的任務に対しては第二次大戦当時でもまだ相応の役割を期待されていた。

もちろん、後方での輸送・補給任務は別次元のより根本的・恒久的な需要といえる。日清戦争ではこれに対し国内の船腹では対処できず、急遽外国から船を買い集めたが、戦争が終わると当然その分船がだぶついてしまう。政府としては普段から、質・量を兼ね備えた海運の育成に力を入れる必要性を認識せざるを得なかった。そして、このような船繰りの問題が場当たり的な対処で切り抜けられたのも、日清・日露までの特徴といえるだろう。

日本海海戦

日清戦争に勝った日本が清国に要求した内容は結構欲張ったものだったが、それを棚に上げてロシアなど列強の横やりを政府は大きく取り立て、臥薪嘗胆の煽り文句のもと大増税と軍事力強化に邁進する。国家予算に占める軍事費の割合は4割を超え、このままでは財政の破綻が免れず、いずれ戦争を始めるか否かの決断を迫られるのは目に見えていた。

1890年頃には、前後に連装主砲塔を1基ずつ置き、両者とその間の機関部に重点防御を施すスタイルで主力艦の基本形状はほぼ固まった。これで旧来の戦列艦は新時代の戦艦と置き換わった形となり、日清戦争後に日本が整備した「三笠」ら6戦艦はこのフォーマットに則った正統派の戦艦だった。一方、その頃から巡洋艦（旧来のフリゲートなどの艦種呼称も次第に入れ替わっていた）や水雷艇などの性能向上と関連して、これらに対応する副砲の類が強化される傾向が現れ、中には主砲とほとんど変わらない口径の副砲を装備した、いかにも中途半端な主力艦も出現する。

とはいえ、そこから主砲そのものを多数搭載する段階へ移る際は、別の切り口が大きく関与していた。大砲の技術が向上して射程が伸びると、今までのように砲員が目標を直接狙って当てるのが難しくなった。そこでイギリスが編み出したのは、自艦の砲を統一指揮し、敵艦に砲弾の網をかぶせて命中弾を期待するというものだった。

1904年2月、日露戦争が勃発。ロシアはあまり有効に機能しない太平洋艦隊を補うため、バルト海艦隊を丸ごと引き抜いて極東へ派遣することにした。しかしもたついているう

第2部 舷窓懐古館

ちに太平洋艦隊は母港・旅順もろとも壊滅し、日本艦隊は手ぐすね引いてバルト海艦隊を待ち受ける。1905年5月27日、対馬海峡の哨戒線についていた仮装巡洋艦「信濃丸」が敵艦隊発見を報じ、同日午後から日本海海戦が展開された。この戦いは、ロシア艦隊が長期間航海によって万全の状態で臨めなかった一方、日本艦隊は砲弾の質に問題があり、必ずしも敵艦の装甲を完全に破るまでには至らなかった。しかし日本側は主砲を含め高い命中率をあげ、炸裂弾の焼夷効果で火災を起こしたのがロシア艦の命取りとなり、駆逐艦の投入もあってバルト海艦隊を壊滅に追い込んだのだった。この日本側の高い命中率は、海戦直前に同盟国であるイギリスが統制射撃法を勧めたことも一枚かんでいるといわれる。そしてこのときの実績を踏まえ、イギリスは単一大口径砲多数搭載艦「ドレッドノート」の建造を決意する。

日本海海戦の砲戦距離は、ロシア側が発砲を開始した段階で8000mと、ちょうど100年前のトラファルガー海戦がせいぜい数百mだったのと比べれば一目瞭然の差がある。日清戦争のときは乱戦の中で両軍の距離が100m以下になった例もあったようだが、もはやそのような接近戦は起こりそうになくなった。外国では第一次大戦末期まで衝角が残っていたが、結局戦果はあがらず、日本では日露戦争中に操艦ミスで味方艦の衝角につつかれて沈没してしまう艦が相次いで現れたため、早々と衝角を見限ってしまった。

パックス・ブリタニカの黄昏

アメリカの圧力によって日本が開国した頃は、世界史の中ではパックス・ブリタニカの全盛期にあたり、日本はあくまでその枠組みの中で踊らされていたにすぎない。世界の盟主イギリスにとって、極東の端にある日本はさしたる資源も知られておらず、経済的に今更欲しがるほどのうまみは認めていなかった。そこで、とりあえずそれなりに影響力を調整しつつ、適当に軍事力を持たせて列強の利害衝突地域における当て馬的な役割をさせようと思っていたのだろう。

しかし、ちょうど同じ時期に登場した装甲艦により海軍力の根幹部分がリセットされ、約半世紀を経た弩級戦艦の出現でそれが再び繰り返されたことが大きな要因となって、イギリスは自らの世界的海上支配圏を失っていくこととなる。19世紀から急激に高まった技術革新の三角波を、イギリスは自ら抑制できなくなっていた。日本海海戦はパックス・ブリタニカ時代の終焉を予兆するイベントであった。

装甲艦「定遠」について

定遠Ting Yuen（排水量7335トン）
日清戦争時の清国艦隊北洋水師旗艦。英字表記は姉妹艦「鎮遠（Chen Yuen）」と紛らわしい。ドイツ・フルカン社で1883年完成。構造上は中央砲郭艦と呼ばれるカテゴリーに属し、33ページで紹介した「東」と同じく突撃戦主義のデザイン。体当たり戦術が廃れたうえ武装以外の艤装に融通が利かず、この形状はメジャーにはならなかったが、自慢の重装甲は黄海海戦でも有効だった。しかし1895年2月5日、威海衛港で日本水雷艇隊の夜襲を受け、魚雷1本が命中し擱座、のち放棄された。現在当地でレプリカが展示中。

戦艦「三笠」について

三笠Mikasa（排水量1万5140トン）
日露戦争時の日本海軍連合艦隊旗艦。イギリス・ヴィッカース社（バロー・イン・ファーネス工場）で1902年完成。当時の英海軍主力戦艦と同等の最新デザインで、「定遠」とは逆にイギリス伝統の側面砲戦を重視した思想に基づく。「三笠」は先に建造された姉妹艦3隻より更に装甲が強化されており、日本海海戦では敵弾31発を受けるも大事に至らなかったが、日露戦争終結直後に弾火薬庫の爆発事故で擱座。救難復帰後のちワシントン海軍軍縮条約の規定で廃艦となったものの、記念艦として特例保存され現在に至る。

The leading parts in establishment of new Japanese government refused reconciliation with the shogunate establishment and the force, containing certain violence was then to head outside of country. Basic design of modern battleship was settled toward the end of 1800s and the Battle of the Yalu River in 1894 was fought by miscellaneous transitional designs, while the Battle of Tsushima in 1905 by new standard designs. When Japan decided to abandon a policy of seclusion in the middle of 1800s, Pax Britannica was at its zenith. Great Britain intended to maneuver Japan as a function of regulator to power balance between great powers in a remote region. At the same time, however, two times of major start-over in naval strength, i.e. the advent of Ironclads and Dreadnoughts, let their supremacy at sea decline by degrees. Britain was just swallowed by unprecedented technological innovation generated by itself.

「ドレッドノート」
HMS Dreadnought

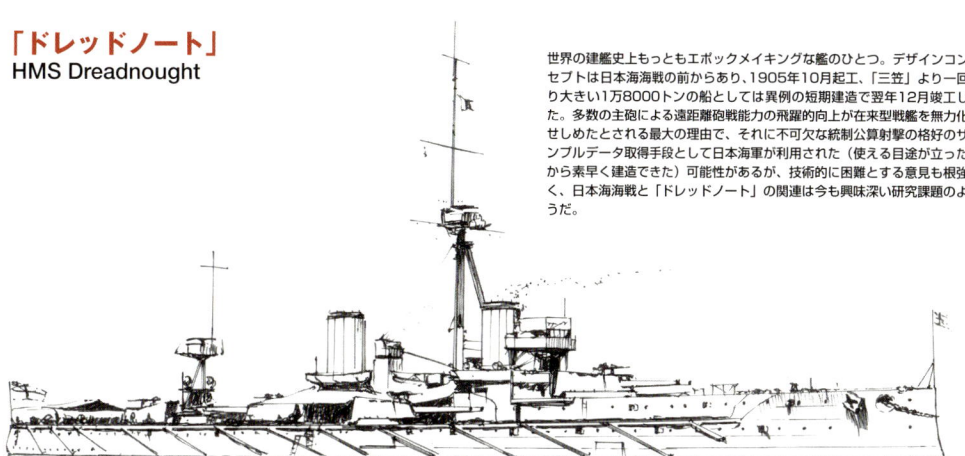

世界の建艦史上もっともエポックメイキングな艦のひとつ。デザインコンセプトは日本海海戦の前からあり、1905年10月起工、「三笠」より一回り大きい1万8000トンの船としては異例の短期建造で翌年12月竣工した。多数の主砲による遠距離砲戦能力の飛躍的向上が在来型戦艦を無力化せしめたとされる最大の理由で、それに不可欠な統制公算射撃の格好のサンプルデータ取得手段として日本海軍が利用された（使える目途が立ったから素早く建造できた）可能性があるが、技術的に困難とする意見も根強く、日本海海戦と「ドレッドノート」の関連は今も興味深い研究課題のようだ。

「三笠」
HIJMS Mikasa (Seals) model length:185mm

言わずと知れた東郷平八郎の旗艦。作例はシールズモデルズの1/700キットで、日本海海戦の状態で製作。船自体は典型的な1900年前後の戦艦の形態を取っており、「定遠」からの発展ぶりがよくわかるが、特に小口径砲や探照灯の増加、魚雷防御網（舷側下部の斜線モールドはその展開用ブーム）の追加といった水雷艇対策の飛躍的強化が外見上の大きな特徴だろう。海戦後の写真では缶室通風筒のヘッドが半分以上取り外されているが、応急修理のためと推定。

「定遠」
Chinese Navy Ting Yuen (scratch built) model length:134.5mm

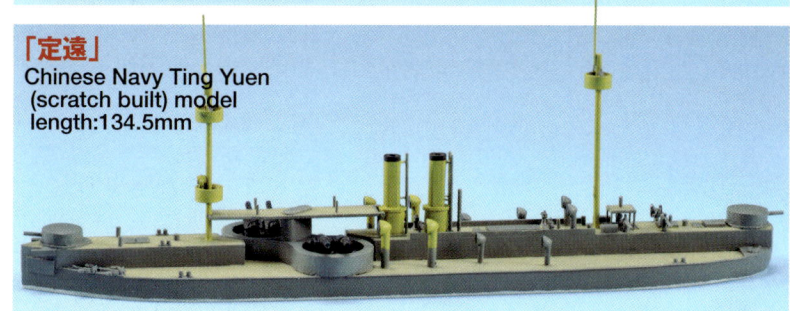

「まだ沈まずや定遠は」で有名な丁汝昌の旗艦。作例はブロンコモデルの1/350キットをもとに1/700で黄海海戦時を再現。現在はSモデルから1/700版が出ている。全くシアーのない平板な船体で、幅の狭い上部構造物に小型水雷艇などボート類を詰め込んでいたが、同海戦時には全部降ろしていたらしい。また、本来主砲には前後の副砲と同様のカバーがついていたが、本格的な装甲天蓋ではなく、やはり外していたという。姉妹艦「鎮遠」は戦後日本に接収され、後部に15cm砲2門を追加している。

11 「信濃丸」の巻
日露戦争と優秀貨客船
Passenger-cargo liners in Russo-Japanese war

日本海海戦で名をあげた「信濃丸」は、日清戦争の経験から推し進められた国内海運界強化を代表する存在だった。それら優秀商船の整備の状況や、明暗を分けた戦歴、仮装巡洋艦としての評価をまとめる。

長距離航路への参入と優秀船

日清戦争で軍事需要を賄う船腹が自前で揃わないことを痛感した日本政府は、将来のロシアとの戦争の可能性も踏まえつつ、普段から海運を育成して地力をつける策を打つことにした。つまり、日本における海運の発展は、内外の各種産業や貿易より軍事的要求が先に立っていたわけで、裏を返すと、国から積極的な財政的支援をしていかなければ目的を達しない性格を持っていた。具体的には、軍事的に有用と思われる大型優秀船を持たせるため海外航路への参入に補助を出す航海奨励法と、そのような船を自国で建造できる体制を整えるための造船奨励法が1896年に制定された。

日本郵船はこれに応じて、大規模な船隊の増勢に着手する。同社は3年前にようやく最初の遠距離航路としてインドのボンベイに船をつけるようになったばかりだったが、政府の施策を受けて早速、欧州航路用12隻、北米航路用3隻、豪州航路用3隻、他1隻（欧州用予備と北米用の2説）の計19隻を計画。前2者は6000総トン・14〜15ノット、後者も4000総トン・16ノットという豪勢なメンバーだった。中でも欧州航路は古くから列強の植民地政策の大動脈として機能していたから、これら各国の船会社が強力な同盟を組んで新規参入を阻んでおり、政府の強力なバックアップがあって初めて開設できたのだった。なお、欧州用のうち2隻と北米・豪州用の6隻が系列の三菱長崎造船所で国産されたが、この時点ではまだこのクラスを建造できる造船所が他になく、欧州用の残り11隻は英国で建造されている。

もう一つの参入企業として突如出現したのが東洋汽船だった。これは実業家・浅野総一郎が強力な政財界とのコネクションを背景として、海外航路の運営というビッグビジネスに乗り込んできたもの。こちらも北米航路に6000総トン・18ノットの優秀船3隻を建造したが、いずれも英国製だった。なお、国内船会社ナンバー2の大阪商船は、まず新領土・台湾への航路開拓をチョイスしており、遠洋定期船事業は日露戦争後に乗り出す。

「優秀船」という用語に特定の定義はないのだが、基本的には他より速度の速い船と考えていいだろう。船舶の推進抵抗は速力の3乗に比例するため、ほんの数ノットの違いでも莫大な馬力の上乗せが必要で、経済性にも大きな差が生じる。もちろん技術的な裏付けは前提となるものの、商売でそれなりに速い船を運航するには一に高い運賃をもらえる相手（お客や高級貨物）、それでも危うければ助成金ということになる。従って、昭和に入ってニューヨークライナーのような高速貨物船や艦隊用タンカーが出現するまでは、優秀船としての資格を得ることができるのは専ら貨客船だった。そして遠洋航路で充分な旅客サービスを確立するには、どうしてもそれなりのサイズや、便数を確保するための隻数が必要で、当時の日本の民間企業だけではとても対応できなかった。それだけの事業を成り立たせることも一つの国力のバロメーターであり、日本政府が助成金を出してでも背伸びをさせる理由はそこにもあった。

日露戦争と優秀船

日露戦争における軍事徴用は、陸軍177隻・海軍91隻で、日本郵船と大阪商船でその半数近くを占めた。高速の郵船豪州航路船「春日丸」型や東洋汽船「日本丸」型などは仮装巡洋艦として艦隊支援にあたり、その他の多くは軍隊輸送などに従事。これに対しロシア太平洋艦隊は装甲巡洋艦を繰り出して交通破壊作戦を展開し、大きな戦果をあげた。長年の鎖国から急激に方向転換した日本には、海軍力による通商保護の概念が決定的に欠けており、船団運航システムのような自衛策をとるための制度的準備も、これに充当すべき艦艇の準備もほとんど皆無で、ロシア艦隊にいいように足元をすくわれていたのだ。中でも、軍隊輸送中の郵船の優秀船2隻が襲撃され、「常陸丸」撃沈、「佐渡丸」大破の被害を出した事件は、当時のメディアでも大々的に報道され、海軍は激しい批判を浴びた。だが、半ば偶然に近い状況で日本の装甲巡洋艦部隊が敵の襲撃部隊を捕捉し無力化すると、してやったりで話が片付いてしまい戦訓としてはほとんど後に残らなかった。これはもはや、海軍戦略の未発達うんぬんより、根本的な国民性の問題とみなしたほうがよいのではないかと思わせる。

日露戦争のクライマックス・日本海海戦で、仮装巡洋艦は決定的役割を演じる。欧州から回航してきたロシア・バルト海艦隊に対し、仮装巡洋艦は予想ルートに展開して動静の把握に努めていた。連合艦隊司令部が最も通過の確率が高いと読んでいた対馬海峡では、その手前の五島列島福江島から北西に延びた哨戒線に4隻が配置。うち1隻は拿捕したロシア船（「満州丸」、のち海軍が取得し「満州」）だが、他の3隻（郵船「信濃丸」「佐渡丸」、東洋汽船「亜米利加丸」）はいずれも6000総トン級の新造優秀船だった。このうち「信濃丸」が敵艦隊を発見し、当時の新兵器だった無線電信を活用して連合艦隊主力に状況を連絡、後の決定的勝利を呼び込んだのはいうまでもない。

仮装巡洋艦の真価

「信濃丸」の事例を見ると、艦隊作戦の補助という面で優秀船の整備は成功だったような印象を受ける。その後も第二次大戦に至るまで、大型貨客船はしばしば各国で仮装巡洋艦として用いられた。もっとも、「信濃丸」の成果はあくまで無線機のプラットフォームとしての役割に集約されるもので、なおかつロシア側が「見つけたがすぐいなくなった」ぐらいの生ぬるい反応しかしなかったことで大事に至らなかった点にも留意する必要がある。同船の15ノットは当時すでに艦隊用としては明らかな低速で、ロシアがその気になれば、この時点で哨戒巡洋艦として大型商船を使うことの不適合が明らかとなっただろう。日本としてもその点で全く無策であったわけでもなく、日露戦争後には、以前からイギリスが取っていた具体的な性能に対する補助金の制度を参考にしつつ、より戦時使用に焦点を絞った商船を揃えようという「義勇艦隊制度」がスタートしたが、この制度のもとで建造された船は民間用としてはまるで採算が合わず、早々と頓挫してしまった。すでに軍艦と商船の専門化と性能の開きは決定的なものとなっており、徴用船舶の用法には明確な線引きをすべき段階にあった。

両次世界大戦におけるイギリスの大型仮装巡洋艦は、あくまで通商保護の手駒を揃えるための窮余策、ドイツの武装商船はゲリラ的効果を期

第2部 舷窓懐古館

待しての奇策であり、もとより敵の正規軍艦と出くわしたら絶対的に不利であると承知の上での使用であった。日本も太平洋戦争まで特設巡洋艦を使ったが、通商破壊以外に対してはさほど任務と船形、装備の関係に対する確固としたビジョンが感じられず、やや惰性めいた印象もある。

陸軍輸送船「常陸丸」について

常陸丸Hitachi maru
（日本郵船：6172総トン）

日本郵船が欧州航路開設のため新造した貨客船のうち、第1グループ「神奈川丸」型6隻の最終船。姉妹船では唯一の国内発注で、当時から日本随一の造船所だった三菱長崎ですらまだ1600トンの船しか実績がなかった頃だけに、建造は難航。1898年8月竣工したが、遅延の影響で次の受注船（「信濃丸」）が外注に振り替えとなった。1904年6月15日、陸軍輸送船として行動中玄界灘でロシア艦隊に捕捉され撃沈。近衛第1連隊の陸兵と英人船長以下の船員、計1215名のうち776名が戦死した（当時の刊行物による）。戦後すぐ二代目が建造されたが、第一次大戦で再び独仮装巡洋艦「ヴォルフ」に拿捕

撃沈され、この名前は引き継がれなくなった。

海軍仮装巡洋艦「信濃丸」について

信濃丸Shinano maru
（日本郵船：6388総トン）

「神奈川丸」型に続く欧州航路船「若狭丸」型7隻のひとつ（北米航路用「加賀丸」型に含む資料もある）。英国で1900年4月完成、1902年には同国で建造中の戦艦「三笠」に着任する艤装員兼回航要員を輸送している。日露戦争初期は陸軍輸送船だったが、のち海軍仮装巡洋艦となり、日本海海戦では敵発見の一報を発したほかロシア戦艦「シソイ・ヴェリキー」の生存者救助などを実施。その後、台湾航路に配され、1923年近海郵船へ移籍、1929年には日魯漁業へ売却され蟹工船に改造。太平洋戦争終戦時なお健在で、半世紀の船齢を経て1951年解体された。

Major sea powers usually got domestic shipping agents to build faster, or sometimes larger ships to assign auxiliary tasks if needed, generally in wartime. Fundamentally the faster ship, the higher power is needed for propulsion resistance increase in proportion as cube of speed increase. Consequently superior ship cannot carry on commercially and usually needed subsidize. Japanese new government did not have realized need of such measures until Sino-Japanese war and many passenger liners were built from 1896 for Nippon Yusen and Toyo Kisen under voyage and shipbuilding promotion act. During Russo-Japanese War those ships were requisitioned according mobilization plan, and Hitachi maru was sunk by Russian cruisers while transporting Army unit, while Shinano maru had brilliant success in search and report Russian expeditionary fleet as auxiliary merchant cruiser. Since shipbuilding technology was more and more specialized in 20th century, although, practicability of auxiliary merchant cruiser was much decreased toward WW2. As far as Shinano maru's success, she had not always to be such luxurious ship.

section8〜11の作例を全部並べてみるとこういう感じ。幕末から日露戦争までの代表的艦船（＋昭和の1隻）を、歴史的位置付けの重要性や知名度の高さを基準にほんの数隻ピックアップしたわけだが、その背景を踏まえて眺めれば「時代のミニチュア」的な面白さも感じていただけるのでは。

1905年の日本海海戦時を再現。後部マスト先端から斜め上に伸びているのが、本船の名を歴史に残した無線通信の空中線展張用ガフ。作例は自作だが、シールズモデルズからレジンキャストキットが発売中。キットは乾舷（船体の高さ）が不足するはずだが、レジンの船体にプラ材で底を足すと後で収縮しエビ反りを起こす恐れがあるので、無視するのが無難。各構造物の側面支柱を根気よく並べたり、上甲板の蒸気配管を足すなど、ディテールアップで補ってやろう。

「信濃丸」
IJN Shinano maru (scratch built) model length:201mm

日露戦争では「信濃丸」と対極に位置する悲運の船として知られる1隻。船のサイズは「信濃丸」と同じで、昭和の余計身の船体や船首のアンカーベッドに加え、4本マストが余計に古風な印象を与える。作例はちょうど最終時を想定しているが、当時はまだ陸軍輸送船に戦時塗装を施す習慣がなかったはずなので平時塗装の状態で仕上げてある。

「常陸丸」
SS Hitachi maru (scratch built) model length:201mm

37

12 「U9」の巻
第一次大戦のUボート
German submarines in WW1

第一次大戦時のUボートは、世界史に占める地位や実際の活躍ぶりでは第二次大戦時のものと比べても決して劣っていないが、その実態に対して圧倒的に注目度が低いのは模型の世界に限らない。数少ない資料を紐解けば、バラエティに富む戦力構成や以後の世界の潜水艦建造に及ぼした技術的影響力など、目を引くポイントの多さに気付く。

ドイツの潜水艦開発

後に押しも押されもせぬ潜水艦のオーソリティーとなるドイツだが、もともと潜水艦の歴史の上では後進国だった。兵器としての潜水艦は昔から散発的に記録があるが、ひとまず通念的な潜水艦としての目鼻が立ったのは20世紀の頭ぐらいのこと。開発の主要な舞台はアメリカやフランスで、それは国がどうこうというより単に有力な開発屋がその国の人だっただけと見ることもできる。そして両国がいよいよ潜水艦の本格建造に乗り出したのを見て、イギリスや日本、ロシアがアメリカから技術導入して、イタリアは自力で潜水艦を作りはじめることとなる。ドイツにも19世紀半ばにはヴィルヘルム・バウアーという研究家がいたが、近代潜水艦のルーツとなったのは1902年の「フォレレ」という船で、なぜかデケビリという名のスペイン人が設計したもの。これを建造したクルップ系のゲルマニア造船所がドイツ潜水艦建造のメッカとなり、ドイツ海軍の発注を受けて1906年に完成させたのが「U1」だった。ドイツ語の潜水艦Unterseeboot、略してUボートの歴史は実質的にここからスタートした。

「U1」は水上排水量238トンで、第二次大戦時のIIA型と同じぐらいだが、米英と日本の実用第一号であるホランド型と比べるとすでに2倍以上あり、最初の割にはかなり冒険したサイズといえる。

潜水艦がまだ沿岸防御兵器だった当初、ドイツは自国の沿岸ではあまり使い物にならないと考えていたらしいが、潜水艦の大型化の素地が出来上がったのと、皇帝ヴィルヘルム二世が外洋進出戦略を打ち出したのがちょうど重なる形となり、以後積極的に大型潜水艦を建造するようになった。海軍は当面の要求性能を水上速力15ノット、魚雷発射管4門と規定しており、サイズは次第に増加。当初は水上での動力源をパラフィン油を使う独特のエンジンに頼っていたが、煙に火花に騒音と実用面では問題が多く、ようやく新開発のディーゼルエンジンを搭載した1913年の「U19」級で基本様式を確立。第一次大戦開始時のUボート兵力はわずか28隻だったが、初期の数隻を除く大半が実戦投入され、期待を上回る戦績をあげることとなる。

第一次大戦のUボート

第一次大戦中建造されたドイツ潜水艦は、イタリアに発注した「U42」が引き渡されなかった結果、単発ものの実験型が存在せず、すべて実用生産型だった。姉妹艦がないのは輸出用を取得した「UA」しかない。それ以外はいくつかのグループに大別されるが、第二次大戦と大きく異なるのは、それらのグループが建造所と時期によって明確なバリエーションに細分される点だ。手近に例えると、日本駆逐艦の特型と甲型の違いに似ている。また、第二次大戦でもUBやUFなど、ただのU何番ではないUボートはあったが、すべて突発的な取得品(二代目の「UA」以外すべて戦利品)だったのに対し、第一次大戦では量産型にもUBやUCのシリーズがあった。

◎基本型
41隻(U1~41) 1906~1915年

「U1」から続く基本タイプで、前述の「U19」級までを開発段階、次の「U23」級からを実用量産型とみなすのが一般的。ゲルマニア社とダンツィヒ工廠で1~4隻ずつ細切れに建造され、初めて姉妹艦が10隻を超えた「U31」グループで水上排水量は最終的に約700トンまで増えるが、外見は割合よく似ており、素直に大きく育った感じ。魚雷発射管は「U1」が艦首1門だけ、以後はすべて前後各2門で、「U19」から口径が45cmから50cmとなる。

◎動員型
65+未成69隻(U43~65、81~116、158~172、201~212、229~276) 1916~1919年

Mobilisationの単語からMs型とも称される。中型潜を意味するMittel-Uと呼ばれることもある。基本タイプの戦時建造グループで、後期型では艦首魚雷発射管が4門となり、水上排水量も800トンをこえる。計画上の備砲は8.8cm砲1~2門だが、その後10.5cm砲を搭載した。建造には前期型にヴェーザー社、後期型にフルカン社が追加。詳細設計にばらつきがあるが、原則的に水面上の船体断面がカマボコ形なのが特徴。第一次大戦Uボートの主力で、要目はほぼ第二次大戦時のVII型に相当するが、技術的にはIX型のルーツ。なお、上記の他にオーストリア・ハンガリーの発注艦を編入したU66~70があり、性能はほぼ動員型に相当する。

◎動員型(大)
2+未成26隻(U127~138、213~228) 1918年

動員型から派生した大型潜水艦で、水上排水量1200トン。主砲は10.5cm砲2門となる。それ以外は速力や航続距離などが若干アップする程度。完成は2隻にとどまった。

◎巡潜型
4+未成36隻(U139~150、173~200) 1918年

さらに大型化したグループで、水上排水量は2000トン前後、主砲15cm砲2門。長期の通商破壊作戦を主目的としており、排水量が動員型後期艦の2.5倍もあるのに魚雷発射管の数は変わらない。完成は4隻のみ。

◎機雷型(大)
20隻(U71~80、117~126) 1915~1918年

UE型という形式区分を与えられているが、艦名はU何番。前後期2タイプ各10隻があり、前者は水上排水量800トン級、後者はその1.5倍で、概ね動員型の中と大に対応する。

◎輸送型
7隻(U151~157) 1916~1917年

第二次大戦時の日本の丁型とよく似た船で、水上排水量1500トン。イギリスの海上封鎖を突破して中立国(アメリカ)との貿易に従事するのが目的で、いずれも軍用潜水艦を作らない輸送船メーカーが手掛けており、当初は固有名詞の船名を持ち乗組員も一般船員。戦争がなければ成立しないという意味でのみ軍用潜水艦のカテゴリーに含まれ、実態はほとんど商船という珍しい船だが、結局アメリカの参戦で利用価値を失い、通商破壊用潜水艦に転用された。姉妹艦7隻で商船として使われたのは2隻のみ。

◎沿岸型
142+未成107隻(UB1~249) 1915~1919年

第一次大戦がはじまると、やはり小さいのもほしいということになり、UBの艦名を持つ一連のシリーズが作られた。UBI型は水上排水量127トン、II型は倍の263トンで、分解して鉄道輸送が可能。オーストリア・ハンガリーに多数が進出して地中海で行動し、そのまま同国に引き渡されたものもある。しかしさすがに小さすぎるとして建造が打ち切られ、次のIII型はさらに倍の500トン級となり、技術的にはほとんど別物の船になった。これらの建造にはヴェーザー、フルカン、ブローム&フォスといったメーカーが参入し、より大型の艦を作るためのノウハウ取得に役立つかたちとなっていた。なお、ノルウェー向けを接収した「UA」は水上排水量270トンの沿岸型だが、技術的にUB型との関連はない。

◎機雷型(小)
104+未成88隻(UC1~192) 1915~1919年

UB型に対応する小型機雷敷設潜水艦で、UC型と称する。やはりI~IIIがあるが、小中大ではなく小大大となっていて、IIとIIIは船体構造が異なる。

◎日本海軍が取得した戦利艦

以上のうち、日本海軍が取得したのは、U125(機雷型大・後期艦)、U46、U55(動員型・前期艦)、UB125、UB143(UBIII型)、UC90、UC99(UCII型)の7隻。機雷型大はほぼそのまま「伊21」型としてコピーされ、これとは別に巡潜型計画艦の図面をもとに「伊1」型が作られた。UBIII型も建造が考えられたらしいが、結局他の艦と同様、参考資料にとどめられている。

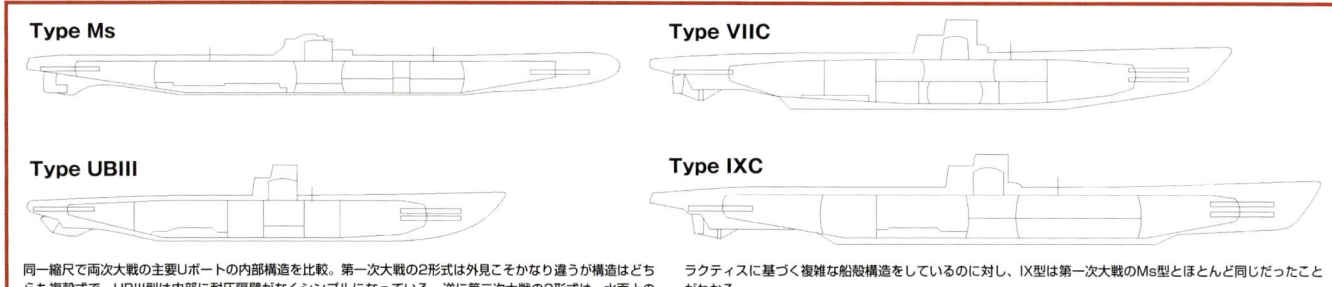

Type Ms

Type VIIC

Type UBIII

Type IXC

同一縮尺で両次大戦の主要Uボートの内部構造を比較。第一次大戦の2形式は外見こそかなり違うが構造はどちらも複殻式で、UBIII型は内部に耐圧隔壁がなくシンプルになっている。逆に第二次大戦の2形式は、水面上のデザイン処理が似ているものの構造上はまったく異なる。VII型が単殻サドルタンク式で第一次大戦後の設計プラクティスに基づく複雑な船殻構造をしているのに対し、IX型は第一次大戦のMs型とほとんど同じだったことがわかる

第2部 舷窓懐古館

第一次大戦型Uボートの意味

　第一次大戦でのドイツUボートは、驚異的な戦果をあげて強烈な戦略的インパクトを残したのはもちろん、実用性に優れ、とりわけ排水量1000トン以上の大型艦の建造では同時期の他国の追随を許さなかった。戦後の技術流出によって世界の潜水艦発達史にも大きな影響を及ぼす一方、列強の監視の目を逃れつつ技術の保全につとめ、第二次大戦で再び強力無比なラインナップを整えた点はまったく脱帽せざるを得ない。

　注目すべきは、列強各国が取得した戦利艦の調査を機に大型潜水艦の開発を推し進めたのに対し、当のドイツは第一次大戦型とあまり変わらない中型潜水艦のリバイバルを選択した点だ。潜水艦部隊司令官カール・デーニッツは、従来の一匹狼的な潜水艦の運用ドクトリンとは一線を画した遠隔通信指揮による集団運用戦術を開発したが、個々のユニットとしての潜水艦に対しては第一次大戦型とほとんど同じレベルの能力しか要求しなかった。彼は第一次大戦でUボートの艦長として実戦参加しており、休戦直前に船団攻撃中乗艦を失った経験を持つが、彼の新たな運用術はその敵輸送船団への強烈な敵愾心、執着心から編み出されたものとも考えられる。第二次大戦で大量生産されたVII型は、構造的には異なるものの実質上はUBIII型のアップデート版とみなせるものであり、彼はあくまで、自分の乗った艦でイギリスを屈服させることができるのだと証明したかったのかもしれない。

The German Navy, to enjoy the reputation of being the authority of submarine development and operation in both of world war, introduced this newly emerged weapon later than other major naval powers. U1, although, the first Unterseeboot delivered to Kaiserliche Marine in 1906 was twice as large as early Holland type for US, UK and Japanese Navy, and her successors were also larger than current foreign submarines in generally. This characteristic enabled them long term ocean commerce raid. As increased submarine warfare, in contrast to negative behavior of main battle fleet, smaller types of UB and UC series were also put to mass-production for coastal operation. It is very interesting that other major naval powers were much influenced their large submarines after the end of WW1, although German Kriegsmarine preferred small submarine in WW2.

「U9」

SMS U9 (scratch built) model length:82mm

　1914年9月にウェディゲン大尉の指揮で英海軍の装甲巡洋艦3隻を連続撃沈し、潜水艦の潜在威力を世界に印象付けた艦。後に戦艦「ドレッドノート」の体当たりで撃沈された。Uボートは最初から複殻式船体を採用しており、初期の建造艦はサイズに関係なくだいたい同じような形で、後甲板にパラフィン油機関の煙突が立っているのが特徴。「U9」型は補助エンジン付きで2本煙突がある。水上排水量493トン。本艦の写真と側面図、「U5」の平面図から製作。

「U46」

SMS U43 (scratch built) model length:93mm

　第一次大戦型Uボートの主力である動員型の1隻で、戦後日本に引き渡され「〇2号」と仮称されたもの。大戦中はヒルレブラント・ザールヴェヒター両大尉の指揮で商船52隻を撃沈しており、日本船2隻も含まれる。舷側に段差も角もないナメクジのようなスタイルは第二次大戦のタイプになく印象的。水上排水量725トン。新造時と日本時代の実艦写真、準姉妹艦「U63」の詳細図面（別図のMs型はこれをもとにしている）から製作。

「UB68」

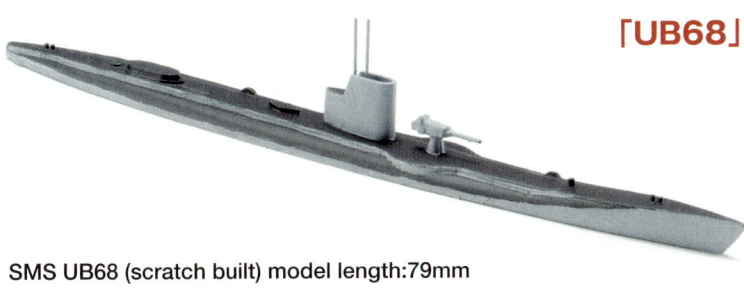

SMS UB68 (scratch built) model length:79mm

　沿岸用潜水艦UBIII型の1隻で、第二次大戦時の潜水艦隊司令官カール・デーニッツが艦長を務めていたことで有名。休戦直前の1918年10月4日、地中海で船団攻撃中損傷、浮上自沈した。ちなみに、デーニッツの艦長としてのスコアは撃沈5、撃破1で、最後の戦闘での1隻以外はすべて前の乗艦「UC25」当時のもの。UBIII型は後のVII型よりも小さく、船体構造上も別系統に属するが、動員型よりひと回り小さい量産型という面では似た位置付けのグループといえる。水上排水量はだいたい510～530トン。本艦のものとされる写真と準姉妹艦「UB48」などの図面から製作。

「U139」

SMS U139 (converted from Aoshima I-6) model length:131.5mm

　巡洋潜水艦の建造1番艦で、番号名の他に「カピタンロイトナント・シュヴィーガー」という固有名を持つ。第一次大戦時のUボート最高戦果保持者ベリエール大尉が最後に乗った艦でもある。水上排水量1930トン。この作例は本艦写真と側面図をもとにアオシマの「伊6」を改造したもので、多少手はかかるものの元のキットが大雑把なぶん気楽に製作できる。興味ある方はリニューアルされる前に1箱おさえておいてもいいのでは。

39

13 「シュルクーフ」の巻

巡洋潜水艦
Cruiser Submarines

駆逐艦が大きくなると巡洋艦に性格が近づく。では、兵器としては駆逐艦の兄弟分にあたる潜水艦が大きくなったら？第一次大戦末期からしばらく存在した「巡洋潜水艦」と呼ばれるグループの位置付けを検討すると、潜水艦という艦種の特質がより理解しやすくなるだろう。

巡洋潜水艦

サブマリンが近代戦における根幹的要素へと発展するきっかけとなったのは、動力面では水上内燃機関、水中電動機という二元システムの確立、武装面では魚雷の導入で、以後、潜水艦はこの両者の釣り合いを軸としながら、活躍の機会を求めて沿岸防御兵器から外洋攻撃兵器へと大型化していくことになる。民間ベースの潜水調査艇などでは、コストや水中での取りまわし、耐圧部分の強度確保などの問題から、小さいものを作って大きい船に乗せ、使いたい場所で下ろす方式をとるのが常道であり、自力で潜航する能力を持つものが大きくなるのは軍用サブマリンに特有の傾向といえる。

こと近現代の海戦様式のもとでは、軍艦は敵を攻撃する手段を運搬するものであるという解釈で体系づけることができるが、これに従うと潜水艦は水雷艇の派生型であり、潜水艦の主兵器を魚雷とする考え方はミサイルの登場までは一貫して揺るぎないものだったといえるだろう。ところが、第一次世界大戦のドイツの場合、潜水艦が海上通商破壊用兵器としての地位を確立する過程で、必ずしもそうとは限らない状況が起こってきた。目標となる敵商船に対し魚雷は過剰な兵器であり、1発が巨大で1隻あたりの搭載数が限られる魚雷をいちいち全部の目標に使っていたら、かえって作戦行動期間を縮めてしまう。当時はまだ一般商船の対商防御がルーズで、自衛武装も護衛艦もなく単独で無防備に航行しているものが多かったから、簡単な目標は浮上して大砲で沈めてしまえば、はるかに効率よく戦果を稼ぐことができる計算になるのだった。そこでこの時期、砲兵装は潜水艦の使い勝手を決めるうえでの重要な要素となった。また、当時は対潜攻撃術が未発達で、一度潜ってしまえばそうそう撃沈されない目算もあった。そのような状況で、戦火の拡大に伴い、大型の船体にできるだけたくさんの魚雷や砲弾を積み、獲物を求めて長期間作戦行動を継続できる通商破壊のスペシャリスト的潜水艦が考え出される。これが巡洋潜水艦と呼ばれるカテゴリーの基礎コンセプトで、第一次大戦で言えば巡洋艦「エムデン」、第二次なら仮装巡洋艦「アトランティス」などの襲撃艦と用法上は同じものだと思えばいい。最初の巡洋潜水艦「プロジェクト46」（「U139」級）は水上排水量1930トン、水上速力15.3ノット、魚雷発射管6門、15cm砲2門。ひとつ前の「U127」級から排水量1.6倍、主砲口径1.5倍になったが、砲と魚雷発射管の門数は同じで、集約的な打撃力は重視していなかったことがわかる。4隻目から若干拡大された46A型に移行し、計40隻が計画され1916年から着工されたが、停戦までに完成したのは4番艦まで。水上4100トンのプロジェクト47はデザインのみに終わった。これとは別に輸送潜水艦を転用した「U151」級8隻があったが、水上排水量1500トンで主砲こそ「U139」級と同等ながら、魚雷発射管わずか2門、速力12.4ノットと能力は低かった。見方を変えると、本来の目的に対してはそれでもよかったわけだ。

ドイツの敗戦で巡洋潜水艦の開発はストップするが、46系のようなジャンボで強そうな潜水艦は当然のように各国の興味を引く。主要海軍国は、自分たちの使用目的は後付けでとりあえず同じようなジャンボで強そうな潜水艦が欲しいと思ったらしいが、大戦後の戦力余剰と財政の問題から簡単には手をつけられなかった。日本海軍はアメリカ西岸での哨戒任務に使えそうだと考え、1923年、46A型の航続距離を増し武装などをマイナーチェンジしただけでほとんどそのままコピーした「伊1」型を計画、最初の3隻が1926年完成した。機関出力は同じながら要目上は速力が17.5ノットから18.8ノットに変更されている。日本の巡潜型はその後、速力・艦首魚雷発射管数の増加と砲門数・魚雷搭載数の減少によって艦隊用の色彩が強くなり、たとえ通商破壊も任務のひとつと規定しても日本海軍はそれがメインとは思っていないから、本来の巡潜としての意味は事実上、航続距離の長さぐらいにしか残らなかったと考えてもいいだろう。

イギリスも1923年に大型潜水艦1隻を計画し、1925年完成した「X1」は水上排水量2400トン。13.3cm砲4門を連装砲塔2基におさめた外見は宣伝効果抜群で、大戦間の英潜水艦の象徴的存在となった。ただ、魚雷発射管6門を艦首に集中するが搭載魚雷は12本で、計画水上最大速力は19.5ノットと中途半端に速く、火力は駆逐艦並だがそのレベルの艦艇と撃ち合うには防御力の面で無理があり、よく考えるといまいち何がしたいのかよくわからないデザイン。しかも機関の調子が異常に悪く、計画出力を出せない上に故障が頻発して、実際はほとんどろくに動けないまま在籍わずか12年で解体されてしまった。

1920年代以後のアメリカはほぼ艦隊用潜水艦一本槍を標榜しているが、1928年竣工した試作シリーズ第2弾の「V4」は、水上排水量2710トン、速力15ノット、15cm砲2門、魚雷発射管4門に機雷敷設能力つき。1930年就役の第3弾「V5」「V6」はほぼ同大で速力17ノット、15cm砲2門、魚雷発射管6門と、できあがったもの自体は典型的な巡洋潜水艦のスペックになっていた。これらはあくまでドイツの建艦技術導入の過程で生まれた贅沢な習作でしかない。

一方、「V5」級と同じ1926年にフランスが計画した「シュルクーフ」は、ちょうど完成したばかりの「X1」を強く意識したと思われる本格的な巡洋潜水艦で、水上排水量3250トンの船体に破格の20cm砲2門を搭載。速力18ノット、口径55cmの魚雷発射管4門を艦首に持つ他、55cmと40cmの四連装水上旋回式発射管各1基を装備。とくに後者は完全な対商船用の装備で、そこは大は小を兼ねると考えたほうがいいのではと思うが、本来の巡洋潜水艦の定義に忠実に従う意思を示した形にはなっている。偵察用の水上機1機まで積んでいた。フランス海軍は伝統的にイギリス海軍へのライバル心をモチベーションにしており、「シュルクーフ」の建造にもその匂いが漂っているが、当時の国際情勢としてはやはり敵に回すとすればドイツであり、「シュルクーフ」は建造に足かけ7年を費やして1934年竣工、計画されていた姉妹艦2隻も作られなかった。

1938年にはドイツが再び巡洋潜水艦を計画。XI型と称するデザインは水上排水量3140トン、速力23ノット、12.7cm砲連装2基と魚雷発射管6門を装備していたが、第二次大戦開始のため建造準備中の「U112〜115」はいずれも中止となった。どう見ても「X1」のパクリで、役に立つと思った論拠が怪しい。

第一次大戦中に相次いで実用化された爆雷やソナーといった対潜兵器が、次第に改良されながら水上艦艇の装備として普及し、潜水艦にとって潜りさえすれば大丈夫という時代

主要巡洋潜水艦要目表

注：航続距離はノット／カイリ、主砲は門数・口径、魚雷は門数・口径／魚雷搭載数。

艦名	U139	伊1	X1	Narwhal	Surcouf	U112	伊400
国籍	独	日	英	米	仏	独	日
計画年	1916	1923	1923	1926	1926	1938	1942
水上排水量(t)	1930	1970	2425	2730	3250	3140	3530
全長(m)	92	97.5	110.8	113.2	110	114.9	122
水上速力(kt)	15	18.8	19.5	17	18	23.2	18.7
航続距離(nm)	8/20000	10/24400	12/12400	10/9380	10/10000	10/20600	14/37500
主砲	2-15	2-14	4-13.3	2-15.2	2-20.3	4-12.7	1-14
魚雷	6-50/19	6-53/22	6-53/12	6-53/20	8-55/14 4-40/8	6-53	8-53/20
その他					搭載機1		搭載機3

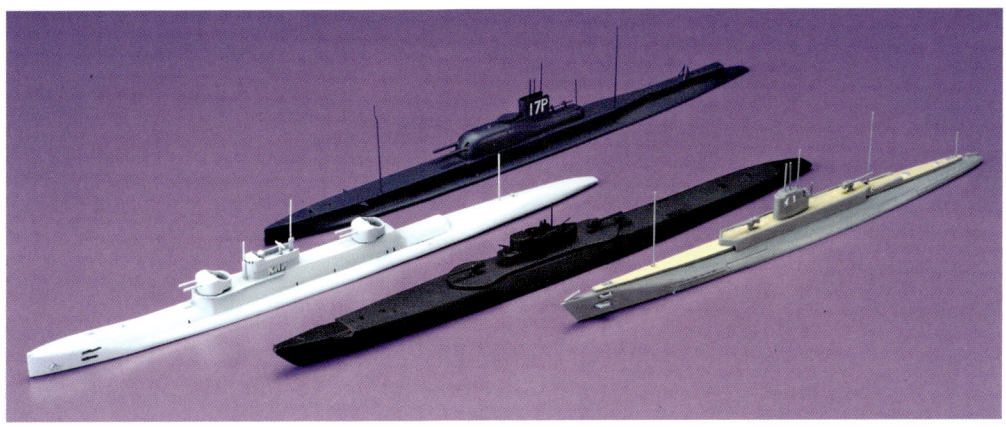

第２部 舷窓懐古館

ではなくなってきた。商船の平均的なサイズも大型化しており、たとえば両次大戦のドイツの潜水艦トップエースの戦果を比べると、第一次のペリエール大尉は189隻・45万トン、第二次のクレッチマー少佐は44隻・27万トンで、1隻平均の総トン数に2倍以上の開きがある。参戦国はいずれも第二次大戦では早い段階から護衛船団制度を導入し、独航の非武装商船と出会う可能性も劇的に減少した。すでに潜水艦の大砲自慢は完全な時代遅れとなってしまったのだ。本来の巡洋潜水艦のコンセプトを考えると、3万カイリ以上の航続距離を持つドイツのIXD2型や、45cm魚雷発射管14門を装備したイタリアの「アミラリオ・カーニ」級あたりが正統的な継承者と見られる。また、日本の「伊400」型は、当初計画では搭載機2機と14cm砲2門の組み合わせだったと言われており、より巡洋潜水艦の性格を色濃く残したものとなっていた。仮に「伊400」型が搭載機で本格的に商船攻撃をやっていれば、戦艦が空母にとって代わられたのと同じ現象が巡洋潜水艦でも繰り返されることになったと評されたかもしれないが、いずれにせよ潜水艦による航空機の運用は制約が多く、まだ水中行動力に重点を移していない当時の潜水艦の設計理念では防御面での脆弱性という致命的な問題もあり、早急に次のステップへと踏み出す必要があったのは間違いない。

German U-139 class submarines entered in service in 1918. Being equal to their displacement reached to nearly 2000tons, heavy gunnery fitting of two 6in featured the design, called to Cruiser Submarine. During interwar period many of navies were much influenced by such attractive characteristic and developed with aim to incorporate own naval strategy or fleet tactics. In fact this large and less maneuverable warship despite fundamental vulnerability as submarine could carry on in early WW1 surroundings that effective anti-submarine weapons still did not have been developed, since the conception of heavy gun submarine was soon obsoleted. Though the experience lead current strategic missile submarines.

「シュルクーフ」
FRA Surcouf (scratch built)
model length:157mm

世界の建艦史上に燦然と輝くフランスのお化け潜水艦。船体の上に芋虫の実写アニメキャラが乗って目が飛び出しているようなビジュアルのインパクトは絶大。実戦ではほとんど何の役にも立たない衝突事故であっけなく沈んだ経歴のトホホ加減も見事としか言いようがない。主砲は一見固定式のようだが左右に旋回可能。駆逐艦ぐらいの雑魚はアウトレンジで始末しようとしたようで、何もかも徹底すればそれなりに説得力が出る気がする好例。司令塔の後ろ半分が搭載機の格納庫、後部の上部構造物が細くなったところが水上魚雷発射管のスペースで、ひみつ兵器的テイスト満載なのもいい。作例に表記されている17Pは、自由フランス軍時代にイギリスから交付されたペナントナンバー。フランスのメーカー、エレールの1/400キットが有名。

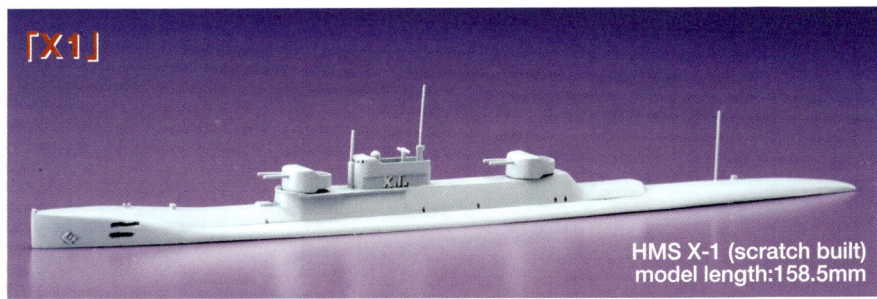

「X1」
HMS X-1 (scratch built)
model length:158.5mm

イギリスの巡洋潜水艦。大戦間の英海軍潜水艦陣の象徴的存在で、見栄えといい名前といい、なんともサンダーバード臭さが漂う役者でありながら、第二次大戦前にリタイアしてしまったため現在では多くの艦船ファンからスルーされてしまう悲運の艦。自国製と戦利品のUボートから外したドイツ製を組み合わせたエンジンプラントが短命の決め手となった模様。就役中はライトグレイに塗られていて「白鯨」と渾名されていたが、実際に白鯨以上でも以下でもないシロモノだったようだ。ピットロードが1/350のレジンキャスト製潜水艦キットに力を入れていた際ラインナップに加えられたものの、現在ではまず入手できない。

「ノーティラス」
USS Nautilus SS-168 (scratch built)
model length:161.5mm

米海軍の大型潜水艦。竣工時はV6を名乗っていたが翌年改名した。造艦史の上では艦隊型とされているが、外見・性能とも実態は巡洋潜水艦とみなしたほうがよさそうで、サイズだけ無駄に大きい。作例は1943年の状態で外装魚雷発射管4門を追加しているが、艦首の2門はいったんもっと後ろに装備したのをわざわざ取り付け直し、あと2門は後部砲座の左右の床下から無造作に突き出している。「ノーティラス」はオウムガイというアンモナイトに似た殻つきの軟体動物で、殻のなかでガスの量を調節して浮き沈みする構造が共通することから世界的에潜水艦の大定番ネームとして使われる。米海軍ではこの艦が2隻目だが、やはり世界初の原子力潜水艦である3代目のほうが圧倒的に知名度は上。第二次大戦当時最大の米潜という肩書きもアイドルっぽい旧名も効果なしと見え、模型の世界では不遇をかこっている。

「伊1」
IJN I-1 (Aoshima)
model length:137mm

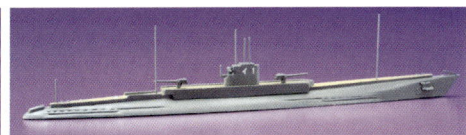

日本海軍の巡洋潜水艦。当然ながら細部に手が入っていて完全なUボートのコピーではないが、ドイツの設計者も携わったオリジナルデザインは司令塔のデザインまでほとんど丸写しで、完成したあとで日本風に直されている。作例はアオシマのキットだが、ウォーターライン初期ラインナップの商品のなかでディテールが非常に甘く、一刻も早いリニューアルが望まれる。他の3隻はいずれもフルスクラッチビルドで、さほど作り込んでいないが、いずれ劣らぬクセ者揃いで他の艦と間違いはない。造形の上では魅力的なものばかりなので、まとめて1箱にインジェクションプラスチックキット化したら案外売れるかも。

41

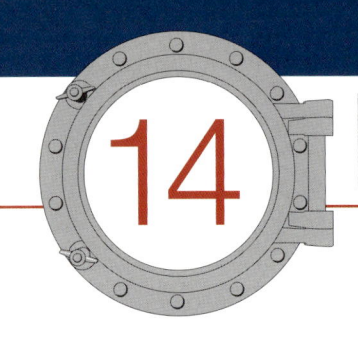

14 「ブイスカヴィッツァ」の巻

駆逐艦の輸出
Exported destroyers

昨今もロシアから中国への空母売却や日本からオーストラリアへの潜水艦輸出構想といった話題が広く世間で取り沙汰されているが、軍艦の国際売買は決して珍しい話ではない。ここでは第二次大戦前の新造駆逐艦市場に焦点を当ててみた。背景のお国事情がいろいろあって興味深い。

駆逐艦売ります

兵器の売買のなかでも軍艦は商品単価の高いビッグビジネスに属する。いわゆる死の商人のイメージがあって物騒な話ではあるけれども、こと第二次大戦までは輸出する側のメジャーパワーも自ら戦争に手を染めていたから、軍艦の側からすれば売られたおかげで見るはずの血を見なくて済んだという話もないわけではない。もちろん、母国の兄弟とは別の苦難を背負った艦もあった。

第一次大戦までは主力クラスの戦艦まで新品販売の例があるが、軍艦自体の複雑高度化や戦後の世界的不況といった事情から大型艦の国際市場は著しく縮小し、1920～30年代の輸出実績はアルゼンチン向けの巡洋艦3隻（英1伊2）しかない。一方、戦力的にその次に来るべき駆逐艦はかなり戦術的用途の特化されたカテゴリーであり、警備用としては速度や魚雷兵装が贅沢すぎるし、近海防衛用なら一流国のような大型航洋艦を欲しがる必要もない。それでもこの時期、中小国家がけっこう立派な駆逐艦を先進国に建造させた例が少なくない。最大の受注国となったのはやはりイギリスで、1929～1942年の10年あまりだけ、実際に引き渡しまで済ませたものに限っても29隻に上る。両次大戦では建造中に英海軍が買収したもの、使ったあとで改めて引き渡したものも相当数あった。大戦間の同国は予算難で自軍用駆逐艦の質・量とも抑制する傾向が強く、さほどいい船を作っていたわけではないが、普通は輸出品も英海軍型のコピーかそれに近いデザインだった。買い手もいちおう使い方は考えているのだろうが、要は大なり小なりイギリス製駆逐艦というブランド品を買うことに意味があったと考えられる。もちろんイギリスの造船所も営業努力をしていたし、地力もあるから、注文内容次第では場違いなほどすごい艦が突然現れることもあった。

ABCの駆逐艦

南米大陸では19世紀前半に独立した3強豪のアルゼンチン・ブラジル・チリが海軍力で競り合っていたが、20世紀になっても造船が発達せず、ド級戦艦以下の主要艦艇を外注で揃えていた。どの国も常に政情不安が付きまとい、国どうしで喧嘩するどころではなく、見栄の張り合い程度のものだったようだ。

アルゼンチンは第一次大戦前に駆逐艦12隻を計画、4隻ずつ3ヵ国に発注したが、イギリス製はギリシャに転売、フランスは自国が買収し、ドイツ製だけが残った。1920年代中盤に補充を実施し、「メンドサ」級3隻をイギリス、「セルファンテス」級2隻をスペインから購入。後者は元の宗主国と植民地の関係で売買が成立したのではとみられているが、船自体はイギリスの技術供与で国産したもので、スペックは5隻とも大体同じだった。短期間の共産国家時代を経て1932年のクーデターで樹立されたフスト政権は英国べったりの政策をとり、英海軍G級とほぼ同じ「ブエノス・アイレス」級を7隻追加発注。結果としてアルゼンチンが戦前の英造船業界にとって最大の海外カスタマーとなった。

ブラジルは1908～10年英国製の10隻が30年代にリタイヤをはじめていたが、アルゼンチンが「ブエノス・アイレス」級を調達したのを見るとほぼ同じものを6隻イギリスに発注した。しかし建造中第二次大戦開始を受けて英海軍に買収され、以後ブラジルはアメリカの技術供与による国産化を進めることとなる。

チリは1891年の内戦で駆逐艦「アルミランテ・リンチ」「アルミランテ・コンデル」が世界初の駆逐艦による軍艦の雷撃撃沈（巡洋艦「ブランコ・エンカラーダ」）を記録したことで知られる駆逐艦のオールドカスタマーで、第一次大戦直前に当時最大級の駆逐艦6隻をイギリスに発注したが、二代目「リンチ」と「コンデル」が出来た直後に第一次大戦がはじまり、残る4隻は英海軍で使われたあと戦没1隻以外がチリに返されたものの、消耗が激しく1933年にリタイヤした。戦力補充のため1928～9年にイギリス製の「セラーノ」級6隻が就役したが、英艦の4番砲を外して船体を切り詰めたようなデザインは弱体としてあまり評価がよくなかった。同級の就役直後に起こった世界恐慌の影響で財政破綻をきたしたチリは、以後軍備がストップしてしまう。

有効利用？

ギリシャに転売された英国製アルゼンチン駆逐艦は「エートス」級となった。煙突が5本もある（「レオン」は3本）以外は取り立てて特徴のない当時の標準的駆逐艦で、第一次大戦中は一時期3隻がフランスに貸し出されていた。その影響でもあったのか、1924年にギリシャは本級をイギリスへ送り返し、当時の最新デザインの船に作り直させた。主缶を積み替えて4缶2本煙突となり、魚雷発射管を単装4基から三連装2基に改めるなど武装が飛躍的に強化されたが、速力は微減で31ノット程度。わざわざそこまでやるぐらいだったら新しい船を買ったほうがよかったような感もある。第二次大戦では早期沈没の1隻を除き連合軍側に加わったが、1943年末までに係留され、乗組員は新造の供与艦に乗り換えた。

超駆逐艦現る

一時は消滅の憂き目を見たポーランドが近代国家として再スタートしたのは1918年で、ドイツ領東西プロイセンの間にバルト海へ通じる回廊地域を獲得したことによって海軍軍備の必要性が生じた。海岸線の長さはグディニア周辺のせいぜい数十kmなのだが、屈指の良港ダンツィヒ湾を取られたうえ東プロイセンを飛地にされてしまったドイツがいつまでも黙っているわけがない。そこでポーランドはグディニアを死守すべく、地勢的にも国力的にも法外な戦艦以下の大艦隊計画をぶち上げて国際社会を牽制する手を打った。もちろんまったくのハッタリというわけにもいかず、さしあたり対ソ連の軍事協約を結んでいたフランスに駆逐艦「ブージャ」級2隻以下の艦艇を注文したが、実績がよくなかった

ポーランドの艦名

ポーランド語の表記は基本的に英語と同じアルファベットを用いるが、補助記号を多用することで独自の発音体系に対応している。しかし、他国の文献では補助記号が省略されることが多く、誤読しやすいので、できるだけ原語の資料で確認しておきたい。

例：Błyskawica：ブウィスカヴィッツァ（稲妻：駆逐艦）　Burza：ブージャ（嵐：駆逐艦）　Sokół：ソクウ（隼：潜水艦）　Jastrząb：ヤストジョンプ（鷹：潜水艦）　Orzeł：オジェウ（鷲：潜水艦）　Sęp：センプ（禿鷲：潜水艦）

第2部 舷窓懐古館

ため、1930年代の追加建造はイギリスに振り替えた。ホワイト社が建造した「グロム」「ブイスカヴィッツァ」は排水量2000トン、主砲7門、魚雷発射管6門、速力39ノットと、当時の英駆逐艦どころか日本の甲型をも脅かすほどの超一流の艦だった。1937年竣工し、3・4番艦「フラガン」「オルカン」は待望の国産駆逐艦として建造着手。しかしナチ政権に移行したドイツはいよいよポーランドに回廊地域の割譲を要求し、1939年9月軍事進攻を実施。「グロム」「ブイスカヴィッツァ」「ブージャ」は事前の密約に従ってペキン作戦を発動し、イギリスに脱出のうえ同海軍の指揮下に入った。「グロム」は戦没したが2隻は生き残り、「ブイスカヴィッツァ」は現在もミュージアムシップとしてグダニスクに係留されている（グダニスクはグディニアのそばにある歴史都市ダンツィヒの現在名で、戦前は半独立地帯とされていた）。

Warship export is big business and even brand-new Dreadnought type battleships were sold before WW1. In interwar period the market was much reduced, though destroyers were often built mainly by British yards for minor sea powers despite of their essential sense and technical feature; destroyer is ocean going big torpedo boat with somewhat exaggerated armaments, and the machinery built in advanced technique to generate huge power demands too delicate control and careful maintenance for most of those customers. The reason even then they purchased destroyers varied. Poland had to preserve Baltic Corridor acquired after WW1 and destroyer was only unit to be able to realize in their excessive fleet construction plan. Argentina, Brazil and Chile were interested in power balance almost only each other. Greece took over four former Argentine destroyer from British yard. They were completely reconstructed in late 1930s.

「ブイスカヴィッツァ」
ORP Błyskawica (NIKO) model length:160mm

いわゆるマイナー海軍国のオリジナル駆逐艦としては最強クラスの船。艦名は姉妹艦「グロム」とセットで日本の「雷」「電」に相当する。より厳密にポーランド語の発音規則に従うと「ブウィスカヴィーツァ」という感じになるらしい。模型好きのポーランドのこと、キットも複数発売。作例はNIKOモデルの1/700レジンキットだが、ディテールはまずまずのわりにアウトラインの把握がまずく、妙に不格好。ここでは武装をすべて差し替えただけでそのまま組んだが、腕に自信がある方ならミラージュモデルの1/400をもとに自作するほうがいい結果を得られるはず。主砲は12cm7門（1番砲座のみ単装）から戦時中10.2cm高角砲8門に換装。

「ブエノス・アイレス」
ARA Buenos Ayres (converted from Tamiya E class) model length:143mm

アルゼンチンに輸出されたイギリス製駆逐艦。タミヤのプラスチックキットがあるE級とほぼ同じで、若干の寸法差は無視してしまえば比較的簡単に改造可能。舷側の表記は各種資料から推定したもので、Eは当時の自国内での類別（Exploradores：偵察艦）を示す。アルゼンチン艦として作るのはかなり物好きな感じもするが、たとえばタイプシップの英海軍G級などを作る前に練習相手として選ぶと効果的に機能するのでは。

「イエラクス」
RHS Ielax (scratch built) model length:127.5mm

「エートス」
RHS Aetos (scratch built) model length:127.5mm

アルゼンチンからギリシャに転売された艦。艦名はそれぞれ鷹と鷲。駆逐艦は本来繊細な船なので、復元性不良などの欠陥でそのままでは使えないものや、まったく別の用途に変える場合でなければ滅多に大改造はしない。本型のような改造は駆逐艦としてはかなり珍しい例だ。同じイギリスでも建造所（キャメル・レアード）と改造施工者（ホワイト）が異なるのも面白い。自作しなければ入手できず、まず作る人もいないと思うが、造船史のうえでは興味深いので今回製作してみた。

43

15 「タシケント」の巻

駆逐艦の輸出（2）
Exported destroyers-continued

イギリス以外の輸出駆逐艦を紹介。戦前イギリスの次に商売をしたのはイタリアで、西側が警戒していたソ連にまで売り込むほどだった。3番目のフランスは自国の海軍力ではイタリアとライバル関係にあったのに、商売ではほとんど成果をあげていない。

フレンチは不評

19世紀にはイギリスに力勝負ができなくなったフランスは、嫌味半分で水雷艇や駆逐艦をせっせと作っていたが、1000トン以上の艦を作らず、しかも第一次大戦開始後はそれまでの盛況が嘘のように造船業が衰退。戦時竣工わずか2隻、最初のギアードタービン搭載艦は着工から10年近くもかかって1923年竣工という有様で、仕方なく格下のはずの日本に12隻を発注してぎりぎりの体面を保った。1920年代初頭の仏海軍は質量とも日米に大きく水をあけられてしまっていた。

大戦間の艦隊再建計画下では、大型駆逐艦以上の艦では早い段階から上々の成績をあげたものが多かったが、1300トン級の一般型駆逐艦（公式名称は1500トン型）は大型艦の発注から漏れた中小造船所の建造が多かったためか、出力不足や燃費不良に悩まされた。また、主砲のデザインがまずく発射速度が遅い欠点もあった。ポーランドから請け負った2隻もその姉妹艦だが、政治的配慮からそれらとも異なる造船所が担当。しかも途中で倒産してしまい、3年半から6年弱という法外な時間をかけてなんとか引き渡しまで漕ぎ着けたものの、フランスに駆逐艦を頼むとろくなことはないとばかりにポーランドは次の注文をイギリスに回してしまった。

フランスが再び駆逐艦の輸出に携わったのは1930年代後半で、ユーゴスラヴィアがロワール社とイギリスのヤーロー社の名門2造船所に協力を依頼。前者が基本設計と1番艦の建造を、後者が機関部の供給を担当したうえ、2、3番艦はユーゴ国内に両社の現地工場を設立して建造するという相当手の込んだプロジェクトが進められた。この「ベオグラード」級は主砲もチェコのシュコダ製で、要するにフランスでは危なそうなところを全部よそに回してあるところがユーゴスラヴィアの抜け目なさを示している。

イタリアンは好調

イタリアは統一後のオーストリアとの戦争で苦杯をなめたあと、イギリスからの技術導入を強力に推し進め、19世紀末には軍艦を輸出するまでになった。駆逐艦の販売は第一次大戦直前からと多少遅れをとっていたものの、フランスと異なり大戦中も工業的停滞をきたさなかった。イタリア艦はもっぱら地中海で使うため、北大西洋のような悪条件を考慮した英艦より軽構造の設計となっており、そのぶんカタログデータを上げることができるところが近海行動を基本とする中小国家の要望にマッチしやすい利点があった。また、武装や消耗品をわざと積まないまま試運転をして現実離れした成績を出すのが常で、これもハッタリ気味に売船市場への宣伝材料として利用されていた。物価の関係で割安にもなっていたらしい。

大戦間最初の輸出はルーマニアの「レジェール・フェルディナンド」級だが、これは戦前の「マラシュティ」級に続くもの。新造艦はきわめて特異な船で、基本設計はイギリスのソーニクロフト、船体はイタリアのパティソン、砲兵装はスウェーデンのボフォース、射撃指揮装置はドイツのジーメンスというにぎやかな仕立てだった。

真似合戦

地中海の東側ではギリシャとトルコがにらみ合っており、第一次大戦後のオスマン帝国解体や希土戦争の混乱からようやく立て直したトルコは、1929年イタリアの2造船所へ駆逐艦4隻を発注。ギリシャも直ちに対抗したが、なぜか同じイタリアの別の造船所に4隻を注文した。この8隻はいずれもほぼ同国の標準艦隊駆逐艦に相当するもので、建造所によって主砲が単装4基と連装2基の2パターンがあった。

1930年代後半に両国は再び駆逐艦の建造を計画するが、この段階でイタリアとの関係が険悪化していたギリシャは2隻をイギリスに発注。今度はトルコがこれに追随し、4隻をイギリスの別の2造船所に注文した。第二次大戦が始まったため未完成だったトルコ艦のうち2隻は英海軍に徴発されたが、枢軸側に占領されたギリシャと共産国家ソ連の両方に接するトルコを敵に回したくないイギリスは、1942年という苦しい時期にもかかわらず、あえて2隻をそのまま引き渡した。この都合6隻も英Ⅰ級に相当する従兄弟の関係だが、ギリシャ艦は主砲にドイツ製12.7cm砲を使っていた。結局同じ国からほぼ同じ船をほぼ同時に買うという出来すぎた芸当を2度もやったギリシャとトルコは、1953年に親善協定を結び、負のライバル関係を解消する。

「タシケント」

USSR Tashkent (Kombrig) model length:200mm

ソ連の嚮導駆逐艦。1939年5月竣工し、独ソ戦では包囲されたセヴァストーポリへの強行輸送作戦で活躍したが、1942年7月2日ノヴォロシスク港で被弾沈没。シルエットは完全に駆逐艦ながら、かなり大柄。大雑把に言えば大型トラック50台が密着して高速道路を走っているようなもので（馬力は6倍ぐらい）、実物が全力航行するシーンは圧巻だっただろう。角のないヌルヌルしたデザインの艦橋構造物もユニーク。作例は現地メーカーのコンブリックが出しているレジンキットで、基本形状、ディテールバランス、品質とも出色の一品。模型映えがする船なので一度は作ってみたい。

「ブージャ」

ORP Burza (NIKO) model length:154mm

1932年竣工のポーランド駆逐艦。艦名は嵐（姉妹艦「ヴィッヒェル」は疾風）の意。同時期のフランス標準艦隊水雷艇「ブーラスク」級とほとんど同型。1930年代に煙突3本以上の駆逐艦を作ったのはフランスだけなので、このクラスは必然的に同国以外で唯一の3本煙突新造駆逐艦となる。イギリス脱出後は第1駆逐群（G級）に編入されノルウェー作戦に参加するなど八面六臂の大活躍で、大修理に入ると旧乗組員は護衛駆逐艦「スラザーク」に乗り換え、新メンバー時代も大西洋全般で対潜任務に従事。戦後ミュージアムシップとなったが、「ブイスカヴィッツァ」が現役引退して後を継ぎ、1977年惜しまれながら解体された。作例はNIKOモデル。

第 2 部 舷窓懐古館

未来の敵に塩を送る

もともとロシアは領土が広い割に外洋へのアクセスが悪く、せっかく作った大艦隊を日露戦争でほとんど失うと主要艦艇の建造にはめっきり消極的になった。とはいえ帝政ロシア海軍は以前から水雷艇による沿岸防御に力を注いでおり、1911年から1100〜1400トンの比較的大型で重武装の駆逐艦約30隻を建造。しかし革命のどさくさで勢力は半減し、造船能力もがたがたになってしまった。ソビエト連邦の海軍整備も5箇年計画という国家総合プログラムに含まれ、1928年からの第一次5箇年計画では帝政時代のコンセプトを発展させた大型駆逐艦6隻を計画したものの、設計不良と建造遅延で期待外れに終わる。そこで第二次5箇年計画にあたっては海外からの技術導入を決め、イタリアに白羽の矢が立った。同国からの技術供与を受けて「キーロフ」級巡洋艦や7型と呼ばれる標準駆逐艦が設計される一方、嚮導駆逐艦の1番艦「タシケント」は現物自体をイタリアの造船所で作らせる措置が取られた。建造所は現在も火砲系メーカーとして知られるオートメララの前身オデロ・テルニ・オルランド。ほぼ日本の軽巡「夕張」と同じサイズに特型より少し多めの武装を施し、計画出力は「島風」の1.5倍の11万馬力、非武装の試運転では44ノットオーバーを記録する怪物だった。第二次大戦では敵となる国にこんなものを売り飛ばすのだから、イタリアも無節操というか場当たり的というか皮肉な話だが、ソ連による国産化は戦争で頓挫し、極端な高速志向も継承されなかった。

Though having delivered large amount of torpedo vessels before WW1, French shipbuilders were soon exhausted by severe wartime restraint and even interwar years small yards sometimes suffered administration unsettlement and destroyers built by them could not achieve satisfactory performance, since it is not suspicious that French hardly exported warships in the period. On the other hand Italian shipyards played very active in exporting market. Italian ships had rather weak hull structure in common, but it was not considered to be defect for customers, mainly near Italy, because they only needed coastal force. In 1930s Soviet navy received extensive provision of shipbuilding technology from Italy and ordered large flotilla leader Tashkent, one of most remarkable destroyer, as a sample.

「レジナ・マリーア」

NMS Regina Maria (scratch built) model length:145.5mm

ルーマニア海軍「レジェール・フェルディナンド」級2番艦。1930年竣工し、黒海ではかなりの有力艦だったが第二次大戦ではあまり積極的に使われず、戦後ソ連接収時代を経て1960年代引退。あちこちの企業が加担したインターナショナルな艦ながら、基本的には英「シェイクスピア」級の派生型。タミヤのV級とE級の中間的な設計で、改造でそれらしくまとめてもいいが作例は自作。ありそうでない形状の主砲シールドや艦首先端についている防雷具用らしいホースパイプ、三角パネルの戦時迷彩など、こまごましたところに独自性があって作り込むと面白そうな船だ。

「コカテーペ」

TCG Kokatepe (scratch built) model length:143mm

トルコ海軍の駆逐艦で、1931年完成のイタリア製。詳しい発注経緯は定かでないが、「ティナズテーペ」級が伊海軍の最新型「フレッチア」級を手掛けたティレロ社の建造で同級に似ているのに対し、「コカテーペ」級はその前の「トゥルビーネ」級に参加したアンサルド社が担当し、デザインもそれに近い。単装砲を採用しているため識別は容易。これら4隻とも特に戦歴はなく、アメリカから中古の「リヴァモア」級を買ったあと1954年に揃って引退した。もちろんキットはなく、伊艦からの改造も無駄に手がかかるので自作。

45

16 「ヴァン・ゲント」の巻

中小国家の国産駆逐艦
Destroyers built by minor powers

輸出艦に続き、ここではマイナー国家が自力建造した駆逐艦を扱う。ほとんどメジャーパワーの艦をコピーしただけのものから、独自の味付けをしたもの、まったく別系統の独自路線まで多様な顔ぶれ。キットがないものをあれこれ創意工夫しながら作るのも楽しいかも。

中小国家の国産駆逐艦

戦前の海軍メジャーのなかでも日英伊は自国領土がごく狭い部類に入るように、必ずしも見かけの大小が国力のバロメーターではない。わずかの戦力しか持たないマイナー国家の中にも自力で駆逐艦を建造できる国はいくつかあった。もちろん実情はさまざまで、先進国の援助でようやく独り立ちをしようかというところもあれば、決してメジャーに負けない優秀艦を独力で整備できる古豪もある。

没落国の憂鬱

フランスの前にイギリスのライバルだったオランダはめっきり衰退し、20世紀初頭の時点で辛うじて艦艇の国産能力は保持していたものの、独力では世界標準レベルの駆逐艦を建造できない状態になっていた。1920年代中盤、イギリスのヤーロー社の支援を取り付け、英海軍標準型のプロトタイプ「アンバスケード」をもとにした提督級8隻を建造して、ようやく月並みの駆逐艦を手にしたのだった。オランダが当時の国際社会のなかで特異だったのは、本国から遠く離れたインドネシアに巨大な植民地を持っていたことで、駆逐艦はすべて植民地での運用を前提としており、哨戒用として水上機の搭載設備を持ったのが大きな特徴だった。1930年代には日本の脅威がクローズアップされるようになり、またもヤーロー社の助けを借りて拡大型の「ティエルク・ヒッデス」級4隻を着工したものの、完成前に第二次大戦が勃発。ドイツの侵攻を見てタグボートに曳航されて母国を脱出した「イサーク・スウェールス」がイギリスで、捕獲されたうちの1隻「ヘラルト・カレンブルフ」がドイツ用として竣工した。太平洋戦争が始まると植民地は連合国側につき、提督級もすべて失われてしまった。

イベリア半島情勢

イギリスやオランダ以前に海洋覇権を争っていたイベリア半島の2国だが、近代はまったく振るわず、政情不安定で工業も発展せず、まともな海軍力を整備できなかった。ポルトガルは今世紀に入ってスループ艦と水雷艦艇数隻ずつの小所帯を続けており、1926年に軍事政権が国家を掌握してようやく落ち着いたのを機に駆逐艦の更新を計画。こちらもヤーロー社に協力を打診し、同社で2隻、自国のリスボン工廠で5隻を建造した。

スペインは20世紀初頭に海軍力再建を始め、イギリス主要軍事メーカーの現地合同企業体（SECN）を立てて設備と艦隊の充実を図った。駆逐艦は第一次大戦型の「アルゼード」級に続き、1920年代中期から英海軍欄導型をベースにした「チュルッカ」型を建造。これが艦隊の好評を博し、第二次大戦後までかけて16隻の一大勢力を形成した。その間も政情不安定は相変わらずで、1936年には国を二分する内戦が発生。駆逐艦が1隻しかつかなかった反乱軍側は密かにイタリアから旧式艦4隻を輸入した。内戦中に政府軍の2隻が戦没、損傷艦も多数出たが、反乱軍勝利で戦争が終わったあと沈没艦の1隻を含め修復された。

スペイン・ポルトガルとも政治体制の上では枢軸寄りとなったが、第二次大戦中はどちらも態度を曖昧にしたまま中立を通す。

お門違い

スペイン・ポルトガルのもうひとつの共通点は、駆逐艦後進国にもかかわらず新造艦の輸出経験があること。スペインの2隻がアルゼンチン向けだったのと同様、ポルトガルが売ったのも南米の旧スペイン植民地コロンビアだった。

1932年、ペルーは自国の反コロンビア過激派運動に乗じてアマゾン川上流のコロンビア領レティシアを占拠。これを支援するためエストニアが持っていた旧ロシア駆逐艦2隻を購入した。国力では格上のコロンビアは、ポルトガルから建造中の駆逐艦2隻を購入のうえ、直ちに山奥へ兵隊を送り込みレティシアを奪還。国際連盟の働きかけに加え、仕掛け人であるペルーのセロ大統領が国内の対立勢力に暗殺されたこともあり、翌年春に講和が結ばれた。ペルーの駆逐艦はアマゾン川を約3000kmもさかのぼって自国領のイキトスまで到達したが、遅れて完成したコロンビア艦が本国沿岸に着くと再び川を下って太平洋側へ引っ越した。結局両国の駆逐艦はこれといって役にも立たず、持て余し気味のまま艦齢をまっとうすることとなる。上海から同じ距離だけ西に進むとヒマラヤ山脈まで行けるが、そんな山奥のいざこざのために呆れるほどマイナーな海軍国ばかりが関与してなぜか駆逐艦という、史上まれな筋違いストーリーであった。

「ヴァン・ゲント」

HMNS Van Ghent
(converted from Tamiya E class) model length:143mm

オランダの提督級駆逐艦。1928年の竣工時は英蘭戦争の英雄「デ・ロイテル」を名乗っており、35年に新造巡洋艦へ譲って改名。太平洋戦時はインドネシアにいたが、座礁事故で失われたため日本艦との交戦経験はない。姉妹艦も「ピエト・ハイン」を除き同時代の人名で、技術供与を受けた割にばちあたりな感も。作例はタミヤの英級を使っているものの、駆逐艦としては極めて珍しい航空機搭載設備や木甲板など細部に妙な癖が多く、改造のメリットはいまいち。ポルトガルの「ドゥロ」級（＝コロンビアの「アンティオキア」級）は煙突回りの並びが異なる程度でほとんど同じ船。

「サンチェス・バルカイツェギ」

Spanish Navy Sanchez Barcaiztegui
(scratch built) model length:145mm

スペインの量産型駆逐艦「チュルッカ」型の1隻。1929年就役、内戦で僚艦2隻とともに反乱軍の重巡洋艦「バレアレス」を撃沈し、史上初めて重巡を沈めた駆逐艦というタイトルを持つ。姉妹艦は計16隻だが、最初の2隻はアルゼンチンへ売却後代艦を建造、後の2隻は内戦で長らく建造中断したあと最初から作り直されたため、起工されたのは都合20隻。通算3番目の本艦がスペイン海軍最古参となる。基本的には英海軍スコット級のマイナーチェンジ版で、建造時期によるバリエーションも見られる。作例は一部「ヴァンパイア」の部品を使用。

第2部 舷窓懐古館

北欧の孤高

ノルウェイやデンマークはそこそこの軍艦国産能力を持っていたが、第二次大戦前はあまり軍備に力を入れておらず、ドイツの侵攻にあっさり屈してしまった。一方、スウェーデンが両次大戦で武装中立の姿勢を通したのには、裏付けとして自国の優秀な軍事産業があったことも要因と考えられる。駆逐艦も第一次大戦前にイギリスの影響力を脱し、完全オリジナルの建造へ移行。1920年代から戦時中にかけて1000〜1100トン級の小型駆逐艦4クラス14隻を揃え、終戦時は1900トン型2隻を建造中だった。

とはいえ、第二次大戦が始まると手駒では安心できないと考えたスウェーデンは、1940年3月にイタリアから駆逐艦・水雷艇各2隻を購入。変な時期に商売根性を出したイタリアもイタリアだが、回航作業はドイツのノルウェイ侵攻作戦の最中に実施され、ドイツの同盟国から駆逐艦を買ったスウェーデンを怪しんだイギリスはこの4隻を拿捕抑留する荒業に出る。ノルウェイの状況がおさまり、スウェーデンに他意がないと確認された段階で4隻は解放された。「セーラ」級駆逐艦は航洋性不足などで不評だったが、「スピカ」級水雷艇は大当たりと見なされ、戦時中自国で類似艦4隻が追加建造されている。

英米の狭間で

第一次大戦前の艦隊整備計画ではもっぱらイギリスから調達したブラジルだったが、1920年代以降はアメリカの影響が強くなる。1936年にアルゼンチンが「ブエノス・アイレス」級を発注すると、翌年「マルシリオ・ディアス」級3隻を着工。それまで河川用砲艦ぐらいしか国産経験のないところへ随分な大勝負に出るが、米「マハン」級をもとにしたデザインで、実質的にはアメリカ製のキットを組んだだけのような代物だった。このときアメリカから駆逐艦6隻の貸与も持ちかけられるも、アルゼンチンの反対により頓挫。代替策としてイギリスに同数を新造発注することになったが、第二次大戦がはじまると早速英海軍が徴発。ブラジルはこの6隻も国産することにしたが、こちらは本来買うはずだった英G級の船体にアメリカの諸々を載せるという変な手順をとっていた。しかしいきなり駆逐艦みたいな上物をうまく作れるわけもなく、M級の就役は6年後の1943年、後続艦（A級）は1940年着工で完成までに9〜11年もかかった。

Some of minor navies could build torpedo vessels in own builders. Holland and Portugal relied on British famous yard Yarrow and built derivation to Royal Navy Ambuscade. Spain constructed considerable destroyer strength of virtually mono-type based on UK Scott class by SECN, multiple cooperation established by British companies. Although Brazil decided to build destroyer with US help, indeed only assemble imported parts, operation was much delayed. On the contrary Sweden could produce decent destroyer of own design. One of most strange and wrong story concerned with destroyer occurred when a trouble between Peru and Columbia about territory of upper reaches of Amazon River broke out. Peru purchased two former Imperial Russian destroyers from Estonia and they sailed upstream along Amazon about 3000km. To compete with them Columbia also got two destroyers from Portugal, but fortunately the quarrel subsided before crash between destroyers.

「マルメ」

HSwMS Malmö (scratch built) model length:135mm

ちょうど第二次大戦開始時に順次就役中だったスウェーデン駆逐艦「イェーテボルイ」級の1隻。ほぼ完全なオリジナルデザインだが各所にドイツの影響も受けており、次の「ヴィスビィ」級から艦尾形状もドイツ式となっている。この時期にしては小型軽武装ながら試運転では40ノット以上を出したという。作例は現地資料を踏まえてのフルスクラッチビルド。スウェーデン艦は普段からしばしば迷彩を施し、戦時中は船体に縦帯を引いていたが、規則性に乏しく、雑多な状態の艦が同時期に混在していたようだ。なお、スウェーデンでは駆逐艦のことをヤガーレ（jagare：狩猟艦）と呼ぶ。

「グレーンハルグ」

BNS Greenhalgh (converted from Pitroad Livermore) model length:150mm

ブラジル初の国産駆逐艦として1943年竣工。設計上は米「マハン」級のコピーだが、寸法や艤装はこまごまと違っていて造形的には別物に近い。作例は「ベンソン」級のインジェクションキットと「マハン」級の詳細図面などから製作。おなじみ米海軍メジャー32／3d迷彩を施している写真があり、塗料の供給も受けたのだろう。米海軍ファンはこっそり作ってコレクションに混ぜておこう。

47

17 「吹雪」の巻
駆逐艦史における特型
Fubuki and her counterparts

特型駆逐艦は軍艦建造史に残るエポックメーカーとしてその名を轟かせる存在だが、具体的にはどのような影響力があったのだろう。ライバルと目される各国の駆逐艦を一堂に並べて検討すると、むしろ「ライバル企画とは何ぞや」を考えさせられる。

駆逐艦史における特型

特型駆逐艦が世界の注目を浴びたのは、単に1隻あたりの武装が大きかっただけではなく、その武装を当時の常識を超えるコンパクトなサイズに収めた点が重要だった。駆逐艦の本分が敵大型艦への魚雷攻撃にあり、レーダーのない当時、低く小さく身構えられるほど戦術的に有利だったからだ。排水量からいけば、特型は同時期の日本の標準型駆逐艦「睦月」型と比べ排水量3割増し、武装5割増しとなるが、排水量に対する兵装重量の比率は前者の10％未満から20％台へと倍増しており、技術的には大きな飛躍だったことがわかる。特型が世界のトップブランドの座を勝ち得たのも、各国がその点を理解していたからだと考えられる。

現在、「特型とそのライバルたち」と銘打った企画を起こすと、だいたい主要海軍国のいずれからもひととおり候補がノミネートされてくる。では、本当にそれらは特型のライバルと呼ぶに足る資格を備えているのだろうか。それぞれ吟味していくと、それらは必ずしも特型の直接の影響力を受けていたわけではなく、あくまでそれぞれのお国事情に沿って独自の発展を遂げた艦もあることに気付く。むろんライバル企画に問題があるということではなく、それによって新しい知識が得られればそれでいい話であって、けだしエンターテインメントとはそういうものだ。

私は並になりたい
吹雪型（日本・1928年）

特型駆逐艦はワシントン軍縮条約による主力艦の劣勢を補う手段として計画されたものだが、当時の日本海軍はこれをあくまで特別な型と考えていて、一定数作った時点で打ち止めにするつもりだったといわれる。ロンドン軍縮条約で駆逐艦にも保有制限が課せられたとき、排水量1500トン以上の艦の割合まで規定されたのは、在来艦の価値を担保する意味もあっただろうが、ふつう駆逐艦はそのぐらいのサイズのものだという国際的なコンセンサスがあったことを暗示しており、日本海軍もその例外ではなかったのだ。しかし、特型に対する艦隊側の評価が高かったのと、次世代標準型の「初春」型が失敗したことで、結果的に特型のリバイバル版である「朝潮」型から甲型へと軸足をシフトすることとなる。駆逐艦もいずれ大型化が避けられない宿命にあったのは事実だが、日本海軍はやや駆逐艦自体を「特別な型」に押し込めてしまった感もある。もっとも、それが特別かどうかの線引きはその国の工業力にもよる。

Lサイズは嫌いですか
ゲパール級（仏・1929年）

フランスは第一次大戦で弱体化した駆逐艦勢力を立て直すべく、1922年から大規模な建造に乗り出したが、1300トンの標準型と2100トンの大型の二本立てを採用。自国では前者を艦隊水雷艇、後者を水雷艇駆逐艦と呼び、むしろ一般的なイギリス式の分類より現実の用途に即した分類名称を使っていた。しかし、敵艦隊の水雷艇（駆逐艦）の撃破を主任務とする真の駆逐艦「シャカル」級は、標準型より6割も大きいくせに武装は主砲1門多いだけという変な船で、6隻で建造を打ち切り拡大強化型へと移行。主砲の口径を1cm拡大しただけで再び300トン増え、排水量2400トンと当時としては異常に巨大な艦となった。これが「ゲパール」級で、特型と同時期に着工し1929年から就役。ほぼ同型が18隻建造された。同世代とは思えない4本煙突の古臭さとは裏腹に、試運転では軽装備ながら40ノット前後をマーク。14cm砲5門の火力もなかなか侮れないものがあり、船としては特型の強敵といえるが、建造の経緯には全く関連がなく、技術的にも「でかいのだからそのぐらい強くてもあたりまえ」といった程度のものだ。このあと巨大化はさらにエスカレートし、前出の超駆逐艦「モガドル」級に至る。

独り相撲地中海風
ナヴィガトーリ級（伊：1929年）

イタリア海軍も特型とほぼ同時期に似たような艦を建造している。これは同国が以前から少しずつ作っていた偵察艦というカテゴリーのもので、今回は思い切って姉妹艦12隻を建造。排水量1900トン、最大の売りは速力で、試運転では7万馬力オーバーで43.5ノットをマークした艦もあった。武装は12cm砲6門と魚雷発射管6門。まずまずうまくまとめたように見

「吹雪」

IJN Fubuki (Pitroad) model length:170mm

本項の主役。同型24隻の竣工日に5年近い差があり、多数のマイナーチェンジが実施されたことで模型業界に悲喜こもごもの歴史をもたらした。作例のピットロード版は近年発売されたもので、できるだけパーツを共通化しながら各タイプの差を出そうとして相当手の込んだデザインになっているが、要領がいまいちでディテール表現に考証が見合わない。モデラーとして凝るべきか見切るべきか、非常に悩む難敵だ。

「ゲパール」

Guépard (HP) model length:184mm

フランスの大型駆逐艦。日本の「島風」と同大で、背も高く、このメンバーの中でもひときわでかい。駆逐艦としては有力な艦ではあるが、やはりサイズの割に物足りない感じ。作例は1942年の状態で、魚雷発射管を1基撤去し1連管3門しか積んでいないので余計にそう見えるのでは。HPモデルのキットの中では比較的出来のいい部類に入る。

第2部 舷窓懐古館

えるが、実はこのクラス、排水量こそ特型より大きいものの、寸法は「初春」型より少し小さいぐらいしかない。就役後の実績は散々で、凌波性や復元性が悪く、艦橋を1階分削ったり魚雷発射管を三連装から連装に変えたり、燃料搭載量を減らしたりしたため使い勝手が悪くなり、今度は艦首延長と幅の増大で船そのものを大きくして減らした能力を無理やり取り返したが、気がついたら28ノットしか出なくなってしまっていた。要するに特型とは全然関係のないところで勝手に無理をして失敗したドジなキャラといえる。本型のあと偵察艦は建造されず、軽巡洋艦の流れを汲む「カピターニ・ロマーニ」級に置き換えられた。

後出しジャンケンはほどほどに
ポーター級（米・1936年）

特型は対米戦を念頭に置いたものだが、その就役が始まったころ、当の米海軍では第一次大戦型のフラッシュデッカー型駆逐艦が大量に余っていて、にっちもさっちもいかない状態だった。以前から水雷戦隊の編成要素として、旗艦軽巡洋艦の下で子分の駆逐艦を統括する中間管理職的な駆逐艦（嚮導駆逐艦）が欲しいと思っていたらしいが、不況の手前で新しい駆逐艦に手が出せなかったのだ。ようやく建造に着手したのはロンドン軍縮条約の締結後で、太平洋戦争時の米駆逐艦はほとんど「初春」型以後の世代と

いうことになる。念願の嚮導駆逐艦「ポーター」級はまさしく特型対策の具現化であり、条約の上限ぎりぎりである1850トンの船体に主砲8門と魚雷発射管8門を搭載。姉妹艦も8隻と随分縁起のよさそうなクラスだが、実際はそうはいかなかった。長らく駆逐艦の建造実績がなかったところに重武装を詰め込んだうえ、欲張って高い所に探照灯台を置くなど無理を重ねた結果、やはり復元性不良に悩まされることとなったのだ。しかも火力重視のあまり、新世代米駆逐艦の卓越した長所だった両用砲をやめてコンパクトな平射砲を選び、空母戦がメインとなった太平洋戦争の実情に背を向けたのが失敗だった。立場上そうそう最前線の艦隊戦に顔を出すわけにいかず、装備不適格とわかっていながら空母機動部隊の直衛隊の指揮艦を務めることが多く、たまに前へ出て行ったら魚雷を食って艦首を失う貧乏くじを引く有様。最終的に戦没艦は1隻で済んだが、それは幸運でも武運でもなく、出番がなかっただけのこと。特型に変に付き合って運に見放された船だった。

兵器の資格
Z級（ドイツ・1937年）

ナチス政権下で本格的な再軍備に着手したドイツ海軍は、理不尽なまでに厳しい性能上の制約を強いたヴェルサイユ条約からの反動か、やたらとリッチな軍艦を作りたがる傾向

が出てきた。新世代の駆逐艦は排水量2200トンと特型を上回る大型艦で、計画速力は38ノットとやや速いものの、武装は12.7cm砲5門と魚雷発射管8門で他国の標準型と同じ程度。竣工後は技術上の目玉である機関部に故障が頻発し、後に15cm砲を搭載したグループも実用性の低下に輪をかけただけで、全くの期待外れに終わった（詳細は後述）。駆逐艦を必要以上に贅沢品化したコンセプトは日本にも一脈通じるが、本格的な駆逐艦の建造と運用から長期間遠ざかっていたブランクの影響がひときわ大きかったのがドイツの特徴といえるだろう。使い物にならなければ兵器としての資格はない。

もう見栄は張りません
トライバル級（イギリス・1938年）

イギリスは第一次大戦以後ずっと予算不足に悩まされ続け、ロンドン条約の時代になっても所要数の確保に重点を置いて平凡な駆逐艦ばかり作っていた。しかし日・仏・伊の大型艦が一通り出揃ったうえ、ドイツまでが大型駆逐艦の建造に乗り出すと知ると、日の沈まない帝国としては何のリアクションもとらないわけにいられなくなってきた。新しくデザインされた「トライバル（種族）」級は、排水量1850トンに12cm砲8門と魚雷発射管4門を装備し、一足先にデビューしたアメリカの「ポーター」級から魚雷発

射管1基をとって駆逐艦退治用のカラーを強調したような内容。就役時は設計が手ぬるいと批判を受けたものの、復元性など船としての基本能力には問題がなく、装備を減らすような事後改造は施されていない。運用コンセプトがかなり曖昧で、漠然と敵の大型駆逐艦が出てきたらぶつけるという程度の発想しかなかったらしく、実戦でもとりたてて他の駆逐艦と差別化した使い方はされず、激戦区にも積極的に投入された。なまじ任務を限定しなかったぶん「ポーター」級よりも存分に戦えた面があるものの、平射砲装備で対空能力に難があるのは同じで、姉妹艦16隻中12隻を失った。「トライバル」級は人付き合いの見栄っ張りで仕方なく建造された艦だが、苦労しながらもそれなりに価値を認められてカナダやオーストラリアで追加建造が実施されたのが多少の救いだろう。

Fubuki class destroyer of Special type Toku-gata got an honorable position in world's shipbuilding history because of, not only their heavy armament but also small hull for it. Subsequently many destroyers being a match for Toku-gata in the world, though they were not always to be built against Japanese counterpart. Warship design is formed under peculiar demand to each navies occurred mainly by international interest of geographical adjacent eventually.

「ニコロソ・ダ・レッコ」

RN Nicoloso da Recco (Regia Marina) model length:152mm

ナヴィガトーリ級の1隻。1942年春の状態。クラス名は航海者の意味で、ダ・レッコは14世紀にアゾレス諸島を訪問した人物。本艦は第二次大戦開始のため第二次大改装を受けられず、新造時の船体のまま行動したが、唯一終戦まで生き残った。このページでは一番小さい船で、排水量の数字のアヤでうっかり紛れ込んだだけと考えてもいい。レジアマリーナのキットはちょっとした資料本に近い内容の説明書がついているが、肝心のレジンの成形があまりよくない。

「ポーター」

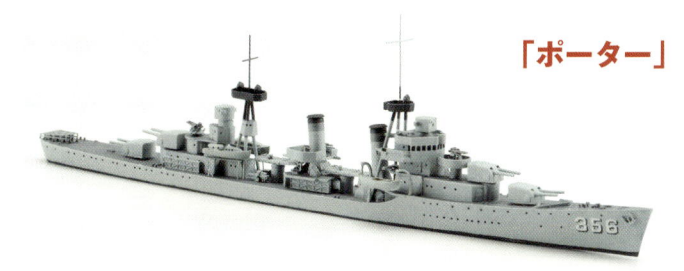

USS Porter DD-356 (Kombrig) model length:182mm

米海軍の嚮導駆逐艦で、特型の本来の対抗馬。作例は竣工直後のオリジナル状態を再現しており、巡洋艦のようなごてごてしたシルエットが印象的。このあと「ポーター」級はマストの撤去から始まって主砲の減少、艦橋の縮小とどんどん背が低くなり、最終的には両用砲5門装備で「フレッチャー」級と同等の艦になるが、本艦はそれ以前の1942年10月に戦没している。コンブリックのキットはレジアマリーナとは逆に、造形はハイレベルだが説明図は素っ気ない。

「Z20　カール・ガルスター」

DKM Z20 Karl Galster (Trumpeter/Z21) model length:176mm

ドイツ海軍の艦隊型駆逐艦。ツェルシュテラーの頭文字を持つグループは基本的にサイズもレイアウトもほとんど同じである。便宜的にまとめてZ級と呼ばれることもある。「Z20」は厳密には3番目の1936型に属するが、変更点は船体構造などの微調整だけで、36型自体にも垂直艦首型とクリッパー型の2種がある。サイズだけは一丁前なのだが武装は平凡で、どことなく余計なディテールが多いような印象。しかも作例に使ったトランペッターのキット（「Z21」）はなぜか鉛直方向の縮尺基準が不適で、必要以上に扁平さが強調されている。

「ベドウィン」

HMS Bedouin (Pitroad/Eskimo) model length:165mm

トライバル級は日本では特型対策が強調されることが多いが、建造年時はるかに後で、設計面でも異質の手堅さが色濃く出た艦と見るべきだろう。作例はピットロードの「エスキモー」から改造したもので、キットは同艦のマダガスカル作戦参加時の配色を指示しているようだが、どちらかというと白と空色のピーター・スコット式のほうがより一般的。トライバル級は「ポーター」級のような主砲の総入れ替えはせず、3番砲塔を4インチ高角砲に替えて対処した。

49

column 2 陰影とカウンターシェイド
Shade and counter-shade

　光と影の表現は絵描きにとって永遠の大命題だが、3Dの模型でもこの問題は検討の余地がある。模型の現物を見るのはたいてい室内であり、照明の関係で実物と同じような影がつかず、スケール感を損ねる一因となる。雑誌なりインターネットなりで模型を見せるためにきちんとした写真をとろうとすると、普通はむしろあちこちから照明を当てて影を消しに行くからなおさらだ。だが、たとえば空母の飛行甲板の裏のように普通必ず陰になる部分をわざと陰影として濃い色で塗っておくと、擬似的に立体感を強調するとともに照明光の乱反射を抑制し、通常より模型を大きく見せる効果がある。特に本来明るい色の場所ほど、陰影色の選択が腕の見せ所になりうる。

　迷彩の一種にカウンターシェイドというものがある。陰影塗装の逆で、陰になる部分に明るい色を塗っておくことで、見かけの立体感が失われ、視覚的に物体として認識しづらくなることで隠蔽効果を高める技巧だ。物にはそのサイズや形状に応じた影が出るという常識を逆手にとった欺瞞策であり、魚のイワシやアジもカウンターシェイドになっている。実物でこれをやられると模型としてはひどく厄介だが、米海軍のメジャー30番台には本来カウンターシェイドが指定されているため、高度な対応が求められる。なお、日本の外舷2号系迷彩や英海軍の海軍省式標準迷彩に見られるような舷側中央部に濃色のパネルを描く方式は、明度修正を加える範囲が明るい方か暗い方かの違いで、理論的にはカウンターシェイドと同様の効果があると考えられる。

　適切な陰影を出し、模型を大きく見せる効果を持つ最も優秀な照明は自然光で、模型誌でもあえて露天撮影をすることがある。スケールバランスのとれた作品は驚くほどリアルに見えるし、逆に室内で映える誇張表現型、あるいは造形を塗装で補うタイプの模型はかえって安っぽく見えてしまうこともあるので注意したい。

To represent light and shade is one of principal subject to painting artist, and it might be worth studying for modeler. The importance of shade have been demonstrated by counter-shade camouflage, that is, shade is fundamental index to distinguish object from background and to suppose the size of it. Basically scale model can't be shadowed equally to real object, still effort to draw impression connected with photo technique will make your model more realistic.

▲ハセガワの「氷川丸」。上写真手前の作例と下左写真は、キットの上に直接本塗装を施し付属のデカールを適用したもの。上写真奥と下右写真はジャーマングレイの下地塗装を挟み、赤十字や緑帯も塗装で表現したもの。どちらも船体色としてGSIクレオスのMr.カラー107番（キャラクターホワイト）を塗っているが、前者はキットの成形色である白が影響して陰影が薄く、いかにも「普通に作ったプラモデル」っぽく見えるだろう。後者はプロムナードデッキなどの天井をグレイに塗っており、下地塗装による成形色の隠蔽（86ページ参照）とあわせ奥まった部分の陰影が強調されている。成形の制約で本来より太くなっている部分を細くするなど、適切なディテールアップを加えることで造形による陰影の印象との相乗効果が生まれ、見かけのスケールバランスを高めることができるはずだ。照明の種類や当て方にもよるが、これらの技法は概して明るい色ほど効果が出やすく、汚し塗装を避けて模型をきれいに作りたい場合は特に役立つ。キットは1970年代の開発ながら出来がよく、充分なディテールと少なめの部品数を両立した設計に特徴がある。いくつかの考証的修整と上記のシェイプアップだけでもハイレベルな作品が期待できる。

▼空母「ホーネット」（二代目）の艦橋。カウンターシェイドを適用しておらず、側面の色をそのまま下面に回しているため、場所によって陰影のつき方が違うのがわかる。　　　　（Photo/U.S.NAVY）

▲給油艦「セベク」。こちらはカウンターシェイドがよくわかる一葉。ボートデッキ裏の白が側壁の上端まで下りてきている。ここまでやると白黒写真でもわかりやすい。メジャー30番台の艦でも必ずしもカウンターシェイドを適用していたとは限らないらしく、模型レベルではもともと充分に陰影がつきにくいため、あえて無視するのも理にかなった選択肢ではある。　　　　（Photo/U.S.NAVY）

第3部 舷窓戦史館
Portholes on strugglers

第二次大戦は最も艦船ファンの人気が高い時期であり、メディアが取り上げる機会も多い。
模型誌も例外ではないが、基本的には市販商品の充実が背景にあり、
様々な企画はまずキットの存在を前提とする場合がほとんどとなる。
戦史ファン全体での人気と模型誌での露出度が食い違う現象のゆえんであり、
資料不足などの事情で模型メーカーが無制約に商品化できない場合が多いが、
ユーザー側の知識欲と模型製作欲が一致せず投資に見合う商品需要が期待薄とみなされることもあり、
特に駆逐艦以下の小艦艇や補助艦艇、商船にその傾向が出やすい。商品のない艦艇を自作できれば、
一般の戦史ファンの興味に対応できるコンテンツを模型誌のフォーマットでも実現できるというのがこの企画の基本コンセプトにあり、
従って本章で収録艦船のほとんどが自作で賄われるマイナーな話題が並ぶのも、ある意味第二次大戦だからこそではある。

18 「Z1」の巻

第二次大戦のドイツ水雷艦艇（1）
German torpedo vessels in WW2

第二次大戦のドイツ駆逐艦は、額面性能と実力にギャップがあって実績が伴わず、全般にどれも似たような形をしていて個性がつかみづらい面もある。しかし模型の世界では15cm砲搭載の「Z23」級がよく知られており、恰好のとっかかりを持つ強みは活かしたいものだ。

駆逐だZ

ヴェルサイユ条約を破棄した後の新生ドイツ海軍が目指したのは帝政時代の陣容の再現であり、艦艇のデザインにおいてもその傾向が少なからず見られる。「ビスマルク」級戦艦の設計コンセプトが第一次大戦時の「バイエルン」級の延長線上にあったとされるのはその典型例である。駆逐艦についてもそれは同様で、第二次大戦時のドイツ駆逐艦は単純に第一次大戦型の直系と考えていい。これには、条約に基づく連合国のドイツ側への介入で、先進的な設計の船を作れない時期があった事情もあるが、ソ連のように有能な設計スタッフを見境なく粛清して自分で過去のノウハウを無駄にしたわけでもなし、そもそも日本やアメリカの駆逐艦のように、それなりに筋を通していた設計コンセプトが突然の思い付きでコロリと変わってしまうほうが珍しいのであって、ことドイツに関しては、国家の体制の激変が艦艇のデザインに及ぼした影響はそんなに大きくない。

第二次大戦型ドイツ駆逐艦のルーツは、1916年に計画された「S113」級に求められる。従来のデザインと基本形は似ているものの、それまでもっぱら1000トン以下の小柄な艦ばかり作っていたドイツ海軍にして、排水量2060トン、速力36ノット、主砲15cm4門、60cm魚雷発射管4門と、まさしく1/700のコレクションに1/500のキットを混ぜたような破格ずくめの巨大艦で、彼らはここにようやく真の水雷艇駆逐艦に目覚めたのだった。イギリスはこのクラスの計画情報を得て「シェイクスピア」級嚮導駆逐艦を建造したものの、これほどのお化けが出て来るとは思わず、サイズも武装も完全に出し抜かれてしまった。しかし「S113」級はぎりぎり大戦に間に合わず、イギリスは戦後の調査でも過重武装で航洋性能が劣ると判定し、さりげなくスルーしてしまった。

ナチスの政権掌握を背景に1934年計画から建造が始まったドイツの新世代駆逐艦は、もともとフランスの1500トン型艦隊水雷艇を起点としていたらしく、主砲口径12.7cmを採用したが、最終的には「S113」級を一回り大きくした特大サイズとなった。艦名は晴れて駆逐艦「ツェルシュテラー」のZを冠することになり、最初の4隻（1934型）が同年末からドイッチェヴェルケ社で順次着工されたのに続いて、1934A型12隻が翌年春から3造船所で作られた。何を思ったのか機関部にやたらと力こぶが入っており、缶の蒸気性状が大きいもので圧力110kg／平方センチ、温度510度と、日本の高温高圧缶の代表例「島風」の40kg・400度など消し飛んでしまうようなスーパーマシンを積んで7万馬力・38ノットを狙っていたが、さしものドイツでも簡単に使いこなせるものではなく、1番艦「Z1」の初期試運転では5万4000馬力で30ノットも出なかった。計画値をクリアできたのは「Z16」だけだったようだ。このあと駆逐艦の建造は高温高圧缶に長じたデシマーク社がほとんど単独で請け負うようになり、1936型はようやくスペックデータを発揮、「Z17」がマークした7万2500馬力・41.45ノットがドイツ駆逐艦の最高記録となった。しかし以後のグループでは再びパフォーマンスが下がり、計画値に達していない（「Z34」

34・36型の艦名と戦前の艦符号一覧

艦名	別名		符号
Z1	Leberecht Maas	レーベレヒト・マース	なし（FdT）
Z2	Georg Thiele	ゲオルク・ティーレ	13
Z3	Max Schultz	マックス・シュルツ	12
Z4	Richard Beitzen	リヒャルト・バイツェン	11
Z5	Paul Jacobi	パウル・ヤコビ	21
Z6	Theodor Riedel	テオドール・リーデル	22
Z7	Hermann Schoemann	ヘルマン・シェーマン	23
Z8	Bruno Heinemann	ブルーノ・ハイネマン	63,61
Z9	Wolfgang Zenker	ヴォルフガンク・ツェンカー	61,62,63
Z10	Hans Lody	ハンス・ロディ	81,62,61
Z11	Bernd von Arnim	ベルント・フォン・アルニム	62
Z12	Erich Giese	エーリヒ・ギーゼ	82
Z13	Erich Koellner	エーリヒ・ケルナー	83
Z14	Friedrich Ihn	フリードリヒ・イーン	32,33,31
Z15	Erich Steinbrinck	エーリヒ・シュタインブリンク	31,32,33
Z16	Friedrich Eckholdt	フリードリヒ・エッコルト	33,32,31
Z17	Diether von Roeder	ディーター・フォン・レーダー	51
Z18	Hans Lüdemann	ハンス・リューデマン	53
Z19	Hermann Künne	ヘルマン・キュンネ	52
Z20	Karl Galster	カール・ガルスター	42
Z21	Wilhelm Heidkamp	ヴィルヘルム・ハイドカンプ	43
Z22	Anton Schmitt	アントン・シュミット	41

注：人名表記の艦名でoウムラウトは用いずoeが主式（Z7・13・17）で、uのみウムラウトを付与（Z18・19）していた。

「Z1　レーベレヒト・マース」
DKM Z1 Leberecht Maass (scratch built) model length:170mm

新生ドイツ海軍最初の駆逐艦。就役後は第二次大戦開始直後までFdT（水雷戦隊旗艦）として活動していたが、開戦から半年後の1940年2月に味方機の誤爆を受けて沈んでしまう。第一次大戦型の影響を色濃く受け継ぐデザインで、小型の艦橋上部ブルワークは初期建造艦の新造時（「Z7」まで、「Z8」は不明）の特徴。作例はフルスクラッチビルド。いちおう洋書の図面を根拠としているが、精度がいまいちで煙突周りを中心にディテールはかなり推測に頼っている。

「Z3　マックス・シュルツ」
DKM Z3 Max Schultz (scratch built) model length:170mm

34型駆逐艦の1隻で、「Z1」と同じときに沈没したが、味方の誤爆プラス敵の機雷原という不運のダブルパンチを食ったらしい。作例はこの最終時を想定したもので、艦首や艦橋を改修した他、機雷敷設軌条を増設している。トランペッターの「Z7」から改造で作れないこともないが、船首楼の形状が根本的に異なっており案外手を焼くはず。何より商品自体が品薄のため、このキットだけで数をそろえるのはかなり難しい。36A型とは長さが10m以上も違うが、タミヤ版を改造して何となく似たものを作って済ます手も考えたい。

52

第3部 舷窓戦史館

で36.1ノット）。

サイズはやたらと大きいが、1934・36型はもともと北海やバルト海程度の比較的近い海域での運用を意図しており、通常の燃料搭載量では航続距離が2000カイリ前後と日本の甲型の半分以下しかない（ただし最大搭載量は甲型より多い800トン）。将来的にはもっと遠くで行動し、敵駆逐艦を凌駕できる艦が必要として、さらに大型で15cm砲を搭載するタイプが研究されるが、それより早く数をそろえたかったので、とりあえず在来艦の主砲だけ強化した1936A型が作られることになった。かつての「S113」級の再来ともいうべきこのグループは、一見サイズに見合う武装を積んだように思えるが、そう簡単にはいかなかった。なにしろ、12.7cm砲弾は1発28kgなのに対し、15cm砲弾は45kgもある。たかだか2000トンかそこらの船で波に揺られながら手動で装填するのは大変どころか危険すら伴う。しかも、見切り発車で採用した連装砲塔は当初の見込みを逸脱して重量60トンに達し、これだけで12.7cm単装砲5基より重い代物を艦首に乗せたものだから、外洋のうねりを上手に乗り越えられず、自分から頭を突っ込んでしまう危険な癖がついてしまった。おまけに、36A型が就役した1940年秋以降は駆逐艦の主戦場が北極海やビスケー湾まで広がっており、遠出するほど戦力がガタ落ちする15cm砲艦にとっては最悪のシチュエーションとなった。43年12月末には、36A型駆逐艦5隻と39型水雷艇6隻のグループがビスケー湾で英軽巡2隻と交戦し、額面戦力で圧倒していながら一方的に「Z27」「T25」「T26」を撃沈される事

件も起こっている。軍艦にはサイズと武装の相性があって、搭載兵器の本来の威力を発揮できるプラットフォームたりえるかと問えば、36A型駆逐艦はそうではなかった。20年以上前にイギリスが見立てたとおりだったのだ。当事者も失敗を認めており、41年6月着工の1936B型「Z35」から主砲を12.7cmに戻したが、この頃からドイツ海軍の水上艦艇をめぐる周辺事情が次第に悪化し、44年3月の3番艦竣工をもって駆逐艦の建造は放棄されてしまった。

研究大好きなドイツ人のこと、戦時中も懲りずに新作デザインを作りためているが、後述の通りほとんど「夢を見るだけならタダ」ぐらいの現実離れ感があって、微笑ましいと取るべきかわびしいと取るべきか迷うところだ。

German political system in 20th century was dramatically changed, but it does not influenced to warship design very much, and the first design of destroyer for Kriegsmarine called to Zoersteror was basically improved version to Kaiseiliche Marine S-113 class. Unfortunately their destroyer development always had been tagged along by inconsistency. An idea of cost-performance seems to be overlooked and ambitious high pressure boiler often broke down. Larger successor design could not be realized because they had to enter the war much earlier than expected, and makeshift design, fitted 15cm main gun on existing hull were considerably less seaworthy. As a result the final type delivered to Kriegsmarine was almost only repeat to the first. Nevertheless heavy armed Zoersteror type 1936A still have been attracting interest of warship fan.

「S113」

帝政時代のドイツ海軍最大の駆逐艦。ディテールは比較的簡素だが、巨大な煙突やガンネルの丸まった船首楼など、一見した印象がナチス時代の34型駆逐艦とそっくりなのがわかる。「S113」とその系統のグループは12隻が計画されたが、休戦時には「S113」と「V116」の2隻がほぼ完成した段階で、戦利艦としてフランスとイタリアへ引き渡され、それぞれ「アミラル・セネ」「ブレムダ」として第二次大戦直前まで用いられた。

レーベレヒト・マース少将

第一次大戦開戦直後に発生したヘルゴラント湾海戦でドイツ軽巡洋艦部隊を指揮し、轟沈した旗艦「ケルン」と運命を共にした人物。「Z」級の1936型までの22隻には第一次大戦時の立派な海軍軍人の名前が別称としてつけられている。この名前はドイツの文献ではgleichberechtigte name（平等の名称）と書かれており、Z何番は例えば米海軍のDD何番のようなただの肩書ではなく、それ自体も独立した艦名であることを示している。

「Z32」
DKM Z32 (Tamiya) model length:182mm

36A型の戦時計画艦で、臨戦（動員）型と呼ばれる。36型は艦のレイアウト自体が34型と全く変わっておらず、煙突が低くなったのが外見上の目立つ違いだが、A戦型は前部煙突のキャップが少し高くなった。艦首の連装砲塔は要領よくまとまっているように見えて、日本の12.7cmC型砲塔の倍の重量がある。作例はタミヤ版を改造したもの。このキットは安価で入手もしやすいが、もともと1970年代にグリーンマックスが開発したキットで基本形状に難がある。アップデートするなら、研究にトランペッターかピットロードのもの（内容は同じ）を1隻仕入れて妥協線を探る手も考えられる。

「Z43」
DKM Z43 (Trumpeter) model length:182mm

36B臨戦型で、戦時中最後に竣工したドイツ駆逐艦。基本的には36型後期艦への先祖返りだが、船体は微妙に拡大された36A型を使っており、わざわざ新規設計したもの。艦橋上部左右の20mm四連装機銃座が特徴。人気の36A型のデータが利用できて模型の設計も楽なためか、大した戦歴がない割にトランペッターはきちんと1/350・1/700双方でキット化している。しかしピットロードブランドでは全形式を通し12.7cm砲搭載艦を出していない。

53

19 「ZH1」の巻
第二次大戦のドイツ水雷艦艇（2）
German torpedo vessels in WW2-continued

ドイツの兵器が巧妙にマニア根性をそそるコンテンツの一つとして、鹵獲兵器を欠かすわけにはいかない。こと艦船の場合、船自体がマイナーであるだけでなく、律儀そうなドイツ人様の割に命名法が場当たり的で余計にわかりづらいのがツボを心得ている感じ。

鹵獲だZ

交戦国の多くが地続きで隣接しているヨーロッパ戦線では、敵国の兵器を分捕って流用する例が陸海空を問わず数多く見られる。そもそも兵器はそれぞれの国が独自に綿密な研究を重ねて生み出す最先端技術であり、ちょっと手に入れたからと言って簡単に使いこなすことはできないのが常識だが、こと第二次大戦のように長期間に及ぶ物量戦ともなると、たとえメジャーな海軍国といえども鹵獲品でさえ喉から手が出るほど欲しくなるのが実情だった。まして時代の流れのアヤで決定的な戦力不足のまま大戦に臨んだドイツ海軍は、行く先々で鹵獲艦艇の実戦化に奔走したのだった。戦闘艦艇の中で最も有望だったのは、1942年11月フランス南部のトゥーロンで自沈したフランス艦隊で、ついでイタリア降伏時に鹵獲した重巡「ボルツァーノ」あたりがあるが、いずれも実働状態に至らなかった。デンマークやノルウェーには海防戦艦という20cm以上の主砲を持つものが数隻あったが、排水量4000トン前後で近代海戦では全く役に立たず、防空砲台や練習艦として使われた。イタリアから鹵獲した軽巡洋艦「ニオベ」も、もとはドイツがユーゴスラヴィアに売却した1900年製の老朽艦。かくして、水上戦闘艦艇で実際に就役して第一線で使われた最大最強のカテゴリーは、やはり駆逐艦ということになる。

鹵獲駆逐艦でドイツ艦籍に入れられた最初のものは、オランダ海軍の最新艦「ヘラルド・カレンブルフ」で、艤装中ドイツの侵攻にあい、1940年5月15日ニーウェ・ワーテルウェッフ（ロッテルダムのマース川新放水路）で自沈したが、間もなく引き揚げられて修復、「ZH1」の名で42年10月就役した。基本的には10年前に作った「ヴァン・ゲント」級のリメイク版で、東南アジアでの警備に用いるため水上機1機を搭載する計画だったが、ドイツ艦としてはこれを削除。主砲はそのまま魚雷発射管と機銃類を自国基準のものと交換した。一説には試運転で42ノットを出したともいうが、5万3000馬力、37.5ノット（計画は4万5000馬力で同速力）のほうが現実的な印象。同時に同じ場所で自沈した「ティエルク・ヒッデス」は引き揚げが遅れて修理されず、フリシンゲン（オランダ南西端）のデ・シェルデ社の船台にあった「フィリップス・ヴァン・アルモンデ」は現場で破壊されてそのまま解体。同地で進水直後だった「イサーク・スウェールス」は曳航されて脱出し、イギリスで完成の上連合軍に参加している。「ZH1」は就役後1年ほどバルト海で実験任務に従事した後、ビスケー湾方面へ進出。44年6月9日、連合軍のノルマンディー上陸部隊を攻撃すべく「Z24」「Z32」「T24」とともに出撃したが、英仏海峡西口でイギリス・カナダ・ポーランド混成駆逐艦隊（トライバル級6、J級2）と交戦。機関部に被弾して航行不能となったところに魚雷を受け、自爆沈没して果てた。

2番目はフランス海軍の同じく最新艦「ロピニャートル」で、ボルドーのジロンド造船で建造中のものを編入した。「ル・アルディ」級第2グループに属し、オリジナルデザインは13cm両用砲連装3基と55cm魚雷発射管三連装2基のところ、ドイツ仕様の12.7cm砲連装1基・単装3基と53cm魚雷発射管四連装2基に変更し、概ね34型の船体に36型の武装と36A型の配置をかけあわせた感じのまったく無理のない設計になるはずだった。ところがこの艦、起工されたのは第二次大戦開戦の1ヵ月前で、フランス降伏時の工程もたった16%と、ほとんど形になっていない状態だった。占領地のフランス人はとにかくドイツの手伝いを嫌がって仕事をサボったから（もともとサボるとはこの種の意図的な怠業工作＝サボタージュが語源）、2年たっても進水すらできないまま、43年7月に建造中止となってしまった。

1940年10月のイタリア軍侵攻以来ギリシャ水雷艦艇の中核として精力的に活動していた駆逐艦「ヴァシレフス・ゲオルギオス」は、ドイツ軍の介入によって本土が陥落した際サラミスの浮きドックで修理中で、処分が不充分だったためドイツが修理再利用することとなる。42年3月「ZG3」として再就役、8月には「ヘルメス」の別称も付与された。母体はイギリスのヤーロー社で38年末に完成した典型的な大戦間の英海軍標準駆逐艦だが、最初からドイツの12.7cm砲を積んでいたのがミソで、破損個所を修理して機銃を積む程度で使えたのが大きかったようだ。今度はドイツ艦として東地中海を奔走し、43年4月21日には英潜水艦「スプレンディド」を撃沈する戦果もあげるが、同月末シチリア海峡で爆撃を受けて大破し、5月7日チュニスで港口閉塞船として自沈処分された。

ノルウェーには地味ながら駆逐艦の国産能力があり、ナチスの台頭を見て日本の「千鳥」型に相当する水雷艇6隻を建造したのに続いて、1939年4月には1200トン型駆逐艦2隻を着工。これがドイツの手に落ちて「ZN4」「ZN5」として建造再開され、いずれも進水したものの完成には至らなかった。水雷艇4隻もドイツが使い、早期に失われた24型水雷艇などの猛獣名を名乗ったが、実戦部隊にいたのはごく短期間で、Uボートの訓練支援任務について戦後すべて母国に返還されている。

「ZF2」と同じころ、ナントの2造船所で建造中の水雷艇6隻がドイツの管理下に入っており、「TA1〜6」と命名された。「ZN4」「ZN5」ものちに「TA7、8」と改名。さらに拿捕や引き揚げでフランスの600トン型

ドイツ鹵獲水上艦艇一覧
注：旧国籍のうち希はギリシャ、諾はノルウェー、ユはユーゴスラヴィアを示す

艦名	旧国籍	排水量	就役	再就役	戦力	備考
ZH1	蘭	1604	-	1942.10	★★★★★	駆逐艦
ZH2	仏	2070	-	-	★★★★★	駆逐艦
ZG3 Helmes	希	1414	1938.12	1942.3	★★★★★	駆逐艦
ZN4/5→TA7/8	諾	1278	-	-	★★★★	駆逐艦
Lowe, Panther, Leopard, Tiger	諾	590-632	1939-1940	1940	★★★	条約型水雷艇
TA1-6	仏	1010	-	-	★★★★	水雷艇
TA9-13	仏／伊	630	1936-1938	1943.4	★★★	条約型水雷艇
TA14,15	伊	970-1070	1927	1943.10-	★★★	駆逐艦
TA16-22,35	伊	650-876	1913-1924	1943.11-	★★	旧式駆逐艦
TA23,25,26	伊	910	1942-	1943.10-	★★★	護衛駆逐艦
TA24,27-30,36-42,45-47	伊	745	-	1943.10-	★★★	水雷艇
TA31	伊	1205	1932.1	1944.3	★★★★	駆逐艦
TA33,34	伊	1620	-	-	★★★★★	駆逐艦
TA32	ユ／伊	1880	1932.5	1944.8	★★★★★	駆逐艦
TA43	伊	1210	1939.4	1944.10	★★★★★	駆逐艦
TA44	伊	1870	1931.5	1944.10	★★★★★	駆逐艦
TA48	ユ／伊	262	1914.8	1944.8	★	旧式水雷艇
TA49	伊	670	1938.1	-	★★★	条約型水雷艇

第3部 舷窓戦史館

水雷艇5隻が「TA9〜13」となった。駆逐艦は国名にちなんだ文字がついたのに、なぜ水雷艇は別の法則にしたのかわからないが、「ノルウェイの猛獣」を除く鹵獲水雷艇はすべてTAとなっている。

1943年9月にイタリアが降伏すると、残党の水雷艦艇が多数手に入った。地理的特性から海上交通路が常に敵艦隊の脅威にさらされるイタリアは、かねてから護衛としての水雷艦艇の充実に腐心していた。他の列強がとうに廃棄してしまったような第一次大戦型駆逐艦まで大事に使い続けていたし、主要造船所が集中する北部地域はイタリアの中央政権が連合国に転じた後も枢軸側がおさえていたから、建造中のものを就役まで持っていく望みも充分あった。主力艦隊はマルタに行ってしまったが、それでも第一線用の艦隊駆逐艦が何隻かは枢軸側の所有となっている。もちろんイタリア自身が周辺国から鹵獲した艦もある。ところが、これらのメンツがあまりに雑多すぎるため、さすがのドイツも処置に窮したらしい。今まで通り駆逐艦と水雷艇を仕分けるとして、船そのものとしても用法としても、どこに線を引くべきかわからないし、たぶんそうするほうが無駄で不便だと思ったはずだ。そのため、イタリア経由で入手した艦はすべてTAに編入されている。

A weapon is essentially designed to meet strictly examined doctrine for each navy, technical situation of each country, and so on. When consider difficulty of maintenance and tactical formation mobility, captured weapon is not always useful. Even though German navy always tried to make good use of captured ship because of chronic strength shortage. ZH1, former Dutch incomplete destroyer was one of most effective captured unit that was entered in service in late 1942 and saw active career, like ZH3, former Greek destroyer played most strong surface German vessel in the Mediterranean. As to French ships, however, few of them could come in useful though a large proportion of fleet element fell into their hand. Those ships on slip at the time of armistice were hardly advanced construction because of effective sabotage by French workers.

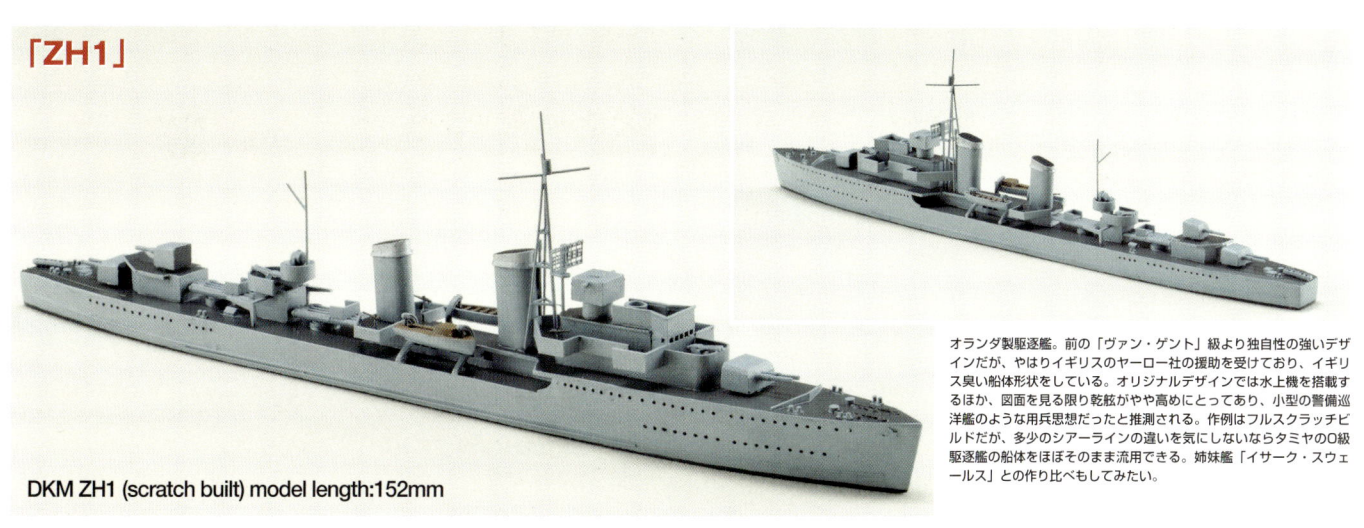

「ZH1」

DKM ZH1 (scratch built) model length:152mm

オランダ製駆逐艦。前の「ヴァン・ゲント」級より独自性の強いデザインだが、やはりイギリスのヤーロー社の援助を受けており、イギリス臭い船体形状をしている。オリジナルデザインでは水上機を搭載するほか、図面を見る限り乾舷がやや高めにとってあり、小型の警備巡洋艦のような用兵思想だったと推測される。作例はフルスクラッチビルドだが、多少のシアーラインの違いを気にしないならタミヤのO級駆逐艦の船体をほぼそのまま流用できる。姉妹艦「イサーク・スウェールス」との作り比べもしてみたい。

「ZF2」

DKM ZF2 (converted from Aoshima Kagero old tool) model length:168mm

フランス製駆逐艦。作例は完成予想図ということになる。元の「ル・アルディ」級とドイツ純正デザインを絶妙に組み合わせたのが特徴で、戦争映画の実物大プロップのような面白さがある。作例はアオシマの旧版「陽炎」型をベースにしたもの。こちらも船体長はほぼ同一で、中央部の首尾線に切れ目を入れて幅を1mm増してある。上部構造物が比較的簡単な形をしているので、船体さえどうにかなれば完成は遠くない。地方の模型店や自宅の押し入れにありがちなキットなので、腕試しに作ってみてはいかが。

「ZG3」

DKM ZG3 Helmes (converted from Tamiya E class) model length:143mm

イギリス製駆逐艦。一見して気付く通り英海軍の標準デザインだが、オリジナルの段階からドイツ製主砲を積んでいた。甲板上には日本艦と同じ要領でリノリウムおさえがついているのが実物写真で確認できる。作例はタミヤのE級を使用。厳密には煙突の間で船体を2mm少々切り詰める必要があるものの、「ZG3」に限ってはここに37mm砲座を左右各2箇所足す必要があるため、むしろキットのままのほうが改造に便利。本項の対象では最も作りやすい。

55

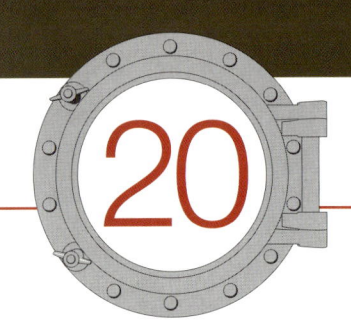

20 「T28」の巻
第二次大戦のドイツ水雷艦艇（3）
German torpedo vessels in WW2-continued

ふつう駆逐艦と水雷艇は大小の違いで比較的簡単に線引きできるものだが、ドイツの場合はやや違う。これを理解するには、帝政時代からの自国の水雷艦艇発達史をひもとくだけでなく、そもそも国際的な駆逐艦の定義づけから入っていく必要がありそうだ。

水雷だZ……じゃなくT

帝政時代のドイツ海軍は水雷艦艇の建造に力を入れており、小型の沿岸用まで入れれば第一次大戦直後までにざっと400隻ほど完成させた。その大半を占める標準型は、ふつう1個小隊6隻ずつ造船所に発注され、通し番号の前に造船所の頭文字をあてるという変わった命名法をとっていた（稀に半端があるため、必ずしも1番艦の数字が6の倍数とは限らない）。そして1910年に約200までいったところで再び1に戻り、古いほうの頭文字を随時Tに変更した。ドイツ海軍ではこれらの主要任務を大規模艦隊戦における雷撃と規定しており、駆逐艦という名称を使わず水雷艇で統一していた。サイズも同時期の英艦より一回り小さく、レギュラータイプは排水量1000トンに届かないまま休戦を迎えている。また、砲火力を自衛用にとどめ、当初は口径8.8cmまでの砲しか積んでいなかったが、開戦後10.5cm砲を導入し、既存艦も順次換装した。そうなったのは実戦の経験からで、現実問題として雑兵がいつも大将の懐刀でぬくぬくいられるはずがないし、敵駆逐艦が出てきたら軽巡洋艦をぶつけるといった上位艦種との連携システムがいつも都合よく機能するわけでもない。やはり敵の同種艦とまともに撃ち合えない火力では不便だと分かったためだ。1914年8月の開戦直後、大軍港ヴィルヘルムスハーフェンの目と鼻の先のヘルゴラント湾で発生した海戦で、10.5cm砲搭載のドイツ軽巡隊が15cm砲のイギリス軽巡隊に惨敗。10月にはイギリス沿岸へ機雷敷設に出撃した水雷艇4隻がオランダのテセル島沖で英軽巡1、駆逐艦4の部隊につかまって全滅する事件も起きた。ヘルゴラント湾海戦の独巡洋艦部隊指揮官が前出のレーベレヒト・マース少将、テセル沖海戦で「S115」（初代）もろとも海没した艇隊指揮官がゲオルク・ティーレ少佐で、のちに「Z1」「Z2」の艦名の由来となった人だから、よほどこの事件が悔しかったらしい。ちなみに「S113」グループが作られたのは、たまたまロシア向けの輸出品を取得した1300トン級の大型艦が好評を博し、予期しない形でベースデザインが手に入ったためだ。

ヴェルサイユ条約で保有が認められたのは、ちょうど番号がリセットされた時期の建造艦（T139〜196、V1〜S23）で、排水量500〜600トン程度だったから、完全な時代遅れでドイツにとっては屈辱的な処遇だった。代替用として1923年に計画された大戦間最初の新造艦は、この帝政時代の水雷艇の流れをそのまま引き継いでおり、要目上はほとんど第一次大戦末期の「S131」級と同じものだ。ただし艦名として番号名を持たず、「メーヴェ」（かもめ）をはじめとする鳥の名前だけを用いているのがドイツ水雷艦艇の慣例に反しており、条約の建造数制限が前提にあったと思われる。追加建造分の24型も獣の名前が用いられた。

番号艦名はナチス時代に復活し、「Z」級駆逐艦に続いてドイツ海軍は「T」級水雷艇の建造に着手。最初のグループは23・24型より若干小さい800トン台で、魚雷発射管は同じ6門ながら主砲は10.5cm1門しかない思い切った設計の船。奇襲雷撃を是とし、大砲を撃つのは逃げる時だけと決めつけていて、シアーの強い平甲板の揚錨装置の後ろにいきなり艦橋構造物が来るデザインも従来とは一線を画している。巨大な魚雷艇という発想だったらしいが、傍目には第一次大戦の戦訓をさっぱり忘れていたようにしか見えない。これに対し、小改正型を挟んで1939年計画で作られた第2グループでは、排水量を1300トンに増して主砲4門を搭載。船としてのバランスを取りに行った形だが、砲口径が少し小さい点を除けば世間的には駆逐艦でも構わないようなスペックになっている。実際に建造されたドイツ水雷艦艇では唯一、缶室と機関室を交互に並べたユニット配置を採用しているのも特徴。さらに占領したオランダの造船所では、排水量2000トン弱で12.7cm砲4門、魚雷発射管8門、つまり36型駆逐艦より砲1門少ないだけの艦を着工しており、もはやどう考えても駆逐艦なのだが、ドイツではこれを艦隊水雷艇と言い張った。その一方では鹵獲した39型水雷艇ぐらいのサイズの駆逐艦をZに分類していて、一貫性が失われる形になっている。

もともとドイツ海軍は伝統的に水雷艇がメインであり、34型をZにしたのは自国の在来艦より突然サイズが大きくなったためだろうが、当時の列強の水準からすればそれほどインパクトのある内容の船ではな

「V25」(上)と「峯風」(下)の同一縮尺による比較：「V25」型は帝政時代の水雷艇型で、第一次大戦開始当時ちょうど就役が進んでいたクラス。排水量800トンほどだが、実際のサイズは「千鳥」型を太短くした感じ。注意すべきは日本の「峯風」型とレイアウトが極めてよく似ていることで、このクラスのデザインがジャパニーズオリジナルの第一歩とする通説には大きな疑念があり、むしろイギリス設計からの自立の方向性としてドイツ様式を取り入れたと考えるべきではないかと思われる

第二次大戦ドイツ駆逐艦・水雷艇一覧

級名	艦名	排水量	全長	出力・速力	主砲	魚雷	建造所
駆逐艦							
1934	Z1-4	2223	119	70000-38.7	5-12.7	8-53.3	Dw
1934A	Z5-16	2239	119	70000-38.7	5-12.7	8-53.3	D,G,B
1936	Z17-19 Z20-22	2411	123.4 125.1	70000-38.7	5-12.7	8-53.3	D
1936A	Z23-30	2603	127	70000-38.5	5-12.7	8-53.3	D
1936A/Mob	Z31-34 Z37-39	2757	127	70000-38.5	5-15	8-53.3	D G
1936B/Mob	Z35,36,43	2519	127	70000-36.5	5-12.7	8-53.3	D
参考	S113-B124	2060	106	45000-36	4-15	4-60	S,V,G,B
水雷艇							
1923	Mowe-	923	87.7	23000-33	3-10.5	6-53.3	Ww
1924	Wolf-	932	92.6	23000-34	3-10.5	6-53.3	Ww
1935	T1-12	845	84.3	31000-35	1-10.5	6-53.3	S,D
1937	T13-21	874	85.2	31000-35	1-10.5	6-53.3	S
1939	T22-36	1297	102.5	32000-33.5	4-10.5	6-53.3	S
参考	S131-139	919	83.1	24000-34	3-10.5	6-50	S

注：級名に参考とあるものは第一次大戦型。排水量はトン、全長はメートル、出力は馬力、速力はノット、主砲と魚雷は門数と口径。建造所は、B:ブローム＆フォス、D:デシマーク、Dw:ドイッチェヴェルケ、G:ゲルマニア、S:シーヒャウ、V:フルカン、Ww:ヴィルヘルムスハーフェン工廠。デシマーク（1926年設立、旧ヴェーザー社ブレーメン工場）とドイッチェヴェルケ（1925年設立、旧キール海軍工廠）を除き、第一次大戦型の艦名の頭文字を示す。「S113」級は3隻ずつS、V、G、Bで建造され、いちおう姉妹艦だが細部が異なる

「世界の舷窓」アンケート

お買い上げいただき、ありがとうございました。今後の編集資料にさせていただきますので、下記の設問にお答えいただければ幸いです。ご協力をお願いいたします。なお、ご記入いただいたデータは編集の資料以外には使用いたしません。

①この本をお買い求めになったのはいつ頃ですか？
　　　年　　　月　　　日頃（通学・通勤の途中・お昼休み・休日）に

②この本をお求めになった書店は？
　　　　　　　　　（市・町・区）　　　　　　　　書店

③購入方法は？
1 書店にて（平積・棚差し）　　2 書店で注文　　3 直接（通信販売）
注文でお買い上げのお客様へ　入手までの日数（　　日）

④この本をお知りになったきっかけは？
1 書店店頭で　　2 新聞雑誌広告で（新聞雑誌名　　　　　　　　　　）
3 モデルグラフィックスを見て　　4 アーマーモデリングを見て
5 スケール アヴィエーションを見て
6 記事・書評で（　　　　　　　　　　　　　　　　　　　　　　　）
7 その他（　　　　　　　　　　　　　　　　　　　　　　　　　　）

⑤この本をお求めになった動機は？
1 テーマに興味があったので　　2 タイトルにひかれて
3 装丁にひかれて　　4 著者にひかれて　　5 帯にひかれて
6 内容紹介にひかれて　　　　7 広告・書評にひかれて
8 その他（　　　　　　　　　　　　　　　　　　　　　　　　　　）

この本をお読みになった感想や著者・訳者へのご意見をどうぞ！

●ご記入の感想等を、書籍のPR等につかわせていただいてもよろしいですか？
　　□　実名で可　　　　□　匿名で可　　　　□　許可しない
ご協力ありがとうございました。抽選で図書カードを毎月20名様に贈呈いたします。
なお、当選者の発表は賞品の発送をもってかえさせていただきます。

郵便はがき

おそれいりますが切手をお貼りください

1 0 1 - 0 0 5 4

東京都千代田区神田錦町
1丁目7番地　㈱大日本絵画
読者サービス係 行

アンケートにご協力ください

フリガナ　　　　　　　　　　　　　　　　　年齢
お名前　　　　　　　　　　　　　　　　　（男・女）

〒
ご住所

　　　　　　　　　　　　　TEL　　　（　　　）
　　　　　　　　　　　　　FAX　　　（　　　）

e-mailアドレス（メールにてご案内を差し上げてよい場合にご記入下さい）

ご職業　　1 学生　　　2 会社員　　　3 公務員　　　4 自営業
　　　　　5 自由業　　6 主婦　　　　7 無職　　　　8 その他

愛読雑誌

このはがきを愛読者名簿に登録された読者様には新刊案内等お役にたつご案内を差し上げることがあります。愛読者名簿に登録してよろしいでしょうか。
　　　　　　　　　　□はい　　　　□いいえ

世界の舷窓
～七つの海をめぐる模型的艦船史便覧～

9784499231626

第3部 舷窓戦史館

い。もう一つ注意すべきは、日本人がふつう考える駆逐艦の位置付けは概ねイギリスの価値基準によるものだという点だ。新生ドイツ海軍が当面のライバルとみなしたフランス海軍でも駆逐艦は2000トン以上の一連のグループをさし、それに含まれなければ特型に匹敵するような艦でも艦隊水雷艇に分類していた。イギリスはこれらの敵水雷艇退治に重きを置いた任務の特性から駆逐艦という名称のほうがメインに定着したもので、日本はむしろドイツやフランスの艦隊水雷艇に近いコンセプトでありながら、技術導入元であるイギリスに倣ってなんとなく駆逐艦という名前で通してしまったようなものだ。つまり、駆逐艦をメインに考えるとドイツの分類法は不可解に見えるが、実際は水雷艇の中のどれを駆逐艦と呼ぶかの問題であり、サイズや武装の面で国際基準が混入する過程で次第にZの名称自体が曖昧な存在になってしまったと考えれば理解しやすいのではないだろうか。

それはそれとしても、一般にナチス時代の主要な水上艦艇はスペックデータに対してやけに寸法や排水量が大きい傾向が見られる。こと駆逐艦や水雷艇に関しては、消耗品的な要素に見合わないほど贅沢すぎる印象が強い。他国の特定のターゲットを凌駕しようとして中途半端な船になるだけでなく、技術屋の興味本位で話を難しくしてドツボにはまるパターンが目立つのもドイツの特徴だ。要は壊してなんぼのカースタントにわざわざ新車を買ってくるような感覚とでも表現すべきか。

The Kaiserliche marine built about 400 torpedo vessels. They were generally smaller and fitted with lighter gunnery and heavier torpedo weapons than British counterparts with the intention of attacking on enemy main battle fleet under fire support by cruisers. In the early interwar period Reichsmarine could only build obsolete torpedoboot similar to WW1 model in severe restriction of Versailles treaty. After abrogated it Kriegsmarine started to regain torpedoboot staff, but the first design, placed undue emphasis on torpedo, was regarded not to be success and substituted with larger and well gunnery equipped class. Checking with world's standard the latter could be regarded to destroyer.

「T28」
DKM T28 (Studio Hiryu) model length:144mm

39型艦隊水雷艇。35型の拡大改良型でシルエットは似ているが、能力的には通俗的な駆逐艦の域にあり、用兵と分類の微妙なアヤが現れていて面白い。「T28」は39型随一の武勲艦で、フランスへ進出した水雷艇で唯一、連合軍のノルマンディー上陸後本国への脱出に成功し、終戦時もなお健在だった。戦後フランス海軍の「ロレイン」となった縁から、エレールが1/400のインジェクションキットを出している。作例では1番艦から進所所で塗られていた39型専用迷彩としたが、「T28」に適用されたかは不明。本稿で用いた3隻はいずれも工房飛龍が20年以上前に出したレジンキャストキット。商品としては攻め足りない感じながら、レジン勃興期の普及素材として一定の価値があった。

「メーヴェ」
DKM Möwe (Studio Hiryu) model length:126mm

第一次大戦後最初の新造水雷艦艇。形状的には第一次大戦末期のものとほとんど変わっていない。完成時は艦橋上にリーゼントのような巨大なブルワークを持つなどトップヘビーだったため、各種構造物の背を低くする改修を実施したが、煙突だけは元のままだった。「メーヴェ」は連合軍のノルマンディー上陸作戦に対し「ヤグアル」「ファルケ」「T28」とともに最初の反撃作戦を実施し、ノルウェー駆逐艦「スヴェンネル」を撃沈したが、ルアーブルに戻っていたところを爆撃され沈没。作例は戦前の状態で、ウムラウトつきの艦符号がチャーミング。厳密には本艦のみ寸法が若干異なり（艦尾形状が異なるらしいが資料不足で作例に反映せず）、機関出力も低かった。

「T1」
DKM T1 (Studio Hiryu) model length:119mm

ナチス時代最初の水雷艇。日本の水雷艇とほぼ同じサイズの船体に魚雷発射管6門を積み、主砲は1門だけという超雷戦特化型のデザインで、変則的な船橋楼型のレイアウトも斬新。しかしいかにも頭が重そうで航洋性はよくなかったといわれ、ドイツ艦恒例のアトランティックバウ装着工事を実施した艦もあった。「T1」級といえばまず連想するのが巡洋戦艦「シャルンホルスト」「グナイゼナウ」らの英仏海峡突破作戦で、作例のような艦橋側面のV字のラインが特徴的な迷彩の艇が護衛任務に就いている映像が多く残されている。

57

21 「SP1」の巻

第二次大戦のドイツ水雷艦艇(4)
German torpedo vessels in WW2-continued

ドイツの兵器にはやたらと「幻のスーパーウェポン」なるものが多い。なぜかかっこよくて、どこかセールスポイントがあって、しかもドイツなら実現させかねないという期待感がある。だが駆逐艦はどうも違うような。計画に終った駆逐艦と水雷艇、派生的な巡洋艦の概要を見てみよう。

計画だZ……みたいな感じ

優れたモノを生み出すための不断の努力はあまねく仕事人の美徳と認識されているところだが、ことドイツ人様はそれが好きなのか、兵器関連の文献を見ても計画・試作・未完成という文字がやたらと多い。飛行機や戦車ぐらいならとりあえず様子見で作ってみることもできようが、1隻作るのに年単位の時間と何千トンもの資材を要する軍艦ではそうもいかない。特に第二次大戦のドイツ海軍の場合、国家指導部が大型艦艇の建造に消極的だったため、半ば恨みつらみをぶつける勢いで突拍子のないデザインを上げまくっていたようにすら見える。排水量14万トン、全長345mの戦艦（どこで作るねん）、元の船体に一回り大きな船をかぶせて全く原形をとどめなくした改造空母（最初から作ったほうがまし）などが代表例だ。そんな中にあって駆逐艦は、多少なりとも実現の可能性がある上限レベルの主要戦闘艦艇であり、より現実的で優れたデザインが数多く残された……といいたいところだが、どうもそうではないらしい。フランスを強く意識した大型駆逐艦のデザインワークの混迷から始まり、資材不足で建造が滞る中で戦況と乖離した野心的ディーゼル駆逐艦の開発に手を出すなど、もどかしさばかりが印象に残る。要するに第二次大戦のドイツ大型水上艦艇が置かれた状況は弱小海軍のそれであり、将来の大艦隊を夢見た用兵側が段階ごとの現状に見合う有効策を見出せないまま、次第に技術的欲求の先行を許す傾向を生じたとも考えられる。開発・建造をめぐるメーカー間の勢力的駆け引きをにおわせる部分もあるが、このあたりの情報はなかなか得られず今後の研究を待つ。

After late 1930s German warships design work was thrown into confusion. Being suppressed by not only deteriorated wartime situation but negative behavior of state leader, naval shipbuilding staff became tending to produce more and more unrealistic or impractical design as if neglect contributing real war. Diesel propulsion destroyer was the typical instance and the first experimental ship Z51 was actually laid down. In the end most of wartime design including Z51 and more realistic designs were never handed over to Kriegsmarine.

フランスの大型駆逐艦に対応するデザインで、単に一般型駆逐艦がでかくなっただけの34型や36型とは異なる真のツェルシュテラーとなるべきもの。外洋における索敵攻撃を想定していたようで、初期設計の1937型は要目の異なる5種類の案があり、ほぼ日本の「夕張」と同じぐらいのサイズで15cm砲単装5～6基を搭載し、当時最新の仏艦「ル・ファンタスク」級と速力以外は同等かやや上ぐらい。これを発展させた1938A型はさらに若干大きくなって全長144.5m、先行就役した軽巡洋艦の実績にならい、タービンとディーゼルを両方積んで航続距離の延伸を図ったのが特徴。主砲を連装砲塔3基としたので外見は多少引き締まった感じになったが、配置が37型のまま前中後に分かれていて、中部砲塔は射界の制約だけでなく、下に弾薬庫があれば被弾1発で機関部が壊滅する恐れ、なければ給弾上の不利があるはずで、なんとも二流のアニメメカ的な風味がある。1939年には速度と打撃力で独艦をしのぐ「モガドル」級大型駆逐艦が出現し、外洋行動力の面を斟酌しても劣勢は否めない状況となっており、決め手のデザインがまとまらないまま在来艦に15cm砲を積んだ暫定版の36A型（「Z23」級）が用意された

「1938A型駆逐艦」
Zerstörer M1938A

「SP1型偵察巡洋艦」

第二次大戦開始によって艦隊用軽巡「M」級6隻が建造中止となり、代役として「Z40～42」の建造契約がいったん38A型と差し替えられたが、着工前に設計変更を実施。武装やエンジンプラントの構成、装甲をほとんど持たない設計プラクティスは同じながら、基本船形が長船首楼型に変化、サイズはさらに大きくなって全長152m、「天龍」型と5500トン型の中間になり、もはや誰が何と言おうと巡洋艦の範疇に入るデザインとなった。新艦名「SP1～3」のSPはスペシャルではなく、索敵巡洋艦（Spähkreuzer）のドイツ語の頭をとったもの。単純にデータを比べると、「モガドル」級の火力と速力を若干犠牲にして、外洋長期行動を見越した一回り大きいがっしりしたデザイン（✓）

Spähkreuzer SP-1 (scratch built) model length:217.5mm

（ヽ）に変えたもの、あるいは全長と主砲火力の等しい英軽巡「アリシューザ」級の装甲をなくして速力を上げたものと見ることもできるが、その主任務に対し最も有効な装備である航空機を積んでいない点に前時代的な発想が象徴される。索敵巡洋艦はその後6隻に増え、さらに大きくなって航空機1機を搭載したデザインも用意されたというが、実際に「SP1」のみ起工、それも主力艦の外洋作戦が困難な状況では不必要と判断されて建造中止に終わる。完成していれば史上稀な「固有艦名のない巡洋艦」となったはずだ。作例はフルスクラッチビルト。帝政時代の通報艦の流れを汲みつつ、戦後の駆逐艦発達史を先取りしたような要素も持つデザインであり、一定の評価はされてもいいと思うが、地味にスルーされている印象。

第3部 舷窓戦史館

「1938B型駆逐艦」
Zerstörer M1938B

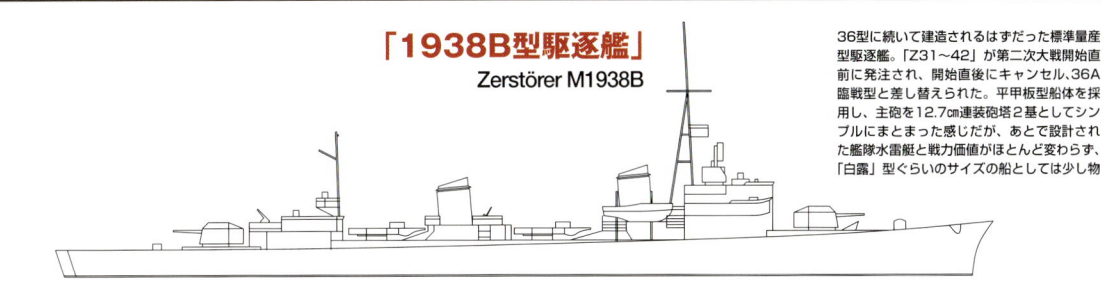

36型に続いて建造されるはずだった標準量産型駆逐艦。「Z31〜42」が第二次大戦開始直前に発注され、開始直後にキャンセル、36A臨戦型と差し替えられた。平甲板型船体を採用し、主砲を12.7cm連装砲塔2基としてシンプルにまとまった感じだが、あとで設計された艦隊水雷艇と戦力価値がほとんど変わらず、「白露」型ぐらいのサイズの船としては少し物足りない。「Z37〜42」はなぜかオーデルヴェルケという大型艦の実績がないメーカーが受注しており、同名が艦当変更と合わせてゲルマニア社に発注振替された経緯は興味深い。もともと36B型としてデザインされたともいわれ、実際に建造された36B臨戦型とは区別する必要がある。「フレッチャー」級の船体を削り込んで作ってみてはいかが

「1940型艦隊水雷艇」
Flottentorpedoboot M1940

Tナンバーの水雷艇はシーヒャウ社の建造ラインが軸で、やはり「T1」級のような火力軽視は非現実的と見られたか、「T22」以後はバランス型の艦隊水雷艇に専念するようになった。41型は39型の小改正版で、「T37〜51」のうち終戦時1番艦が竣工直前の状況。44型は船形を長船首楼型、主砲を連装高角砲に改めたもので、「T52〜60」が発注されたが、着工に至らなかった。
一方、40型はこれらとは全く異なるグループに属し、占領したオランダの造船所で建造するため新たに用意されたデザイン。機関部の調達の都合で新設計にしたらしいが、サイズも武装もほぼ38B型駆逐艦に相当する立派な代物。「T61〜72」のうち3隻が進水まで済ませており、地味だが実現の可能性が充分あった。「T73〜84」も発注済だった

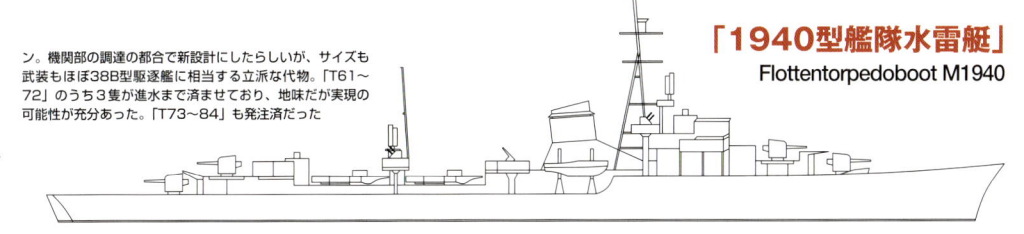

「1942型駆逐艦」
Zerstörer M1942

第二次大戦開始後の駆逐艦設計は、なぜか1年おきにフルディーゼル推進とフルタービン推進を採用するという変な推移をたどっている。40型は37型を少し縮めたような、41型は36型を少し大きくしたような設計で、いずれも研究のみ。次の42型は「T43〜48」として造船契約を結んでから順次「Z51〜56」に差し替えられる形がとられており、40型水雷艇とほぼ同寸法で、駆逐艦では唯一魚雷発射管が三連装2基となっていた点から見て、当初は水雷艇に類別していたらしい。見外も40型水雷艇を2本煙突にした感じ。最初のディーゼル駆逐艦40型はエンジンを推進軸に2基ずつ直結した2軸艦だったようだが、42型ではエンジン4基をフルカンギアで結合して船体長の半分に達する中央軸を駆動し、それとは別に同じエンジン2基で左右軸を回すという凝りまくった構造。舵も3枚あった。「Z51」が1944年に着工され、爆撃で損壊したといわれる

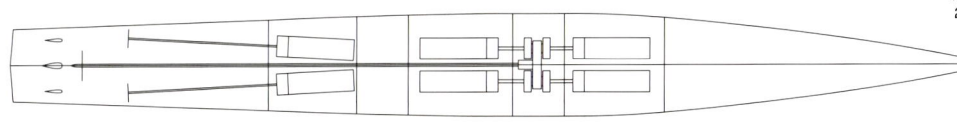

「1942C型駆逐艦」
Zerstörer M1942C

1942型のうち着工前にキャンセルされた「Z52」以降は、拡大改良型の42C型に移行しており、サイズはほぼ日本の「島風」を少し太くしたぐらいとなっていた。ディーゼルエンジン8基2軸とされており、例のフルカンギア4基結合を2セットとしたのだろう。主砲を12.7cm単装4基から新型の12.8cm連装3基に変更、魚雷発射管四連装2基。最終段階では小改正版の44型に移行していた。ディーゼル推進駆逐艦を建造段階まで持っていったのはドイツだけで、日本では到底不可能な技術だったが、兵器としての性能発揮の面ではそれほど大きなメリットもない割に造船工学的にも機械的にも問題山積が予想される船を、戦局が悪化して空爆も受けている中であえて作り始めていたというのは、にわかには信じがたい話だ

「1936C型駆逐艦」

Zerstörer M1936C
(converted from Tamiya Z class) model length:182mm

新設計の駆逐艦がなかなか具体化しない中、在来の36型系で主砲を12.8cm連装砲塔3基に変えた36C型「Z46〜50」はある程度建造が進んだようだが、こちらも竣工に至っていない。更なる発展型の36D・E型に関しては、造船所の空襲被害により資料焼失と説明されている。これを補うために用意された45型は、ほぼ同じ船体に12.8cm連装砲塔4基を搭載したものだった。36C型は在来型の後部砲群を連装砲塔1基と射撃指揮装置に取り換える他はこれといった設計変更をされておらず、本項で紹介した未成・計画艦の中では最も模型化しやすい。作例はタミヤ版の36型を改造したもので、船首楼のシアーライン変更(U字状に屈曲させて艦橋の下を水平にする)以外はジャンクパーツ主体の大雑把な工作。トランペッター/ピットロード版で凝ってみるのもいいのでは

59

22 「アトランティス」の巻
ドイツ仮装巡洋艦
German Auxiliary Cruisers

我々がふつう思い描く海賊ライフに実際の歴史の上でより近いのは、むしろ近代戦争における通商破壊艦の作戦行動かもしれない。そしてそれを最も大々的に実施したのが、両次大戦のドイツ海軍だった。つい七十余年前に実在した「鉤十字の海賊船」の全貌とは。

近代戦と海賊

海賊船と問われてたいていの人が思い浮かべるのは、巨大な帆を張り舷側に大砲を並べた太短い帆船に多数の悪党（そうでない場合もあるような）が乗り込んで大洋を気の向くままに航海する絵ではないだろうか。しかし、歴史上正統的な海賊はむしろ現代のソマリア海賊のようなスタイルで、沿岸の島影あたりに根城を張って小舟で通りかかった大型貨物船に取り付いて略奪行為を働く場合が多い。外洋を長期間行動できる各種物資の搭載量、発見した獲物を確実に捕捉できる速力、暴力行為の実力手段である武装を備える高次元の船（つまり一般商船とは異なる一種の戦闘艦艇）を獲得し、あるいは略奪品を換金して投資を償還し海賊稼業を回すためには、結局それなりの社会構造的な後ろ盾が必要であって、けだし海軍と海賊の線引きが難しくなる一因となっている。時として海賊行為は通商破壊作戦という国家間抗争の重要なカードとなり、20世紀の世界大戦では正規軍による壮絶な海賊合戦が展開された。被害者目線からすればあくまでそういう話だ。このあたりニュアンスの認識にずれが生じるのは、たぶん両次大戦の通商破壊作戦の大部分が潜水艦による撃沈戦術だったためで、いずれの大戦でも前半には水上艦艇（稀に潜水艦）による拿捕戦術もとられていた点を忘れるわけにはいかない。

水上艦艇を用いた通商破壊作戦には、ドイツの戦艦「ビスマルク」のような手加減なしの力技もないではないが、費用対効果の面を考えると必ずしもそうであるべき必要はない。このジャンルに関しては守る側のほうが圧倒的に不利だ。偽装した民間船をうろつかせてあちこちを少しずつ突き回すだけでも、やられる側は大迷惑を被る。近代艦船の性能的分化と格差を考えると、偽装商船は見つかる相手次第で即アウトの確率が高いのだが、それでも現実に、それは第二次大戦前期まで充分な成果を得ることができた。仮装巡洋艦の通商破壊作戦は、最も現代に近い時期において実在した、ある意味一般人に認識されている海賊船の稼業と極めて近いものといえるだろう。

第一次大戦のドイツ仮装巡洋艦

第一次大戦時のドイツ海軍には、仮装巡洋艦7隻とそれに準じた通商破壊用武装商船8隻があった。その内容は極めて雑多で、サイズや性能面だけでなく各船の経歴にも個性があり、なかなか興味深い。

ドイツ海軍は第一次大戦開始早々から仮装巡洋艦による通商破壊作戦を開始したが、当初最も期待を寄せていたのは戦前からこの目的での運用を想定していた大型客船で、1万4000総トン以上のものが5隻、9000総トン弱のものが1隻投入された。これらのうちいくつかは、開戦直後に洋上で他の艦艇から武装を譲り受けて任務に就いている。10隻以上の拿捕戦果をあげたものも2隻あるが、これらは目立ちすぎて怪しまれやすいという難点が指摘され、燃料消費も多く、思ったほど活躍できないまま石炭を使い果たして中立国へ遁入し抑留されるパターンが多かった。「ヴィネタ」は新造船ながら計画速力が出せないとの理由で出撃していない。一方、この時期就役したもう1隻の仮装巡洋艦「コルモラン」は3400総トンの小型船だが、これは同様の通商破壊任務に従事していた軽巡洋艦「エムデン」が拿捕したもので、青島で旧式巡洋艦「コルモラン」から武装と乗員と名前を丸ごと乗せ換えた。この船も出撃4か月で燃料切れ、任務打ち切りとなる。

1915年秋、テオドール・ヴォルフという将校が偽装商船による通商破壊戦術を研究確立し、第二段階の作戦が開始された。この時期の戦力は、充分な武装を施していても仮装巡洋艦という名称は与えられておらず、単に通商破壊艦ないし武装商船と呼ばれている。4800総トンの「メーヴェ」は出撃3回で撃沈・拿捕41隻をマーク。5000総トンの「ヴォルフ」は初めて水上機1機を搭載し、拿捕14隻の戦果を挙げた。「ガイアー」と「イルティス」はそれぞれ「メーヴェ」と「ヴォルフ」が拿捕船に武装と乗組員の一部を移して作った分身的存在で、他にも前者の拿捕した1隻が本国で武装されて「レオパルト」として同じ任務に就いた。「ゼーアドラー」は両次大戦唯一の通商破壊用帆船で、ルックナー伯爵が指揮して16隻拿捕の立派なスコアを残したあと南太平洋のソシエテ諸島で座礁難破したが、せしめた財宝が現地に埋められたままとの噂で、その後もトレジャーハンターを魅惑したのだとか。

第二次大戦のドイツ仮装巡洋艦

第二次大戦開始の段階ではドイツ海軍は仮装巡洋艦作戦を準備しておらず、第一次大戦の時のように開戦当月から行動開始した船はない。しかし改装工事は1939年春から始まっており、1940年3月以降順次出撃した。改装されたのは合計10隻で、1隻が計画段階で中止。多少の波はあるものの、1943年1月まで散発的に出撃し、「トール」「コメート」の2隻が2回、他は1回。

第一次大戦時の作戦で最大のネックとなったのは燃料問題であり、当時の商船の通則だったレシプロ石炭焚きでは行動距離が限られ、まだ外航の帆走商船も残っていたからこその「ゼーアドラー」だったわけだが、第二次大戦ではディーゼル機関による航続距離の飛躍的延長が可能となり、新たな仮装巡洋艦はすべてディーゼル貨物船が選ばれた。また、第一次大戦時と違って外洋に張り巡らされた補給システムが機能しており、サポートのための補給艦が各所に展開し、仮装巡洋艦はあくまで多くのユニットの中の攻撃担当者に過ぎなかったと考えることもできる。長いものでは1回の作戦行動期間が1年半以上に達し、地球を一回りした場合もあった。一方、仮装巡洋艦自体もUボートへの補給艦として用いられることがあり、「アトランティス」はこの任務で尻尾を出して敵に発見撃沈された。

選ばれた船は総トン数で3000〜7000トン台と幅があり、具体的な武装の要領も1隻ずつ異なるもの

ドイツ通商破壊艦（商船改造）一覧

第一次大戦

艦名	種別	建造年	総トン数	武装	在役期間	戦果	備考
カイザー・ヴィルヘルム・デア・グロッセ	客	1897	14349	6-10.5cm, 2-37mm	1914.8-1916.8	3(10683)	英軽巡ハイフライヤーと遭遇 自沈
クローンプリンツ・ヴィルヘルム	客	1901	14908	2-12cm, 2-8.8cm	1914.8-1915.4	15(60522)	米港湾に遁入 のち接収
プリンツ・アイテル・フリードリヒ	客	1904	8797	4-10.5cm, 6-8.8cm, 4-37mm	1914.8-1915.4	11(33423)	米港湾に遁入 のち接収
カプ・トラファルガー	客	1914	18710	2-10cm, 4-37mm（備考）	1914.8-1914.9	-	英仮装巡カーマニアにより撃沈 旧式砲艦エーベルより武装継承
ベルリン	客	1908	17324	2-10.5cm, 6-37mm	1914.9-1914.11	1（備考）	ノルウェー港湾に遁入・抑留 戦果は敷設機雷による戦艦オーダシャス撃沈
コルモラン	貨	1914?	3433	8-10.5cm（備考）	1914.8-1914.12	-	グアムに遁入・抑留 のち自沈 旧式巡コルモランより武装継承
ヴィネタ	客	1914	20576	4-15cm, 4-8.8cm	-	-	行動せず
メーヴェ	貨	1914	4788	4-15cm, 1-10.5cm, 2-50cmTT	1915.11	41(186111)	出撃3回 2回目は艦名ヴィネタ のち敷設艦オストゼー
ヴォルフ (1)	貨	1906	6648	4-15cm, 2-37mm, 2-50cmTT	1914.8-1914.9	-	初出撃直後座礁損傷 解役
グライフ	貨	1914	4962	4-15cm, 1-10.5cm, 2-50cmTT	1916.1-1916.2	1（備考）	軽巡コマース、仮装巡アンデス他により撃沈 戦果は仮装巡アルカンタラ撃沈
ヴォルフ (2)	貨	1913	5809	7-15cm, 4-50cmTT, 水偵1 機雷465	1916.5-	14(38391)	
ゼーアドラー	帆	1878	1571	2-10.5cm	1916-1917.8	16(30099)	ソシエテ諸島で座礁放棄
ガイアー	貨	1913	4992	2-52mm	1917.1-1917.2	2(1442)	メーヴェが拿捕船を現地利用 機関損耗のため処分
レオパルト	貨	1912	4652	5-15cm, 4-8.8cm, 2-50cmTT	1917.1-1917.3	-	装甲艦アキリーズ他により撃沈
イルティス	貨	1905	5528	1-52mm, 機雷25	1917.1-1917.3	-	ヴォルフが拿捕船を現地利用 防護巡フォックスと遭遇 自沈

第二次大戦

艦名	HSK	Schiff	raider	建造年	総トン数	武装	在役期間	戦果	備考
オリオン	1	36	A	1930	7021	6-15cm, 1-75mm, 4-37mm, 4-20mm, 6-53.3cmTT, 水偵1, 機雷228	1939.12-	11(73478)	1941.8帰還後他任務に転用
アトランティス	2	16	C	1937	7862	6-15cm, 1-75mm, 2-37mm, 4-20mm, 4-53.3cmTT, 水偵1, 機雷92	1939.11-1941.11	22(145968)	英重巡デヴォンシャーにより撃沈
ヴィダー	3	21	D	1929	7851	6-15cm, 1-75mm, 2-37mm, 4-20mm, 4-53.3cmTT, 水偵2	1939.9-	10(58664)	1940.10帰還後解役
トール	4	10	E	1938	3862	6-15cm, 1-37mm, 4-20mm, 4-53.3cmTT, 水偵1	1940.3-1942.11	22(155191)	横浜港でウッカーマルク爆発事故により延焼全損
ピングイン	5	33	F	1936	7766	6-15cm, 1-75mm, 1-37mm, 4-20mm, 4-53.3cmTT, 水偵2, 機雷300	1940.2-1941.5	32(154710)	英重巡コーンウォールにより撃沈
シュティアー	6	23	J	1936	4778	6-15cm, 2-37mm, 4-20mm, 2-53.3cmTT, 水偵1	1942.5-1942.9	4(30728)	米商船スティーブン・ホプキンスにより撃沈（双方戦没）
コメート	7	45	B	1937	3287	6-15cm, 1-60mm, 2-37mm, 4-20mm, 6-53.3cmTT, 魚雷艇1, 水偵2	1940.6-1942.10	7(41568)	英魚雷艇MTB236により撃沈
コルモラン	8	41	G	1938	8736	6-15cm, 2-37mm, 4-20mm, 4-53.3cmTT, 魚雷艇1, 水偵1, 機雷360	1940.10-1941.11	11(68274)	濠軽巡シドニーにより撃沈（双方戦没）
ミヘル	9	28	H	1939	4740	6-15cm, 1-105mm, 4-37mm, 4-20mm, 6-53.3cmTT, 魚雷艇1, 水偵2	1942.3-1943.10	17(127018)	米潜タルボンにより撃沈
コロネル（ハンザ）	10	14	K	1938	5042	6-15cm, 6-40mm, 8-20mm, 4mm, 水偵3	1942.12-	-	出撃直後損傷 他任務に転用

注 1 ：艦名の後の符字は、HSKが独海軍の仮装巡洋艦としての通し番号、Schiffが艦籍番号（1〜53・171が知られており、一定規格の艦体に編入された民間船などのリストナンバーらしいが、船種が雑多で同じ番号で重複していることもあり詳細不明）、raiderが連合軍側が付与した独仮装艦の識別符号
2 ：兵装のうち水偵は、第一次大戦時がフリードリヒスハーフェンE33、第二次大戦時がハインケルHe114かアラドAr196。「ハンザ」はFa330簡易回転翼機の計画とされる。魚雷艇は「コメート」から順に「LS2〜4」が搭載された。
3 ：戦果は隻数（総トン数）を示す。資料によって差がある

の、基本的には以前の「メーヴェ」「ヴォルフ」のプラクティスを踏襲している。水偵は全艦搭載。「コメート」「コルモラン」「ミヘル」には、以前Ⅲ型という計画Uボートに搭載するため開発されたLS型と称する小型魚雷艇が搭載され、実戦でも何度か使われたことがある。できるだけ外見に癖がないのも選定条件で、武装の隠蔽などの都合によってはオリジナルから基本形状が変わった例もある。当時英海軍が使っていた仮装巡洋艦は大半が1万〜2万総トン級の貨客船で15cm砲8門が標準装備だったから、額面上は劣るように見えるが、独艦の砲は射程距離に優れ、同種艦同士で勝負すると必ずドイツが勝った。「コルモラン」のように正規の軽巡洋艦と相討ちに持ち込んだものもある。かと思えば「シュティアー」は普通のリバティ船と撃ち合って共倒れしており、実際のところ運やその場の戦術次第らしい。20cm砲装備の重巡洋艦が来るともうお手上げで、一方的にやられてしまう。初期の出撃艦は4隻が生還したが、そのまま解役された2隻と、英仏海峡で損傷し外洋に出られなかった「コロネル」を除き、最終的にはすべて失われている。この中には日本滞在中に爆発事故に巻き込まれた「トール」も含まれる。

一方、実際に通商破壊活動に従事した艦はいずれも戦果を挙げており、トップスコアは「アトランティス」「ピングイン」「トール」が15万総トン前後でほぼ拮抗するが、隻数では「ピングイン」の32隻が残る2者の22隻を大きく引き離し、逆に作戦行動期間は最も少ない。これは同艦が南氷洋でノルウェーの捕鯨船団と遭遇し、母船3隻とキャッチャー11隻を一挙に拿捕したため。この話を聞いて何隻かが2匹目のドジョウを狙ったが、成果は上がらなかった。第二次大戦の仮装巡洋艦による戦果は136隻・86万総トンに達しており、これは第一次大戦での戦果に対し隻数でも33隻上回るが、両次大戦間の海運界の船舶大型化を反映して、総トン数は36万トンから倍以上の増加となっていた。

確かにその戦果は同時期のUボートのそれと比べたら微々たるものでドイツ側から見たコストパフォーマンスもそれに対して分がよいものだったかどうかは検討の余地がある。だが、仮装巡洋艦の改造は技術的には潜水艦の新造より簡単だったはずで、何より受け手の連合軍側からしてみれば、潜水艦よりはるかに広い海域に対して全く別の対策を講じなければならない点で厄介極まりない存在だった。拿捕戦術は、ドイツにとっては貴重な資源のボーナスを獲得できる可能性もあるし、第三者の我々にしてみれば人道性の面で好意的にとらえたくなる余地が大きい。もちろん実際はそんなに紳士的なきれいごとでいつも済んだわけではなく、攻撃側としてはとりわけ標的側の無線電信によって自らの存在情報が漏洩するのを嫌って問答無用の攻撃をかける場合もあったし、処分した敵船の乗組員や船客の処遇は頭の痛い問題で、対応に著しく適切を欠いて戦犯に問われた艦長もいた。航空機とレーダーの発達によって、ごく近いうちにその活動が潜水艦以上に困難となったであろうことも目に見えている。連合軍側の包囲網による有形無形のプレッシャーに耐えつつ、時に見えない敵を避け、時に見えない獲物を追いかけて、七つの海を何百日もさまよい続ける仮装巡洋艦の戦いは、軍艦と商船と地球を知り尽くした繊細かつ大胆な男でなければ務まらない、高度で過酷な戦場だった。

仮装巡洋艦「アトランティス」について

アトランティスAtlantis
（基準排水量1万7600トン）

1937年竣工の貨物船を改装し、1939年12月就役。翌年3月末の出撃から1941年11月の戦没まで、連続作戦行動期間約600日はドイツ仮装巡洋艦の中でも最長。昔から最もよく引き合いに出される1隻だが、これは艦長ベルンハルト・ロッゲ大佐が戦後も西ドイツ海軍の要職にあったことや、拿捕処分した船の1隻「ザム・ザム」にフォトジャーナリストを含むアメリカ人船客多数が乗っており、現場の様子が当時から一般に伝わっていたこと、「ピングイン」が撃沈された際に収容されていた拿捕船の乗組員多数が戦死して、連合国としてはあまり触れたくない話になっていること、「トール」の損失原因となった横浜の事故について日本人自身があまり関心を持っていないことなどが重なったためと思われる。

German Navy threw a total of 25 armed merchant cruisers into service as commerce raider. In the first stage of WW1 great passenger liners were mainly used, although they were too noticeable and because of shortage of radius they had to escape into neutral harbor to intern after short drift. Based on the experience Kaiseiliche Marine concluded that the ship suitable for this role must be common tramper and the second wave of raiders including Moewe, Wolf and sailing ship Seeadler achieved great success. Kriegsmarine in WW2 only followed the method of ship selection, fitting and tactics and all ships were diesel propulsion, enabled very long term operation together with cooperation of ocean replenishment units. Their activity was to be suppressed sooner or later by advance of radar and aircraft, it was undoubtedly effective interfere to defensive position and their achievement was never restricted to real figure of approximately 1.2 million tons in both of world war.

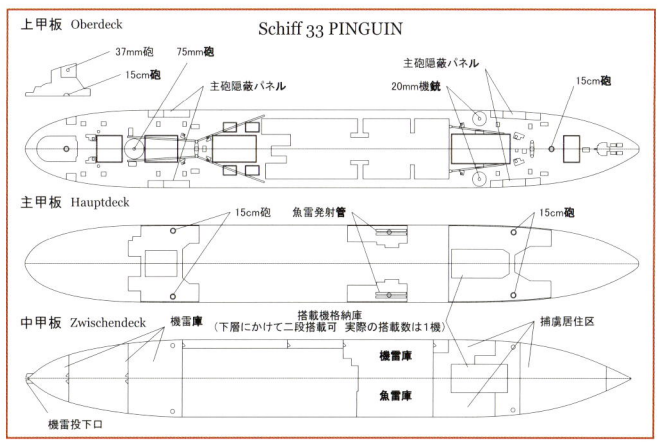

「ピングイン」の内部構造図　「アトランティス」と「ピングイン」の母体は同じドイツ・ハンザ汽船（DDGハンザ）の「ゴルテンフェルス」「カンデルフェルス」で、その本拠地ブレーメンにある2大造船所フルカンとヴェーザーで建造された姉妹船。改装工事は2隻とも、同じブレーメンのヴェーザー系列会社であるデシマーク（ドイツ船舶機械工業）で実施された。工事要領はいちいち細かく違っていて、砲配置は前部4門後部2門に対し前後とも3門で完全な全通甲板に整形されており、魚雷発射管は単装4基に対し連装2基を搭載。船橋前面のデザインなど商船時代からの違いもあって、造形的に2隻を区別するのは簡単。

「アトランティス」

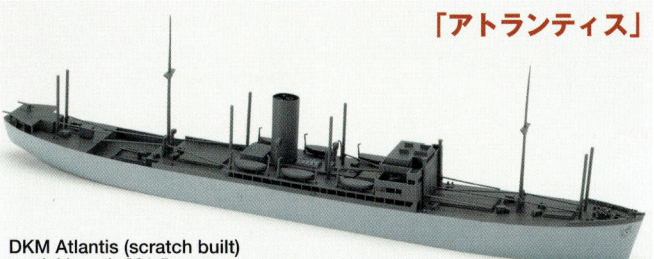

DKM Atlantis (scratch built)
model length:221.5mm

最も知名度の高い仮装巡洋艦。作例は別掲の「ピングイン」の図面から起こしたフルスクラッチビルドで、多少大雑把ながら現存写真に基づきおおむね最終時と思われる状態を再現した。改装完成時には中央にダミーファンネルを持っていたが、商船としてはかえって違和感があるため実戦では使わなかったようで、作戦行動中の写真を見ると日本など他国の船のカラーリングに塗り替えたり、こまめにデリックポストの配列を変えたりなどの偽装工作が確認できる。もともと三島型の船で、1・2番船倉の左右に隠し砲座を設けた関係で変則的な二島型になったが、行動中は5番船倉の側面を取り繕って全通甲板船に見せていた。また、作例の塗装は通常ドイツ自身や英米などで用いられる諧調迷彩と配色が上下逆転しているのが特徴で、一見して商船の形と分かるようにしつつ個艦の識別はしづらいように考えたものであれば、単純に見えて極めて高次元の欺瞞塗装だったことになる。形はだいぶ違うが、寸法はぴったり「君川丸」と一致するので、興味ある方は改造で作ってみてはいかが。

「コルモラン」

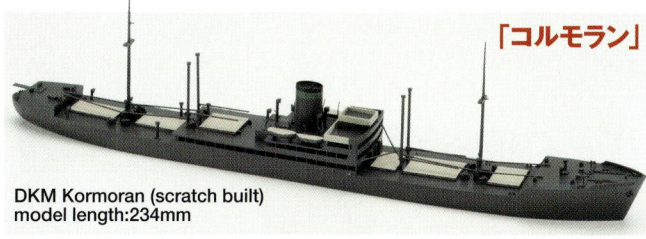

DKM Kormoran (scratch built)
model length:234mm

第二次大戦のドイツ仮装巡洋艦では最大の船。寸法164×20mは当時の一般貨物船としても特大で、これに匹敵するものは日本にはなかった。豪軽巡「シドニー」との相討ちという劇的なエピソードがあるので比較的知名度が高く、作例もインターネットで入手した公式図をもとにしている。武装は「アトランティス」とほぼ同じで、ここでは省略しているが船首楼と船尾甲板室の左右、2・4番倉口内に15cm砲、前部ツインポスト左右に連装魚雷発射管、5番倉に水上機（図面では上2機）、6番倉に魚雷艇を収納する。オリジナルデザインの船首尾にあるツインポストは撤去。作例のドゥンケルグラウのほか、ヘルグラウで船首楼上に砲塔（偽砲塔?）を置いた写真も残っている。サイズは川崎型タンカーとほぼ一致するものの、形状がかなり異なり改造は難しい。

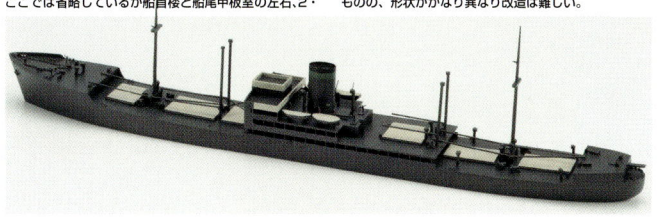

23 「ウッカーマルク」の巻

横浜事件
Yokohama incident

戦時中の日本で起こったドイツ艦の大爆発事故「横浜事件」。連合軍の封鎖の網をくぐってはるばる来訪した彼らを突如襲った衝撃的な末路、そしてとばっちりを受けた日本の被害とその対応とは。

横浜事件

第二次世界大戦中の日本とドイツには、きわめて細々とではあるが交通があった。日本側の手段は実質的に潜水艦だけで、投入された5隻のうち本土～フランス占領地帯の往復を完遂したのは「伊8潜」のみだったことはよく知られている。一方のドイツ側には複数のパターンがあり、純粋な作戦行動であるUボートのインド洋進出、襲撃艦と呼ばれた仮装巡洋艦の寄港、そして貨物船や輸送潜水艦による資源輸送が図られたが、やはり洋上で連合軍部隊に捕捉撃沈されるものも多く、本国まで生還した例は限られる。そして、帰国をあきらめて日本へ譲渡された商船、降伏時に接収された潜水艦も大半は、そのまま祖国から遠く離れた異郷で戦没、海没・解体処分といった運命をたどっている。それらのうちにあって特異な最期を遂げたのが、以下の艦船だった。

第二次世界大戦が始まると、ドイツは第一次大戦の先例に倣ってただちに世界へ軍艦を放ち、神出鬼没の行動によって連合軍の海上交通を脅かす戦術を取った。ヒトラーの直感的な政治決断によって不備な陣容で大戦に臨まざるをえなかったドイツ海軍は、主力戦艦までも通商破壊に投入して連合軍を散々悩ませたものの、相手の粘り強い対処によって行動は次第に封殺されつつあった。そんな中、何度も追っ手をまいて1942年まで活躍を続けていたのが仮装巡洋艦「トール」。青果運搬船の船体に多数の武装を隠し持った「仮面の殺し屋」は、1940～1941年の行動で連合軍商船10隻を撃沈、1隻を拿捕、さらには警戒にあたっていた英仮装巡洋艦3隻と相次いで砲火を交え、「アルカンタラ」「カーナーヴォン・カースル」を撃退した上「ヴォルテール」を沈めるという武勲をも携えて帰国。1942年に入ってまもなく再出撃し、またしても商船7隻撃沈、3隻拿捕の戦果を収め、意気揚々と来日したのだった。同艦が入港したのは10月10日、場所は横浜港。

当時、関東方面のドイツ艦船係留地として横浜港の新港埠頭が指定されていた。若干地形は変わっているが今も客船ターミナルとして使われている場所で、JRなら桜木町が最寄駅、山下公園の「氷川丸」から見て左舷側にあたる。たぶん海図の調達の問題や、長崎の出島のような形状が機密保持や警備に適していたことなどが理由だろう。この頃には貨物船「ターフェルラント」が滞在していたほか、「トール」が今回の航海で拿捕した1隻である貨客船「ナンキン」も、ここに回航されて一足早く係留されていた。同船には新しく「ロイテン」という名称が与えられていた。いっぽう、外洋で9ヵ月間行動した「トール」は、現在のみなとみらい21地区である三菱横浜造船所のドックへ入れられて本格整備を受けることになった。

11月28日、もう1隻のドイツ艦が新港埠頭に到着する。補給艦「ウッカーマルク」は一見普通のタンカーだが、バルバスバウのついたスリムな船体を持ち、日本の艦隊タンカーの倍にあたる2万馬力以上のディーゼル機関を搭載、15cm砲3門と水上偵察機1機などを持つ歴然とした軍艦だった。竣工時の艦名を「アルトマルク」といい、開戦直前から通商破壊艦用の補給ステーション配備についたが、1940年2月にノルウェイ領海で英軍に捕捉されて捕虜を解放させられる事件があり、帰国後「ウッカーマルク」と改名した。その後も同じ任務を実施、1942年9月の出撃後、仮装巡洋艦「ミヘル」への補給を済ませてから日本に向かった。途中で昭南とバリクパパンに寄港して油を搭載し、川崎でこれを下ろしてから横浜へ移動したという。

大爆発

11月30日朝、出渠した「トール」は早速「ウッカーマルク」に接舷し、弾薬や糧食の搭載を開始した。「ウッカーマルク」ではこれと並行して、隣の埠頭にいる「ロイテン」の中国人船員を動員して油倉の清掃を行なっていた。また、この2隻と同じ埠頭の陸地側では、たまたま日本海軍の特設給糧船「第三雲海丸」が物資を積み込んでいた。

昼飯時が済んで作業を再開し、しばらく経った1340時頃、突然「ウッカーマルク」の前部で大爆発が起こった。巨大な火炎が立ち上り、破片がばらばらと飛び散る。「第三雲海丸」では、ちょうど船長が横須賀

横浜事件略図・艦船説明

● 「ウッカーマルク」
ドイツ海軍が建造した本格的艦隊補給艦「ノルトマルク」級5隻の2番艦「アルトマルク」として、1938年完成。1万698総トン、排水量2万2850トン。ドイッチェ・ヴェルケ製の本艦と「フランケン」がディーゼル搭載で、シーハウ製の「ノルトマルク＝のちヴェスターヴァルト」「ディトマルシェン」「エルムラント」はタービン搭載。出力は2万1400、2万4000などの資料あり。速力は21ノットといわれているが、もっと出たはずだ。

を与えられたほか、第4号仮装巡洋艦（HSK4）、10番船（Schiff 10）、さらには連合軍から襲撃艦E（Raider 'E'）とも呼ばれた。姉妹船「グラン・カナリア」は潜水母艦「エルヴィン・ヴァスナー」となる。

● 「ロイテン」
「トール」が42年5月10日にインド洋で拿捕した英貨客船「ナンキン」（7131総トン）。同艦の回航要員が乗組んで日本に到着。食料品も多く積んでいたため拠点倉庫船扱いとされていたらしい。

● 「トール」
1938年完成の貨物船「サンタ・クルツ」（3862総トン）を改造。バナナボート特有の通風能力を示す背の高いベンチレータつきデリックポスト6本を取り払って容姿を目立たなくした上、15cm砲6門、魚雷発射管4門、水上偵察機1機などを装備した。新たな固有名として北欧神話の雷神である「トール」

● 「第三雲海丸」
中村汽船所属の貨物船で、太平洋戦争開始後の1942年4月に海軍が特設給糧船として徴用した。独艦の爆発事故に巻き込まれて全損するという稀有かつ不運な最期だが、遭難場所のすぐ隣の横浜船渠（三菱横浜の前身）で建造されたのも奇縁。1918年進水、旧名「華山丸」3023総トン。

第3部 舷窓戦史館

に出向いて不在だったが、乗組員がただちに避難を開始。そこへ2回目の大爆発が発生した。「トール」で搭載作業中の弾薬に引火したらしい。現場に最も近い上屋はひとたまりもなく倒壊し、付近の建物も火の粉を浴びて炎上、埠頭一帯は阿鼻叫喚の巷と化す。海上に流出した燃料油が燃えながら広がっていき、「ロイテン」も巻き込まれて火災発生、さらに「第三雲海丸」も1410頃には火が回り、岸壁に残っていた乗組員は警備の兵隊に退去させられて船を放棄せざるを得なかった。

その後も誘爆と火災は続き、「ウッカーマルク」と「トール」は見るも無残な姿となって全壊着底、「ロイテン」「第三雲海丸」も全焼使用不能となった。別の岸壁にいた「ターフェルラント」は被害を免れた。死者は102名で、ドイツ人乗組員と中国人船員が大半を占める。爆発の影響は新港埠頭にとどまらず、三菱横浜や桜木町駅はもちろん、1km以上先の市街地まで窓ガラスが割れるは破片が降ってくるは、近在の消防車が総動員されるはと町じゅう上を下への大騒ぎとなった。市民の間では早くから「ドイツ船が爆発したらしい」という噂が伝わっていたというが、軍は早速情報の抑制に乗り出した。住民には緘口令が敷かれ、船舶火災が発生したという事実だけ報じられた以外は被害状況の詳細な記録も軍がおさえて公表されず、被害の全容は今なお明らかでない。火災の原因も、当然のようにスパイの破壊活動説が取りざたされるなど諸説出たが、今では古今問わずタンカーの最も一般的な火災、すなわち油倉内部の残留気化ガスに倉内作業で偶然発生した火花が引火した事故と考えられている。

これだけの徹底した情報統制の理由は、規模の極端な大きさよりも火元が独船だったためなのは明らかで、中でも「トール」の損失が問題視されたと考えられる。当時「第三雲海丸」の保険処理にあたった妹尾正彦は、戦後間もなく著した「日本商戦隊の崩壊」で本件に触れているが、執筆段階でまだ「トール」の正体を知らず、「この特種艦と称されるものは、おそらく潜水艦であろう」と推測している。仮装巡洋艦は連合軍に多大な損失と戦力の拘束を強いる貴重な駒であり、自分の過失でそれを失ったことを公表するなど戦略上まったく好ましくなかったのだ。

大戦末期、横浜は合計28回もの空襲を受けて壊滅的な被害を出しているが、大空襲の2年以上も前にあった不思議な1日の出来事を想起しながらヨコハマを訪ねるのも、また趣きあることではないだろうか。

One of most successful German commerce raider Thor reached to Japan in Oct 1942. On 30 Nov, after maintenance at Mitsubishi Yokohama yard she moved to Shinko wharf and moored alongside Uckermark, another German ship arrived just two days before, to load ammunition. At about 1340 Uckermark suddenly exploded, probably ignited to vaporized gas, and Thor caught fire to induce great explosion again. Both ship were completely destroyed. Reuten, former Nankin captured by Thor and Unkai maru No.3, Japanese auxiliary store ship were also involved and burnt out. This accident caused considerable confusion to whole Yokohama city and not only harbor equipment but adjacent urban structures received damage, but the military authorities strictly gagged about it to conceal this grave strategic loss.

「ウッカーマルク」
DKM Uckermark (HP) model length:250mm

ドイツの艦隊給油艦。どちらかというと旧名「アルトマルク」のほうが有名で、日本とのかかわりを知らなかった方も多いのでは。作例はHPモデルのレジンキャスト。タンカー離れした細い船首など基本形状は良好ながら、今回使用した改名後をタイトルとする商品は考証面に問題があり、前後構造物を丸ごと作り直している。塗装指示も一切ないなど相当な難物だ。15cm主砲は、作例では省略しているが船橋左右のポートの下にも装備しており、本来は船尾の1門もこれと同様、ハウスの中に隠していた。なお船橋直後の凹部は搭載機の収納場所で、キットには偵察機とキャンバスの幌をかたどった部品もついている。

「トール」
DKM Thor (scratch built) model length:174mm

仮装巡洋艦では2番目に小さいながら、資料によっては総トン数で最大スコアをあげたとされることもあるエース艦。イギリスの仮装巡洋艦を3度も下した実力派でもあるが、撃破した1隻「アルカンタラ」は二次大戦で100隻を軽く超える英仮装船の中で唯一、二代にわたってドイツのライバルに苦杯をなめた艦名となった。こちらは自作品で、各種資料から図面を起こして製作。武装の量は「アトランティス」などとほぼ同じだった。ちなみに、このページの内容は「世界の舷窓から」の前身「日の丸船隊ギャラリー」第66回で、単行本版「戦時輸送船ビジュアルガイド」に未収録だったもの。

63

24 「カサビアンカ」の巻

トゥーロン大脱出
Escape from Toulon

第二次大戦のフランス海軍は、魅力的な艦を多数擁しながらほとんど機能できずに壊滅した悲運ばかりが印象に残る。では、戦えなかったフランス海軍の実態とは？　そんな中で敢然と責務を果たした軍人たちのエスプリとは？その一端を示す興味深いエピソードを紹介する。

第二次大戦のフランス潜水艦

代表的な海洋小説の一つにジュール・ヴェルヌの「海底二万マイル」があるが、フランス海軍も長らく潜水艦に一家言持つ組織だ。トラファルガー以降、宿敵イギリスに大きく水をあけられた仏海軍は、19世紀後半の技術革新にあたって多数の水雷艇で英海軍に対抗しようともくろみ、実質的な潜航水雷艇である潜水艦にも力を入れ始めた。20世紀にはイタリアという新たなライバルとしのぎを削る構図が生まれ、さらにはナチスドイツの台頭を踏まえて難しい艦隊構築戦略を迫られる仏海軍であったが、こと潜水艦に関しても、外洋通商破壊、艦隊随伴、海外に点在する植民地から自国近海に至る広範な防御海面での運用と、様々な目的を要求されていた。しかも予算的な制約からか、その要求とは裏腹に統一規格の船をたくさん作りたがる傾向があったのも特徴で、近海用小型艦の詳細設計を各造船所に任せて研究を重ねる一方、大型潜水艦は同一設計艦をしつこく建造しながら順次中身をバージョンアップさせるという、合理性があるのかないのかよくわからない手法をとっていた。性能は全般に世界的レベルだったといわれるが、やや水上重視の傾向が強く、サイズに関係なく専ら複殻式船体を用いたほか、第二次大戦まで水上旋回式魚雷発射管を標準装備し、大型艦は艦船攻撃用と商船攻撃用の魚雷発射管を別々に持つなど、やや設計思想の面での古めかしさは否めない。第二次大戦開始時の勢力は80隻弱で、20cm砲搭載の怪潜水艦「シュルクーフ」以下、1000～1500トンの大型と600～900トンの中型が半々という構成だった。戦争序盤はイギリスとの協定に基づき地中海に展開、一部が北海や北大西洋でも行動したが、これらはドイツ進攻による休戦のとき大半が自沈、「シュルクーフ」らがイギリスに脱出し自由フランス海軍を旗揚げする。

残る潜水艦部隊は地中海のメインベースであるトゥーロンと北アフリカの植民地要港に配備されていたが、これらは停戦協定に基づき、潜望鏡やディーゼル排気弁などを外されて稼働できない状態となっていた。それでも乗組員は検査と称してしばしば再装備のうえ出動し、練度の低下をおさえる努力を続けていたが、燃料不足のためそれも著しく制約されていたのだった。なお、仏潜水艦は艦のサイズと艦長の配置に関連がなく、大型・中型いずれにも大尉と少佐の艦長がいた。

大脱出！

1942年11月8日、連合軍は北アフリカの戦況を決定的に打開すべく、ヴィシー・フランス植民地への大規模上陸作戦を実施。この地域を掌握していたダルラン元帥は事前の裏工作にも態度をはっきりさせず、当初は指揮下部隊に抗戦を命じたが、勝負にならず3日後には降伏する。カサブランカとオランにいた潜水艦のうち14隻が失われ、アルジェから「カイマン」「マルスアン」、オランから「フレネル」が脱出してトゥーロンにたどり着いた。

トゥーロンでは、ドイツ側が報復として協定を破って艦隊の接収に踏み切るのではないかとの緊張が急速に高まった。自沈準備が指示された。潜水艦部隊は狭い港内の数ヵ所に分散していたが、このうち東のはずれにあるムーリヨン工廠地区にいたグループは真っ先に狙われる恐れがあるため、各艦で万一に備えた下準備を始めた。「カサビアンカ」では艦を出港可能な状態に再装備し、総員艦内に待機のうえ不寝番を立てた。もやい綱を艦内から外せるように細工したうえ、スクリューに絡まないよう綱におもりをつけ、埠頭との間に小舟をはさんで離岸しやすくしてあった。入江の入り口には木製の柵が張ってあったが、最初に出た艦が体当たりで突破するよう申し合わせてあった。

11月27日明け方、ついに独軍が来襲した。銃声にいち早く気づいた「カサビアンカ」は直ちに出港。先に出た「ヴェニュス」が防護柵を突破しようとしたが、鋼線に横舵が絡まったため「カサビアンカ」がかわって突進した。「ヴェニュス」は前後進で強引に綱をほどいて追従する。ムーリヨン地区の突破は一般人でも入れるエリアだったが、独軍は来なかった。上空では独軍機がわざと灯火をつけたままうろついていたが、まもなく灯を消して照明弾を投下。「カサビアンカ」が港口で曳船に夜間用防潜網を開けさせようと押し問答をしている近くに爆弾が落ち、曳船も慌てて網を引き始めた。独軍機が磁気機雷を投下し、「カサビアンカ」は全速をかけてあやうく艦尾後方に炸裂をかわす。続いて英軍に占領されたマダガスカルからの生還者「ル・グロリュー」が脱出。修理を終えたばかりの「マルスアン」は直撃弾を受けた灯台の破片を浴びながらも離脱する。「イリス」も逃げのびたが、「ヴェニュス」は結局沖合で自沈を余儀なくされた。

脱出できたのは潜水艦4隻だけだった。しかし独軍の「アントン」作戦も失敗に終わった。艦隊司令官ド・ラボルド大将は発光信号で自沈命令を下し、旗艦「ストラスブール」以下77隻がその場で擱座。あるものは爆破炎上して完全に損壊し、あるものは独軍の手でサルベージされたものの、その後の空襲で撃沈破され、艦隊の大半が復活を果たせないまま終焉を迎えることとなる。

「イリス」はスペインのカルタヘナに向かい、終戦まで抑留される道を選んだ。「マルスアン」は月初めまでいたアルジェに舞い戻り、「ル・グロリュー」もオラン入港後アルジェへ回航した。「カサビアンカ」はトゥーロン港外で潜航したあと、潜望鏡の外蓋を取り忘れているのに気づいて一悶着。直したら今度は無線機が故障し、自艦脱出を連合軍側に通知できないという危険な状態となったが、英艦のすぐそばに浮上して発光信号で身元を伝え、無事僚艦の待つアルジェに到着できた。複雑な国際関係のアヤの中で起こった悲劇をかいくぐり、アルジェに集結した仏潜水艦は計14隻。彼らはいよいよ、自由フランス海軍に加わって地中海での本格的な作戦行動に臨むこととなる。

仏海軍潜水艦「カサビアンカ」について

カサビアンカCasabianca
（排水量1500トン）

仏海軍の標準型艦隊潜水艦「ル ドゥタブル」級に属する1隻。艦名はナポレオン時代の海将から。姉妹艦は31隻（1隻は試運転中事故沈没）にのぼるが、最終グループの本艦は初期型より水上速力が3ノット速い。大戦初期には北海で行動し、のち地中海へ移動。トゥーロン脱出後は主としてレジスタンス支援任務に従事、駆潜艇「UJ6076」を撃沈、商船1隻撃破。1952年解体されたが、司令塔はコルス島（コルシカ島）バスティアに保存されている。

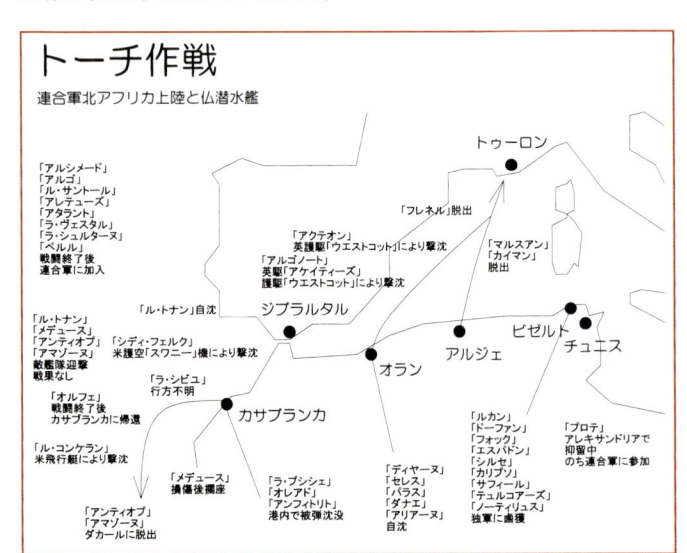

トーチ作戦
連合軍北アフリカ上陸と仏潜水艦

仏艦の艦名呼称について

仏艦の艦名には定冠詞（laまたはle、英語のtheに相当）がつくものがある。ふつう艦名に形容詞を使う場合は定冠詞をつけ、名詞の場合はつけない。しかし例外がきわめて多く、とくに普通名詞の場合は扱いがあいまいで、仏語の資料でも有無が分かれることがある。潜水艦の例をとると、宝石の名をとったSaphir（サフィール：サファイア）級のうちLe Diamant（ル・ディアマン：ダイヤモンド）のみ定冠詞がつくが、資料では省略されることが多い。

逆に、通常L' Aurore（ロロール：曙）と呼ばれることの多い艦は、司令塔側面の銘板表記ではAuroreとなっている。Redoutable（ル ドゥタブル：恐るべき）は形容詞なので、戦後のミサイル原潜は定冠詞あり。この種の混乱ないし無雑作化は、文章のなかではいずれの艦でも原則として定冠詞をつける（le Dunkerqueル・ダンケルクとなる）こととと関連がありそうだ。

第3部 舷窓戦史館

On 8 Nov 1942 Allied forces carried out large-scale landing on French North Africa. As commanding officer of the area admiral Darlan accepted surrender, it was expected that German force will invade Toulon, principal port of Vichy French navy in retaliation of the affair. When the operation Anton was exercised on 28 Nov, some of French submarines at Mourillon Arsenal, east end of the area, well got ready, promptly made their escape, while most of fleet, amounted to 77 ships were scuttled on the spot. Casabianca, Le Glorieux and Marsouin joined to free French forth. Iris went to Spain to be interned.

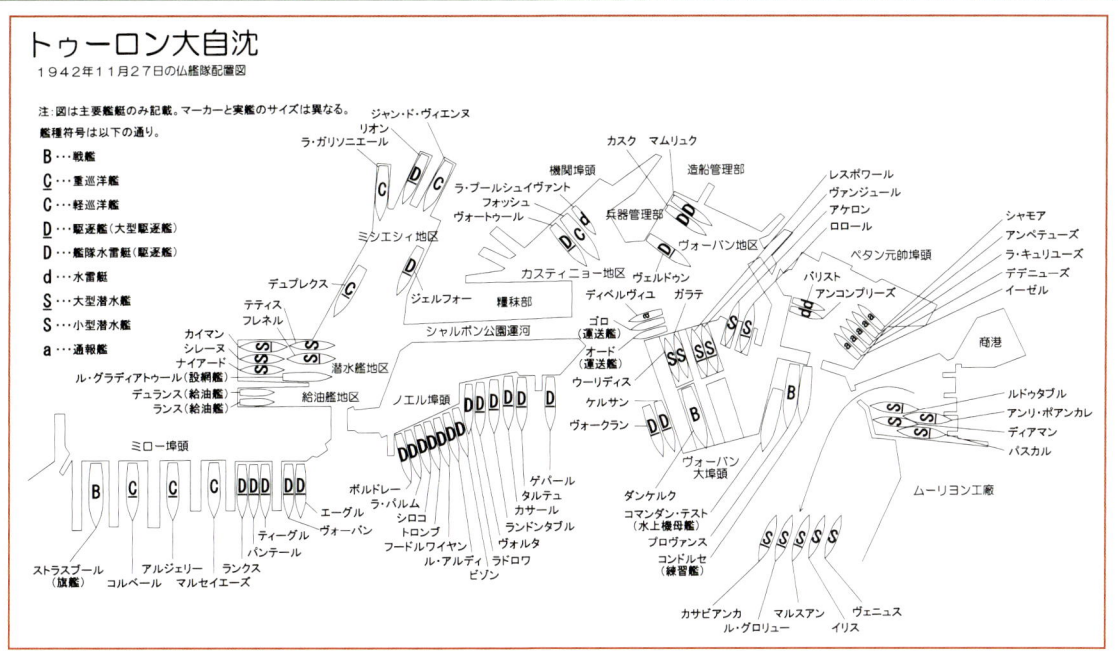

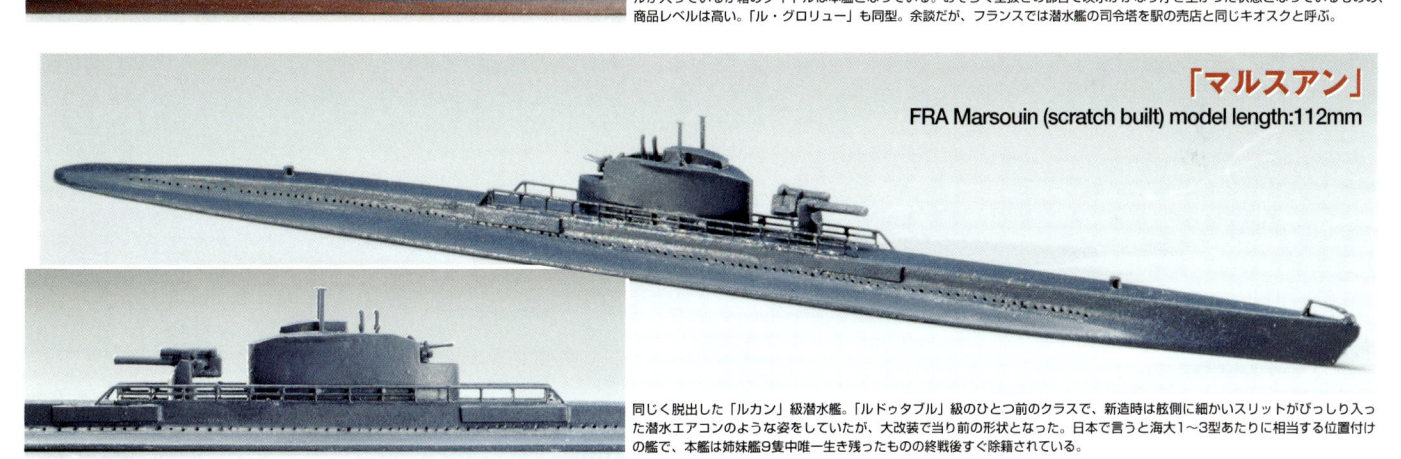

トゥーロン大自沈
1942年11月27日の仏艦隊配置図

注：図は主要艦艇のみ記載。マーカーと実艦のサイズは異なる。
艦種符号は以下の通り。
B…戦艦
C…重巡洋艦
C…軽巡洋艦
D…駆逐艦（大型駆逐艦）
D…艦隊水雷艇（駆潜艇）
d…水雷艇
S…大型潜水艦
S…小型潜水艦
a…通報艦

「カサビアンカ」
FRA Casabianca (L'Arsenal) model length:128mm

トゥーロンからの脱出に成功した「ルドゥタブル」級潜水艦。当時の艦長レルミニエ大尉の著作があり、フランスでは「シュルクーフ」について有名な潜水艦らしい。作例はご当地のレジンメーカー・ラルスナル（ラーセナル）のもので、姉妹艦多数のデカールが入っているが箱のタイトルは本艦となっている。おそらく型抜きの都合で喫水がかなり浮き上がった状態となっているものの、商品レベルは高い。「ル・グロリュー」も同型。余談だが、フランスでは潜水艦の司令塔を駅の売店と同じキオスクと呼ぶ。

「マルスアン」
FRA Marsouin (scratch built) model length:112mm

同じく脱出した「ルカン」級潜水艦。「ルドゥタブル」級のひとつ前のクラスで、新造時は舷側に細かいスリットがびっしり入った潜水エアコンのような姿をしていたが、大改装で当り前の形状となった。日本で言うと海大1〜3型あたりに相当する位置付けの艦で、本艦は姉妹艦9隻中唯一生き残ったものの終戦後すぐ除籍されている。

「イリス」
FRA Iris (scratch built) model length:97.5mm

脱出メンバーの1隻。小型潜水艦の中では比較的新しい「ミネルヴ」級に属し、「ヴェニュス」も同型。第三国抑留というやや消極的な策をとったが、戦後の在役も短く1950年解体された。「マルスアン」と「イリス」は自作したが、第二次大戦時の仏潜水艦は竹を割ったようなシンプルな船体形状のものが多く、比較的自作向け。

65

25 「ソクウ」の巻
地中海の連合軍潜水艦
Refugees in the Mediterranean

第二次大戦では、祖国を枢軸軍に占領されながら連合軍側に身を投じて敢然と戦いを挑んだ兵士も少なくない。ここではその一例として、地中海戦域におけるギリシャ・オランダ・ポーランド・フランスの潜水艦部隊の活躍を紹介。様々な不利をものともせずに戦い抜いた亡命兵の闘志を垣間見る。

地中海の連合軍潜水艦

第二次大戦中のヨーロッパ戦線における連合軍潜水艦の活動は、日米独とは対照的に比較的陸地へ寄る傾向が強かった。これは目標となるべき枢軸軍の艦船の行動域が同様の傾向にあったためで、一般に攻撃する側もされる側も小物が多く、五月雨の泥沼といった地味で果てしない戦いが繰り広げられていた。とはいえ地中海は、バルカン半島からリビア・エジプトへと進出を図る枢軸軍と、ジブラルタル・マルタ・アレキサンドリアの3要衝を足掛かりにそれを阻止しようとするイギリス軍が、周辺諸国を巻き込みながら激しい戦略的駆け引きを繰り広げており、南シナ海の3分の2ほどの海域に両軍合わせて100を下らない潜水艦が入り乱れてうようよする激戦区であった。

戦略的に最も重要な目標はイタリア～北アフリカの兵站路線で、イタリア本土からキレナイカの要港ベンガジまで1000km弱、シチリア海峡に至ってはわずか200kmという航路を巡って、イギリス潜水艦隊とイタリア船団との死闘が展開された。地中海での英潜水艦の損失は40隻を超え、大型艦ほど損失率が跳ね上がる傾向がはっきり出ていた。

地中海には、枢軸軍に占領された国から脱出してきた潜水艦も多数配備された。英海軍の指揮下に入れば同国の連絡将校が1名乗艦したが、基本的には危険海域に投入されることは少なく、ゲリラ的活動に従事する場合が多かった。国どうしの付き合いの都合もあっただろうが、これら亡命艦艇の最大の悩みは修理補給の困難さで、最終的にはイギリスから艦艇を借りてクルーが乗り換える例も見られた。

我が海の海賊たらん

ギリシャは1920年代にフランスから潜水艦6隻を購入していた。「カトソニス」級2隻は同国の600トン型に相当するが、魚雷発射管がほとんど外装式なのが気に入らなかったらしく、「プロテウス」級4隻は少し大型化して全部内装式に改めていた。イタリア参戦後オトラント海峡で通商破壊作戦を展開し、1940年12月に「プロテウス」が1万1000総トンの貨客船「サルデーニャ」を撃沈するが、水雷艇「アンタレス」の反撃を受けあえなく戦没。1941年春にドイツ軍の侵攻を受けると、他艦は全てアレキサンドリアへ脱出して英海軍の指揮下に入った。以後も彼らは占領された自国海域を目指して出撃し、勝手知ったる多島海の奥深くまで侵入して工作部隊の支援や独軍の海上補給路の妨害に努めた。自分の海で海賊的作戦を遂行する乗組員の心情は推し量りがたいものがあるが、彼らは大きな戦果をあげ、一方で独軍に鹵獲された自国駆逐艦「ZG3（ヴァシレフス・ゲオルギオス）」に撃沈された「トリトン」など2隻を失い、「グラフコス」はマルタで被弾沈没。残る2隻「パパニコリス」「ネレウス」もかなり傷みが激しくなったようで、1943年には英海軍から新造のV級「ピピノス」と鹵獲のイタリア潜水艦「マトロツォス」を引き渡された。終戦直前から戦後にかけてU・V級5隻が追加されている。

なお、ドイツのバルカン作戦時にはユーゴスラヴィアから潜水艦「ネボイシャ」が逃げてきており、アレキサンドリアの英潜水艦部隊に加わったが、目ぼしい艦船の撃沈破はなかったようだ。

海国の技術・伝統・意地

17世紀にはイギリスとも対等に渡り合う実力を持っていたオランダ海軍は、衰退した20世紀においても潜水艦の国産能力を保持していた。アメリカのホランド式の流れをくむデザインで、本国用のOシリーズと蘭印用のKシリーズの二本立てだったが、最終的にはOに統合された。1940年5月にオランダ本国がドイツの侵攻を受けた際、最新鋭の「O-21」級は完成済の2隻と未完成の2隻が脱出。「O-22」は英国で最終工事を終えた直後に撃沈されたが、残る3隻は英海軍の要請で地中海に派遣される。これはこのクラスが元来Kシリーズとして設計されており、暑熱地向きの装備を施していたためと思われる。1941年6月12日、デ・ボーイ少佐率いる「O-24」はリヴォルノ近海で6000総トン級の貨物船「フィアノナ」を襲撃。魚雷の不調などで雷撃を2度外すと業を煮やして浮上砲戦に転じ、3度目の雷撃でとどめを刺す。これを皮切りとして年内に「O-21」が6隻（Uボート1隻含む）、「O-24」が4隻、「O-23」が1隻を撃沈、各艦1隻撃破の戦果をあげ、オランダ海軍の高い技量を証明した。日本の参戦を受けて3隻は極東戦線へ転属することになり、新たな戦域でも「O-21」が陸軍輸送船「山里丸」、「O-23」が同「善洋丸」（大破修理不能）、「O-24」が特設砲艦「長沙丸」などの戦果をあげている。

一方、1942年末にはイギリスから供与された新造U級潜水艦「ドルフィエン」が地中海へ進出。伊潜水艦「マラキーテ」など3隻撃沈、1隻撃破したところでイタリアが降伏し、洋上で投降してきた旧式潜水艦「フィリッポ・コリドーニ」に行き先を指示する一幕もあった。「ドルフィエン」はその後ギリシャ沿岸の小艇狩りにも参加し、戦果を重ねることとなる。

舞い降りる隼、駆け抜ける猪

ポーランドは1929～31年にフランスから敷設潜水艦「ヴィルク」級3隻を購入した後、第二次大戦開始直前にオランダ製の新鋭「オジェウ」「センプ」が就役していた。このうち3隻は母国陥落時にスウェーデンで抑留され、「ヴィルク」「オジェウ」がイギリスまで脱出したものの、前者は状態不良のため練習用とされ、

地中海戦線の各国潜水艦

艦名	艦番号	艦長	主要戦果	摘要
ギリシャ				
カトソニス	Y1	スパニデス大尉 ラスコス大尉	テルゲステア(5890)	43.9戦没（UJ2101）
パパニコリス	Y2	イアトリデス少佐 スパニデス大尉 ロウッセン大尉=少佐	フィレンツェ(3952)	
プロテウス	Y3	ハジコンスタンティス少佐	サルデーニャ(11652)	40.12戦没（アンタレス）
ネレウス	Y4	ラリス少佐		
トリトン	Y5	ゼボス少佐 コントイヤンニス少佐		42.11戦没（ZG1）
グラフコス	Y6	アスラグロウ少佐		42.4戦没（空襲）
マトロツォス	(Y7)	マッソウリディス大尉		1943受領
ピピノス	Y8	ラリス少佐 ロウンドラス少佐	TA19（水雷艇）	1944受領
オランダ				
O-21	P21	ファン・ドゥルム少佐	イザルコ(5738) U95（潜水艦）	
O-23	P23	ファン・エルケル少佐	カバチタス(5371)	
O-24	P24	デ・ボーイ少佐	フィアノナ(6660) イタロ・バルボ(5114)	
ドルフィエン	P47	セーデ少佐	マラキーテ（潜水艦）	1942受領
ポーランド				
ソクウ	N97	カルニツキ大尉 コジョウフスキー大尉	アヴィエーレ（駆逐艦） エリダニア(7095)	1941受領
ジク	P52	ロマノフスキー大尉	ニコラウス(6397)	1942受領

注
1：ギリシャの大戦末期供与艦は省略。オランダ・ポーランドは地中海戦線に関与したもののみ記載
2：艦番号は英海軍指揮下でのペナントナンバーを示す
3：艦長は1944年前半まで。以後の交代は省略
4：主要戦果は3000総トン以上の商船（数字は総トン数）と駆逐艦・水雷艇・潜水艦を示す。ほかに撃沈できなかったもの（損傷）が同程度ある。また、多くの艦がギリシャ周辺などで沿岸海域への妨害作戦に従事しており、100トン内外の小型船の戦果は相当数に上る
5：「ソクウ」は1942年2月艦長交代の翌月被弾損傷し、しばらく旧艦長に戻る（新艦長負傷？）

ヨーロッパ戦線の潜水艦といえばもっぱらUボートの話になってしまうが、実際には国籍・スタイルとも多彩な面々が揃っていた。日本では無名な「おらが国の英雄艦」もたくさんいて、それらを作り比べるのも模型ならではの楽しみ方だ。

ギリシャの艦名

ギリシャでは独自の文字を用いているため、英語などの資料では発音に対応するアルファベットに置き換えて表記されているが、こちらもなぜか一部原語と食い違う場合がある（「ネレウス」＝「ニレイス」など）。資料による食い違いもあって確認できず、本稿ではさしあたりコンウェイ年鑑の表記を採用している。

オランダの艦名

オランダ語も文字はほぼ英語のアルファベットと同じだが、発音に特徴があり、たとえばgはガともハともつかない（喉の奥を震わせる）音を出す。本書ではある程度語学関係書籍の解釈を反映しているが、日本では戦前からの慣習が定着している例（De Ruyterデ・ルイテル＝デ・ロイテル、Javaヤヴァ＝ジャワ、Van Ghentヴァン・ヘント＝ヴァン・ゲントなど）もあって、やや曖昧なままになっている点をご了承いただきたい。

第3部 舷窓戦史館

後者は北海で作戦行動中、行方不明となった。そこで新たな実戦用潜水艦として竣工直前のU級潜水艦が指定され、「ソクウ」(隼)と命名。カルニッキ大尉の指揮で勇躍地中海に乗り込んだが、当初はなかなか雷撃しても戦果が出ず、1941年11月2日には2000トン級の輸送船「バリラ」に都合3本魚雷を使ったうえ、乗組員が放棄した同船に砲撃を加えたが沈めきれず、英潜「アトモスト」がとどめを刺した。しかし同月19日、「ソクウ」の魚雷は伊駆逐艦「アヴィエーレ」に命中、同艦はナヴァリノ湾(ギリシャ南西)に擱座ののち英潜「トーベイ」の魚雷を受け、浮揚修理後再び「スプレンディド」に雷撃されて沈没する。一方「ソクウ」は2日後の夜に枢軸軍船団を攻撃してタンカー「バルベラ」を撃破、これも後に空襲で失われることとなる。しかし1942年3月、マルタで爆撃を受けて大破し、修理のため約1年の戦線離脱を強いられた。

その頃、血気はやるロマノフスキー大尉の「ヴィルク」の乗組員は、イギリスがアメリカから練習用として借り受けた「S-25」を又貸ししてもらい、「ヤストジョンブ」(鷹)と命名のうえ北洋船団の護衛と称して出撃するが、間違って味方艦に撃沈されてしまう。それでも彼らは懲りず、新造のU級「ジク」(猪)に乗り換えて地中海戦線に登場。早速大型タンカー「カルナーロ」を撃破するなど大暴れを始めた。危うく味方潜水艦「アンシェイクン」を沈めそうになったこともあるが、その翌月には「アンルーリィ」と協同でイタリア船団に襲いかかり商船各1隻撃破、駆逐艦「ルビアナ」は「ジク」の魚雷を危うくかわした。自由フランス軍のコルス島解放作戦のときは、わずか30名ほどの乗組員で上陸して戦闘に加わると言いだし、周囲からなだめられるという逸話も残っている。すでに「ソクウ」も地中海に戻っており、揃ってエーゲ海まで進出するなど、戦域が落ち着くまで終始アクティブな行動を継続。仲間からテリブル・ツインズと渾名された。ポーランドは当時から戦後にかけて極めて難しい政治的位置を強いられた国だが、自由ポーランド潜水艦の将兵は亡命政府諸国の艦の中でも突出した高い戦意を持っていたといわれている。彼らはひたすら、戦うことに自らの存在意義を見出そうとしていたのだろうか。

レジスタンスの命綱

北アフリカのヴィシー・フランス軍の降伏によって、地中海の自由フランス潜水艦は一挙に増勢したが、2年以上もの間活動を制約されていた影響もあって整備状態は必ずしも良好とは言えなかった。また、魚雷が英軍と規格違いのうえ性能面でも欠点があり(針路調整機構が劣っていたとされる)、攻撃面ではあまりあてにされなかった。そのかわり、ギリシャと同じく地元の利を生かして、独軍影響下の地域で活動するレジスタンスとの連絡や人員・装備の供給といった裏方任務をこなすようになる。トゥーロンから脱出して自由フランスに加わった「カサビアンカ」も、ディーゼルエンジンの騒音やマフラーからの火花に悩まされ、浅瀬を出入りするため船底はこする、陸地から銃撃を受けると、散々な状態になりながらも輸送任務を続行。イタリア休戦直後には自艦乗組員(定数61名)より多い103名もの工作部隊をコルス島に送り込み、蜂起成功に寄与した。戦時中のフランスといえば、歌姫エディット・ピアフなどの例をひもとくまでもなく上から下までレジスタンス運動だった

が、仏潜水艦隊も一役買ったわけだ。

一部の艦をつぶして共食い整備で辛うじて稼働艦を揃えていた自由フランスも、1944年にはさすがに限界が見え、やはりイギリスからU・V級潜水艦3隻と鹵獲イタリア潜水艦1隻を受領。このうち「キュリー」は短期間で撃沈破3隻の戦果をあげている。

1944年夏、南フランスに連合軍が上陸。バルカン半島でもソ連軍の侵攻を背景とする複雑な政治的経緯を経て、翌年はじめに至りドイツ軍がようやく消滅。イタリア北部を除き地中海周辺の枢軸軍対連合軍の戦いはほぼ終息を見るが、ギリシャでは東西冷戦の予兆とも言うべき内戦がその後もしばらく続くこととなる。

The Allied submarine operation in European theater was carried out mainly inshore axis occupied area, especially in the Mediterranean. Many British submarines rushed into axis supply route between Italy and North Africa and fought a fierce battle with Italian escorts, while those of refugee from French and Greece, being reinforced by Polish and Dutch, went to home country to support resistance and disturb axis coastal shipping. Since premier difficulty was maintenance, in due time many of their complements transferred to new ship delivered from UK yards.

「パパニコリス」 — RHS Papanikolis model length:92.5mm

第二次大戦で最も活躍したギリシャ潜水艦と評される1隻で、司令塔はピレウスの海事博物館に現存する。艦名は同国独立戦争時の海軍軍人から。フランスの600トン型潜水艦をマイナーチェンジした設計で、前下がりの艦首形状は母国譲り。外装魚雷発射管はすべて固定タイプで、日本ではL3型のみに見られる司令塔上砲座も特有

「O-24」 — HMNS O-24 (scratch built) model length:111mm

第二次大戦時のオランダ最新鋭潜水艦。水上旋回式魚雷発射管(前部舷側の四角い扉の部分)を有するなど多少野暮ったいデザインだが、実力は折り紙つき。司令塔後部には40mm機銃を装備。潜望鏡整流カバーの後端にオランダが世界で初めて標準装備したシュノーケルがあったが、戦時中は実用性不足として撤去されていた。

「ソクウ(N97)」 — ORP Sokół (scratch built) model length:85.5mm

「ジク(P52)」 — ORP Dzik (scratch built) model length:85.5mm

ポーランドの「テリブル・ツインズ」を再現。どちらもヴィッカース・アームストロング社バロー工場製のU級だが、建造時期の違いから若干の相違がある。U級や「O-21」級は海外メーカーを探せばいちおう商品はあるが、今回はいずれも自作している。

67

26 「エンパイア・モードレッド」の巻

連合軍量産貨物船(1)　The allied wartime ocean tramps

英米の戦時建造船から数的に最も重要な構成要素である大型量産貨物船の系列、すなわち、イギリスで戦前から発展していた不定期汎用貨物船からアメリカの戦時造船を象徴するリバティ船に至る一連の開発過程を紹介する。

イギリスの海運業と汎用貨物船

イギリスの海運業は昔から中小企業乱立の傾向が強く、定期航路にこだわらず荷物があればどこでも出向いていく不定期運航船が貨物船の大半を占めるという特徴があった。これは自立心と冒険心を尊ぶイギリス人の国民性ゆえと解釈されており、ロンドンにはこれら船主と世界各地の荷主のそれぞれの仲買人が集まって情報交換や契約をする、ボルティック海運取引所という施設があった。このような背景から、貨物船も速力はそこそこで経済性を重視し、様々な荷物に対応できる構造を持った不定期運航向きの汎用貨物船が好まれた。産業革命以後、イギリスの商船隊は自国で産出する良質の石炭が往航貨物を保証していたことを背景として、揺るぎない世界的地位を確立したが、第一次大戦後の石炭関連事業の衰退から長く低迷し、1930年代後期になってようやく戦前の貿易量を回復したところだった。この間、流通事情の変化によって海運業の定期運航化も進み、技術的進歩もあって船舶の性能もある程度向上していた。

第二次世界大戦が始まると、イギリスは前大戦と同じく造船統制に踏み切った。その程度は後の日本と比べるとかなり緩やかで、許可制を敷いてむやみにいらない船を造らないようチェックはしたものの、開戦時に建造中だった船を切り捨てたり、船型を極端に絞り込んだりまではしなかった。

お家芸の不定期運航用貨物船については、開戦当初からすでにY型と呼ばれる標準設計が用意してあった。大きめの7000総トンに対し機関はレシプロ2500馬力を基本とし、航海速力は第一次大戦時並の10ノット。燃料も自前がきく石炭を使った。構造上はほとんど従来通りで、足回り以外はそれなりにしっかりした船といえる。一方、これとほぼ同じ船をブロック工法(英国ではPre-fabrication、プレハブ式の用語を主用)で建造する設計も検討されたが、これは急速建造よりも造船所の被爆対策が主な理由だったとされる。実際にかなり本格的なブロック工法を適用したPF（A）型は建造されず、程度を抑えたPF（B）型から着工、レイアウトを変更していくらか量産に配慮したC型やD型も続いたが、建造数はB型41、C型17、D型10といって少なく、Y型など在来のプラクティスに基づく造船が最後まで主流を占めた。

イギリスは第一次大戦後にヴェルサイユ条約で宿敵ドイツの海軍力を厳しく抑え込んでおり、今度はそうそう商船隊がひどい目に遭うことはないだろうとたかをくくっていたようだ。実際は予想を上回るUボートの跳梁に苦しめられることになるのだが、イギリス国内の造船業はあくまで保守的で、構造簡略化による造船実績の向上に熱心だったとは言い難い。

エンパイア型商船

第二次世界大戦中のイギリスの商船管理システムは、日本とは少し異なっていた。日本では、建造された船は全て一旦民間オーナーの所有として登録されたあと、必要に応じて徴用される。イギリスでも同様の経緯をたどる場合もあるが、それとは別に戦時運輸省(Ministry of War Transport：MoWT)が直接造船所に発注し、完成後の船の配員運航を船会社に委託する場合があった。このような官有船は原則的にすべて船名の頭にEmpireをつけるよう取り決められ、一般に戦時量産船が多いことから、その船型自体を「エンパイア型」と呼ぶことが多い。つまりエンパイア型にもピンキリあって、同じエンパイア何某という名前が付いていても、実際は一品物に近い優秀船、複数形式の貨物船やタンカーから、航洋曳船、コルヴェット改造の救助船、果てはアメリカから買い込んだ第一次大戦時代の旧式船まであった。しばらくすると逆にエンパイア以外の官有船シリーズも登場し、極端な例では姉妹船の命名基準が途中で変わったこともあるからややこしい。また、逆に言うと必ずしも姉妹船が全部エンパイアでなくてもいいわけで、大型汎用貨物船はその典型だった。第二次大戦中にイギリス(英連邦?)が建造した同種船は官有295隻、民需436隻という資料があるものの、姉妹船の分類を考える場合はいったん足してから考え直すべきだと思われる。

英戦時運輸省輸送船「エンパイア・モードレッド」について

エンパイア・モードレッド　Empire Mordred(7030総トン)

PF（B）型に属する戦時型貨物船の1隻で、1942年8月グラスゴーのチャールズ・コネル社で竣工。同じくグラスゴーのニスベット社が運航委託され、同年11月のアルジェ上陸作戦に参加。しかし43年2月7日、ジブラルタル海峡で触雷し船体両断、沈没した。

日本陸軍輸送船「暁天丸」について

暁天丸　Gyoten maru(6864総トン)

香港で建造された標準Y型規格船。41年12月7日進水、直後に日本軍の侵攻を受け捕獲され、そのまま現地で工事続行の上翌年竣工、陸軍管理下で行動した。船名の暁は陸軍船舶兵の共通符字に由来する。44年2月17日、カロリン諸島防備兵力を輸送中トラック西北西沖で米潜「タング」の雷撃を受け沈没。

One of good specimen showing British national characteristic of individualism was shipping, since shipbroker system had very much developed and ocean tramp shared main body of their merchant fleet. Having experienced serious depression in interwar period, they were never anxious to build ships in lower standard and depended on latent industrial ability in US and Canada for inevitable additional demand.

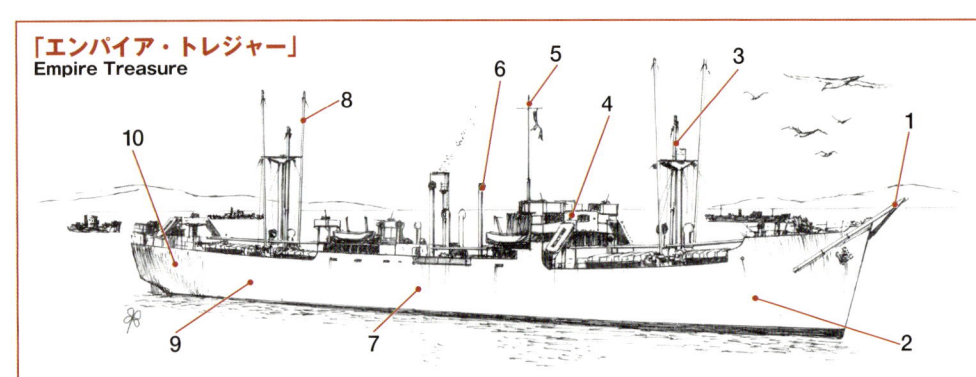

「エンパイア・トレジャー」
Empire Treasure

1：防雷具展開ブーム／イギリスの小艦艇や船舶によく取り付けられている構造物。音響機雷処理装置のアタッチメントとする資料もあるが、「エンパイア・モードレッド」の図面にはパラベーンの曳索が記入されている。ただし船尾にも日本艦艇と同様の曳索穴がついている。

2：船体／イラストの「エンパイア・トレジャー」は1943年3月竣工のY型で、ごく普通の円弧式のシアーが船体全体についている。PF船は船体の約4分の3がノーシアーで、前後の船倉をつまんでねじり上げたような独特の船形。船尾のシアーはなくてもよさそうなものだが、たぶん外板の収束と関連すると思われる。なお「エンパイア・トレジャー」を建造したリスゴー造船所は、日本初のディーゼル外航貨物船「愛宕丸」を建造した所。

3：ヘビーデリック／戦時運輸省発注船では戦車などの重量物運搬がほぼ必須となるため、ヘビーデリックも標準装備。「エンパイア・モードレッド」の場合では前部マスト背面で容量50トン、後部マスト前面に容量40トンのものを持っていた。

4：船橋／戦前の英国の不定期貨物船は、船橋と煙突の間に3番船倉を置くレイアウトが主流だった。PF（C）型はこの伝統をやめて3番船口と船橋構造物の順番を入れ替えたもの。なお、戦時建造船では航海船橋に防弾板を標準装備し、正面に窓枠3つのデザインはリバティ船まで引き継がれた。

5：信号マスト／「エンパイア・モードレッド」などでは、マンチェスター運河の橋をくぐるため折り畳み式になっている。

6：中部デリックポスト／PF（B）型では左右非対称。Uボート対策で針路測定を混乱させるためと思われる。第二次大戦の英国では前大戦のようにシルエットを前後対象にするほどの奇策は取られなかったが、意外なところで小技を使いかねない。

7：機関部／標準規格の2500馬力・航海10ノットは日本の2A型と同じで、日本側は英船(ないし直系のリバティ船)を参考にしていた可能性が高い。外筒なしの簡易煙突は一部のみ採用。

8：魚雷防御網／前後デリックポストの横にある飛びぬけて長いブームは、荷役用ではなく魚雷防御網の展張ブーム。海軍省式防御網(Admiralty Net Defense：AND)といい、20世紀初頭の主力艦が装着していたものをもとに利便性を高めた。それなりに有効だったといわれており、かなり多くの船が搭載している。日本のタンカーが魚雷防御網を装着したのも、あるいはANDの影響があったのかもしれない。

9：塗färg／イギリスで特定の商船用戦時塗色が決まったのは1941年4月と案外遅く、舷側MSS(Merchant Ship Side)、甲板MSD(Merchant Ship Deck)という色が採用された。それぞれ米海軍のオーシャングレイとネイビーブルーに近い明度の灰色だが、間もなく舷側色は少し明るめが推奨され、43年にはさらに明るいMSSライトも導入された。「エンパイア・トレジャー」の写真を見ると、構造物はMSS、船体はMSSライトに見える。

10：船尾／PF型船はエルツ舵を持っていたようだ。これはちょうど飛行機の垂直尾翼のような構造で、操舵効率のアップを狙ったもの。魚雷回避や船団運航に配慮したと思われるが、工作の手間がかかるので、必ずしも生産数第一の設計ではなかったことがうかがわせる。PF（C）型はなぜか船尾の内部構造が半階ぶんずれていて、一見するとわからないが上甲板ブルワークの内側に通常の半分の高さの船尾楼がある。これが不評だったらしく、この部分のみ一般的な船尾楼形式に直したD型が開発されることになる。

BOOK REVIEW●DAINIPPON KAIGA

新刊のご案内

2015年9月

大日本絵画

表示価格には消費税が加わります。

モデリングツールガイド【AFV 編】
戦車模型製作に必要な工具の選び方と使い方ハンドブック
◎アーマーモデリング編集部【編】
◎8月31日発売予定・3,200円

　各社から多種多様な製品が発売されている模型用工具。しかし、膨大な点数が発売されているためその全貌を把握しきれないというモデラーも多いのでは？　そこで本書ではAFVモデル（戦車模型）に的を絞り、ごく基本的なものから使い道がピンポイントな特殊工具まで、多様なツールを紹介します。さらにそれらをAFVモデリングの製作においてどのように使用するのかまでを解説。ビギナーからベテランまで、「この工程に必要なツールは何か」「ひととおり工具を揃えたい場合は何を用意すればいいのか」といった工具にまつわる疑問にお答えする一冊となっています。

艦船(模型)

Takumi・明春の1/700艦船模型 帝福への道 其之壱
これまで発売されて1/700艦船模型雑誌ディテールアップ等の参考書『名工』が作る、帝国海軍艦艇の気配漂がえる！！
●三五〇〇円

Takumi・明春の1/700艦船模型 帝福への道 其之弐
これこそ真の……1/700艦船模型ディテールアップにおいてそれをおろそかにすることは出来ない‼
●三五〇〇円

Takumi・明春の1/700艦船模型の作り方（ベーシック編）
1/700艦船模型ディテールアップの基本工程をマスター出来る帝国海軍艦艇入門第一弾
●三六〇〇円

Takumi・明春の1/700艦船模型例集 帝福への道 其之四
1/700空母の作り方 付編
●三八〇〇円

Takumi・明春の1/700艦船模型例集 帝福への道 其之伍
作例中心パートほぼそのままキングの製作方法作品例オンパレード！
●三八〇〇円

Takumi・明春の1/700艦船模型例集 帝福への道 其之六
もし、見て、作例が作りたい！
●三八〇〇円

Takumi・明春の1/700新・造艦技術大全 帝福への道 其之六
君たちにもう、どうしてやってもうやってるいないだろうかせ・ストレート組み"ダ"スキル付きサービスセール矢萩登氏のグランドマスター入気艦シリーズ。
●三八〇〇円

矢萩登の素晴らしき艦船模型の世界
月刊モデルグラフィックス人気連載ギャラリー『伝説の船』を完全再現。
●三八〇〇円

戦時輸送船ビジュアルガイド
上田信入魂、描き下ろしイラスト。船舶戦記
●三八〇〇円

戦時輸送船模型ビジュアルガイド2
海上自衛艦全集八人艦ほぼ全員再現で2250枚入人艦すべて艦艇総画。
●一八〇〇円

現用艦船模型倶楽部へようこそ
伝説の部誌『艦船倶楽部』の製作テクニックです。
●一八〇〇円

1/350帝国海軍航空母艦 赤城 精密模型写真集
タミヤ1/350『赤城』史上最大の傑作とも言える豊富な写真を元にこの一冊で。
●三〇〇〇円

タミヤ/350日本戦艦大和製作ガイドブック
組み立てる貴重書を読ませることにもこだわる。同時艦『大和』作例写真多数掲載のダブル解説書。
●三〇〇〇円

精密艦船模型ベーシックテクニックガイド
フジミ1/700空母赤城・加賀篇
軍艦に命を吹き込む最初の一歩を解説する空母艦船メイキャップ完全版。
●一八〇〇円

ジ ミ 艦
計画のみで終わった八八艦隊計画の戦艦が1/700艦隊で再現！
●一九〇〇円

模型で再現 八八艦隊構想
昭和30〜50年代の憧憬のプラモ少年。当時のプラモデル少年に贈る。
●一九〇〇円

20世紀のプラモデル物語
昭和の全モデル！今を厳選キット掲載総数500点！！
●二三〇〇円

昭和プラモ名鑑
あなたの知らない模型がここにある!?
●三〇〇〇円

表示価格に消費税が加わります。

ばら物語 Vol.3 Tale of Rose Knight／滝沢聖峰
戦前のイタリアとロンバルディア統一の物語。
●九八〇〇円

ばら物語 Vol.4 Tale of Rose Knight／滝沢聖峰
激動のイタリア、ローマとロマリアの……。
●九八〇〇円

神々の糧／滝沢聖峰
南海の孤島に残された日本兵たち。戦争画の姿を描く。
●九八〇〇円

バサラ戦車隊／望月三起也
西暦2032年のTOKYO。はぐれ部隊『バサラ連隊』。
●一〇〇〇円

独立戦隊 黄泉／サトウ・ユウ
第二次世界大戦、現在に続くAFVの発達と戦歴を一冊に収録。
●九五〇円

AD・ポリス25時／トニーたけざき
1944年10月、フィリピン沖を巡る日米艦隊の死闘。
●一〇〇〇円

現代戦車戦史／上田信
戦車戦史の単行本。
●九五〇円

あら、カナちゃん！／モリナガ・ヨウ
新婚4コマ漫画『カナちゃん』シリーズ！
●一〇〇〇円

戦記

バルジの戦い（下巻）
濃霧深いアルデンヌの森で繰り広げられた独軍づけいに撃滅。バルジの戦いを豊富な写真とともに臨場感溢れる筆致で再現したドキュメント。
●二六〇〇円

ストーミング・イーグルス
●三一〇〇円

雪中の奇跡（新装版）
第二次大戦初期、ソ連軍に侵略された小フィンランドの勇気ある戦いを描いたドキュメント。
●三一〇〇円

流血の夏
1944年、ロシア軍に対するドイツ軍最後の攻勢を描いたドキュメント。
●二八〇〇円

鉄十字の騎士の夏
第二次大戦中、ドイツ軍の栄光にして悲劇となった世界の騎士十字章受章者の貴重な人物記と写真を収録。
●二八〇〇円

第二次大戦駆逐艦総覧
第二次大戦時から戦中、そして戦後まで駆逐艦のすべての写真を掲載。
●三一〇〇円

Uボート総覧
●二七〇〇円

ナチスドイツの映像戦略
ビデオ「ドイツ週間ニュース」の映像と歴史の変化を検証しながら、戦争の真の姿を捉える。
●二八〇〇円

戦車

ティーガーの騎士
独装版「ミヘル・ヴィットマン」新訂新版。名だたる戦車長たちの豊富な写真と戦記写真。
●三一〇〇円

ジャーマン・タンクス
第二次大戦中のドイツ軍の全戦車種の写真とイラストと博物館の現存する車輌を網羅。
●三一〇〇円

アハトゥンク・パンツァーNo.2 III号戦車
●二三〇〇円

アハトゥンク・パンツァーNo.4 3訂版
大戦末期のドイツ主力戦車パンツァーIVとその発展タイプまで。
●三一〇〇円

アハトゥンク・パンツァーNo.6 ティーガー戦車編
アハトゥンク・パンツァー・ティーガー戦車研究の集大成。
●三五〇〇円

モデルズ・イン・アクション1 ノルマンディ
ノルマンディ上陸作戦の各シーンを、ジオラマで再現した模型作品集。
●三五〇〇円

モデルズ・イン・アクション2 ベルリン
ドイツ第三帝国崩壊を描いた、大迫力ジオラマ写真集。
●三五〇〇円

パンツァーファイル'01〜'02
世紀の最新戦車ガイドは'01大充実そして主題を踏まえ内容充実する。
●三二〇〇円

パンツァー・フォー
パンツァーIV写真集。
●三二〇〇円

パンツァーズ・イン・ノルマンディ
ノルマンディ上陸作戦を、ドイツ軍側から捉えた決定版。
●三二〇〇円

表示価格に消費税が加わります。

航空

烈風が吹くとき／大西画報
帝国海軍飛行隊、海軍航空隊の戦いと、そこに使われた機体の開発秘話。
●一九四一円

第5空母航空団CVW 5
CVW-5の空母「インディペンデンス」の航跡と、米海軍厚木基地及び研究者の空母艦載機について。
●三四〇〇円

メイデイ！747
ハイジャックされた747型旅客機の恐怖、航空サスペンス小説。
●一八〇〇円

ドイツのロケット彗星
ドイツ空軍のスーパーエースにしてプラスチック爆弾ミットMe163の開発ストーリー。
●一五〇〇円

アドルフ・ガラント
監修・ガラント関連書の集大成。
●三四〇〇円

栄光の荒鷲たち
●一五〇〇円

メッサーシュミットBf109G
ドイツ・メッサー社の主力戦闘機Bf109Gの豊富な実機写真、イラスト、図版にて解説。
●一七〇〇円

フォッケウルフFw190D
世代末期現存するGの全てを取材。
●一七〇〇円

メッサーシュミットBf109E
1940年代、昭和15年夏、現存するBf109Eの全貌。
●一七〇〇円

ユンカースJu87D/G
三菱の博物館に現存するJu87の全貌。
●一八〇〇円

三菱零式艦上戦闘機
豊富な実戦写真、スピットファイアー等と共に戦ったのマーキング。
●一八〇〇円

ホーカー・ハリケーン
英国軍のジェット戦闘機発展、オックスフォードの機体。
●一八〇〇円

アラドAr234
●三〇〇〇円

ハインケルHe111
ハインケルHe111シリーズの大航続力と外観のミラーマーキング、大判のバリエーション。
●二六〇〇円

ボーイングB-17Gフライング・フォートレス
●一九〇〇円

メッサーシュミットBf110
メッサーシュミットBf110の徹底双発戦闘機の真実。
●一六〇〇円

グラマンF4Fワイルドキャット
'41に就役のF4Fと-3と-2を徹底解説。
●一九〇〇円

デ・ハヴィランド・モスキート
木製という異色の発想によって設計された速度692km/hを誇る「モスキート」の真実。
●一九〇〇円

中島四式戦闘機「疾風」
戦後、米軍のテストにて最大速度689km/hを記録し、「日本最優秀戦闘機」となった「疾風」の真実。
●一九〇〇円

既刊書籍のご案内 ◎好評発売中

戦時輸送船ビジュアルガイド
◎岩重多四郎【著】
◎好評発売中・3,800円

　船舶絵画の巨匠 上田毅八郎、書き下ろしイラスト掲載。月刊モデルグラフィックス人気連載「日の丸船隊ギャラリー」を完全再構築。太平洋戦争を戦った徴用輸送船の姿が1/700模型、イラスト、写真、図面で甦る。艦船ファン必携の一冊。

戦時輸送船ビジュアルガイド2
◎岩重多四郎【著】
◎好評発売中・3,800円

　月刊モデルグラフィックス人気連載「日の丸船隊ギャラリー」を完全再構築。太平洋戦争を戦った徴用輸送船の姿が1/700模型、イラスト、写真、図面で蘇る。船舶絵画の巨匠、上田毅八郎、描き下ろしイラストも掲載。収録模型点数再び100隻以上、1/700三面図45点掲載

お探しの書籍が書店にない場合

　大日本絵画のビデオ、書籍等がお近くの書店の店頭に見あたらない場合は、書店に直接ご注文ください。この場合、送料なしでお取り寄せいただけます。
　小社への通販をご利用の場合は、表示価格に消費税を加え、送料を添えて現金書留か、普通為替で下記までご注文ください。送料は一回のご注文で1～3冊までが240円、4冊以上ご注文くださった場合には小社で送料を負担いたします。
　また書籍のご注文には下記のインターネット書店もご利用いただけます。

◎通販のご注文

㈱大日本絵画　通販係
〒101-0054　東京都千代田区神田錦町1-7
tel. 03-3294-7861【代表】
fax. 03-3294-7865
http://www.kaiga.co.jp

◎インターネット書店

■インターネット書店「専門書の杜」
http://www.senmonsho.ne.jp
■インターネット書店「Amazon.co.jp」
http://www.amazon.co.jp
「大日本絵画」でサーチしてください。

内容に関するお問い合わせ先：03(6820)7000　㈱アートボックス
販売に関するお問い合わせ先：03(3294)7861　㈱大日本絵画

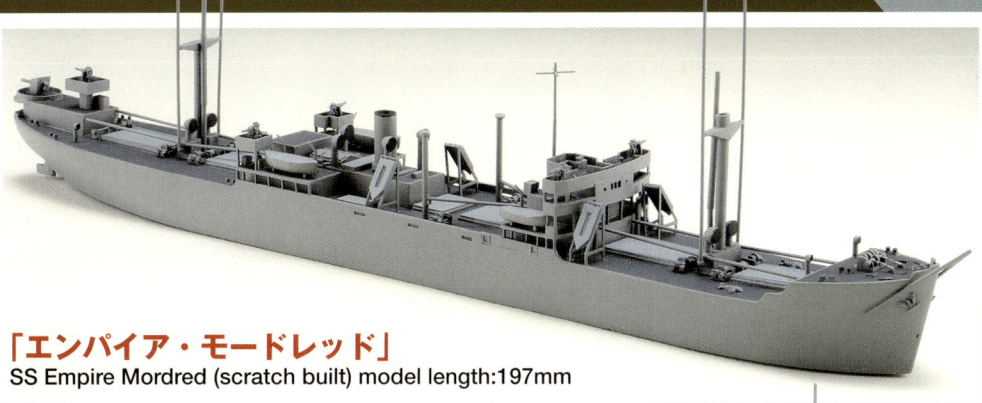

第3部 舷窓戦史館

船歴としては特別これといったものはないが、図面が入手できたので製作。基本的なレイアウトはいたって保守的ながら、独特な形状の船尾やデリックポストの配置など、ひと癖ある船容に注意したい。HPモデルから「エンパイア型」として発売されているレジンキットはB型船のデザインだが、商品自体には通常のシアーラインがついている

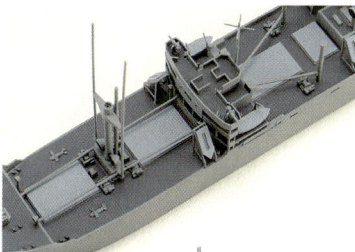

「エンパイア・モードレッド」
SS Empire Mordred (scratch built) model length:197mm

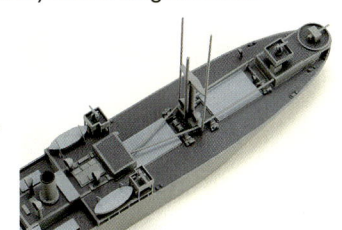

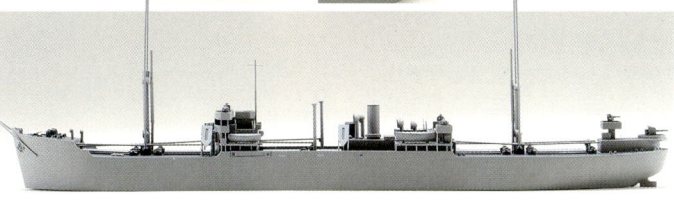

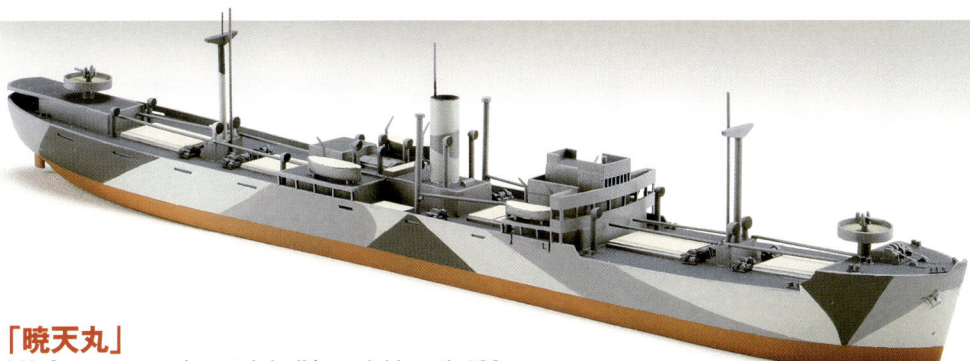

Y型船の概略図に迷彩を含む実船写真の情報を組み込んで製作したもの。以前に製作した姉妹船「暁空丸」よりは精度が上がっているが、細部にどの程度オリジナルのデザインを維持していたかは不明。なぜか迷彩塗装が満載喫水より上だけとなっており、もともと扁平なシルエットがより強調されている

「暁天丸」
IJA Gyoten maru (scratch built) model length:199mm

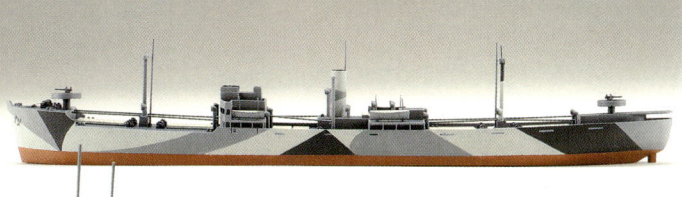

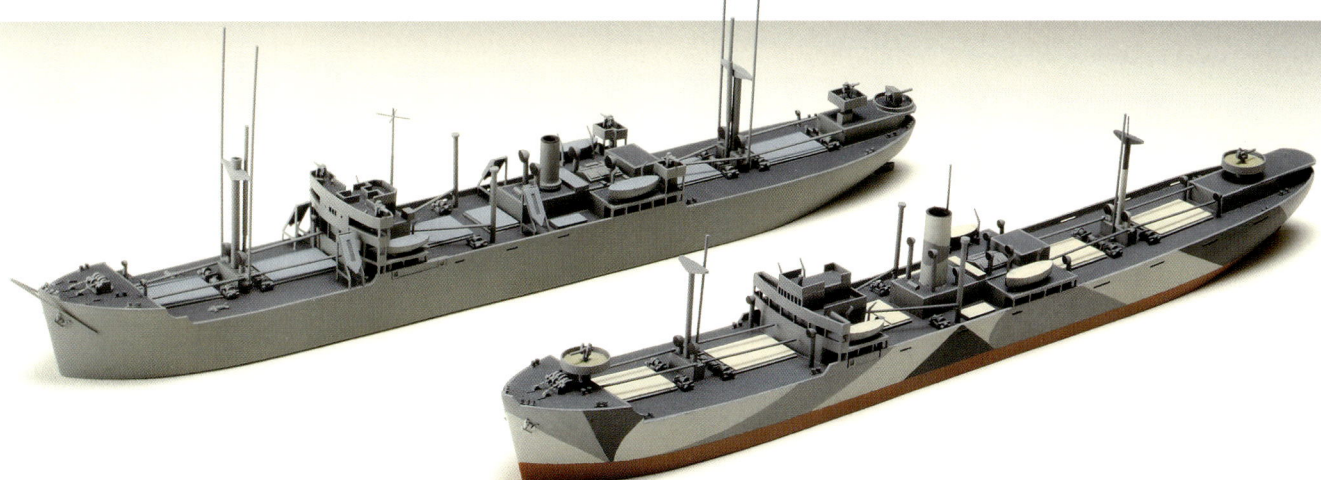

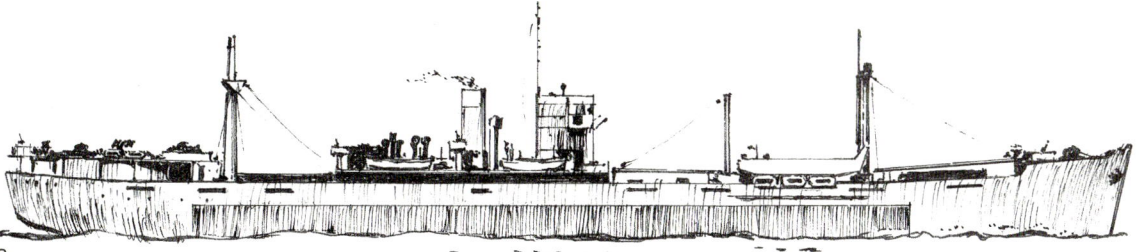

「マリオン・コーヴ」
HMS Mullion Cove

PF（C）型改造の英海軍工作艦（厳密には船体修理艦）。中央部に船橋と煙突をまとめたレイアウトはリバティ船と同じだが、いまいち垢ぬけない印象。後部構造物は床が上甲板ブルワーク上端の高さにある

69

27 「フォート・ヴァーチャーズ」の巻

連合軍量産貨物船(2) The allied wartime ocean tramps (continued)

第二次世界大戦開始後、ドイツUボートの猛攻で商船隊に大きなダメージを受けたイギリスは、船腹増大策としてカナダやアメリカの協力に依存する方策をとった。戦時造船の主力である大型汎用貨物船も例に漏れず、英国側のデザインによる量産が実施されている。

ノースサンズ型貨物船

第二次大戦のドイツ海軍は、イギリスが思っていたほどやさしい相手ではなかった。彼らの狙いは通商破壊に絞られ、数少ない水上艦艇や仮装巡洋艦も神出鬼没の活動を展開したが、最も厄介な相手はいうまでもなくUボートで、陸軍のフランス占領によってビスケー湾岸の基地が利用できるようになると彼らの跳梁はますます激しくなっていく。イギリス単独ではとても商船隊の損失を補うことはできなかったが、だからといって慌てて自国造船所の尻を叩くようなことはしなかった。大西洋の反対側にカナダやアメリカといった味方が控えていたからだ。

1940年末、イギリスの商船建造使節団(British Merchant Shipbuilding Mission)が両国を訪問し、商船建造への協力を依頼した。当時カナダの海運業は全くの弱小で、外航船はわずか40隻ほど、全部で10ヵ所ほどの造船所も艦艇関係の仕事で手いっぱいの状態だったが、使節団はとりあえず26隻の建造契約を取り付ける。その主力が例の大型汎用貨物船で、造船所の増設などカナダ側の体制が整うとともに発注数はどんどん追加され、最終的には約300隻に達した。これらは全て、英国のトムソン社ノースサンズ造船所が設計した「エンパイア・リバティ」をタイプシップとする共通の基本デザインを用いた準姉妹船だった。初期生産は英国でも同じものが作られており、総称して「ノースサンズ」型と呼ばれる。後期生産船はオリジナルの石炭専焼に対し石油専焼、石炭・石油両用の2種に変更され、それぞれ「ヴィクトリー」型、「カナディアン」型と称した。アメリカの戦時量産形式であるヴィクトリーと紛らわしいが、カナディアン・ヴィクトリーはこれとは無関係で、名称もあくまで形式を示すコードネームとしてのみ用いられる。英戦時運輸省に引き渡されたのはノースサンズ型156隻、ヴィクトリー型32隻で、従来のエンパイアではなく「フォート(砦)何某」という命名基準を採用。前者のうち90隻はレンドリース法により、いったんアメリカが買い取ったうえイギリスに貸与する処理が取られた。残りはカナダが自国で運用し、「何某パーク(公園)」と命名、いずれも戦時建造船管理会社として設立されたパーク汽船のもとで各船会社が配員運航するシステムをとっていた(従ってノースサンズ系以外の「パーク」もある)。この中には応急タンカーのノースサンズ型1隻とヴィクトリー型12隻も含まれる。また、これらとは別に英海軍が各型合計30隻ほどを取得し、各種特務艦として用いた。

一方、アメリカでもノースサンズ型60隻の建造を引き受けることになった。この事業に乗り出したのが土木業出身の実業家ヘンリー・カイザーで、傘下のパーマネント・メタル社(西海岸)とトッド・バス鉄工社(東海岸)で各30隻を建造したが、その後の需要増大に対し同一設計の追加建造とせず、彼のイニシアチブでさらに徹底した量産設計を導入することになる。これがリバティ型だ。初期発注だけで終了した米国製ノースサンズ型は、いずれも英戦時運輸省の管理下となり「オーシャン何某」と命名された。

1941年末の「オーシャン・ヴァンガード」「フォート・ヴィル・マリー」から就航開始。53隻が戦没し、「フォート・マムフォード」「オーシャン・ヴィンテージ」「オーシャン・オナー」が日本潜水艦に撃沈された他、「フォート・カモサン」は連合軍商船で唯一、日本潜水艦の雷撃を2度受ける(しかも生存)という珍記録を持つ。ノースサンズ系貨物船は、カナダでは終戦直後まで生産が続く同国戦時造船の中心的存在であり、アメリカではリバティ船のタイプシップとして大きな影響力を与えた。地味ながら、連合軍海上通商戦略の上で極めて重要なキーワードの一つとして認知しておくとよさそうだ。

連合国量産型貨物船の概形比較。上からPF(B)型、カナダ製ノースサンズ型、リバティ型。PF型とリバティ型はブロック建造法を採用した点では共通するが、設計上の直接の関連はない。リバティ型はノースサンズ型を発展させたもので、船体中部のレイアウトを整理した(全長が若干短くなっている)以外はほとんど同じ設計を踏襲していた。カナディアン・ヴィクトリー型は、燃料を石炭から石油に変更した点がリバティ型と共通するが、基本的なレイアウトまでは変えておらず、載炭ハッチの省略や救命艇の位置変更などのマイナーチェンジにとどまっている。

英戦時運輸省輸送船「フォート・ヴァーチャーズ」「オーシャン・ヴィンテージ」について

フォート・ヴァーチャーズ
Fort Vercheres (7156総トン)
モントリオールのユナイテッド造船社で1943年5月完成。ロンドンの

第 3 部 舷窓戦史館

ハイン汽船が配員。戦後も英国・パナマ船籍で活動し、1970年日本で解体された。

オーシャン・ヴィンテージ
Ocean Vintage（7174総トン）

カリフォルニア州のパーマネント・メタル社で1942年4月完成。ロンドンのミュア・ヤング社が配員。同年10月22日、オマーン湾で日本潜水艦「伊27」の雷撃を受け沈没。なお、パ社製オーシャン型は固有船名の頭文字が全てV、トッド製はそれ以外でまとめられていた。

In late 1940 the British Merchant Shipbuilding Mission made the first contract of 26 and 60 tramps with Canada and US respectively. These ships were based on design developed by British North Sands yard of J. L. Thompson & sons, and Canadian productions eventually reached about 300 units including 'North Sands' coal firing boiler type and 'Canadian Victory' oil-firing type, while all of US units were built by two subsidiary yards of Henry Kaiser. He proposed improved design with large-scale block principle and welding technique to meet huge additional demand being lead to Liberty type. On the other hand most of British shipyards retained old riveting manner on slipway and pre-fabricated construction could achieved only 68 completion.

「フォート・ヴァーチャーズ」
SS Fort Vercheres (scratch built) model length:196mm

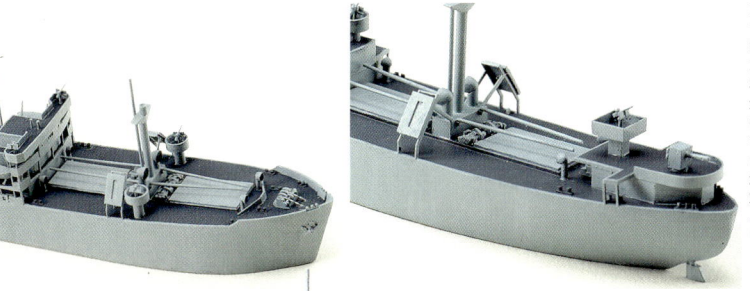

カナダ製ノースサンズ型のうち写真が入手できた船を製作したもの。「エンパイア・リバティ」の概要図に写真情報を加味している。全体的なスタイルは船首楼のないY型船といったところ。日本ではほとんど紹介されないが、船の世界では全くの無名だったカナダが第二次大戦で日本の2A型よりいい船を約2倍も建造した事実は見過ごせない。

「オーシャン・ヴィンテージ」
Ocean Vintage (scratch built) model length:196mm

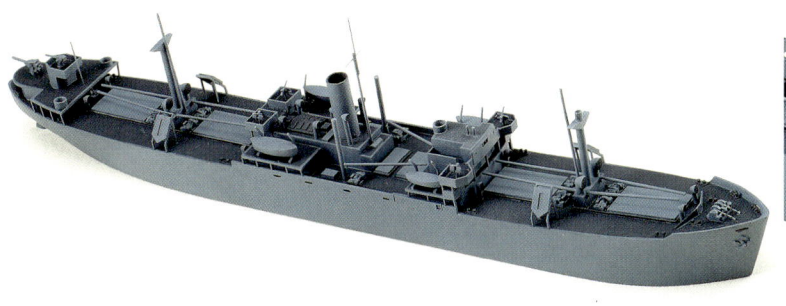

オーシャン型の1隻。作例の造形は主に「オーシャン・リバティ」の写真をもとにしているが、ここでは日本人受け優先で船を指定した。日本潜水艦に撃沈された連合国商船の模型は目新しいのでは。ノースサンズ系貨物船のキットは未発売ながら、いちおうリバティ型からの改造でできないこともないので、物好きな方は挑戦してみては。

71

28 「スティーブン・ホプキンス」の巻

連合軍量産貨物船（3） The allied wartime ocean tramps (continued)

第二次世界大戦におけるアメリカの工業力を象徴するキーワードのひとつとして、リバティ船を欠くわけにはいかないだろう。この形式もイギリスの大型汎用貨物船から派生したもので、同国のしたたかな発想とアメリカ特有の合理主義がかみ合った産物と見ることができる。

リバティ型貨物船

1941年前半、空海両面に及ぶドイツの通商破壊作戦は最初のピークを迎え、当時のイギリスの年間造船キャパシティに迫る70万総トンを1か月で失うこともあった。カナダではフォート型などの英国設計船の建造に拍車がかけられたが、隣のアメリカは同じコピーであるオーシャン型ではまだぬるいと見て、更なる量産向けの設計変更を加えることにした。機関部はオリジナルと同じレシプロ2500馬力ながら、燃料にアメリカ側の自前がきく石油焚きを採用。載炭設備の省略に伴って、船橋構造物を3番倉口の前に置く旧来のデザインから両者を入れ替えて、船橋と煙突がまとまったアイランド形式となった。船体の構造は若干長さを縮めた以外ほとんどオーシャン型のままだが、イギリスが嫌った溶接を大幅に導入して工数を著しく縮減している。しかし、本計画における最大の特徴はその生産システムで、専用造船所を国内各地に分散して新設し、労働力を無理なく確保するとともに、内陸部を含めた周辺地域の工業力を各造船所で競合しないよう調整しながら最大限活用し、各所で製造したブロックを造船所で最終的に組立完成させる大規模なネットワークシステムを構築した点だった。

第1船は41年9月27日進水、アメリカ独立宣言の署名者のひとりパトリック・ヘンリーを船名とし、立ち会ったルーズヴェルト大統領が彼の台詞「自由を与えよ、さもなくば死を」（Give me liberty, or give me death）を引用して以来、一般にこの型式をリバティ型と呼ぶようになった。同国の命名基準に従った形式名EC2-S-C1も付与され、これは「緊急貨物船第2種規格（サイズ）—蒸気推進—C1型」を意味しており、単純にEC2とあればリバティ型とみなしていい。建造計画は1941年4

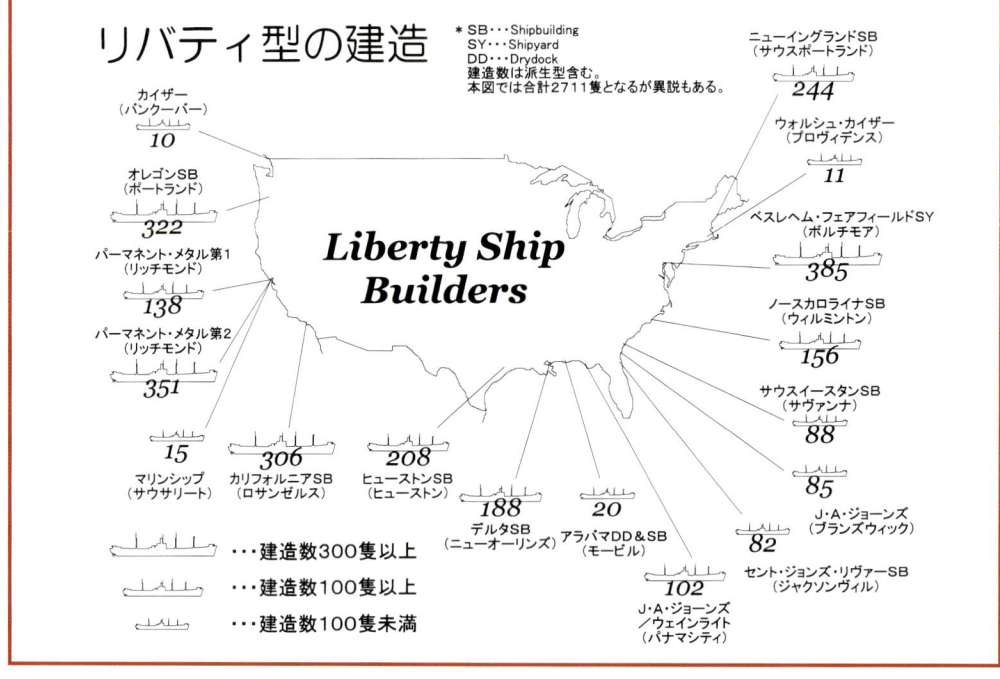

リバティ型の建造

* SB…Shipbuilding
  SY…Shipyard
  DD…Drydock
建造数は派生型含む。
本図では合計2711隻となるが異説もある。

カイザー（バンクーバー）10
オレゴンSB（ポートランド）322
パーマネント・メタル第1（リッチモンド）138
パーマネント・メタル第2（リッチモンド）351
マリンシップ（サウサリート）15
カリフォルニアSB（ロサンゼルス）306
ヒューストンSB（ヒューストン）208
デルタSB（ニューオーリンズ）188
アラバマDD&SB（モービル）20
ニューイングランドSB（サウスポートランド）244
ウォルシュ・カイザー（プロヴィデンス）11
ベスレヘム・フェアフィールドSY（ボルチモア）385
ノースカロライナSB（ウィルミントン）156
サウスイースタンSB（サヴァンナ）88
J・A・ジョーンズ（ブランズウィック）85
セント・ジョーンズ・リヴァーSB（ジャクソンヴィル）82
J・A・ジョーンズ／ウェインライト（パナマシティ）102

・・・建造数300隻以上
・・・建造数100隻以上
・・・建造数100隻未満

輸送船「エドガー・アラン・ポー」
SS Edgar Allan Poe

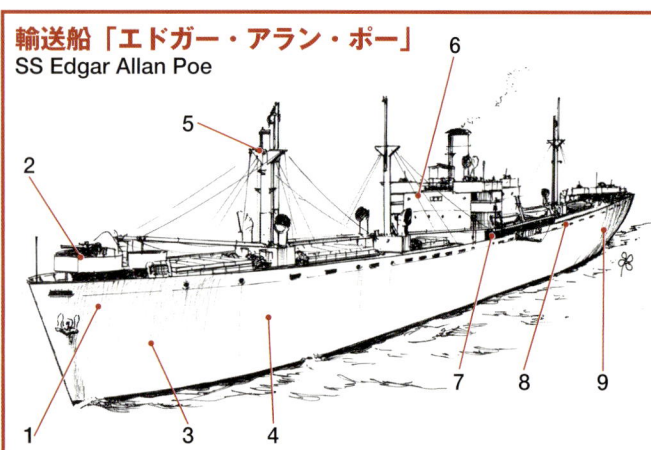

1：船名／リバティ型の船名は原則として「歴史上の人物（つまり故人）名」で、当初はビッグネームも使われたがすぐネタが切れ、「戦時公債の応募を200万ドル集めると候補の人名を推薦できる」特典が作られた他、戦死者として船名につけたら実は生きていたという皮肉な例（日本潜水艦による船員虐殺事件が発生した「ショーン・ニコレット」の生存者）もあった。建造中米海軍に配分されたものは艦種別の命名基準に従って改名されており、工作艦は島名、運送艦は天文関連の名前をあてられた（転籍の艦による例外も多い。運送艦の1番艦「クレーター」は隕石の落ちた跡ではなく、日本語でコップ座と訳される葡萄酒の杯をかたどった星座の名前。「エドガー・アラン・ポー」は初めて日本潜水艦に雷撃されたリ

バティ型にしてかなりインパクトの強い名前だが、IX籍への編入時には「E・A・ポー」とはしょられる雑な扱いを受けている。他にも当初から移動倉庫として編入されたものがあり、動物名に改名されたため「アルマジロ」級油槽艦「パンダ」などというシュールな様相を呈する。

2：武装／基本は船首3インチ砲、船尾5インチ砲、20mm機銃8門。配置や銃座の形式にバリエーションがあり、ごく初期の船には不足や代用が見られるものの、民間船はほとんど同一だったようだ。

3：船体／リバティの大量生産の秘訣はあくまでブロック工法と溶接の多用にあり、船体形状そのものはノースサンス型のデザインをほぼそのまま引き継いだ一般的なもの。英国や日本ではブロックの接合に鋲接を多用したのに対し、米国は船体自体も溶接で済ませた。戦中から戦後しばらくにかけて折損事故が多発したが、これは工事が雑だったのではなく、溶接棒の材質に関する研究が進んでいなかったためとされている。

4：塗装／英国制式のMSSに明度の近いオーシャングレイ、米軍規格でいうところのメジャー14が初期から多用された。後には明るいグレイも導入され、船体と構造物で色を変える場合、船橋構造物より高所を白で塗る例があったのも英国と同様。海軍艦艇では各種迷彩も用いられた。一般には軽載喫水から上を船体色とするが、中には満載喫水付近にブートトッピング（水線付近の黒塗装）を塗っている船もあり均一ではない。

5：マストと荷役設備／エンパイア汎用型と同じく前後にヘビーデリックを持ち、容量は前が50トン、後が30トン。ウインチは日英と異なり、左右の違いは

なく全部共通。また、米海軍は英のANDと同じものを採用しており（Torpedo Net Defense; TND、魚雷防御網と呼んだ）、リバティ型にも多用された。海軍運送艦では普段ブームは外していたが、注意して見るとTND対応型の横幅が広いアウトリガーを持っている船が混ざっている。

6：船橋構造物／一見どれも同じようなリバティ船の中でも、造船所の癖はあるもの。最大の違いは船橋構造物で、背面に段差があるものとないものに大別される。前者はニューイングランド造船などでトランペッターのキットがこのタイプ、後者はトッド造船などピトロードのキットがこのタイプ。

7：舷梯／折り畳み式。日英のものと違い、舷内側に回転軸があって階段の向きを変えることができる。レセスは両舷にあるが、実船写真を見ると片側にしか舷梯がついていないことが多い。

8：舷側／ウォッシュポートはかなり不規則に見えるが、ほとんどの造船所で共通。ジョーンズ社製は細かい穴がびっしりあり、カリフォルニア造船製（初期除く）は穴のほとんどがつながっている。ブルワークはいずれも船尾で欠けているが、それ以外に全部マスト付近でいったんブルワークが途切れている例も複数あり、その中でもリッチモンド造船（のちパーマネントメタル造船第2工場）の「スティーブン・ホプキンス」や「クレーター」では切り欠きがない。

9：船尾／舵はいちおう反動式の本体をとっていたが、形状はかなり雑。断面が左右対称の2枚を単純に上下につないだものと、中間に折れ線状の継ぎ目がある2タイプがある。特に北大西洋では、気象条件の厳しさから舵やスクリューの流失事故が多発した。

第3部 舷窓戦史館

月の第一次112隻から始まって雪だるま式に膨れ上がり、42年中に597隻が竣工。43年には1造船所で1日3回進水式をするという船離れした猛烈な量産状態となり、戦争の趨勢が見えてからはペースが落ちたものの、終戦直後までに合計2700隻あまり(諸説あり)が竣工した。この中には応急油槽船型、ハッチやデリックポストを変更した戦車または飛行機搭載型、そして船尾エンジン式の石炭船型という変わり種も含まれるが、それらを全部足しても120隻あまりで、ほとんど単一形式の貨物船だった。

戦時中のアメリカでは戦前計画から続く優秀船の建造も続けており、リバティ型については第1次大戦並のコンセプトに基づく低性能や粗雑な外見から、とかく「頼まれたから作ってやった」みたいな扱いをしたがっていたようで、当時から「醜いアヒルの子(ugly duckling、当時は醜い子鴨と訳していた)」というあだ名もついていた。しかし、リバティ型の生産が近代の世界大戦の行方を大きく左右する重要なファクターである「数の論理」を体現したのは事実であったし、耐用年数5年という使い捨て設計にも関わらず30年以上使われた船もあり、戦後の海運界に長らく影響を与え続けた。日本でも引揚輸送に100隻が貸与された関係から、自国の戦標船より知名度が高いという皮肉な現象がある。その功績を正当に評価しようとする向きもあるのは、今でも2隻が戦時状態にレストアされて公開中であることからもわかる。

輸送船「スティーブン・ホプキンス」「ジェレマイア・オブライエン」「エドガー・アラン・ポー」について

スティーブン・ホプキンス
Stephen Hopkins (7181総トン)
カイザー傘下のリッチモンド造船で1942年4月14日進水。船名は「パトリック・ヘンリー」と同様、独立宣言関係者の名前から。同年9月27日、南米北方で独襲撃艦「シュティアー」と遭遇、停船命令を拒否して果敢に反撃し、撃沈されたが同艦も大破炎上し放棄に至る。米船の生存者は救命艇で1か月後ブラジルに漂着、独艦側の乗組員は随伴していた補給艦「タンネンフェルス」が収容した。船名と戦死した船長や砲員数名の名前が姉妹船と護衛駆逐艦に引き継がれている。

ジェレマイア・オブライエン
Jeremiah O' Brien (7176総トン)
ニューイングランド造船で1943年6月19日進水。船名は独立戦争時の艦長から。終戦後モスボール保存されていた1隻だが、1980年に記念船として抽出され稼働状態にレストアされた。戦時中ノルマンディー上陸作戦に参加した経歴にちなんで、1994年現地で催された同作戦50周年セレモニーに参列。現在もサンフランシスコで公開中。レストア船は他に「ジョン・W・ブラウン」があるほか、ギリシャでリタイヤした民需船が海上博物館になっている由。

エドガー・アラン・ポー
Edgar Allan Poe (7176総トン)
オレゴン造船で1943年3月26日進水。船名は小説作家から。同年10月8日ニューカレドニア沖で日本潜水艦「伊21」の雷撃を受け、航行不能となりヌメア港に収容されたが、機関部は修理されなかったらしく、そのまま米海軍が取得して非自走倉庫船として使われた。公式には45年2月付でIX(雑種)103として登録されたが、戦後間もなく解役解体されている。

リバティ船のバリエーション

リバティ船は1/700、1/350ともインジェクションキットが市販されており、すでに作った方、作ってみたいと思う方もおられるだろう。まさか全船わが手にと思うような野望

「スティーブン・ホプキンス」
SS Stephen Hopkins (Trumpeter) model length:192mm

リバティ型の中でも戦歴面で際立つ1隻。本船は進水時の写真が残っているが、伝えられている武装は5インチ砲1、37mm機銃2、20mm機銃6と変則的で、配置は推測に頼る。作例は「ジェレマイア・オブライエン」の図面をベースに自作。基本形状こそ簡単で作りやすい部類に入るものの、各種装備品の調達の便を考えると市販品を利用する方がかなり楽。

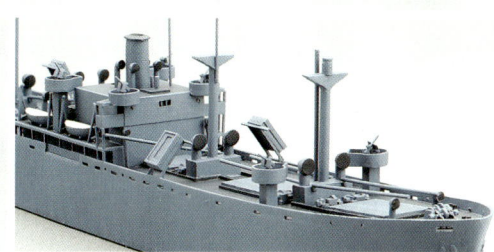

「ジェレマイア・オブライエン」
SS Jeremiah O'Brien (scratch built) model length:192mm

トランペッターの1/700キット。フルハル・ウォーターライン選択式で、実物のある船だけにキットもかなり上出来の部類に入る。船体と甲板の合わせ目処理と、やや非現実的な表現の倉口の始末が当面の課題。また、日本人で殊更「ジェレマイア・オブライエン」としての再現にこだわる方は少ないと思うが、その場合は後部マスト横の舷側ブルワークを撤去すること。

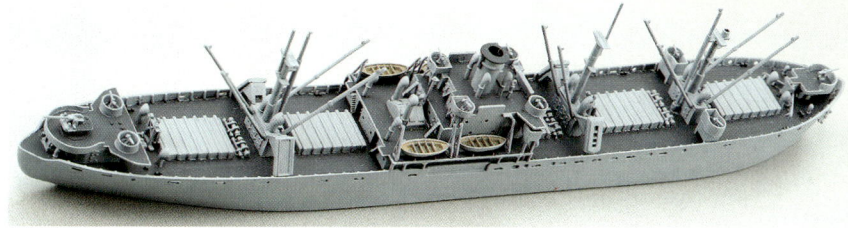

家はいないと信じたいが、量産型と聞けば他人様と違う船にしたいというぐらいの欲は誰が持ってもいいだろう。その点においてリバティ船はどうってつけの素材はなかなかない。ある意味ピットロードは最初からその路線で攻めてきたわけで、前世紀末にオーソドックスな商船版ではなく海軍運送艦（AK）版で2隻を発売。そのバリエーション改造についても、同社のカタログに付属する工作ガイドのコーナーで紹介されたことがある。今では雑多なアメリカ艦艇の資料もインターネットから簡単に入手できるようになったので、リバティ船のように器のキットさえあれば誰でも変化球を投げることができる。もちろん、トランペッター版をアップデート用のベースキットとして利用することも可能だ。いままでリバティ船を十把ひとからげで済ませていた諸兄も、見過ごしていた楽しみを再発見していただきたい。

Liberty type, the most outstanding mass-production cargo ship in shipbuilding history, achieved as many as 2700 completion, was basically derivation to British ocean tramp North Sands type. The alteration of upperwork arrangement was related to adoption of oil firing boiler, accordingly contributed to design simplification. Although most decisive measure was constructing wide-range area production system. Shipbuilding yards involved to the Liberty program were scattered all around the US coast to avoid interference of material supply and to obtain labor practically. Welding and pre-fabrication were also extensively introduced, and though undiscovered constructive defect caused some of unnecessary losses, they proved importance of logic of number in modern world war and despite of short designed life, only five year, many of survivors enjoyed very long career after the war.

「ツツイラ」
USS Tutuila ARG-4

運送艦系に次ぐリバティ船の軍用派生型は工作艦で、汎用（AR）、内燃機修理（ARG）、航空機修理（ARV）の各タイプ23隻があった。艤装は大幅に変更されており、イラストの「ツツイラ」のように最前部のマストを撤去したものが多く、外観が一変している。リバティファミリーとしては屈指の高難度改造となる。

「マイケル・トレーシー」
SS Michael Tracy

デルタ造船で24隻建造された、リバティ船中のはみ出し者。形式名はEC2-S-AW1。いちおう船体は一般型と共通だが……。イラストは戦後の状態で、途中で曲がっている喫水線は商船に少なからず見られるもの。

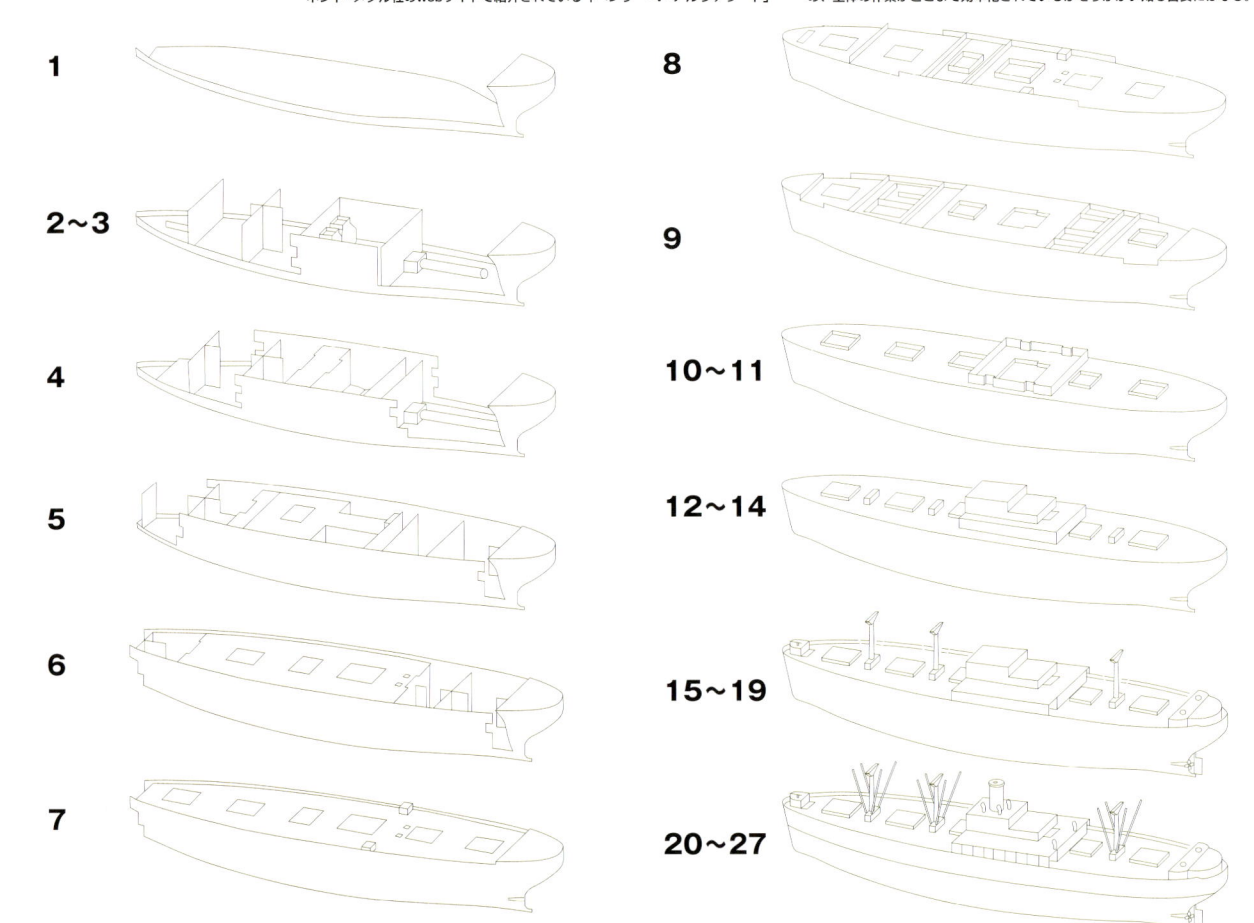

リバティ船建造工程図

リバティ船建造工程の一例。この図（原図は手描き）の引用元のキャプションでは所要日数を27日としているが、もちろん初期の船はもっと長く、1番船「パトリック・ヘンリー」は244日。逆に最短記録として「ロバート・E・ピアリー」が進水まで5日弱、全工程8日という数字が残っている。同船を建造したパーマネント・メタル社のwebサイトで紹介されている「ヘンリー・V・アルヴァラード」の例では、船台22日＋艤装・試運転12日の計34日となっている。ちなみに、日本の2A型は三井玉野の中期建造船（「那珂川丸」）で船台32日＋艤装19日の計51日が比較的短い例。ここに現れる数字はあくまで船台や艤装岸壁での最終取付工事の所要日数であり、事前にどこまで組んでおくかで大きく変動するものの、全体の作業がどこまで効率化されているかをうかがい知る目安にはなる。

1

2〜3

4

5

6

7

8

9

10〜11

12〜14

15〜19

20〜27

第 3 部 舷窓戦史館

「デイモス」
USS Deimos AK-78(scratch built) model length:192mm

1943年6月23日、ガダルカナル島南東沖で「呂103潜」が米海軍運送艦2隻を撃沈。とかく一網打尽事件のマイナスイメージが強い潜小型の戦歴の中では屈指の戦果だが、このとき沈められた「アルドラ」「デイモス」はいずれもリバティ型だった。船選びの理由づけとしては順当なところだろう。ピットロードのキットからでも改造できるが、船橋構造物後部の形状が異なるうえ、現存写真、沈没時の状態とも空船なので、イメージとしてはトランペッターのほうが適当。2番ポスト横の救命艇は同時期の民間船にも見られ、実質的にほとんど運送艦としての改造はされていないようだ。

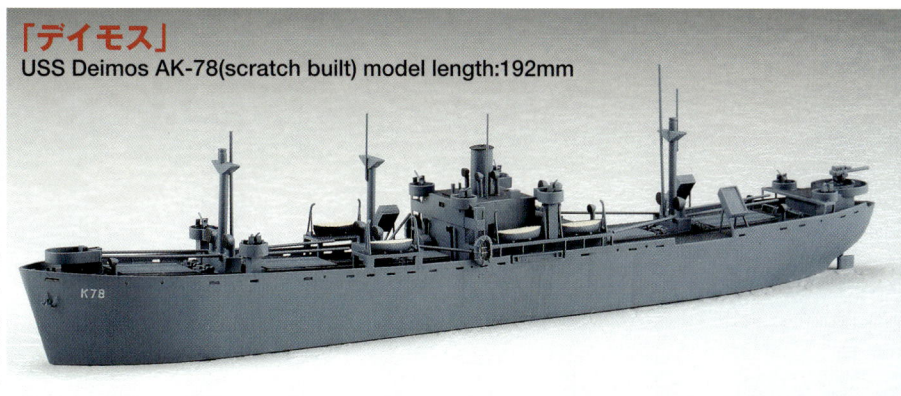

「サビク」
USS Sabik AK-121(Pitroad) model length:192mm

ピットロードのキットは下部船体なしの純水線模型で、トランペッター版より古く、船体のシアーが折れ線状になっているなど劣る点もあるものの、若干安いし国内メーカー品なので入手もしやすいはず。姉妹艦のキットとは艤装がやや異なっており、改造するときは対象と見比べて似ている方を選ぶといい。なお、前回紹介したとおり運送艦の艦名は天文ネタで、「デイモス」は火星の衛星、「アルドラ」「サビク」はそれぞれおおいぬ座、へびつかい座の恒星の名前。ラテン語由来なので読みにくいものが多く、「ブーツ」という商品名のAK-99 Bootes（うしかい座）は本来、原語ボーテスの英語なまりで「ボウオウティーズ」と読むらしい。AK-78も英語的には「ダイモス」が適当。

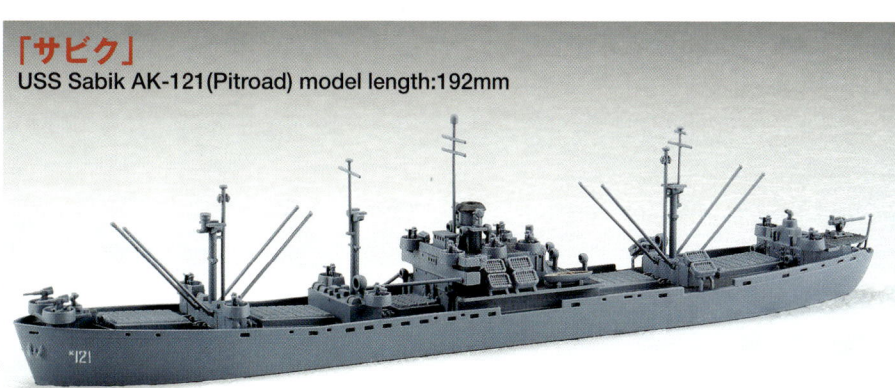

「スタッグ」
USS Stag AW-1 (scratch built) model length:192mm

日本の2AT型に相当するリバティ応急油槽船を転用した米海軍ステーションタンカー（雑種艦に分類し非公式に自走式油槽と称していた）「アルマジロ」級から、給水艦に再改造されたもの。新設された種別のWIは水と思われるが、造水装置を搭載し正式には蒸留艦（distilling ship）と呼んでいた。他にガス抜き管の撤去、武装強化などを実施。迷彩はメジャー32／11で、左舷の写真しかないので作例の右舷はそれと思しき他船のものを流用、甲板は省略した。物好きチョイスの一例だが、リバティファミリーの中でも2隻しかないレアアイテムである。改造も比較的簡単ではある。艦名は牡鹿の意。大きなお世話ではあるが、諸外国では駆逐艦などに与えるジャガーやヒョウなどの名前を、パンダやキリン、ラクダと一緒に倉庫につけてしまう米海軍のセンスはいただけない。

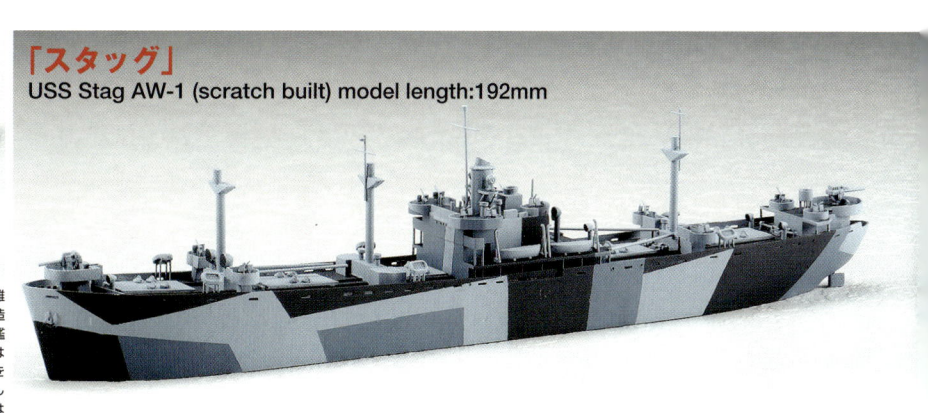

米艦籍に編入されたリバティ型一覧

艦種	編入	変更
運送艦	AK70-79,90-140,(221-224),225,226 Crater, Adhara, Aludra, Arided, Carina, Cassiopeia, Celeno, Cetus, Deimos, Draco, Albireo, Cor Caroli, Eridanus, Etamin, Mintaka, Murzim, Steropé, Serpens, Auriga, Bootes, Lynx, Lyra, Triangulum, Sculptor, Ganymede, Naos, Caelum, Hyperion, Rotanin, Alliotth, Alkes, Giansar, Grunium, Rutilicus, Alkaid, Crux, Alderamin, Zaurak, Shaula, Matar, Zaniah, Sabik, Baham, Menkar, Azimech, Lesuth, Megrez, Alnitah, Leonis, Phobos, Arkab, Melucta, Propus, Seginus, Syrma, Venus, Ara, Ascella, Cheleb, Pavo, Situla, Allegan, Appanoose	AK93,109,112(IX173,204,174) AK120,122(AG70,71)
運送艦（防潜網）	AKN1-3,(5) Indus, Sagittarius, Tuscana	
運送艦（雑貨）	AKS5-15,(21-26) Acubens, Kochab, Luna, Talita, Volans, Cybele, Gratia, Hecuba, Hesperia, Iolanda, Liguria	
運送艦（兵員）	AP162-165 Kenmore, Livingston, De Grasse, Prince Georges	AP162-165(AK221-224)
工作艦	AR17-21 Assistance, Diligence, Xanthus, Laertes, Dionysus	AR17,18(英国)
工作艦（内燃機）	ARG2-17 Luzon, Mindanao, Tutuila, Oahu, Cebu, Culebra Island, Leyte, Mona Island, Palawan, Samar, Basilan, Burias, Dumaran, Masbate, Kermit Roosevelt, Hooper Ialand	ARG12,13(AG68,69) ARG14,15(ARV1,2)
工作艦（航空機）	(ARV1,2)	
給水艦	(AW1,2)	
雑種特務艦	(AG68-71),73-78 Belle Isle, Coasters Harbor, Cuttyhunk Island, Avery Island, Indian Island, Kent Island	AG73-78 (AKS21-26)
雑種艦	IX103,104,107,109,111-130,(173),(174),(204) E.A.Poe, Peter H.Burnett, Zebra, Antelope, Armadillo, Beagle, Camel, Caribou, Elk, Gazelle, Gemsbok, Giraffe, Ibex, Jaguar, Kangaroo, Leopard, Mink, Moose, Panda, Porcupine, Raccoon, Stag, Whippet, Wildcat	IX107(AKN5) IX128,130(AW1,2)

注：IX111～130は応急油槽船、その他は一般貨物船からの改造。「編入」のうち括弧は他艦種からの転籍、「変更」は該当艦と変更先を示す。艦名は各艦種に当初から編入されたものを記載し、転籍艦は重複を避けるため省略している。なお、AR17,18はいったん米艦籍に編入されたが、就役前に英国へ引き渡された

75

29 「イースデイル」の巻

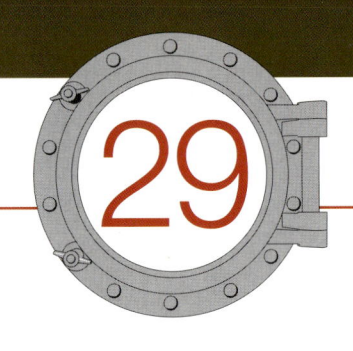

英海軍「谷」級給油艦
RFA Dale class oiler

日本の給油艦は戦略的・戦術的重要性がかなり認識されており、アメリカにも「ネオショー」など相応の知名度を持つものがある。しかしイギリスのものとなると戦史の上でもまず目にすることがない。第二次大戦中の英海軍主力艦隊タンカーの素顔に迫る。

「谷」級給油艦

第一次大戦当時、他国を圧倒する艦隊兵力を擁していた英海軍は、石油がまだ艦艇用燃料としての歴史が浅い時代だったにもかかわらず、新造・改造あわせて100隻を超えるタンカーを使用した。そのうち7割が戦時標準型の量産船で、排水量2000トン級から1万トン以上、だいたい6000総トンぐらいまでの数タイプがあった。

19世紀後半からの英帝国主義において、世界にまたがる海上通商網とそれを保護する軍事力をサポートする石炭基地の確保は重要なキーポイントだったし、石油時代になってもその感覚はさほどかわらず、英海軍では各基地にタンカーを分散待機させて補給をさせる、いわゆるステーションタンカーの用法が主流だった。大戦間の深刻な財政的制約も影響していただろうが、日米のような大兵力で長期間にわたって機動的な立ち回りをする艦隊運用は考慮されておらず、本格的な洋上給油能力を持つ大型高速給油艦も建造しなかった。結局、1920年ごろまでの建造船だけで英海軍は以後20年近くも燃料補給を切り盛りし続け、約60隻が第二次大戦まで用いられたのだった。

しかし、1930年代も半ばを過ぎるとさすがに船の老朽化が問題となり、船隊の刷新が避けられない課題となってきた。1937年、AIOC（Anglo-Iranian Oil Company, 後のBP）傘下のブリティッシュ・タンカーが建造していた6隻を取得。翌年ロイヤル・ダッチ・シェルの2隻を追加した。さらに第二次大戦開始後、戦時運輸省のもとでタンカーの戦時量産が開始されると、10隻が軍用として抽出された（他に1隻が計画未実施）。これらはいずれも8000総トン級の似通ったサイズの船で、シェルの標準デザインであるディーゼル船「12-12-12」（スリートゥエルブ：1万2000重量トン、航海速力12ノット時の日当燃料消費12トン。オーシャンタイプとも呼ばれる）に代表される英船の一般的サイズ、かつ戦時建造タンカーの主力をなしたグループに属する。軍用船は全て「何某デイル」という名前をつけられ、総称して「デイル（dale＝谷）」級と呼ばれているが、実際は建造所、詳細寸法、船体構造、搭載機関、性能、外見が異なる雑多な船の集合体で、なおかつそれぞれのサブタイプが民間タイプの姉妹船を持っていることもあり、かなり大雑把なくくりと考えていい。

「谷」級は要するに純然たるあり合わせの船で、日本で言えば「知床」型給油艦を心持ち大きくした程度に相当し、川崎型やアメリカの「シマロン」級などの新型艦隊タンカーと比べるとあらゆる点で劣っていた。しかしこれでも第二次大戦時の英海軍としては虎の子の存在であり、勢力圏内に広く散らばって補給任務に従事した。各型合計18隻のうち、援ソ船団PQ17で撃沈された「アルダースデイル」をはじめ4隻が戦没、1隻が事故損失。その一方、「アビィデイル」は雷撃で船体切断しながら修復され、「デンビィデイル」はジブラルタルでイタリアの人間魚雷作戦（フロッグマンの爆破工作）により大破除籍となったものの、現地でその後も海上タンクとして用いられた。大戦中期以降は遠隔地への上陸作戦が重要なファクターとなり、「ダーウェントデイル」ら3隻は甲板上に上陸用舟艇15隻とガントリークレーンをのせた舟艇母船（LSG: Landing Ship Gantry）に改装。燃料補給と舟艇運搬の両刀使いが重宝されて、マダガスカル以後の遠征作戦には必ず1隻以上が参加した。

「谷」級はいちおう縦曳・横曳・逆曳とひととおりの洋上給油作業が可能だったようだが、あまり充実したものではなく、RAS（Replenishment At Sea）と呼ばれる本格的な横曳給油装置の普及は戦後のこと。他に戦時中軍用として編入されたのは、中型の新造艦「レンジャー」級6隻と鹵獲船など6隻だけで、徴用船などでの現場対応に依存する場合もあった。特に英海軍の場合、最も重要な活動海域が中緯度低圧帯に含まれていて海象条件が悪く、洋上給油自体が困難なこともあって、燃料問題も海上護衛戦の現場を悩ませ続けた。大戦後期には対日戦を見据えて、実質的な「谷」級の追加建造分にあたる戦時型（当初は「エンパイア何某」、のち「ウェーブ何某」と改名）20隻の就役が始まったが、半数近くは戦後完成。後方拠点の地理的制約と合わせ、やはり補給問題が英海軍の極東方面作戦に大きな足かせとなっていた点も見逃せない。第二次大戦中の英海軍のロジスティックスは意外と貧弱だったようだ。

イギリスでは1905年に補助艦隊（Royal Fleet Auxiliary）という組織が作られ、海軍の給油や給炭などの支援任務を請け負っており、給油艦も基本的にはRFAが運用していた。この組織は防衛省の管轄下で厳密に

「谷」級給油艦一覧

艦名		建造所	竣工	備考
Abbeydale	アビィデイル	スワン・ハンター	1937.3	
Bishopdale	ビショップデイル	リスゴー	1937.6	
Boardale	ボアデイル	ハーランド＆ウルフ	1937.7	1940.4.30事故損失
Aldersdale	アルダースデイル	キャメル・レアード	1937.9	1942.7.5戦没（独軍機）
Arndale	アーンデイル	スワン・ハンター	1937.9	
Broomdale	ブルームデイル	ハーランド＆ウルフ	1937.11	1944.9誤雷撃損傷（米潜セヴァーン）
Cairndale	ケアンデイル	ハーランド＆ウルフ	1939.1	1941.5.30戦没（伊潜マルコーニ）
Cedardale	シーダーデイル	トムソン	1939.5	
Darkdale	ダークデイル	ブライスウッド	1940.11	1941.10.22戦没（独潜U68）
Denbydale	デンビィデイル	ブライスウッド	1941.1	1942.大破行動不能（伊人間魚雷）
Echodale	エコーデイル	ホーソン・レスリー	1941.3	
Dewdale	デューデイル	キャメル・レアード	1941.6	LSG改装
Ennerdale	エナーデイル	スワン・ハンター	1941.7	LSG改装　レシプロ
Derwentdale	ダーウェントデイル	ハーランド＆ウルフ	1941.8	LSG改装
Dingledale	ディングルデイル	ハーランド＆ウルフ	1941.9	
Eaglesdale	イーグルスデイル	ファーネス	1942.1	レシプロ
Easedale	イースデイル	ファーネス	1942.2	レシプロ
Dinsdale	ディンスデイル	ハーランド＆ウルフ	1942.4	42.5.31戦没（潜水艦？未確定）
Eppingdale	エッピングデイル	ファーネス		計画中止（Empire Gold）

注：備考に特記ないものはディーゼル機関。「ケアンデイル」～「デンビィデイル」の4隻（シェル12-12-12型）は設計上の航海速力13ノット、他は11.5ノット

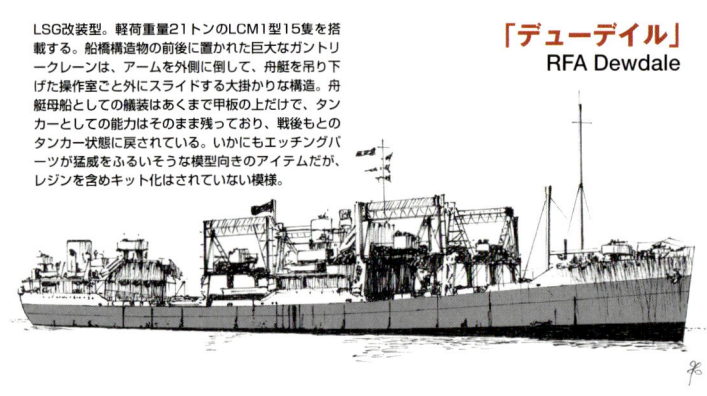

LSG改装型。軽荷重量21トンのLCM1型15隻を搭載する。船橋構造物の前後に置かれた巨大なガントリークレーンは、アームを外側に倒して、舟艇を吊り下げた操作室ごと外にスライドする大掛かりな構造。舟艇母船としての艤装はあくまで甲板の上だけで、タンカーとしての能力はそのまま残っており、戦後もとのタンカー状態に戻されている。いかにもエッチングパーツが猛威をふるいそうな模型向きのアイテムだが、レジンを含めキット化はされていない模様。

「デューデイル」
RFA Dewdale

第3部 舷窓戦史館

英補助艦隊給油艦「イースデイル」「ブルームデイル」について

イースデイル Easedale （8032総トン）

ファーネス造船340番船として1942年2月竣工。「谷」級のうち「イーグルスデイル」「イースデイル」の2隻はファーネスの「エンパイア・ゴールド」級10隻の9、10番船にあたり、代用機関のレシプロエンジンを装備していた。「イースデイル」は「谷」級の竣工順では最後から2番目ながら、最終艦「ディンスデイル」が第1次航で戦没したため、大戦後半の2年ほどは最新鋭の艦隊タンカーだった。竣工直後からマダガスカル攻略作戦に参加、以後東洋艦隊で行動し、終戦前のビルマ・マレー攻略作戦にも従事した。1959年除籍。

ブルームデイル Broomdale （8334総トン）

ハーランド＆ウルフ社で1937年11月竣工。艦名は第1〜3の各グループでそれぞれAとB、C、DとEで頭文字が統一されている。大戦初期は本国艦隊にいたが、その後東洋艦隊へ転属。南雲機動部隊のインド洋作戦時も英空母部隊の補給任務についていた。1944年9月トリンコマリー沖で味方潜水艦「セヴァーン」の誤雷撃を受け損傷したが、修復。1959年除籍。

第二次大戦のRFA給油艦一覧

class	name	summary
サーモル級 (2)	Mixol, Thermol	4100〜4300t, 82m 小型
クレオゾール級 (13)	Birchol, Boxol, Distol, Ebonol, Elderol, Elmol, Hickorol, Kimmerol, Larchol, Limol, Philol, Scotol, Viscol	2400t, 64m 小型
ベルゴル級 (9)	Belgol, Celerol, Fortol, Francol, Montenol, Prestol, Rapidol, Serbol, Slavol	5100t, 98m 中型
戦標型 (17)	War Bahadur, War Diwan, War Nawab, War Nizam, War Pathsn, War Sepoy, War Afridi, War Bharata, War Brahmin, War Hindoo, War Mehtar, War Krishna, War Pindari, War Sirdar, War Sudra, Athelstane, Marit	11700t, 122m 大型 日本「野間」の姉妹艦
商船改造型 (11)	Delphinula, Lucigen, Olwen, Olcades, Oligarch, Olynthus, Nucula, Aase Maersk, Danmark, Olna, Oliander	4600〜25000t
レンジャー級 (6)	Black Ranger, Blue Ranger, Brown Ranger, Gold Ranger, Gray Ranger, Green Ranger	4750t, 104〜106m 中型
デイル級 (15)	Abbeydale, Aldersdale, Arndale, Bishopdale, Boardale, Broomdale, Cairndale, Cedardale, Darkdale, Denbydale, Dingledale, Dinsdale, Eaglesdale, Easedale, Echodale	17000t, 141〜143m 大型
デイル級LSG (3)	Derwentdale, Dewdale, Ennerdale	17000t, 142〜143m 大型
戦時型	Empire Bounty, Empire Dunber, Empire Edgehill, Empire Evesham, Empire Flodden, Empire Herald, Empire Law, Empire Mars, Empire Milner, Empire Naseby, Empire Paladin, Empire Protector, Empire Salisbury, Wave Emperor, Wave Governor, Wave King, Wave Monarch, Wave Premier, Wave Regent, Wave Sovereign	16700t, 142m 大型

注：摘要のうちトン数は満載排水量、長さは垂線間長を示す。

The arrangement of fuel station was significant problem to Royal Navy from 19th century to protect sea lane of British Empire being extended to almost all over the world, and the situation did not change in 20th century when principal fuel material was changed from coal to oil. Unlike IJN and USN Royal navy after WW1 did not have intended long term intensive large-strength fleet maneuver, subsequently they were not so much interested to ocean replenishment method and preferred to that of station oiler, standing by at available base. 'Dale' class, leading members of Royal Fleet Auxiliary replenishment oiler was therefore small, slow and less equipped in comparison with their IJN and USN counterparts and in fact they were miscellaneous imitations of existent gathered from many shipyards. Later in war RN realized need of substantial ocean replenishment units, but many of 'Wave' class wartime productions did not completed before the end of war.

「ブルームデイル」
RFA Broomdale (scratch built) model length:210.5mm

「谷」級第1グループ最終艦。このグループは4造船所で建造されているが、もともと姉妹船で外見はどれも大体同じ。日本のタンカーよりやや船橋構造物が後ろにある。作例は同じハーランド＆ウルフ製の「ダーウェントデイル」の図面から起こしており、細部はやや実船と異なる。また、本艦はRFAに最初にRASを搭載したとされるが、装備時期は大戦末期か戦後らしく、作例では取り付けていない。

「イースデイル」
RFA Easedale (scratch built) model length:208.5mm

第3グループ竣工9番艦。「ブルームデイル」と寸法はほぼ同じだが、船橋構造物がかなり前にあるなど外見は異なる。同じ造船所で1カ月違いで竣工した「イーグルスデイル」ともディテールの違いが多い。この作例も「ダーウェントデイル」をベースにしたものだが、ハーランド＆ウルフ製でも「ディングルデイル」は船橋が前のタイプで、やたらと個性豊かなのがこのグループの特徴といえる。なお、作例の2隻とも戦時状態の写真が入手できず、便宜的に単色塗装としている。

77

30 「ラパーナ」の巻

CAM船とMAC船
CAM ship and MAC ship

太平洋戦争末期に日本が建造していた特TL船は、究極の簡易空母と考えられているが、Uボートに悩まされていたイギリスでもほとんど同じものを作っていた。また、それ以前には戦闘機1機を使い捨てで運用するという常識破りの戦術もとられていた。似た名前で実態は全く異なる2種類の特殊船舶を紹介。

CAM船

英海軍でも海上護衛戦における空母の有用性は戦前から認識されていたが、財政の問題から具体的な施策はほとんど進まなかった。しかし1940年、占領されたフランス西部からドイツの長距離哨戒爆撃機が作戦行動を開始すると、状況は一気に切迫。陸上基地の戦闘機が届かない外洋上で、敵機が対空防御力の低い輸送船団の上をわがもの顔に飛び回って大きな被害をもたらした。ドイツの長距離機Fw200は旅客機を改造したもので、さほど上等な軍用機ではない。たとえ1機でも戦闘機があれば楽勝なのだが、その1機をどう戦場に投入するかが問題だった。少しでも早く実現し、適切なコストパフォーマンスを得るためにとられたのが、通常の船に射出機と戦闘機1機を持たせて自衛させる手段だった。余程状況がよければ地上基地に戻ることもできるが、基本的に飛行機は使い捨て、パイロットはパラシュートで海に落ちて護衛艦艇の救助を待つという、あまりに投げやりな戦術だ。しかしそれでも背に腹は代えられず、チャーチル首相は射出機搭載船250隻の整備計画を指示した。この計画にはむしろ海軍より空軍のほうが深く関与しており、機材と要員の拠出は海軍50隻、空軍200隻とされていた。

海軍はすでに射出機試験艦として使っていた旧式水上機母艦「ペガサス」を転用し、船団防空船「スプリングバンク」と航洋臨検船3隻に射出機とフェアリー・フルマー艦戦を搭載。これらは純然とした軍用艦艇で、FCS（fighter catapult ship）と呼ばれた。一方、空軍はこの任務のため急遽ロケット式の射出機を開発。ホーカー・ハリケーン戦闘機を射出機対応仕様に改造した通称「ハリキャット」を用意した。射出機を搭載する商船はCAM船（catapult aircraft merchant ship）と呼ばれ、「ダゲスタン」「エンパイア・ロウワン」を除きすべて戦時建造で、大半は7000総トン前後のオーシャントランパーが使われた。射出機は船首から前部マスト左舷側に斜めに置かれ、必要な長さを得るとともに、右舷側を岸壁につければ1番船倉の荷役も通常通り実施できるようになっていた。搭載機は本土出発時にリヴァプールで搭載し、目的地で一旦降ろして整備または交換、再搭載のうえ復航の到着前に射出して本拠地スピーク飛行場に向かうルーティンをとる。射出後の機体の進路をクリアにするためと、船橋から左舷前方の視界が悪く船団としての航行に支障をきたす恐れがあるため、原則としてCAM船は船団の左先頭に配置された。2隻シフトのときは左右前端に置かれたようだ。1番船「マイケルE」のみ海軍仕様、以後は全て空軍仕様。当初の整備計画はその後縮小され、FCS5隻とCAM船35隻にとどまった。なお、「ケープ・クリア」と「シティ・オブ・ヨハネスブルグ」がダミーの射出機と機体をのせて偽CAM船となっている。

CAM船の運用は1941年5月末の大西洋横断船団OB327から開始。いきなり「マイケルE」が撃沈される厳しいスタートとなった。同年9月から英本土～ジブラルタル航路に投入（のちフリータウンまで延伸）、42年1・2月は気象不良のため大西洋船団で運用を休止したが、3月から再開。4月から援ソ船団でも活動を開始したが、アルハンゲルスク港が凍結した9月で整備チームを引き揚げ、護衛空母に任務を引き継いだ。

CAM船の場合、出撃がなければ飛行もないため、練度低下を防ぐためパイロットは2航海で任務を終えることになっていたが、それでも貴重なパイロットを4カ月近く遊ばせるのは適切でないとの空軍の意向で、CAM船の運用は43年夏に打ち切られた。約2年間で就役数はのべ170、戦闘機の出撃は6回（うち2回は2隻同時）と多くはないが、これは1度きりの切り札であるためぎりぎりまで出撃を待つ傾向があったためといわれており、敵機が来ても攻撃ではなく触接を目的とした場合は出撃に至らないことも影響している。そのぶん1回目を除き飛べば毎回戦果をあげており、7機撃墜、3機撃破を記録した。パイロットの損失は落下傘事故の1名にとどまった。その一方、CAM船の活動最盛期はUボートの攻撃が最も激しかった時期でもあり、雷撃によって9隻が戦没。「エンパイア・ローレンス」はPQ16船団で行動中敵機の空襲で、他に1隻が事故で失われた。FCSは41年中に3隻が戦没または行動不能となり、他の2隻も42年6月までに任務を解かれている。

CAM船は簡便さと不便さの両極端を併せ持つ手段であり、装備は最低限で済む一方、機体は使い捨てでパイロットの運用にも難があった。ただ、ドイツ空軍の長距離作戦部隊がさほど有力ではなかったため、肝心な場面である程度役に立つ手段となり得たのは確かだろう。日本には二式水上戦闘機というCAM船にうってつけの機材があったが、果たして同様の運用をして成功をおさめられただろうか。

MAC船

CAM船の難点を解決する最大の手段が本格的空母であることは明らかであり、米海軍が1940年末から開発に着手していた護衛空母をいずれ英海軍も取得する見通しだった。これに先立ち、拿捕したドイツ貨物船「ハノファー」を改造した「オーダシティ」が41年6月に完成。上に寸法140×18mの飛行甲板を張っただけで格納庫もない簡便な構造にとどめてあり、アメリカから供与されたマートレット戦闘機を搭載、最も敵機の脅威が大きい英本土～ジブラルタル航路に投入されて半年で撃沈されてしまったが、この程度の船でも使い物になることを実証した。これと相前後して米国製護衛空母の英海軍供与艦が竣工開始。細かいところがあれこれ気に入らないと修整に手間取って英海軍での就役が遅れがちな問題もあったが、商船ベースとしては比較的高速で、面積充分な格納庫、幅広の飛行甲板、射出機などを持ち、性能的には満足すべき船が44年初めにかけて合計38隻も手に入った。

だが英海軍としては、本格的な護衛空母があっても、それを運用する乗組員が足りない、あるいはコストパフォーマンスが見合わないといった危惧も持っていた。「オーダシティ」が使えるなら、民間船にそれと同じ程度の装備を施し、最低限の航空関連のスタッフだけ軍から出せば済むはずだ。これをMAC船（merchant aircraft carrier）と呼び、略称としてはCAM船をひっくり返しただけのようで、船としては原始的な空母のようで、しかし民間船と

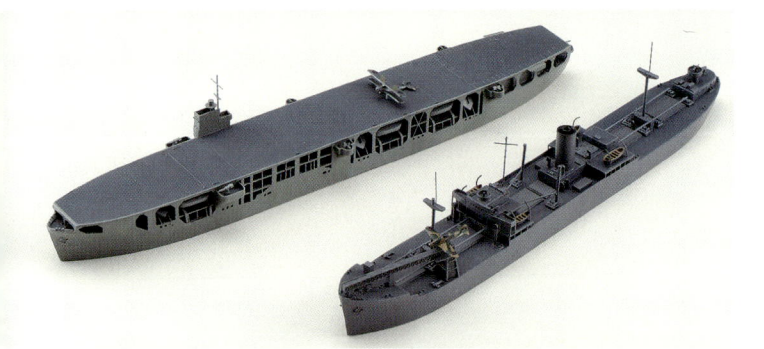

CAM船・FCS・MAC船一覧	
CAM船	Daghestan, Dalton Hall, Eastern City, Empire Barton*, Empire Clive, Empire Darwin, Empire Day, Empire Dell*, Empire Eve, Empire Faith, Empire Flame, Empire Foam, Empire Franklin, Empire Gale, Empire Heath, Empire Hudson*, Empire Lawrence*, Empire Moon, Empire Morn, Empire Ocean*, Empire Rainbow*, Empire Ray, Empire Rowan, Empire Shackleton*, Empire Spray, Empire Spring*, Empire Stanley, Empire Sun*, Empire Tide, Empire Wave*, Helencrest, Kafiristan, Michael E*, Novelist, Primrose Hill*
FCS	Pegasus, Springbank*, Maplin, Ariguani*, Patia*
MAC船（穀物船）	Empire MacAlpine, Empire MacKendrick, Empire MacAndrew, Empire MacDermott, Empire MacRae, Empire MacCallum,
MAC船（油倉船）	Acavus, Adula, Alexia, Amastra, Ancylus, Gadila#, Macoma#, Miralda, Rapana, Empire MacCabe, Empire MacColl, Empire MacKay, Empire MacMahon

注：＊印は戦没（アリグアニは大破解役。他にエンパイア・ヒースがCAM船解役後戦没）。#印はオランダ船籍

第3部 舷窓戦史館

いう点ではCAM船と同じで、とにかくやたらと紛らわしい。また、建造経緯に関しては米国製護衛空母の充足までのつなぎ役とする説もあるが、時期的なつじつまの点で疑念があり、余計に実態がつかみづらい。

最初に選定されたのは穀物運搬船で、港の専用設備を使えば船自体には荷役設備がいらないのが最大の利点だった。計画は42年初頭から始まり、設計を任されたバーンティスランド造船で1番船「エンパイア・マッカルパイン」が6月起工、翌年4月竣工。同社の2隻に加えデニーとリスゴーでも各2隻が建造された。これらは一般的な貨物船用レシプロエンジンより若干出力を増していたが、それでも3300馬力で11ノットと低速。飛行甲板の寸法も126×19mと「オーダシティ」よりさらに小さいが、格納庫を持っていた。もう一つの対象がタンカーで、42年10月承認された設計に基づき既存船9隻と新造船4隻が改装された。タンカーの上で航空機を運用するのは安全上おっかない感じもするが、実際は穀物運搬船でも粉塵が引火爆発する危険があり、リスクはさほど変わらないと考えられていたという。MAC船に使われたタンカーは前述の「谷」級と同じ8000総トンのオーシャンタイプで、既存船は建造所こそ異なるが全てシェル12-12-12タイプの姉妹船。オーナーが国際企業のため、2隻がオランダ船なのも特徴的だった。速力13ノットで穀物運搬船改造型より速いうえ船体が長く、飛行甲板は140×19mとほぼ「オーダシティ」と同じ。格納庫も設けられず、飛行甲板後部の駐機スペースに防風柵を立てるのみとして構造を簡易化し、増設部分にはブロック工法も導入して工期短縮を図った。改造決定後も洋上で行動していた船もあったが、結果として13隻中11隻が43年中に工事を済ませている。

MAC船の主任務はCAM船や「オーダシティ」と異なって対潜護衛にシフトしており、専ら大西洋横断航路で用いられた。搭載機はフェアリー・ソードフィッシュ艦攻で、MAC船用に新編された第836スコードロンから3～4機編成の分遣隊が、北アイルランドのメイドウン基地からその都度飛来。カナダ側ではダートマス基地に回送して整備にあたった。オランダ船では航空関係のクルーもオランダ人部隊の第860スコードロンが割り当てられていた。のべ航海数は43年27回、44年216回、45年80回で、搭載機も平均すると毎回1機が3回以上出撃した計算になる。飛行甲板の幅は機体の翼端から左右2mしかないほど狭く、海象条件の悪い北大西洋ではさぞかし苦労したかと思いきや、頑丈が売りのソードフィッシュだけに少々の荒れ具合なら発着できたらしく、むしろ飛べない理由は霧や凪のほうが多かったという。しかし合計114機を事故で失っており、単に無茶をしていただけらしい。殉職者8名で済んだのが何とも凄い。もちろん普通の航空機輸送に使われる場合もあった。

MAC船が活動した時期はすでにUボートの作戦規模も著しく低下しており、搭載機の敵発見は12回、戦果は2隻損傷の可能性ありといった程度。むしろ味方の仏潜水艦「ペルル」を誤って撃沈する事故を起こしている。MAC船に損失はなく、戦後すべてオリジナルの状態に戻った。その実績を見る限り、MAC船はCAM船よりははるかにましとはいえ、空母としては小さすぎてなお運用に危険を伴う代物だったのは確かだが、パワーバランスが大きく連合軍側に傾いていた大戦後期の海上護衛戦の中ではこの程度の船でもいちおう役目は務まっており、英海軍の節約術は間違っていなかったと思われる。もちろん、全く異なる環境下で運用されることになったはずの日本の特TL船が同じような上首尾の成績を得られるかといえば、それは甚だしく疑問だ。

英商船空母「ラパーナ」について

ラパーナ Rapana
（アングロサクソン石油：8017総トン）

オランダのウィルトン・フェイエノールト社で1935年竣工。竣工時は同じくオランダのラ・コロナ社の所有だったが、第二次大戦開始後同系列のアングロサクソン石油に移籍。「ミラルダ」も同じ。「ガディーラ」「マコマ」はラ・コロナ社のままMAC船となった。後述の「ヘノタ（大瀬）」とは造船所違いの姉妹船にあたる。43年7月改装完成。戦後原状復帰のうえ、1950年「ロトゥーラ」と改名、58年大阪で解体。

Facing unexpected threat, aircrafts from French Atlantic coast, British navy had hurriedly to devise effective counterpart. The Prime Minister Winston Churchill decided to fit a catapult and a fighter aircraft to 250 merchant ships as makeshift means. Even if pilot had to be parachuted in open sea to be picked up by convoy escort, it was worth adopting because that fighter was undoubtedly most terrible weapon for bomber pilot. Eventually five navy auxiliary vessels (FCS; Fighter Catapult Ship) and 35 merchant ships (CAM; Catapult Aircraft Merchant Ship) were so fitted and 170 sails and 6 fighter sorties were made, resulting seven successes and three damaged, before this tactics was dropped in the summer of 1943. Meanwhile the other, more ordinary means, construction of escort carrier had been advancing. Enough number of sufficiently fitted carriers will be delivered by US shipyards sooner or later, but British navy still want that of smaller and lesser in performance to save cost. The MAC, Merchant Aircraft Carrier was civilian ship and only aircraft and maintenance crew lived in lodgings while at sea. Six grain carriers and thirteen oil tankers were converted and the first Empire MacAlpine was completed in Apr 1943. At this time their primary task had been changed to anti-submarine defense and MAC ships marked no success for a total of 323 sails without any loss of ship; Admiralty's frugality was successful except of accidental sinking of friend submarine FRA Perle.

「エンパイア・ムーン」
SS Empire Moon (HP) model length:194mm

1941年竣工したCAM船の1隻で、戦闘機の出撃1回を記録している。船そのものは一般的な汎用貨物船で、船首に射出機がついただけ。作例は本船の名義で発売されているHPモデルの商品を使ったが、キットの仕様と入手した複数の写真の相互にディテールに食い違いが多く、一応手を入れてはいるものの実質的には雲をつかむような曖昧なモデリング。射出機も日本の呉式を改造した自作品。かなり昔に入手した商品で（値札がドイツマルク）現在は仕様変更絶版の可能性あり。

「ラパーナ」
SS Lapana (scratch built) model length:209.5mm

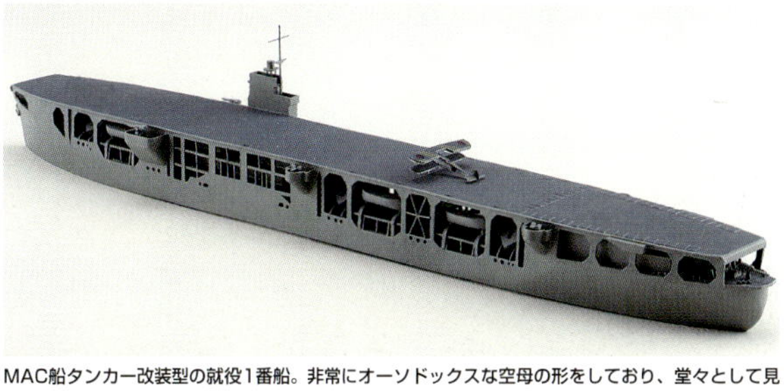

MAC船タンカー改装型の就役1番船。非常にオーソドックスな空母の形をしており、堂々として見えるが、実は日本の「龍驤」の飛行甲板に全体が余裕で収まるぐらいのサイズしかない。タンカー改装型は基本的にはどれも大体同じ船だが、建造所がばらばらでディテールも微妙に異なる。「ラパーナ」は機銃が後の船より2門少ない。作例は本船のものとして洋書に掲載されていた概略図をもとにしているが、機銃の数などディテールがかみ合わず、信頼性はいまいち。実船レベルでは簡略な構造といっても、模型として作るにはかなり厄介な構造で、それなりの工作精度を得るため複雑な工程をとっている。

79

31 「大瀬」の巻
拿捕油槽船
Captured tankers

戦利品という言葉にはそこはかとないお得感が漂っており、船の世界でもたまには有用なものが手に入ることもあるが、逆にとんでもないお荷物を背負わされることもあるのが現実のようだ。ここでは太平洋戦争で日本が入手した鹵獲タンカーの中から目ぼしいものを抜粋して評価を加えてみる。

鹵獲タンカー

太平洋戦争では様々な連合国側艦船が日本側に捕獲運用されたが、中でもタンカーは戦略的重要性の高さで注目に値する。戦時中の拿捕・引揚商船は82万総トンで、うち1割弱の7万6000トンがタンカー。入手経緯の大半は東南アジア占領地の港湾で遺棄されていたものの回収修復で、つまり何らかのわけありで脱出できなかった面々であることを意味しており、具体的には小型船や老朽船のような程度の高くないものばかりだった。だが、たとえ利用価値が限られているとわかっていても、自沈したものをその場に放置していたら港湾業務に支障をきたすこともあるだろうし、ただでさえ内地ではタンカーが足りないと大騒ぎしていたところだから、無理を承知で再利用までこぎつけた船も散見される。実際のサルベージ業務は現地に開設された海軍の工作部が主導し、修復後の運用は陸海民のそれぞれに割り振られたが、軍用船でもほとんどは民間から船員を拠出させて運航委託する形をとっており、何某丸という船名をつけられた。サイズなどの制約から再役後も現地での仲積船として使われ、終戦まで生き残った船も見られる。

Tanker, among captured and salvaged ship, was to be most welcoming fruit for Japan by nature and about 76000tons was re-entered in service, but their prospect was not satisfied because many of them were abandoned damaged, small or old ships after all. Used as mediator transport between oilfields and Singapore, several were survived war, while Genota, most effective tanker captured by Aikoku maru and Hokoku maru became navy oiler Ose and sunk later in Palau.

「大瀬」
HIJMS Ose (scratch built) model length:208mm
（7987総トン）

前身は1935年ドイッチェヴェルフト社フィンケンヴェルダー造船所（ハンブルク）で建造された「ヘノタGenota」。ロイヤル・ダッチ・シェルが1930年代後半に多数建造した12-12-12タイプのうち、オランダ側法人ラ・コロナ石油が所有した20隻（「ラバーナ」など英船主に移管した6隻を含む）のひとつで、英船籍の「タロンTaron」という双子船がある。42年5月9日、インド洋の中央部で日本の特設巡洋艦「報国丸」「愛国丸」に拿捕された。「谷」級給油艦やMAC船と同等の船であり、鹵獲タンカーでは最も優秀な1隻で、日本海軍は「大瀬」の名で正規の給油艦籍に編入した。基準排水量は約1万5000トンと称されている。44年3月30日パラオ大空襲で戦没。作例は公式図面から製作。主力艦隊タンカーとして見るといまいちだが、鹵獲品として見ると途端に値打ちっぽく感じるから変なものだ。「報国丸」らの通商破壊活動は大活躍とは言わないまでも、本船を拿捕した点に限っては大当たりといえる。なお、「報国丸」が撃沈された際に狙っていた商船「オンディナ」もラ・コロナ社のタンカーで、サイズは一回り小さい。

「鳳南丸」
SS Honan maru （5542総トン）

「鳳南丸」と「江ノ嶋丸」はいずれも第一次大戦型の英RFA給油艦。「鳳南丸」はイギリスの戦時標準Z型に属する量産タンカー「ウォー・サーダーWar Sirder」で、1920年竣工。42年2月スンダ海峡で座礁放棄されたところを回収修復し、陸軍管理下で飯野海運が運航、昭南～パレンバンの仲積船として行動。45年、昭南発内地向け最終船団のヒ88Jで内地を目指したが、3月28日仏印沿岸で米潜「ブルーギル」の雷撃を受け擱座全損となった。Z型は建造された34隻のうち都合5隻が様々な経緯で日本船となった点で歴史的に面白い船で、「ウォー・ワジャーWar Wazir」は日本海軍が大正末期から昭和初期にかけて数年間、給油艦「野間」として使っていた他、「ウォー・ゲークウォーWar Gaekwar」も山下汽船系のルートで日本船籍となり、1938年から海軍担当艦「御津丸」として行動。民需籍で「北喜丸（War Begum）」「大神丸（War Khan）」もあった。最初からタンカーとして設計されているが、センターエンジンでトランクデッキの特徴ある姿は一般貨物船（A・B型）と基本設計を共有し、Uボートからの船種特定と針路判定を困難にするため、わざと採用している形状といわれる。やや古いものの姉妹船の日本での使用実績があり、鹵獲品としてはますますといえそう。

80

第3部 舷窓戦史館

「江ノ嶋丸」
IJN Enoshima maru (scratch built) model length:96mm
（排水量2365トン）

香港で鹵獲した小型給油艦「エボノールEbonol」。1917年完成。「クレオゾール」級という衛生的によさそうな名前のグループに属し、総トン数にすると700トンぐらいの小型船。1942年中に再整備を完了し、以後海軍特設給油船としてスラバヤ近辺で使われ、無事終戦を迎えた。この種の小型タンカーはもともと日本にはあまりなく、小さくても貴重だったはずだ。
姉妹艦の多くはマスト後方にデリックポスト1対を有し、就役中の追加装備と思われるが、「エボノール」はオリジナル状態らしきシンプルな姿の写真しか入手できず、作例はさしあたりその状態としてある。戦時武装も作例には未搭載。1/700では全長96mmの小物で、シアーがなく比較的作りやすい。「江ノ嶋丸」としてより「クレオゾール」級として作って英艦の港湾ダイオラマのお供に使うといい。

「愛天丸」
IJN Aiten maru (scratch built) model length:118.5mm
（2087総トン）

1931年オランダ・スヒーダム（ロッテルダム）のスムルダース社で建造された小型タンカー。NIT（蘭印油槽船）所属。42年3月2日スラバヤで自沈したが、日本軍の占領後直ちに修復のうえ、9月初頭には完成。海軍管理下で三菱汽船が運航委託され、日本人、元乗組員のオランダ人、インドネシア人、中国人の混成クルーによってスマトラ〜昭南の仲積任務に従事した。船名は旧名「アルデゴンダAldegonda」からこじつけたらしく、姉妹船「アンジェリーナAngelina」も同様にスラバヤで修理され、海軍配当船「安城丸」となった。船齢が比較的新しいのが好材料。余談だが、スラバヤで鹵獲された別のNIT所有タンカー「ユノーJuno」には「油野丸」というド直球な名前が付けられている。
1944年末、日本本土では南方航路の途絶が現実に迫って海運関係者は狼狽し、様々な緊急策を練ったが、その中にUTL船というのがあった。これは使用の見込みの立たない建造中の3TL型タンカーを使い、単独で敵の警戒が手薄と思われる中部太平洋からオーストラリア南方を経由して大回りで昭南を目指す計画で、Uは迂回の頭文字だが、いくらなんでも無茶だとして立ち消えになった。ところが45年7月、全く同じ作戦を昭南にある船で実施することになった。選ばれたのが「愛天丸」で、外国人船員を全て海軍軍人と交代させ、船体の補強と武装強化を実施。なぜか「第2江ノ嶋丸」の仮名がつけられたという。「日本郵船戦時戦史」では「第2江之島丸」と表記しており、第2ということは旧「エボノール」と同じ表記を意図していると思われるが詳細不明。船はガソリンを満載して8月8日出港したが、11日と12日に空襲を受け、不発弾2発と機銃掃射で損傷したためジャカルタに入港したところで終戦となった。快挙の夢がついえたのか、命の無駄な消耗が避けられたのか、神のみぞ知る話だ。
模型は戦前の実船写真と資料をもとに終戦時を再現。これもトランクデッキ式の特徴的な形状をしており、総トン数では「江ノ嶋丸」の3倍ほどがあるが、縦横比の小さいタライ船タイプ。「日本郵船戦時戦史」の記述によると武装は「高角砲2門、20㎜機銃6基、10㎜旋回機銃4基」というわかりにくいもので、ここでは8㎝高角砲2門、機銃25㎜連装3基、13㎜単装4基としてあり、もちろん配置は完全な推測。外洋航海に備えて舷側を補強していたとのことで、外見にどの程度の影響を及ぼしていたのかも興味深い。

「朝嵐丸」
IJN Choran maru（7394総トン）

昭南のセレターにあった英海軍の給油艦。といっても1900年建造の老朽船で、第一次大戦当時英海軍が取得し、戦艦「キング・ジョージV世」のダミーシップに改造されたという経歴を持つ。第二次大戦当時はすでに海上オイルタンクの状態となっており、運航委託の命令を受けて日本郵船の船員が到着したときはスクリューも取り外されていたとのこと。これほどの船を修理して再び使ったのだから御大層な話だが、大型船ながらさすがに長距離航海は無理と見られたか、専ら昭南近辺で用いられ無事終戦を迎えた。しかし戦後は引揚船としても使われている。ロイド・レジスターによると鹵獲時の船名は「ルテニアRuthenia」だが、日本名は新造時の「レイク・シャンプレーンLake Champlain」がつけられているらしく、「日本郵船戦時戦史」でも旧名をレ号としてある。現場ではそう呼んでいた可能性もある。
イラストは引揚船当時の写真を戦時状態にレストアしたもの。新造時は普通の貨物船で、平甲板センターエンジンの非常にシンプルなスタイル。

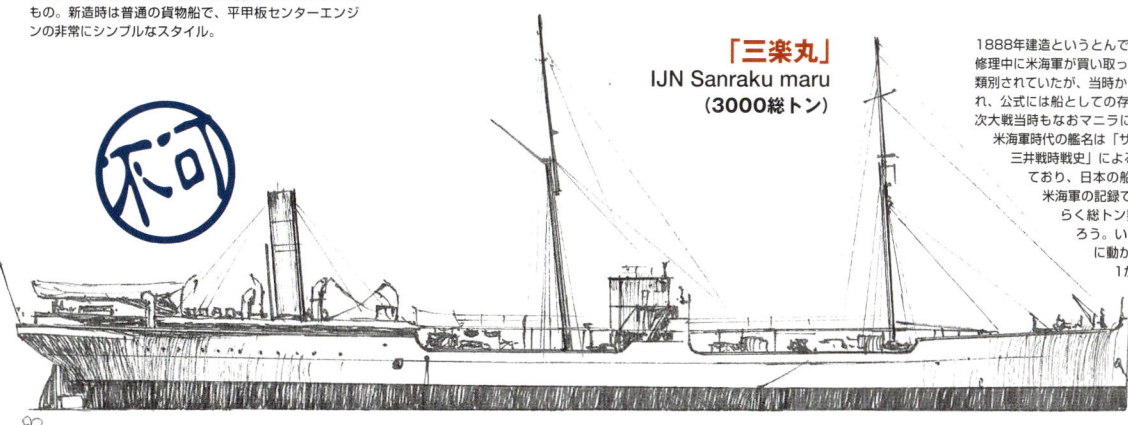

「三楽丸」
IJN Sanraku maru（3000総トン）

1888年建造というとんでもなく古い船。事故で沈んだドイツ船を修理中に米海軍が買い取って、一時は正規の給油艦（AO-8）にも類別されていたが、当時からほとんど保管状態で、1933年に除籍され、公式には船としての存在が抹消されていた。しかし船体は第二次大戦当時もなおマニラにあり、日本海軍が再利用に踏み切った。米海軍時代の艦名は「サラ・トムソンSara Thompson」、「商船三井戦時戦史」によると当時現地で「サランガニ」と呼ばれており、日本の船名もそこからつけられたらしい。また、米海軍の記録では排水量5836トンとあるものの、おそらく総トン数は実数値不明で適当につけられたのだろう。いずれにせよ、超老朽船でほとんどまともに動かず、ようやく修理が終わって稼働開始した1カ月後には米潜「トラウト」の雷撃を受け沈没。彼女のように三度目の人生を楽しむというわけにはいかなかった。
イラストは米海軍時代のものをほぼそのまま模写。「商船三井戦時戦史」のイラストはよく似ているが、平甲板船として描かれている。補助帆装を考慮したと思われるしっかりした構造のマストが年代を感じさせる。

32 「でりい丸」の巻
太平洋戦線のQシップ
Q-Ships in the Pacific Theater

おとりを使って敵潜水艦をおびき寄せ、返り討ちにしようという戦術は第一次大戦中にイギリスで考案され、このおとり役を一般に英海軍の俗称であるQシップと呼んでいる。第二次大戦ではすでに時代遅れの戦術だったが、太平洋戦線でも日米双方がQシップを投入している。

乙作戦部隊の出撃

苦難の曳航作業が続いていた。
1944年1月10日、トラックから内地へ引き揚げようとしていた特設工作艦「山彦丸」は鳥島北方で米潜「スティールヘッド」の魚雷を機関室に受け、航行不能となった。貴重な工作艦を簡単に見捨てるわけにはいかず、同航していた山下汽船の異母姉妹にあたる特設運送船「山国丸」が曳索を投げて、強い風波の中を丸3日かけてようやく八丈島付近まで到達。しかし「山彦丸」は船体がついに切断して後半部が沈没し、やむなく前半部だけでも八丈島に擱座させようと向きを変えたそのとき、米潜「ソードフィッシュ」の魚雷3本が「山国丸」に命中。決定的な献身が報われなかった妹の最期を見て観念したかのように、「山彦丸」も力尽きてその後を追った。

米潜水艦は大戦初期から続いていた魚雷の欠陥を克服し、戦力増強も軌道に乗って43年末から飛躍的に戦果を高めていた。日本本土南方での被害も1月に入ってからだけで早くも5目となり、ただちに八丈島付近で制圧任務を始めた駆逐艦「沢風」などの部隊に加え、横須賀鎮守府部隊は新たな掃討グループ「乙作戦部隊」を編成して当該海域に向かわせることとした。15日正午、竣工まもない「第50号駆潜艇」を率いて横須賀を出撃した特設砲艦「でりい丸」には、敵潜撃滅の秘策があった。

Qシップ

第一次世界大戦でドイツ潜水艦は連合国の海上通商攻撃に猛威をふるい、潜水艦の戦略的価値を確立した。臨検などの事前手続きを全廃した無制限潜水艦戦に突入するのは1917年に入ってからだが、当時はまだ一般船舶の平均サイズが小さく国家管理の及ぶ範囲も限られていたので、Uボートも一匹狼で洋上をうろついていれば、無統制に散らばっている非武装の敵船を好き放題に捕まえることができたし、わざわざ上等品の魚雷を使わなくても砲撃で済ませるとか、人払いをして爆薬を仕掛けるだけで撃沈できる場面も少なくなかった。要するに帆船時代の海賊船とさほど変わりはない。

守る側にとって厄介なのは、いったんUボートに潜航されると打つ手がないことだった。爆雷が制式化されたのは1916年、ソナーの実用化は1917年で、聴音機の普及率も知れており、潜望鏡を見つけてやみくもに砲撃するか当てずっぽうに爆雷を放り込む程度では撃沈は至難の技だった。そうなると、Uボートを油断させて浮上して近寄ってくるところをやっつけようと考えるのも至極当然のアイデアであり、武装を隠し持ってUボート退治に向かったおとり船は300隻以上にのぼるとする資料もある。これらはペナントナンバーQを与えられていたため（Qを使ったのは作戦拠点がクイーンズボローだったためともいう）俗にQシップと呼ばれたが、大小取り混ぜた在来船舶の他、「花」級汎用スループの一部などのようにわざと商船風の外見にデザインしたおとり作戦用艦艇も建造されている。Qシップ対Uボートの交戦は150回、Qシップ27隻損失（Qシップ自体の戦没数は約60隻）に対しUボート14隻撃沈（異説あり）という数字が残っているが、作戦規模に対しUボートの全撃沈数178隻の1割にも満たない戦果が果たして適正な対価だったかどうかは疑わしいと考えられているようだ。

第二次大戦が勃発すると英海軍は早速Qシップ作戦を復活させ、1000～6000総トンの貨物船9隻と第一次大戦時代の商船風スループ1隻がおとり任務に就いたが、全く戦果のないまま2隻を失い41年3月に作戦終

「エッジヒル」
HMS Edgehill

第二次大戦で英海軍のQシップとなった1隻。旧名「ウィラメット・ヴァレー Willamette Valley」4724総トン。イラストは商船時代だが、第二次大戦の英海軍Qシップはドイツの潜水艦だけでなく襲撃艦（仮装巡洋艦）対策も兼ねていたため全般に重武装で、本船も4インチ砲9門と魚雷発射管4門を持っていた。Qシップ作戦終了後は4隻が仮装巡洋艦に転籍している。ペナントナンバーもXが使われており、第一次大戦時代のQシップとはかなり様相が異なる。1940年6月29日アイルランド南西で「U51」の雷撃を受け沈没。浮力材のため撃沈までに魚雷3本を要したという。

「フィデリティ」
HMS Fidelity

これも英海軍のQシップだが、フランス降伏時に亡命してきた仏船「ル・ラン」Le Rhin（2456総トン）を改造したもの。本船のみペナントナンバーD57を使用。イラストに用いた改装後の映像を見ても武装は見当たらないが、実際は4インチ砲4門、魚雷発射管4門などを搭載したうえ、水上機2機と小型魚雷艇1隻まで持つ重装備船だった。いちおうQシップとして扱われているが、引き続きフランス人乗組員の手で運航され、地中海戦域でのレジスタンスの支援を主任務とした。後に誘導対象を航空機に改め主砲を連装高角砲2基と換装、さらに東南アジアでのコマンド部隊上陸作戦のため魚雷艇を上陸用舟艇2隻と交換するなどの改装を施されたといわれる（経緯や装備の詳細は資料によって異なる）が、42年12月30日中部大西洋で「U435」の雷撃を受け沈没した。

第 3 部 舷窓戦史館

了。一方、後から参戦したアメリカは大西洋岸でUボートが活動を開始したのに対抗し、Qシップ5隻を投入。太平洋岸でも日本潜水艦に備えて1隻が任務についた。こちらは貨物船からタンカー、漁船、帆船と雑多な取り合わせだったが、やはり1隻を失っただけで戦果を得ず、43年に作戦を終えた。この当時になると、船の平均サイズが大きくなって武装の普及率も上がっており、危険海域での護衛船団制度の導入も速やかに実施されていたし、ソナーや聴音機、レーダーの普及などで艦艇の対潜能力が高まり、さらに航空機の発達も加わって、以前ほど呑気な海賊船稼業は成り立ちにくくなった。ドイツは開戦から2カ月以内に無制限潜水艦戦へ移行し、日本も開戦直後から同様の措置をとって、白昼堂々と浮上して敵に近づくような愚策はまずやらなくなったから、Qシップ作戦が成功する見込みは限りなくゼロに近づいていたと考えられる。

そのような状況の中で日本海軍がおとり船作戦に興味を示したのは、1943年中ごろになってかららしい。その発想は本来のQシップとは少し異なり、最初から普通に攻撃されるのは承知の上で、入念な魚雷対策を施して自分はやられないようにしながら、攻撃によって位置を暴露する形になる敵潜を自船や護衛艦艇で討ちとってしまおうという相当荒っぽいもので、この任務のため選定されたのが「でりい丸」だった。大阪商船が1922年に東南アジア航路用として建造した約2200総トンの貨客船で（英字綴りはDeliでインドのデリー Delhiではない）、日中戦争時に続いて太平洋戦争でも特設砲艦として活動していた。おとり船への改造にあたっては、敵を油断させるため武装を隠蔽する処置も施されていたが、これはあくまで副次的なもので、船内に多数の防水区画を追加し、舷側には日露戦争時代の産物である魚雷防御網を装着。聴音機とソナーも完備した。最大の眼目はW装置と呼ばれる強磁界発生器の搭載で、磁気起爆装置の誤作動を引き起こす効果を狙っていた。工事は佐世保工廠で実施したとされており、10月末に完了して所属の横須賀鎮守府部隊に戻り、周辺海域での試験行動や従来通りの船団護衛をこなしていたらしい。

「でりい丸」の沈没

さて、乙作戦部隊として出撃した「でりい丸」は「駆潜艇50号」を左に従え、伊豆諸島の東を一路南下した。早くも1830時には大島付近でソナーの反応を得たが、不確実のまま失探。日付が変わる頃には三宅島の東に達し、月齢20の傾きかけた月が照らす波高2m前後の洋上を進んでいたとき、突如左舷船首に水柱が上がった。時刻は16日0020、雷撃したのは「山国丸」を沈めた「ソードフィッシュ」だ。

当時「でりい丸」は魚雷防御網を使っていなかった。船齢20年を超える同船はすでに最大でも9.5ノットしか出ず、防御網を展張すると速力が5ノット程度も減って強風下ではほとんど前に進まないほどだったといい、本船に関しては実用性が極めて低かったようだ。警戒はしていたが見張り、ソナー、聴音とも事前に魚雷を察知できず、完全な奇襲を許してしまった。爆発とともに船橋から前は木っ端みじんに崩壊したが、船橋から後はさほど被害がなく、本船側からはW装置の効果で魚雷が早めに爆発したのではないかと報告されている。一時は防水に成功し、後進で三宅島へ向かおうとした「でりい丸」だったが、身動きが思うに任せず、折悪しく海上が時化はじめて状況が悪化。総員退艦が下令された直後に突然沈下し、0340時に全没した。艦長以下の生存者は「駆潜艇50号」に救助され、「沢風」「第23号掃海艇」と航空機が加わって周辺の掃討を実施した結果「敵潜1隻撃沈確実」を報じたものの、「ソードフィッシュ」はまんまと脱出。もちろん撃沈した相手が特殊な船であることにも全く気付いていなかった。かくして日本海軍唯一のQシップは何の成果も得られず、あっけなく失われたのだった。

後で提出された戦闘詳報の中で、艦長は貴重な特殊任務船の損失にしきりに恐縮しつつも、この程度の旧式低性能な船では任務に適さない旨の所見を述べている。だが、そもそも最初の改造目的自体に問題があるのは明らかで、本土南方近海という玄関先のような場所で普通の対潜艦艇や航空機でろくに敵潜の跳梁を防げなかった日本海軍の地力不足を余計に引き立たせてしまったような事例といえるだろう。

Decoy ship tactics in anti-submarine warfare was developed during the 1st World War and more than 300 decoys, called to Q-ships were used by Allies. World's commercial shipping in 1910s had been operated by much smaller ships on average and most of them were not fitted any defensive weapons for enemy commerce raiders. Q-ship operation could manage in such status since submarine captains had to save consumption of torpedo and tended to choice surface gunnery action, aside from their inattention. Although only 14 U-boats were reported to be sunk by uncovered decoy's gun or other means of counter attack at the cost of 27 loss of Q-ships. Since development of anti-submarine weapons and tactics, together with quick adoption of commerce shipping protection measures including armament and convoy system, submarines no longer loved surface gunfire in WW2 and Q-ship subsequently became obsolete. The only Q-ship for IJN, Deli maru was converted from auxiliary gunboat in late 1943, surprisingly late stage in war. In spite of thorough damage control fitting, Deli maru was hit a torpedo by US submarine Swordfish and disappointingly sunk in 16 Jan 1944 during anti-submarine sweep operation without any success.

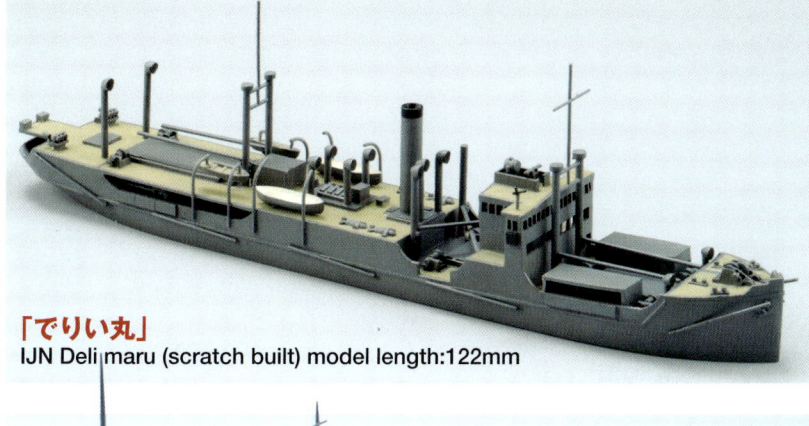

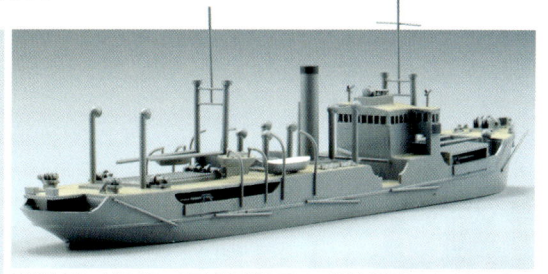

「でりい丸」
IJN Deli maru (scratch built) model length:122mm

最終時を再現。本船に関しては日中戦争時代と思われる特設砲艦状態の写真や姉妹船「めなど丸」の1939年当時の改装用準備図面が残っており、資料面では比較的恵まれている部類に属するが、Qシップ状態の詳細を示す情報はなく、文献の記述を参考にしながら独自のアレンジを盛り込む必要がある。具体的には大井篤の記述にある武装隠蔽と魚雷防御網の設置、戦闘詳報の「船首沈没後部の砲2門で警戒」あたりが判断材料。もともと船としてもやや特異な形状で製作には多少の要領がいる。いずれにせよ、サイズ自体が小さく、いくら対策をしても魚雷を食ったらひとたまりもなさそうなのは一目瞭然で、随分無茶な作戦だったことがよくわかる。

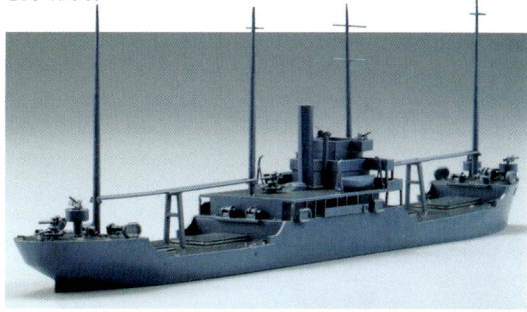

「アナカパ」 Anacapa AG-49
USS Anacapa AG-49 (scratch built) model length:154mm

米海軍が対日戦用に用いた唯一のQシップ。1919年製の木材運搬船で、42年6月徴用のうえおとり船として米本土西岸で行動したが、日本潜水艦との交戦記録はない。作例は写真から作図したものであまり正確ではないが、基本形状が簡単な割に4本マストなど特徴も多く、一見してそれとわかる代物にはなっている。備砲は船首楼の中にも仕込んであった（作例では未再現）。現存写真ではメジャー32系の迷彩を施しているものもあるが、Qシップ時代から外れているので今回はオーシャングレイ1色としてある。

83

33 「安土山丸」の巻

戦時造船は成功か
Difficulty on Wartime Shipbuilding

アニメの世界では巨大戦艦が数カ月で大量生産される話も珍しくないが、不条理とわかっていても、具体的に何がどう無理なのか説明するのは艦船ファンでも難しい。日本の戦時標準船を例にとって、船の戦時量産が意味するものを探究してみよう。

戦時造船は成功だった？

太平洋戦争中に日本が竣工させた商船は約400万総トンで、それ以前を含めた第二次大戦の期間で考えても、連合国の建造量約4500万総トンの1割にすぎない。主要生産タイプである大型貨物船2A型の竣工数約120隻は、カウンターパートにあたる米リバティ型の20分の1にも達しない。そして、在来の保有量を加えた計1000万総トンのうち終戦までに8割が失われ、日本の海上輸送能力は完全に破綻した。ところが、戦時中商船建造を統括する艦政本部にあった当事者のひとりである小野塚一郎技術少佐は、著書「戦時造船史」のなかで日本の戦時造船はほぼ満足すべき成果を得たと主張している。彼の言うところの成功とは、戦前の常識を覆す高い数値目標でありながら、なおかつ当時の状況のなかで非現実な希望的観測にとらわれない計画を立て、それをクリアできたという意味で、つまり自らの職責は忠実に果たしたとだけ言っているわけだ。

同書の原稿自体がほとんど終戦直後に書かれており、覚書のような位置づけとはいえ、連合国側の造船実績などについてまったく触れられていないのは注意すべき点といえる。資料的にも時期的にも比較研究の段階になく、それはそれで膨大な労力を要するテーマだから切り離しておく考え方もあるとは思うが、ひと言たりとも書かずに済ますのも相当なことだ。あるいはそれに触れることの怖さ、すなわち著者の論法への重大な脅威、さらには根源的な戦争指導の問題に踏み入れてしまうのを避けたかったのではとの見方もできなくはない。

ただ、小野塚の詳細な著述からは、少なくとも、当時の日本の国力では実績をさほど超えるものを得るのは難しかったのではないかという感触が得られる。

造船計画の拡大

貨物船と特定のタンカー・鉱石船については、日中戦争時代から標準船型を定めて生産の便を図る動きがあった。しかし、当時すでに資材の逼迫がはじまっていたとはいえ直接的な船の戦争被害はほとんどなく、束縛は緩やかで、独自デザインの船も普通に作られていた。第二次大戦開始以降、イギリスでは造船のイニシアティブはなお民間側にあって戦前型の建造が主流を占め、アメリカでも1936年からスタートした旧式船隊の一斉刷新計画が進んでいた。海運界では第一次大戦で船を粗製乱造して戦後その後始末に大往生した経験があり、たとえ戦時簡易化をしても船の基本能力は落とすべきではないとの思想は日本でも根強く、太平洋戦争開始直後の第一次戦時標準船への移行時も変わらなかった。ただし造船統制全般の強化のため、開戦直後から翌年にかけて権限の大半が逓信省から海務院を経て海軍に移管されており、戦時標準船の設計から造船管理も艦政本部が掌握した。しかし、海軍だけで全部の船の面倒は見きれないとして、当初は全長50m以上の鋼製船のみ（甲造船）とし、それ以下の鋼船と木造船（乙造船）は引き受けなかった。この分離は所轄官庁の対応力の差から建造実績の差を生み、とくに捕鯨船などの大型漁船や曳船が含まれる乙鋼船の極端な不振を招くこととなる。

日中戦争当時、日本の年間造船量は1937年の43万総トンをピークに減少し、41年は出師準備に伴う臨時工事の影響で24万トンまで落ち込んでいた。しかし現行キャパシティに施設拡充などの各種促進策をとれば、80万トンぐらいは建造可能と見積もられていた。太平洋戦争開始にあたって海軍軍令部が提出した戦時損失の見通しは、初年度80～100万トン、2年目以降60～80万トンで、それまでに既存施設を整えれば船の保有量は下げ止まり、さらに造船所を増やして45年度には年産120万トンをもって上昇に転ずるとの考えだった。しかし新設計画はうまくいかず、年産10万トン以上を予定した4造船所は終戦までに三菱広島が2A型7隻、日立神奈川が同1隻、三井安芸津と浦賀四日市が2D型1隻という惨憺たる実績に終わる。資材不足でなりふりかまわない手を打ちたくても打てないのが実情だった。

一方、1942年末から船舶被害が予想を上回りはじめ、従来の考え方では損失補塡もままならない情勢となった。設備の充足を待つだけでは間に合わないため、どうしても船の抜本的簡易化が避けられない。建造期間が短縮できれば、それだけひとつの船台で複数の船を建造可能となり、造船所を増やすより効率的となる。とはいえ、第二次戦時標準船のデザインが第一次から天地ほどの発想転換をした裏には、当時日本側にもほぼ正確に伝わっていた連合国の造船状況、とくにリバティ船の情報が濃い影を落としていたとみられる。建造計画は戦局の推移を受けて急激に膨らみ、1943年春には翌年度150万トン、44年春には同年度255万トンと設定。戦前の見積もりでは到底考えられない数字であり、同年秋の段階で180万トンまで下方修正されたものの、結果としてこの数字はほぼクリアしたのだった。

戦時標準船の量産

膨大な建造計画を達成するために対処すべき問題は多岐にわたる。量産向きの船を新規設計する上で大前提となったのは鋼材の問題。単純な生産量だけでなく、ものによっては日本中で1か所の工場でしか作れない場合もあり、詳細に鉄鋼業界の能力を把握しておく必要があった。供給の円滑化を狙って使用規格を減らし、軍艦との共通化も実施。あるいは船の耐用年数を下げる前提で各所のグレードを下げた。1隻あたりの鋼材使用量の減少が重要な位置を占めていたのも日本戦標船の特徴。船体構造の中で二重底を廃止したのは簡易化と資源節約の両方に関連するが、船の形式と積み荷によっては2区画浸水しても沈まないといった限定的配慮はなされていた。ともかく、第二次船では戦前型より2割程度の鋼材節約を達成しており、鉄鋼業の規模自体も拡張が進められていたものの、それでも造船への割り当ては戦前の1割ほどから大戦末期には4割を超えるまでに増加していた。

船体設計の単純化も程度が進むと、船そのものの形状をどこまで崩すかに及んでくる。艦政本部では第一次戦標船決定の直後から、三菱長崎に対し簡易化と推進効率低下の抑制を両立させた1A型の代替デザインを研究させ、2A型はこれを適用。これとは別に関東の造船所や逓信省船舶試験所などと合同で同様のデザインを作り、三菱案よりやや有利として他の形式で適用した。この経緯については、三菱長崎と船舶試験所の双方に大規模な水槽試験の設備があったことが大きく影響している。

機関の生産も大きな問題であり、船体より生産拡大が遅れる見通しのため、第二次船の性能をわざと下げ、第三次でリカバーする計画を立てたが、結果としては間に合わなかった。資源節約や部材の生産力の制約も絡んで、英米が多用したレシプロ＋円缶ではなく上位品のタービン＋水管缶を多用したが、タービン船は故障が多発。船員の急速養成に伴う技量低下や、質の悪い国内産の石炭を使った影響もあり、運用実績が額面性能をさらに下回った。所要スペースや燃費の点で有利なディーゼル機関は完全な生産力不足で、大型で強力なものは潜水艦用だけで目いっぱいとなり、軍用としても有望な大型優秀船の建造はほとんど不可能となった。

現場の問題では、ブロック工法の導入にあたって必要な組み立てスペースや溶接機材の確保、工員の動員と技能習得、各種外注艤装品の調達などがある。大規模な設備を要する自動溶接はまだ実用化しておらず、技術的不安からブロックは溶接してもブロック同士は鋲接を使ったため、2A型で溶接の割合は全体の3分の1程度。アメリカのように全溶接の大型船が突然折れてしまう事故は起こらなかったが、生産性にはマイナスだった。造船所の労働者数は開戦当時の10万人から最大28万人に達し、約13％を学徒動員で賄った。

84

第3部 舷窓戦史館

2E型は造船システムの実験工場のような役割を負うとともに、労働力の45〜75％を受刑者に依存した点にも特色がある。もともと簡易な船とはいえ、受刑者は刑期によって入れ替わるため工作技術の向上が望めず、2E型不評の一因と見られている。造船所以外で作る各種備品類もばかにならない問題で、たとえば錨鎖のように、船舶専門のものをほとんど家内工業の職人技で生産していたものは、急激に需要が増えても対処しきれず、最も逼迫したときは片舷だけ積んで進水後で残りを充足することもあった。さらにうまくいかなかったのは、意外にも船員の生活や事務にかかわるレベルの備品類であり、末期には大型貨物船を作ったが石炭をくべるシャベルが足りなくて満足に運航できないような事例まであった。

第一次船の決定経緯もそうだが、戦時造船も、造船所と船主の双方が意欲を持てる状態でなければうまく回転せず、いくら国家統制であっても経済的な裏付けが欠かせない。戦標船の建造にあたっては、形式ごとに固定された価格で造船所から産業設備営団が買い取り、船主へ採算に見合う額で引き渡すシステムがとられた。このシステムだと造船所は効率的にたくさん作るほど儲かるはずで、このプラス分が一種の褒賞の位置づけとなっていた。仲介の段階で営団にかなりの損失が出ると見られ

ていたが、実際の赤字幅は予想を下回ったという。ただ、当時はインフレの進展が激しく、機関部など別途決められていた装備類の価格は戦時中だけで1.5倍以上に上がっていたようで、さらに状況が厳しい大陸の造船所に対しては営団の買取価格も若干引き上げてあった。2A型の価格は5年ほど前の最優秀船である郵船S型より3割程度多い額面金額に達しており、第三次の一部と第四次は終戦まで価格が確定していない。また、このような通常の経済の範囲を越え、船を国有化して船会社に運航委託するような措置は日本ではとられなかった。

もちろん、これら全体計画から法的、財政的措置などを整えるには、たとえ事実上の素通しでも一定の時間を要する。まずそこを決めてもらわないと動けないことが多いのは世間の常だ。

国家体質上の欠陥

これら様々な問題は紙面の都合上、全体のごく一部を相当大雑把に説明しただけではあるが、いずれにせよ関与する組織が多岐にわたり、それぞれが充分な下準備を進めたうえでなければ船を作り始めることすらできない。第二次戦標船の建造が正式決定したのは太平洋戦争開戦から1年後、竣工はE型を除けば1943年末以降であり、さらに1年を要した。それでも44年末には、仮に軍

艦を商船に置き換えると日本は年間300万トン以上を建造する能力が整ったと考えられていたが、この頃には鋼材の供給が急激に逼迫し、南方航路が閉塞した45年春の時点で造船業はほとんど麻痺状態となっていた。日本は鉄を輸入に頼る以上、船がなければ船を作れない。建造を大きく上回る損失の結果、問答無用の根源的な理屈が返ってきた。第四次戦標船の設計が商船の範囲を逸脱してまで戦時損失の抑制に特化したのは、数を作れなくなった現実の裏返しと考えてよい。

戦時造船は国家戦略と密接な関わり合いがあり、きちんと将来を見据えた高度なマネージメントが必要とされるのだが、当時の小野塚の位置から見ても戦争の見通しは極めて暗く、その最も重要なポイントを無視ないしぼやかして仕事を進めなければならない点にかなりのジレンマはあったようだ。いずれにせよ、日本はアメリカでリバティ船の生産が軌道に乗り出してから後追いをした点ひとつでも致命的と言える失態を犯しており、戦時造船計画は決して手際が良かったとはいえない。しかし、それももとはといえば軍部の見通しの問題であって、彼ら自身が思っているほど国家とその運営術を知らないまま欺瞞で押し切ろうとした故の推移と結果と考えられる。そこまで早手回しをする能があれば最初から戦争に踏み切らなかっただろう。

Difficulty on Wartime Shipbuilding
Just before outbreak of the Pacific War Japanese prospects for shipbuilding was much moderate for actual result. According to it they were to achieve 1.2 million grt and exceed wartime losses in 1945. The shipbuilding industry did not hope repetition of their hard experience after WW1 and were reluctant to build low performance mass-production designs. As situation turned out much worse, although, they realized to need to change self-conceited expectation. Many problems including ship design development, delivery of steel materials, machinery and fittings, expansion of yard equipment, and acquisition and training for both factory workers and mariners. Japanese effort could build about 1.8 million grt of merchant ships in 1944 but it was too insufficient because of excessive loss amounts 3.8 million grt in the same period. This matter was one of evidence showing that the Japanese military did not have possessed an insight for state management, and if they had it the Pacific War might be able to be avoided.

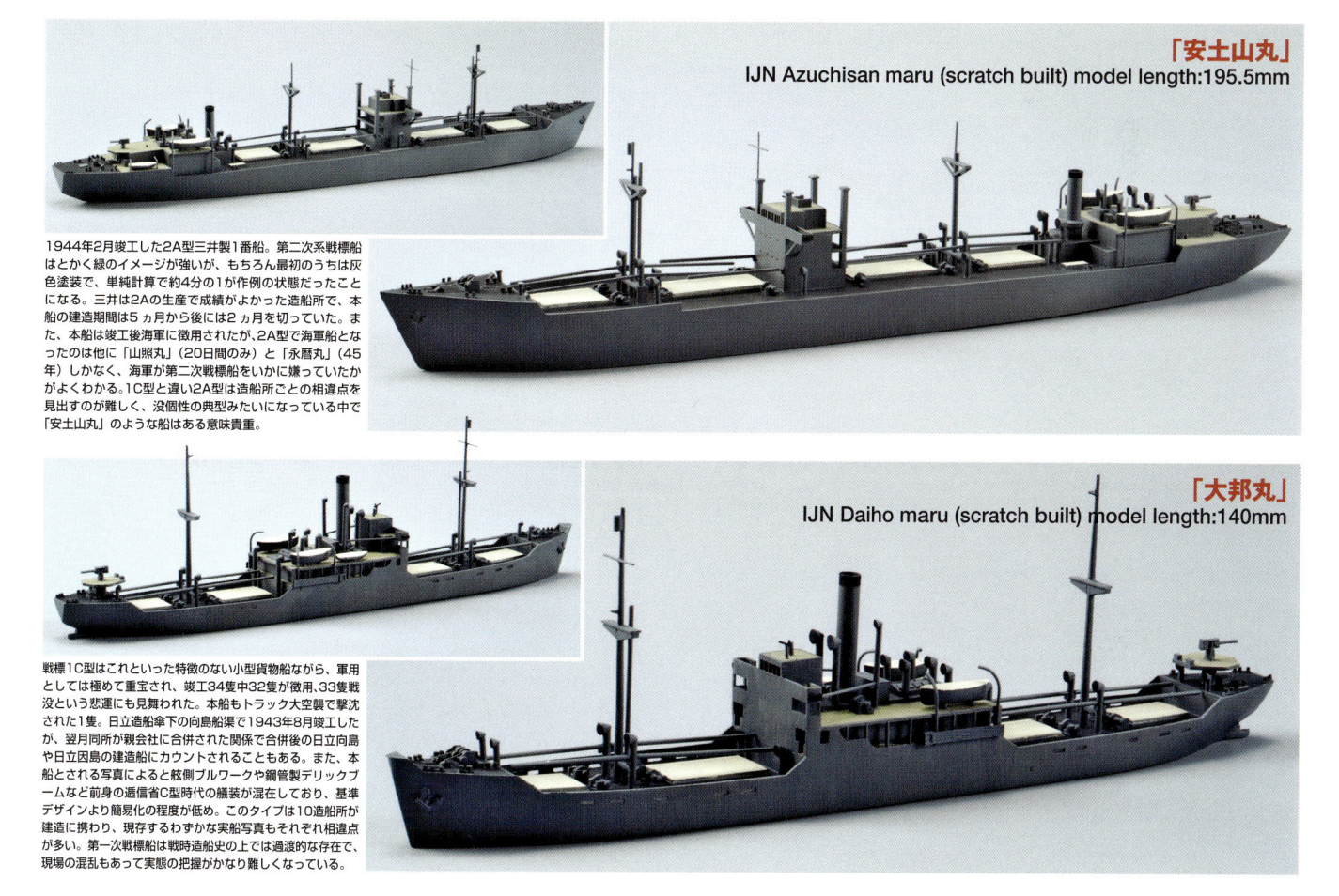

「安土山丸」
IJN Azuchisan maru (scratch built) model length:195.5mm

1944年2月竣工した2A型三井製1番船。第二次系戦標船はとかく緑のイメージが強いが、もちろん最初のうちは灰色塗装で、単純計算で約4分の1が作例の状態だったことになる。三井は2Aの生産で成績がよかった造船所で、本船の建造期間は5ヵ月から後には2ヵ月を切っていた。また、本船は竣工後海軍に徴用されたが、2A型で海軍船となったのは他に「山照丸」（20日間のみ）と「永暦丸」（45年）しかなく、海軍が第二次戦標船をいかに嫌っていたかがよくわかる。1C型と違い2A型は造船所ごとの相違点を見出すのが難しく、没個性の典型みたいになっている中で「安土山丸」のような船はある意味貴重。

「大邦丸」
IJN Daiho maru (scratch built) model length:140mm

戦標1C型はこれといった特徴のない小型貨物船ながら、軍用としては極めて重宝され、竣工34隻中32隻が徴用、33隻戦没という悲運にも見舞われた。本船もトラック大空襲で撃沈された1隻。日立造船傘下の向島船渠で1943年8月竣工したが、翌月同所が親会社に合併された関係で合併後の日立向島や日立因島の建造船にカウントされることもある。また、本船とされる写真によると舷側ブルワークや鋼管製デリックブームなど前身の通信省C型時代の艤装が混在しており、基準デザインより簡易の程度が低め。このタイプは10造船所が建造に携わり、現存するわずかな実船写真もそれぞれ相違点が多い。第一次戦標船は戦時造船史の上では過渡的な存在で、現場の混乱もあって実態の把握がかなり難しくなっている。

85

column 3 模型的塗装表現
Expressive model painting

ごく一部の迷彩塗装を除いて、艦船の塗装は均一な面塗装と明確な塗別線で構成される。実物の船でも吹き付け塗装が用いられるが、大きすぎるので民間の商業的デザインでもグラデーションのような凝ったパターンはほとんど見ない。しかし、艦船の塗装は周辺条件が過酷で、退色や剥落を起こしやすく、錆も出るので、模型の上ではこれを人工的に表現する必要がある。これらは純然たる現物の再現だが、これとやや異なる意味合いの技法もあり、代表的なものとしてウォッシングがある。通常は濃い色調の塗料を希釈して全体にかぶせ、色調をくすませ、奥まったところを強調する効果を狙う。模型に重厚な印象を与え、艦船では室内照明程度の環境下で陰影を補う効果も持つ。戦車あたりのスケールでは汚れの表現としてナチュラルな効果も期待できるが、艦船では模型をあくまで模型として小さく見せ、実物を連想させる余地を狭める印象もある。本当に艦船が好きな人は、というと適切かどうかわからないが、少なくとも艦船に直接携わる現場を経験した人なら、「汚れてしまう」ように見える表現はまだしも「汚してしまう」ような表現はあまりいい気はしないだろう。鉄道模型は今でも汚さない派が優勢らしいが、そのあたりも影響しているのでは。

最近脚光を浴びるようになった技巧として、カラーモジュレーションというものがある。光の加減で単一色の平面にグラデーションが見える現象を塗装で表現しようというものだが、実際はCGの世界から模型に流れてきたと言われており、ステルス効果を狙ってデザインに平板の組み合わせが多い現用艦艇を中心に、艦船模型でも使いどころが模索されているようだ。似たような技法で曲面やエッジを強調しようという試みは以前からあったが、結局照明に負けて誌面では効果がよくわからないことが多い。

最近はインターネットで作品を公開される方も多いので、ある程度撮影を前提とした塗装を考えておくのもいいだろう。細密な艦船模型で起こりうる事例として、マストなどの細い部分が照明に負けて透けてしまうことがある。全般に塗料の塗膜が薄くなるエアブラシの使用者に多く、筆塗り派でも白など塗膜の隠蔽性が弱い色で起こりやすい。これを防ぐためには隠蔽性の強い色をあらかじめ下地に塗っておくのが定石で、エアブラシのユーザーが用いる「黒立ち上げ」には透過の予防効果もある。塗装前の下地ならしに用いるサーフェイサーにも、最近は黒やこげ茶のものが出ている。下地色と本塗装の間に缶スプレーでクリアーをひと吹きしておけば、筆塗りでもある程度色の混濁を防ぐことができる。

もっと特殊なテクニックとして、カメラの特性を踏まえた塗装がある。とりわけ艦船模型で頭の痛い問題として、細長い船の全体にピントを合わせる難しさは避けて通れない。望遠で撮るとかしない限り、普通は絞り値を上げるはず。すると画面が暗くなるため、シャッタースピードを落とすか、あるいは感度（ISO）を高める対応が必要。雑誌の撮影でもそうだが、いつでもスタンドでカメラを固定しながらゆっくりじっくり撮っていられるわけでもないので、手ぶれを起こさない程度のシャッタースピードを維持してISOで補うことを考える。ISOは数値が低いほど色彩に、高いほど明暗に対する反応が上がる。つまり、同じ模型を同じ周辺条件で撮っても、カメラの諸元次第で全く違う写真になる。特に注意しなければならないのはISOが高い時で、濃い色ほど真っ黒につぶれやすく、明るい色ほど真っ白にハレーションを起こしやすくなる。明暗差が強調されるだけでなく、明暗に振れていくほど色味がなくなっていく傾向がある点も頭に入れておきたい。同じ理由で、撮影用模型には光沢仕上げは禁物だ。艶消しでもある程度強調されて艶ありっぽく見えてくる。しかしいずれにせよ、ISOが上がると色味が寂しくなるし、あまり高いと画面にノイズが出やすいので、やはり撮影の時はできるだけ明るい照明を用意したい。

'Washing' and 'color modulation', for example, are special technique to scale model since they are not strict reproduction of real object. Those who experienced shipping business, the author is in fact one of them, will never feel good to excessive weathering effect. Aside from it there is different aspect of special means; adjusting painting recipe beforehand for camera setting including diaphragm, sensitivity and shutter speed. Such funny study might be also attractive in recent internet heyday.

大淀 1943
HIJMS Oyodo (Aoshima) model length: 273mm

ウォッシングなし（「大淀」1943年）とあり（同1944年）の対比。筆者の作例では、煙突など指定色が黒のところには黒とジャーマングレイを混ぜたもの、白のところにはほんの少しくすんだ色（Mr.カラー311番）を使って、明度差を少し圧縮している。内火艇などのキャンバスは市販のセールカラー（45番）をそのまま使っているので、実物はけっこう色味がついているのだが、掲載写真ではほとんど白に見える場合が多い。また、下地や陰影にジャーマングレイを使うことで空気遠近法の効果を期待している。模型の船なら少しでも近づいて見たい、その模型を直接見ているような写真が欲しいと思う方も多いはずだが、船の模型だから少しでも本物を連想させたい、写真になったら絵と同じという考え方だと解釈していただきたい。アオシマの「大淀」は最近発売された佳作キットだが、新造時の搭載機格納庫後端の構造が考証的に確定していないためか、1943年版は限定商品扱いとなっている。

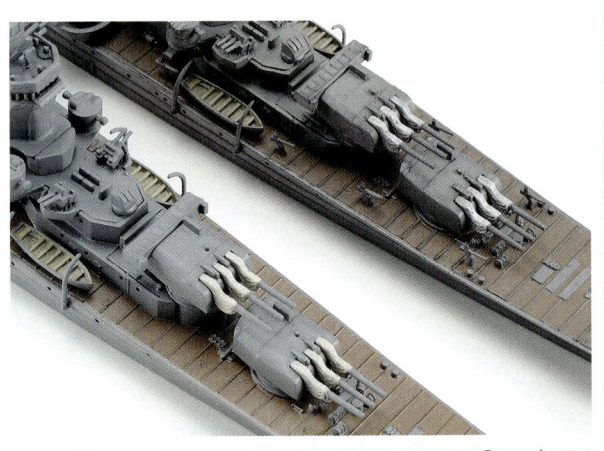

大淀 1944
HIJMS Oyodo (Aoshima) model length: 273mm

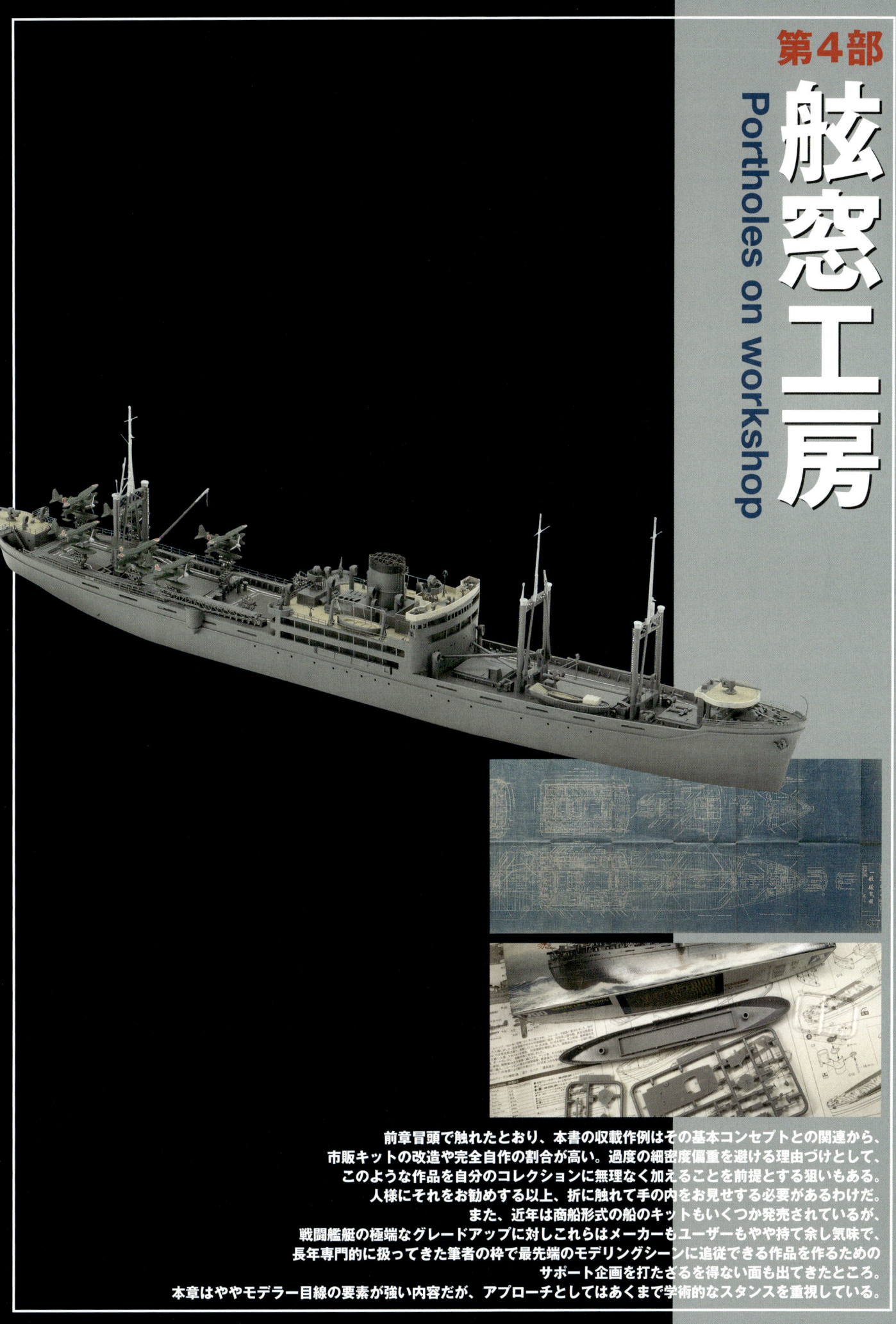

第4部
舷窓工房
Portholes on workshop

前章冒頭で触れたとおり、本書の収載作例はその基本コンセプトとの関連から、
市販キットの改造や完全自作の割合が高い。過度の細密度偏重を避ける理由づけとして、
このような作品を自分のコレクションに無理なく加えることを前提とする狙いもある。
人様にそれをお勧めする以上、折に触れて手の内をお見せする必要があるわけだ。
また、近年は商船形式の船のキットもいくつか発売されているが、
戦闘艦艇の極端なグレードアップに対しこれらはメーカーもユーザーもやや持て余し気味で、
長年専門的に扱ってきた筆者の枠で最先端のモデリングシーンに追従できる作品を作るための
サポート企画を打たざるを得ない面も出てきたところ。
本章はややモデラー目線の要素が強い内容だが、アプローチとしてはあくまで学術的なスタンスを重視している。

34 「平安丸」の巻

1/350 特設艦船を作る
How to build 1/350 Heian maru

艦船模型を語る上で、今や1/700に次ぐ標準規格となった1/350スケールを避けて通るわけにはいかない。ここではそれらキットの中でも異色作といえるハセガワの特設潜水母艦「平安丸」を題材とし、ある程度高いレベルを狙った工作を施してみた。

「平安丸」について

国内最大の船会社である日本郵船は、昭和に入って間もなく保有客船の一大刷新計画を発動し、「浅間丸」以下9隻を一挙に新造した。さすがにこの大事業は三菱グループの造船所だけではさばききれず、2隻を大阪鉄工所（後の日立造船）に外注。このうち「氷川丸」の姉妹船が「平安丸」だった。太平洋戦争では海軍に徴用されて特設潜水母艦に改装、北は千島から南はラバウルまで各地に転戦し苦闘を続ける潜水艦部隊を陰で支え続けたが、1944年2月18日トラック島で米空母機の空襲を受け沈没した。捕鯨母船「第三図南丸」の引き揚げに伴い現在同地では最大の沈船となっており、ダイビングスポットとして「氷川丸」とは異なる形で観光客を迎えている。ちなみに、本船が建造された大阪鉄工所桜島工場の跡地は現在ユニバーサルスタジオジャパンとなっている。

ハセガワの「平安丸」

現在では1/700に次ぐ艦船模型の一大スタンダードとなった1/350スケールは、以前からタミヤの戦艦やイマイの帆船あたりがあったものの長らく新規開発がなく、2007年にハセガワが「長門」を発売したのをきっかけとして急速にラインナップが拡充した経緯がある。同社では定番のWWII艦艇だけでなく南極観測船「宗谷」や日露戦争時代の「三笠」も手掛け、2012年から「氷川丸」の客船時代と海軍特設病院船時代、そして姉妹船「平安丸」の海軍特設潜水母艦状態の3バリエーションを展開した。港ヨコハマの顔としてよく知られる「氷川丸」の姉妹船ゆえ「平安丸」も特設艦船の中では上位の知名度があり、1/700ウォーターラインシリーズで同社が「氷川丸」を手掛けたときもマニアは「平安丸」への改造を狙い、とうとうキット化に至った経緯もある。とはいえ、やはりディテール面でごまかしが難しい1/350で同じことをやるのは相当な冒険だ。

1/700では武装を足しただけだが、こちらは船橋前面など特に目立つ本船固有の相違点が新規パーツとされ、既存パーツもこまかく調べるとそれに対応する部分があり、開発当初からの既定路線だった節がある。「氷川丸」用のランナーもそのまま入っており、そちらを使えば平時状態や3隻目の姉妹船「日枝丸」もいちおう再現可能。エッチングパーツは別売りの「氷川丸」用を使い、新たに必要となるべき部分はそれほど多くないこともあって最初からキットに含めてある。そのまま組むぶんにはまったく問題ないだろう。

製作

もとの「氷川丸」はかなり優れたキット。高い知名度ゆえ購買層が比較的広くなると予想され、ある程度部品数を減らしてカタチになりやすいような構成をとっているように見受けられる。ただし、中にはけっこう細かい部品もあり、大幅に省略された部分と隣り合ってディテールバランスを崩している場合もあるため、まずはその辺の調整が必要となる。

問題は「平安丸」で、同船の特潜母状態は考証的にかなり難しいアイテム。インターネット時代の現在では、アジア太平洋歴史資料センターにある本船の戦時日誌も、ダイバーが撮影した現在の映像も手軽に見ることができるが、文献は断片的だし、現状から得られる情報も限られる。何より具体的な改装時の装備と配置を明示する資料がなく、戦時中の映像も不明瞭なものばかり。アカデミックな観点で扱うと大事な部分がほとんど作り手の解釈にゆだねられてしまうため、キットもそのものというよりは「平安丸」を作るために必要な素材のセットぐらいの感覚になってくる。ここでは無理やり勝負してみたが、現在の繊細な商品レベルで1/350は1/700ほど気楽に改造ができないから、普通はもう割り切って船の模型ではなく模型の船として楽しむしかないのでは。考証面の問題はさしあたり次項にまとめてあるが、本腰を入れてかかりたいとお考えであれば、できれば呉海事歴史科学館で「りおでじゃねろ丸」の図面を入手されるようお勧めする。様々な発見があるはずだ。

また、ポテンシャルを最大限引き出す手段としてダイオラマの製作がとりわけ重要なのも、特設潜水母艦というアイテムの特質といえる。軍艦と商船の双方に長けてこそクリアできるハイレベルなお題に、あなたも挑戦してみてはいかが。

「平安丸」は1930年に完成したシアトル航路の貨客船。現存する姉妹船「氷川丸」はたぶん日本一テレビに多く映っている誰もが馴染みの船だから、「平安丸」もまた見る人を作品世界に引き込みやすいメリットを持つアイテムと言えるはずだ。

第 4 部 舷窓工房

「平安丸」
IJN Heian maru (Hasegawa 1/350) model length:466mm

It is not surprising that Hasegawa decided to develop Heian maru tool in 1/350 scale, because her sister Hikawa maru, lying in Yokohama today, is the most famous passenger liner for domestic shipping agent in Japan and consequently being favored in the point of molding reference compared to other contemporary merchant ships. Although being suitable variant target for manufacturer, Heian maru is still difficult subject for researchers and modeling enthusiasts since her precise wartime fitting is not settled. Another point is how recover details omitted by manufacturer, probably expecting purchase by many beginners.

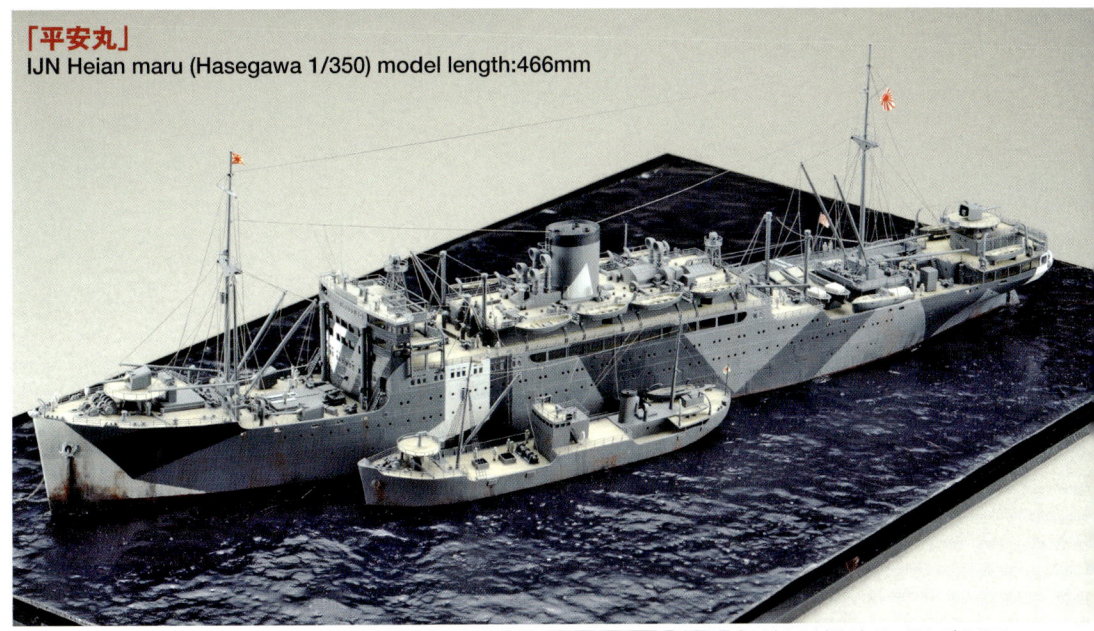

「平安丸」は大幅にディテールアップ。1/350に見合うディテールバランスを意識して各所に手を入れたほか、戦時装備関連も商品仕様にこだわらず、各種資料からできるだけ実船に近づけるよう実験適用も含めて大胆にアレンジしている。これほど確定事項の少ない船をこのスケールで真面目に作るのはけっこう大変だが、趣味として見るなら、そのようにああでもないこうでもないと迷いながら作るのはけっこうな楽しみだろう。

89

平安丸1943
作例製作要領

上面図ラベル:
- 水タンク 12
- 艦載艇追加
- ブルワーク内面形状修正
- 8 (3番倉口開放)
- 2・3番砲位置変更敷板追加
- 5 主砲シールド形状変更
- 防雷具展開用ローラー
- 10 救命艇形状変更
- 防雷具追加
- 6 倉口変更
- 1 ガンネル形状変更
- ベルマウス形状変更
- 7 船橋上部艤装配置変更

側面図ラベル:
- 爆雷投下台
- 艦尾信号灯 13
- アウトリガー形状変更
- 機関部一部変更 9
- (ドッキングブリッジ)
- 15 救命艇 (下段は搭載せず)
- ナックル形状変更
- 14 (塗装)
- 11 (舷梯右舷のみ)
- 4 デリックブーム一部撤去
- 3 外鈑表現変更
- 2 喫水線変更

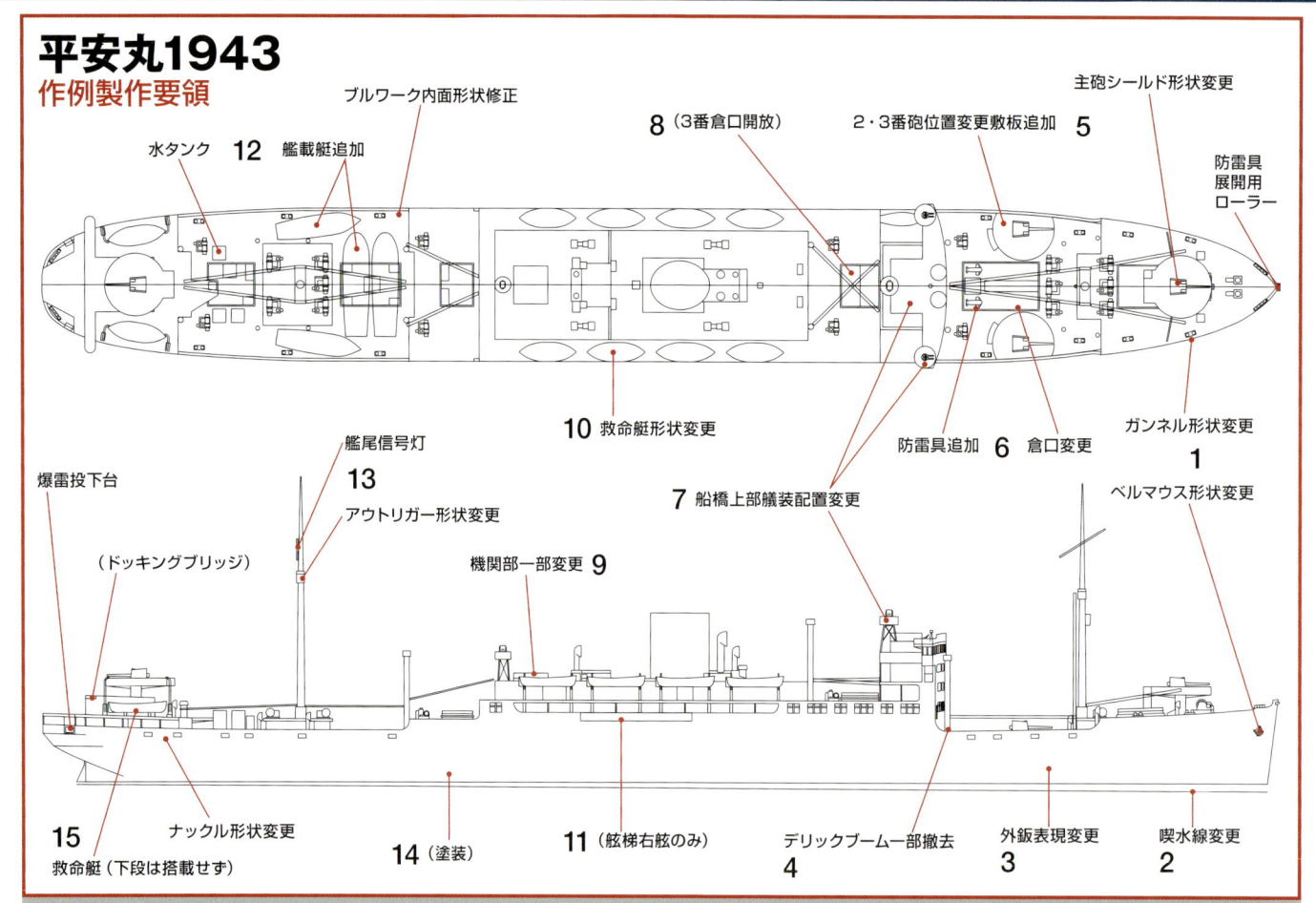

1) 船首／「平安丸」のベルマウスは「氷川丸」よりも単純なビーズ型。気になる方は直すこと。作例では防雷具用ローラーを追加し、ウインドラスを動く形に改修。錨鎖はキットにチェーンが入っているが、ダイオラマで投錨状態を表現する場合は不足するので調達が必要。船首楼甲板はガンネルで部品の厚みがそのまま出ていて、こちらもできれば直したいが、エッチングパーツとの兼ね合いにも注意。

2) 喫水線／あいにく「りお丸」の図面には喫水線が描かれていないが、「さんとす丸」の図面では商船状態の満載喫水と船底の中間付近まで下がっている。作例では船首4mm、船尾8mmのアップトリムで船体をカットして、やや戻し気味の位置に喫水線を引いている。ただハルモデルでは喫水線が傾いていると格好悪いので、適当に商船状態より低いところに並行に設定してやればいいのでは。

3) 舷側／このキットの外板はラインモールドとなっており、スケールバランス的にはやはり段差をつけたいところ。作例では突き合わせ接合のかぶせ板も再現。あまりなじみはないが、5500トン型軽巡では1/700でもしばしば再現されるものだ。現在の本船を見るかぎり、舷外電線やその痕跡は確認できない。

4) デリックブーム／ボックスアートは商船時代の写真が元ネタで、デリックブームやワイヤーのとり回しなどがかなり細かく描き込まれているが、キットのような半分立てた状態なのは埠頭で荷役中をしているためらしく、この状態で外海を走ることはまずない。おそらく一部のブームは撤去されていたはず。今回は船橋前面のポストを残してあるが、この解釈とする場合はブームの部品の基部だけ切り取って取り付けておくといい。

5) 主砲／舷側主砲の位置は「平安丸」最大の悩みの種。まず一般常識として敷板が必要。操作員がシアーやキャンバーの影響を受けないよう、甲板より浮かせて平面を構成しており、キットのように滑り止めの鉄板をただ乗せただけというのは有り得ない。作例の前後砲座の径23mmが15cm砲に対して適正なサイズであり、これと同じスペースを得るには、キットの指定位置である4番船倉横はかなり狭い。現在の船殻の該当位置にも戦前どおりウインチや通風筒が立っている。1943年末に15cm砲4門を撤去して12cm高角砲2門に変えているため、表面を見ただけでは確定できないが、下の船内を調べれば本来の位置に砲座支柱が残っている可能性があるので、将来この問題は解決するかもしれない。作例では2番倉側面に配置したため、モールドの統一の都合で船首尾砲座も自作している。部品請求で砲座を取り寄せてもいいが、砲側弾薬ケースの配置や船内弾薬庫からの給弾に関連する装備にも配慮したい。部品請求で砲座を取り寄せてもいいが、砲側弾薬ケースの配置や船内弾薬庫からの給弾に関連する装備にも配慮したい。実際、沈船調査資料によると2番倉口の首尾線上に同船と同様の魚雷用ハッチが確認できているようだが、具体的な構造はまったくわからないので作例ではこれを適当に表現した。なお、現在4番倉口の後端には逆U字型をした謎の構造物一対が見られる。

7) 船橋構造物／キットの機銃配置などはおそらく商船状態のディテールを極力さわらないように設定したものと思われる。すべてのハッチを甲板から削り取って自作した。天窓や小型ハッチの配置はさしあたり「りお丸」を参考に。探照灯台はコンパスブリッジより後ろに立っているのが正しいらしい。このほかキットで興味深いのは、ブリッジデッキ(ボートデッキの1段下)の3番倉口右舷側に潜望鏡のパーツ(L9)があること。現在ダイビングの目玉になっているところだが、本来潜望鏡は潜水艦の存在意義にかかわる極めて重要な装置であり、普段から風波の入るこの場所に裸でくくりつけてあるのは、使用済のものでは。沈没直後にほとんどの積み荷が引き揚げられた中で、再利用不能として遺棄されたと考えられる。なお、作例では船橋周辺のガラス窓部分にキットパーツではなく透明プラ板を用い、船体の塗装と艶消しトップコート処理を済ませた後で1枚ずつはめ込む手法をとっている。

8) 3番倉口／「りお丸」にならうと船橋直後の3番倉口は商船時代のままの可能性が高い。作例では商船状態の参考の役割も含め、この倉口をオープン状態として、ハッチボードとハッチビーム(ボードをのせる取り外し式の内梁)を横の甲板に置いておいた。キットの倉口はいちおうハッチビームの表現があるのだが、ボードの分割線が図面上のハッチビームと区別できていない。全部作り直しまでしないとしても、通常はターポリン(シート)で覆うが無難。

9) 機関部／煙突まわりは姉妹船3隻とも細部が異なっており、「平安丸」最大の識別点である煙突直前の通風筒を再現する部品が入っている。ただし、その他はあいまいで、「氷川丸」だけにある大型のきのこ状通風筒(G12)を左舷のみ残して、その後方にあるべきボックスの代用とするような処理がされている。ここは本船図面がなければどうにもならないので、作例では通風筒を取り付けないだけで済ませている。

10) 救命艇／砲座と並ぶ問題点。現在知られている特潜母の戦時代の救命艇を左右各2隻程度まで減らすのが標準されている返る。ボートを置かないならダビットも外すのが基本。ところが、現在の船殻には平時のダビットがすべて装着されており矛盾する。戦時中の写真でもなかなかわかりにくいところで、キスカ参加による丁型輸送(上海〜ニューギニア間陸兵輸送)のとき復活した可能性も考えられるが、今回は現状に従ってみた。模型的には見栄えがするし、エッチングパーツの手すりもそのまま使えて便利。ダビットは型抜きの都合で省略されているが、なお、キット付属のボートは構造がカッターになっていて救命艇ではないし、商船状態で船尾に置く平らなものは折り畳み式の側壁を持つタイプで、かなり現物とかけ離れている。戦時状態では再現が基本だが、難しければキャンバスカバーをかけておく。

11) 舷梯／「氷川丸」型は舷梯が右舷にしかない。図面上は煙突横のブリッジデッキと後部マスト横の上甲板にあるが、作例では別売エッチングセットを用いて前者のみ再現し、残りのパーツなどで欠落部分を補った。あえて下ろしかけの状態とし、強度上の都合で舷側に接着しているが、もちろん本来は上の専用ダビットで吊ってある。

12) 上甲板／キットは上甲板の舷側ブルワークの内側が再現されておらず、舷側部品全体の肉厚がそのまま表に出る構造なのがスケール感を損なっている。やや難しい工事だが何とかディテールを追加したい。5・6番倉口付近はほとんど情報がなく、ボート類を積んでいたはずだが他の特潜母を調べても特に定係が明確でなく、作例では適当にあり合わせのものを使っている。また「りお丸」に見られる水タンクものせてみた。

13) マスト／キットはアウトリガーが一体成形のソリッド状となっており、できればプラ板などで作り直したい。こくわずかながら「りお丸」とは肉抜き穴の形状などが異なる。戦時状態では艦尾信号灯を追加。

14) 塗装／「平安丸」の迷彩の写真は左右ともいちおう残っているが、どちらも遠景で詳細はよくわからない。特に右舷は舷梯の影もあって紛らわしい。1/700のキットとはパターンを変えてあり、キットのように4色に見えないこともないが、一般に日本海軍で使ったダズルペインティングは3色まで。また船橋窓枠などをマホガニー、通風筒内側を赤く塗る指示については、こくわずかな規定などそういうこともあるという程度。なお、キットの指定迷彩色は概ね明度差が適当になるよう既存色を選んだものらしいが、そのままだと色相がばらばらなので散漫で装飾的な印象に陥る可能性がある。できれば自作色を織り交ぜてでも色相を近づけておきたい。

15) 船尾／1943年春の写真では後部が低くドッキングブリッジがないように見えるが、現在の船殻にはそれがあるらしい。ボートと同じく後の改修の可能性もないではないが、写真では船のトリムの関係で船尾側が沈んでいるぶん低く見えているのかもしれず、今回は検討を兼ねてドッキングブリッジを乗せてみた。側面のボートとダビットは下段の折り畳みタイプの艇を省いて装備。なお、キットはカウンタースターンの前方の形状処理にやや疑問がある。上甲板直下付近に斜めに入っているナックルは削除し、後端のナックルラインがそのまま前方へのびて消えるよう調整する。爆雷投下台1対を追加。

第4部 舷窓工房

塗装は全面ジャーマングレイの下地の上から細筆1本のオールフリーハンドで、マスキングもいっさい使わず、筆塗りの持ち味を押し出す絵画的技法を用いて船の巨大感を演出している。上級者向けエッチングパーツセットにはデリック用の滑車も用意されているが、破損防止の都合で用いず細密工作を避け、やや太めののばしランナーで張線を施した。ただしデリックブーム2本を用いた「喧嘩巻」と呼ばれる荷役方式に対応する取り回しは再現している。1/350ではリギングの省略が難しくなってくるため、可能な限り商船の荷役に関する知識も得ておきたい。現在トップレベルのモデラーなら1/700でも作例以上の工作を難なくこなしてしまうが、そこまで自信が持てなくても単純計算で半分の精度で同等のレベルに到達できる1/350スケールは、ある程度作り込みをしたい方にとって心強い味方になるはずだ。

潜水艦部隊の前線基地として活動する潜水母艦は、本質的にダイオラマ向き。簡易なベースを作ってみた。海面の表現は国内の作品では透明素材が使われることが多く、専門店に行けば海面シートをはじめ各種アイテムも発売されているが、ここでは海外で一般的な石膏系の不透明素材（作例はホームセンターで売っている壁面補修材）を用いている。艦船模型のスケールでは透明度は必要ないと考えられているようだ。潜水艦はアオシマの乙型（「伊27」）で、艦名を北方戦域に配備された「伊21」に変更。「平安丸」の左舷側にはフルスクラッチの特設給糧船「第二号天洋丸」を横付けし糧食搭載作業中を想定した。

35 「りおでじゃねろ丸」の巻

特設潜水母艦の装備
Latest study on IJN Auxiliary submarine tender

現在のところ資料面で最も充実した特設艦船といえる「りおでじゃねろ丸」を中心として、特設潜水母艦の艤装面におけるリサーチの現状をまとめてみる。「平安丸」製作時の参考資料として利用いただければ。

特設潜水母艦の再現

　日本海軍では昭和に入って駆逐艦や潜水艦といった水雷艦艇の大型高性能化が著しく進んだ一方、それらの支援母艦の整備は後回しとなっており、ゴージャスな潜水母艦「大鯨」や「剣埼」もいずれ空母に改装される予定だったため、ごく近い将来に一朝時あれば特設艦船に依存するしかなかった。日中戦争初期の段階で特設潜水母艦の候補としては古い貨客船、たとえば大阪商船「はわい丸」型（対米戦なのにハワイで一服はまずいと思ったか、福井静夫の著述では「あふりか丸」型）や「ばいかる丸」あたりが指定されていたというが、この当時からの候補で太平洋戦争当時実際に使われたのは「さんとす丸」だけで、新たに大型で新しい「靖国丸」や「平安丸」などが加わった。これらは特設水雷母艦の候補とされていたものだが、駆逐艦には必要ないとなったらしく当該任務は中型貨物船で代用された。立派な新造の駆逐隊母艦や潜水母艦を揃えた英米とは好対照だ。

　太平洋戦争で特設潜水母艦となった7隻のうち、戦時中の写真が知られているのは「靖国丸」「平安丸」「満珠丸（さんとす丸）」「りおでじゃねろ丸」で、これに戦後の「筑紫丸」が加わるが、船上のアップか遠景の両極端が多く全体像をつかめるものはほとんどない。図面の類では特設水雷母艦としての「靖国丸」「平安丸」の部分図、1936年当時の「さんとす丸」型艤装図が公表されているが、なんといっても重要なのは「りおでじゃねろ丸」の1941年6月作成の艤装図。改装終了直後の出図で完成図の表示があり、実際の状態を示す図面が残っているのは特設艦船全体としてもかなり珍しいうえ、本船の場合は比較的明瞭な写真も残っているため、細部の検証もそこそこ可能である点が大きい。まずはこの船の再現に踏み込むのが、特設潜水母艦の実態を知る上で欠かせない作業となる。もうひとつは「筑紫丸」の改装図面。こちらは図面自体の質がよくないのと艦内側面図である点、実船の当時の状態を示す写真がない点から扱いやすさで一段劣るが、頑張って使ってみたい。

From 1930s IJN did not put emphasis on tender ship for torpedo vessels, and in contrast to US and UK, built excellent submarine/destroyer tenders, any purpose-built tender did not entered in service for Japanese fleet during WW2. In this period IJN had thought that such role must be substituted by requisitioned merchant ships and conversion plans to suitable objects were prepared. Today concrete information about those auxiliary tenders is very limited. When building their model somewhat complicated work is demanded to suppose clipped part and adopt proved fitting flexibly from other ship. The central figure is to be Rio de Janeiro maru, the only ship that both conversion plan used actually and picture showing approximate configuration is known.

りおでじゃねろ丸（1942）

1）船首／船首端に防雷具用のローラーとダビットを追加。水線下に防雷具用ワイヤーの線を通す穴をあけたパネルを増設するようだ。船首砲座の射撃の邪魔にならないよう、艦首旗竿からマストに伸びるワイヤーは砲座の背後に移動。これは船尾も同様。

2）前部船倉／前部船倉内は魚雷庫や本船用弾薬庫とされ、このあたりに魚雷を受けて中破で済んだのは奇跡だったのでは。1・2番倉口は閉鎖するが、このうち1番は2mm厚、魚雷搭載口のある2番は7mm厚の鋼板を使うよう指示されている。前者の上には、この頃から艦載艇として導入が始まった13m特型運貨船（中発）を置く。独特な形状の架台は「靖国丸」でも確認できる。後者の横には舷側砲座を設置。特設巡洋艦もそうだが、15cm砲の操作半径は4mと設定していたようで、砲を舷側ぎりぎりに寄せてなんとかスペースを確保している。図面にはないが写真では船橋前のデリックブームを撤去。舷外電路の設置も同じく追加措置だろう。

3）船橋／屋根の上、コンパスの周辺のブルワークは撤去し、別途前面に遮風板（この場合は普通の一枚板）を追加。後方に110cm探照灯台を設置。本船の場合、大型探照灯はこの1基しかない。また、この操作フラットは真円ではなく、前方に少しのびて信号探照灯をのせるようになっている。ただし計画では撤去するはずの方位探知アンテナは残っている。

4）中部構造物／3番船倉は主に糧食庫とされており、倉口も商船状態のハッチボードをそのまま使うようになっている。その後ろ、デッキハウス（もと一等社交室、司令部施設に転用）の上の救命艇は図面では残す指示だが、実際は撤去（架台は確認できるがダビットがない）。その後方には本来、通常の救命艇と側壁を折りたたむ形式の筏を重ねて6セット置いてあったが、このうち前から2・3番目の救命艇を残して他は全部撤去。1番目の跡地は縦舵機調整場として使われた。なお、中部舷側には片側4個の防舷材を下げることになっている。煙突の大マークは残っている。

5）後部／後部は潜水艦乗組員用の居住設備や倉庫、整備工場が占める。4・5番倉口も薄鋼板で閉鎖し、前者の上に12m内火艇を置く。後者の周囲は工場設備の追加デッキハウス、水タンク、第三種標的船と付随するポンツーンが雑然と並ぶ。写真では標的船関連らしいものが甲板置きではなく横に立てかけてある。後部マストの左右にあった救命艇と筏のセットもダビットごと撤去し、9m内火艇を置くことになっていたが写真では未搭載。図面の5番倉左舷にある繋船桁も確認できない。本船の場合、商船時代のスプレッダー方式の無線アンテナ線も撤去して、前後マストと煙突を結ぶ新たな空中線を通すよう指示されている点も興味深い。

6）船尾／船尾砲はドッキングブリッジの上に直接置く指示で、救命艇など付近の邪魔なものは撤去し、左右に操作フラットを継ぎ足している。後部ボートデッキの直前に立っていたはずのデリックポスト（というよりデリックを装備可能な通風筒のような位置づけらしい）は、なぜか撤去ではなく改装図面に最初から記載されていない。爆雷投下台などはこの段階では用意していなかったようだ。特設潜水母艦の写真として「平安丸」の次に有名なのは「長門」の横で標的を曳航している「靖国丸」ではないかと思うが、図面にも繋船ウインチから第一種標的を曳航する際のラインが引かれているのが興味深い。

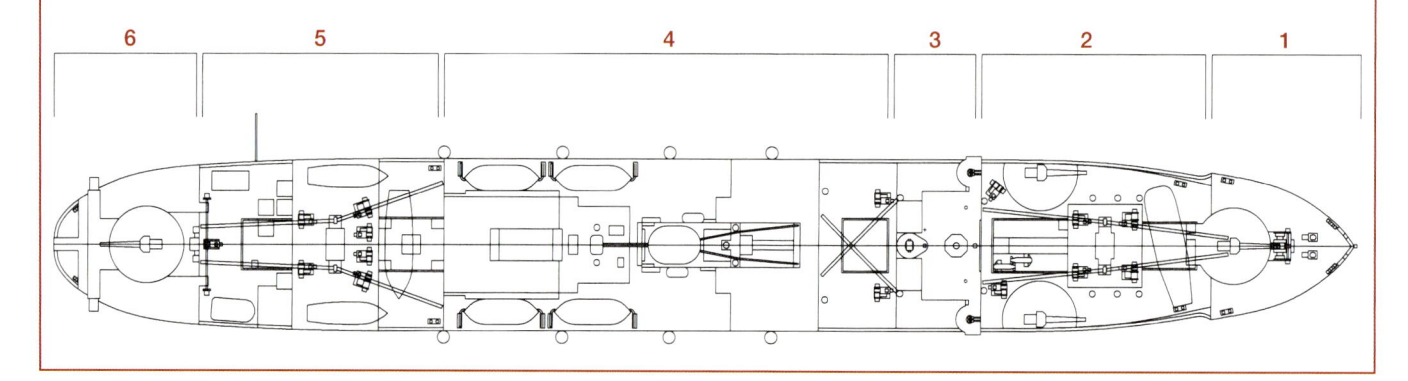

第 4 部 舷窓工房

「りおでじやねろ丸」
IJN Rio de Janeiro maru (scratch built)
model length:210mm

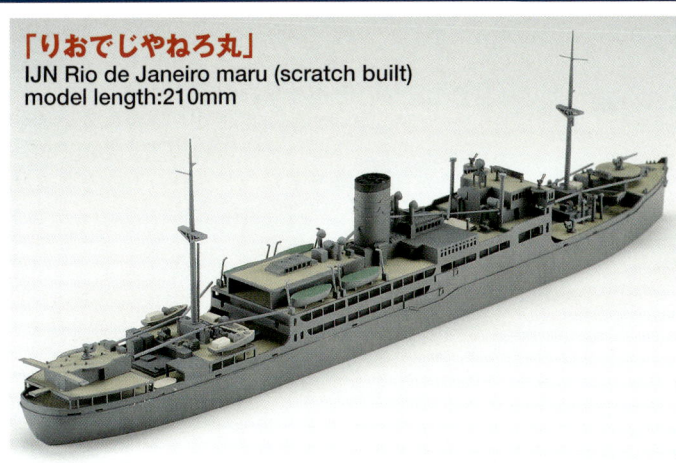

「さんとす丸」型の拡大版「ぶえのすあいれす丸」型は、1929〜30年に2隻完成。このうち「りおでじやねろ丸」のみ特潜母となった。通称「りお丸」。当時の厳密な表記では「し」に異字体を用いる。1944年2月のトラック大空襲で撃沈されており、ダイビングで現物を見ることができるが、前年9月に特設運送船へ転籍したため艤装変更されていた可能性が高く、特潜母としてはあまり参考にならない。しかし「商船三井戦時戦史」に1942年5月（7月の誤りともいわれる）インドシナ沖で被雷損傷した直後の写真が掲載、さらに呉海事歴史科学館で先述図面が公表され、資料面で一気に充実した。もちろん図面が完全とは限らないが、両者の相違点には経時的変更が含まれると考えられる。具体的にその内容を検討すれば、おのずと「平安丸」などほかの船に応用できるポイントも見えてくるだろう。作例は自作だがピットロードからレジンキットがしばしば再版されており、やや形状表現に難があるものの比較的シンプルで組みやすく、アップデート改造もしやすいのでは。もともと戦前の南米移民船を代表する1隻で、米倉涼子と森光子が主演したNHKドラマ「ハルとナツ」でCG再現がされたこともあるほどなので、軍艦ファンの知名度が高まればインジェクションプラスチックキット化も夢ではない？

「さんとす丸」
IJN Santos maru (scratch built)
model length:195mm

「さんとす丸」型は1925〜26年に3隻が就航した大阪商船の南米移民船で、大型外航貨客船としては日本初のディーゼル船でもある。比較的早い時期から特設潜水母艦への割り当てが決まっていたようで、1935年8月の実地調査に基づく36年5月出図の艤装図が残っている。すでにこの時点で砲4門、単装機銃2基、探照灯2基（ただし主砲は15cmから14cm、探照灯は90cmから110cmおよび75cm各1基に訂正されている）などの基本武装は固まっており、各倉口に配置すべき新たなハッチ類も書き込まれている。一方、ボート類の変更は船尾の2隻撤去、その前の右舷のみ内火艇と交換するという控えめな内容で、魚雷庫の具体的なアレンジにも言及されていない。1番船「さんとす丸」（「満珠丸」と改名さ れたが海軍では旧名を使用）のみ改装が実行されたが、現存する船上写真では船橋ウイング上に機銃座がある点（図面では測距儀）と煙突周辺の救命艇のうち最前部のものが撤去されている点から、実際の改装要領はやや異なるものだったようだ。作例はこれらをもとに拙著「戦時輸送船ビジュアルガイド」掲載のものをアップデート。「商船三井戦時戦史」では主砲を15cmとしており、作例もそれに従っているが、機銃を16mmと記載し信頼性が低く、砲座のサイズも不足する。また本船は1943年3月に特設運送船となり、上記資料では前年夏の時点で主砲を船首の1門としているが、これも少々疑問。ちなみにサントスはサンパウロの外港。

「筑紫丸」
IJN Tsukushi maru (scratch built)
model length:209mm

「筑紫丸」は戦時中日本海軍が就役させた最後の特設潜水母艦で、大連航路の貨客船に建造中から所要の艤装を施したうえ1943年3月25日竣工、ただちに徴用され訓練部隊の母艦として用いられた。44年末に運送艦となり、石炭輸送のためわざわざ船内の甲板を1枚抜く改造を実施。終戦まで残ったものの、この改造が仇となって戦後長らく使われず、1952年パキスタンに売却されイスラム巡礼者用の客船となったあと、1960年火災全損。現存図面は竣工当時の状態を示すものらしく、各種記述と固有装備のどれを撤去したかなど判読が難しい部分が多いが、主砲4門と機銃2基のほか内火艇1、ランチ2、特型運貨船2を装備し、船橋構造物前方のデリックポストとウインチ、前から3番目以後の救命艇を撤去、中部に信号マストを新設するなどのポイントが上がる。戦後の写真で確認できる、船橋構造物中段前面の窓が閉鎖されている点も特潜母時代からの特徴と思われる。その他、大戦末期の船内改造に伴って竣工時の舷窓の一部を閉鎖して（内側から蓋をしている）別の高さに新たな窓を開け、都合3本のマストを全て短縮し（後部のみ戦後トラス式のトップを追加）、中部マストに一三号電探と逆探を装備しているといった図面との違いも見られる。船橋構造物後端デリックポストのうち右舷のみ短縮しているのは、ボートデッキ右舷のランチを撤去して機銃座を増設したための変更と推定。問題は後部の舷側砲座。福井静夫の記述では特潜母の主砲を「船首尾、および前後いずれかの舷側」と記述しているが、具体的にどの船がとは書いていない。前部配置が確認されている、または後部配置の可能性が低い他の船以外で「筑紫丸」という実例が存在することで、現在まだ砲座位置が確定していない「平安丸」型の場合が後部である必然性がないことになるのだ。作例は上記資料と商船としての原計画図の他、以前交通博物館に展示されていた姉妹船（建造中止）「浪速丸」の大型模型を参考に製作。船自体は他の2隻と同じ大阪商船でサイズも「りお丸」とほとんど同じだが、予定航路の違いもあるとはいえ、計画年代が約10年違うとデザインもずいぶん変わるものだ。ただし、アウトラインはシンプルになっても模型としての工作の難易度はむしろ高くなる。なお、本船はタービン機関なので蒸気式ウインチではないかと思うが、図面ではどちらともつかない書き方で「浪速丸」の模型でも電動式を使っており、作例もこれに従っている。

93

36 「報国丸」の巻
特設巡洋艦のキット
Auxiliary cruiser Hokoku maru class

ピットロードの1/700「報国丸」型インジェクションキットは、形状表現と作りやすさの両面で高いレベルを実現し、現時点で戦前の商船・特設艦船系アイテムでは最高峰といってよい。更なるディテールアップの手引きを紹介。

旭日旗の海賊

世界の海運と海上軍事力の発展に、海賊行為は古来密接な関連を持ち続けてきた。帝国主義の中でそれは重要な戦略要素であり、通商破壊作戦という名称のもと最も大規模で国家による直接的な海賊行為が実施されたのが第二次大戦だった。潜水艦以外で日本海軍がこの作戦に投入した2隻が「愛国丸」「報国丸」という名前だったのは、何とも示唆的である。

キットについて

長らく日本海軍の特設艦艇模型の代表作と目されてきたのがピットロードのレジンキャストキット「報国丸」型だが、同社は2011年にそのインジェクションキット化を実施した。この間に判明した写真と船名の取り違えという根本的問題に踏み込んだ点だけでも、出色の歴史的意義を持つ商品だが、近年研究が進んだ特設艦船としての艤装を積極的に取り入れたうえ、軍艦主導の模型業界でともすればおろそかになりがちな商船としての諸要素にもかなり注意を払った様子がうかがえる。特設艦船という少し毛色の変わったジャンルであることを別としても、過去には多少偏重的にディテールを押し出す傾向が強かった同社のインジェクションキットとは様相が大きく異なり、プラモデルの地力にあたる基本形状の再現や組立・塗装の利便性を充分踏まえた上での合理的な商品設計は、多くのファンに高い好感度を持たせることだろう。

製作

このキットは部品同士の合わせ具合が良好なだけでなく、合わせ方を極めて巧妙に考え抜いている点が特筆に値する。ハッチや艤装類など、よく似た部品が多い割に、合わせ目の形状を変えてあるため迷うことが少なく、少し慣れた方なら組立説明書を見なくてもほとんど組み上げることができるはずだ。武装や搭載機などファンが見慣れたパーツは、最近同社が発売している新装備品セットの基準に沿った細密な仕上がりで、あえて他のものに取り換える必要はない。キットの枠を超えたディテールアップは、特設艦船の性質上かなり高度で広範な知識とスキルを要するが、土台となるキットがしっかりしているので無駄な手間を強いられるわけではない。安心して腕によりをかけていこう。

特設巡洋艦「愛国丸」

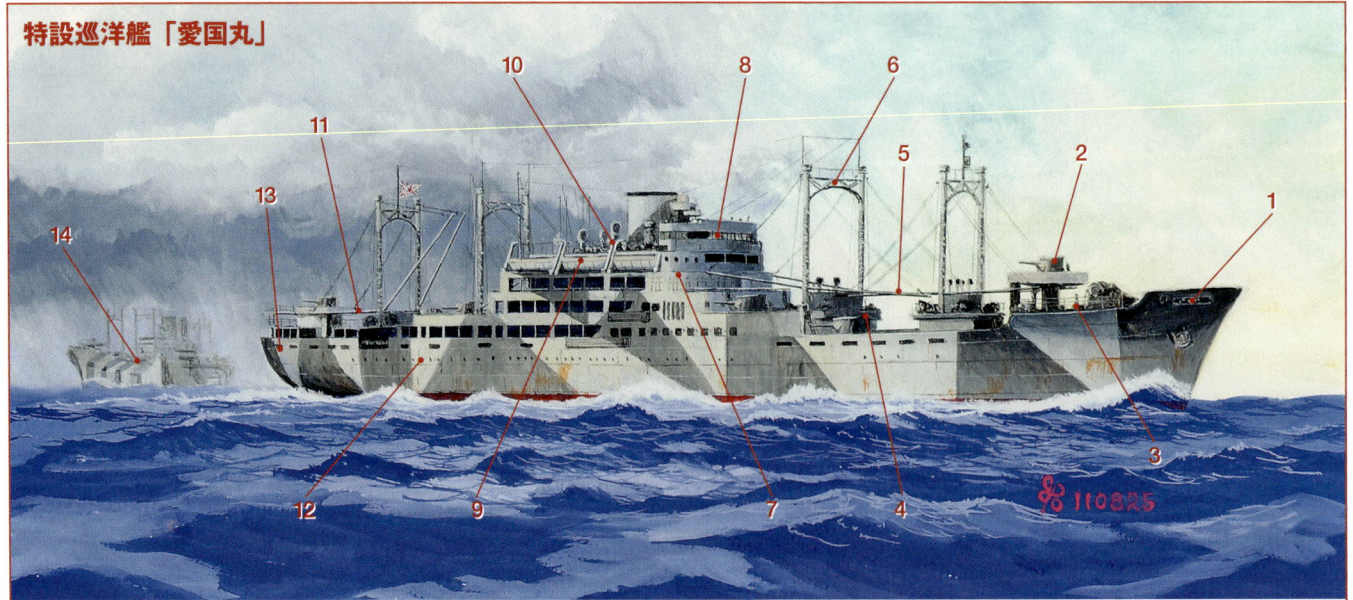

1) 船首／平面形が細い船首は建造した三井玉の特徴。キットは左右の錨甲板の錨鎖口のそばにムアリングホール（繋船索を通す穴）があるが、これは船首楼甲板の錨鎖口の右舷側前方にあるモールドとつながっているもので、左舷にはないので削っておくこと。できればウインドラスを作り直したい。

2) 砲座／船首と船尾の砲座に作りつけの揚弾筒があるのが「愛国丸」の特徴。左右各3門の舷側砲座にはレジンキットにはない敷板があったことが写真で確認でき、今回部品化された。なお、特設巡洋艦には防雷具が標準装備されているようでキットにも2基セットされているが装備位置は不明。1939年当時の定数は4基で作例でもそうしたが、かなり置き場に困るので2基でもいいのでは。

3) 甲板／ほとんど木板張りだが、船楼後部一部は鉄張。本来はウインチやハッチの周辺にも板敷きのない範囲があるが、普通は凝るほどのことでもない。キットの塗装指示では鉄甲板にリノリウム色をあてているが、これは商船時代の弁柄色の代用色なので、うっかりリノリウム抑えなど足りないしないこと。本来の弁柄色はMr.カラーの7と29と船体色（作例は13）も同量が目安。戦時中は灰色で塗りつぶした可能性もあるが、模型的な見栄えとしてはそのままでもアリでは。

4) ハッチ／特設巡洋艦としては原則すべていったん閉鎖し、後でその中に必要な分だけ小さいハッチを開ける。キットは天窓も表現している。商船状態のハッチと部品を差し替える設計のようで、作例ではそれを利用して甲板とハッチの間に板をかまぜ、シャンプーハットのような実船の構造に近づけてある。

5) デリックブーム／従来のキットではデリックブームの基部を実物と異なる刺叉状にして接着強度を得るが、最初からポストと一体成型する構造が多かったが、このキットでは多少デフォルメしながら実物により近い構造を採用。ブームのテーパーも表現されている。筆者の慣習、および一部の寸法が不足気味のため、作例ではプラ棒を使っている。本来は作例のようにブーム受けにのせて収納し、特設巡洋艦としては一部の収納位置が変更されている。

6) デリックポスト／水玉模様の迷彩がチャーミング。2・3番ポストは1・4番より少し高く、頭の通風筒を結ぶ線が山なりになる。キットでは3・4番の差があまりないようなので調節した。トップマストは42年夏に設備のような形状に変更されたが、キットの状態でもやや高さを増した。2番ポスト基部のハウス（E2）は前後逆のほうがよさそう。

7) 船楼構造物／側面の支柱はほぼすべて船体と合わせて型抜きされており、基本的にはキットのままで充分。徴用後に追加された魚雷発射管直前の2本のみ不足。救命艇の下の階はブルワークが少し低く、上に手すりが1本つく繊細なデザイン処理が施されている。商船状態でのアクセントとなる前面中段の一等喫煙室の窓は、「愛国丸」の場合戦時中全て閉鎖され、一部残されていた「報国丸」との相違点となる。ただし、完全に窓をなくしたり、大戦後期の舷窓のように表から盲蓋を打ちつけたりしたわけではなく、元の窓の形がそのまま確認できるので、模型では塗装の時に窓枠の内側を船体色に塗る程度でいい。作例では段差を小さくする修整を加えている。

8) 航海艦橋／場所によって太さの違う窓枠もきちんと再現。前方のブルワーク（F26）は一部カットしておくといい。屋根の13mm機銃は新装備品セットと同じ規格のものが入っている。作例では取り付けていないが、42年8月に25mm機銃2基を搭載したとの資料もあり、後部探照灯の左右に置いたと思われる。

9) 救命艇／商船状態の定数は10隻だが、改装後は煙突周りの6隻のみ。キットには極めて形のいいダビットが10組入っていて必ず余るので、ディテールアップに利用したい。一方、救命艇はあくまで非常時用なので、特設巡洋艦としては普段の運用のため内火艇や運貨船を積んでいたはずだが、現時点では確認できない。「愛国丸」は改装完成時の試運転を空撮した写真が残っており、作例の位置に内火艇があるにも見えるもの（サイズはキットのものより大きい）映像状態が悪く確定的ではない。

10) 煙突周囲／部品L7の通風筒の形状が商船時代以来の「愛国丸」「報国丸」の識別点で、従来の船名取り違えを訂正する決め手となった。煙突周りには空調設備などの配管類が入り組んでおり、これを忠実に再現したいが、まとめて別部品化して面倒な塗り分けからモデラーを解放した点は、本キット屈指の称賛ポイント。なお、42年夏には偽煙突の装備も取り付けられているが、これは軽巡「香椎」の小田原提灯風ではなく、固定枠にキャンバスを巻いた行燈風のもの。

11) 飛行作業甲板／外見上もっとも規模の大きい改造。厳密には4番ポストのウインチプラットフォームは船尾デッキハウスと同じ高さで、3番ポストのある船楼構造物よりほんの少し低い。作例ではそのように手直ししてみたが、飛行作業甲板に坂ができてしまいかえって見栄えが悪いので、無視してもいいのでは。搭載機は常用・補用各1機を積むだが、写真を見るとなぜか4番倉口上の機体は甲板からかなり高い位置に置かれており、特殊な架台があったらしい。増設甲板の舷側の手すりは軍艦式のチェーン2段。商船時代からの手すりは固定式だが、場所によって横棒の数は異なるのでディテールアップの際は注意しておくといい。

12) 船体／船体形状にはかなり気を使ったようで、流麗な推進軸のボッシングは少なくとも1/700では過去最高の出来だろう。ただし設計の重点を商船状態に置いたため、特設巡洋艦としてはやや喫水位置が不適。とはいえ、もとが貨客船のため貨物船構造改造の船と比べればそれほど誤差は小さく、イラストに書いた一番下の外板の重ね張りラインから商船状態では満載喫水線の下に隠れる程度。水線模型では船体の下に1〜1.5mm（作例は1mm）の底板を足すといいだろう。

13) 船尾／大阪商船の特徴で船尾側からはシアーがなく、平坦な構造。キットをよく調べると甲板と船体の合わせ目が船尾のところで0.5mm低くなっており、後ろのほうが不自然に落ち込んでしまうので、取り付けダボの部分にプラ板の切れ端をかまぜるなどして調節しておこう。

14) 「報国丸」／ドイツの武装商船と異なり、「愛国丸」「報国丸」は常にセットで通商破壊作戦を実施。「報国丸」が戦没したときは目標のタンカー「オンディナ」、掃海艇「ベンガル」のどちらかの反撃が水偵のガソリンに引火して潜水艦補給用魚雷の誘爆を招いたとされるが、一説には「愛国丸」の誤射ともいう。

第4部 舷窓工房

Hokoku maru and Aikoku maru are one of most famous requisitioned merchant ship in Japan for unique camouflage painting in 1942 when served as Auxiliary cruiser, though their photos and names had been long mistaken. Pitroad, having released superior resin kit of them in 1/700 scale, developed new tool in 2011 in injection plastic version under latest study and again got high evaluation by very ingenious molding and parts separation. Some of attention to merchant ship fitting will be effective to adjust your work in higher balance.

シンガポールで撮影された「報国丸」。ユニークな迷彩のインパクトで、昔から艦艇ファンの知名度は抜群だった。船自体のデザインもモダンかつ特徴的で、あえて癖のない船を仮装巡洋艦に使っていたドイツ海軍との思想の違いも面白い。(写真提供／光人社)

ディテールアップ作例。1942年夏の状態。各部品の形状修整や既存エッチングパーツの利用などによって、総合的にキットから一段上のバランスレベルへと引き上げるような工作としてある。アフターパーツの利用にあたっては通常の軍艦とはやや異なる商船の流儀を知る必要があり、モデラー側としても商品に対し個人的な相性だけでなく考証的なよしあしを見抜く能力も重要となりそうだ。さらにその上で、1/700としての表現バランスを考えた操作を加えるセンスが求められる場合もある。作例では横棒4本の手すりは3本に減少、上甲板などに追加したブルワーク補強材も数を割り引いている。

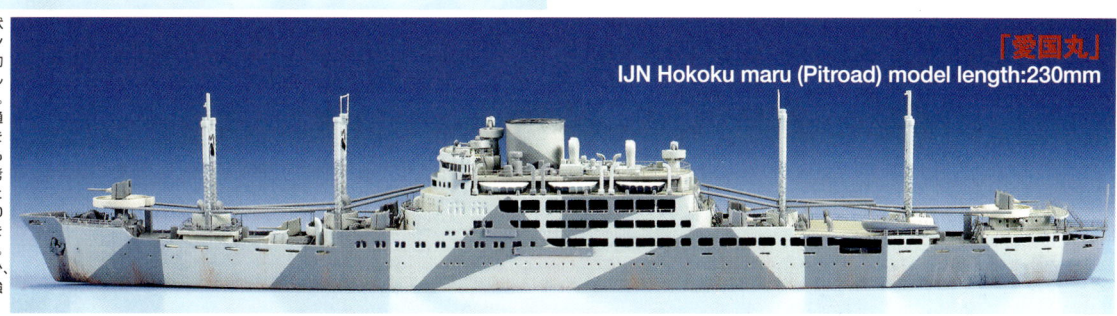

「愛国丸」
IJN Hokoku maru (Pitroad) model length:230mm

「報国丸」
IJN Aikoku maru (Pitroad) model length:230mm

キットを素組したもの(「愛国丸」を使用)。1942年初頭の状態。かなり高いレベルで全体的な釣り合いが取れた優秀作で、多くのモデラーはこれでも充分な満足感を得られるのでは。キットは商船状態の満載喫水線で船体を上下分割しており、トランペッターとのコラボ商品のような水線模型用の喫水板はなく、下部船体を使うか否かだけでフルハル・水線模型を選択する方式。年次違いと商船状態も発売されている。

キットには九四式水偵と零式水偵が各1機入っている。九四式は胴体断面が丸いのが難点で、実機は四角の上面だけふくらんだイギリスパンのような形。とはいえ、この他にも実船の具体的な置き場所がわからない内火艇や防雷具もセットするなど、細やかな配慮が行き届いた商品仕様は評価できる。

「愛国丸」とフジミの「ぶらじる丸」の比較。同じ大阪商船の船で、1937年実施された優秀船舶建造助成施設のもとで建造された同級船にあたる。空母改造候補だった「ぶらじる丸」と同様、「愛国丸」も最初から有事に特設巡洋艦となることが決まっていた。両者の揃い踏みも近年の艦船模型の充実あってのこと。お互いの似たところ、違うところを比較する楽しみをより深く味わうためには、それぞれのディテールバランスをできるだけ近づけるモデラーの腕前が求められる。

95

37 「金龍丸」の巻
特設巡洋艦の装備
Latest study on IJN Auxiliary cruiser

商船の戦時徴用は軍備の重要なファクターであり、徴用後の使用方法や具体的な装備要領が平時から定められていた。その内容は改訂やその他の事情で実際と異なる場合が多いが、現存資料の少ない太平洋戦争中の特設艦船を扱う際は、それら使われなかった資料も駆使せざるを得ない。

特設巡洋艦への改装

太平洋戦争で日本海軍が特設巡洋艦として用いた徴用商船は14隻に上るが、現在のところ実際にこれらの改装に使われた図面は知られていない。また、クローズアップから遠景まで含めても、戦時状態の映像が確認されているのは9隻（「報国丸」「愛国丸」「護国丸」「清澄丸」「金剛丸」「浅香丸」「粟田丸」「赤城丸」「浮島丸」）。中には具体的な武装の量が確定していないものもある。昨今の模型界で写真判定すらままならない船を作ろうと思うのは相当な冒険で自爆の恐れもあるが、「金龍丸」のように比較的重要な戦史に絡んでくるもの、「西貢丸」のように長期間活躍したものは一概に無視もできない。

そこで検討対象となるのが、すでに何度か出ている、1930年代後期に作成された「準備稿」ともいうべき改装図面だ。以前の日本海軍は英海軍に倣って貨客船を主体とする特設巡洋艦候補の選定をしていたが、1930年代に入って大型高速貨物船をあてるよう方針を転換。有事の主砲設置予定位置を規定し事前工事を施すなどの手を打ち、主要各形式に対し具体的な艤装要領を示す図面の作成を進めた。現在これらのうち日中戦争時代のいくつかが残っており、実際の改装要領を推し量る上で貴重な資料となっている。

できれば、特設巡洋艦に限らず同一船に対し準備図面と実施図面の双方が見つかればありがたいが、現時点ではそのような例はなく、実際の映像から図面との違いを確認できる場合がある程度。やはり最後は資料をどれだけたくさん見るかにかかっているといえそうだ。

Like Kinryu maru and Saigon maru, there are some auxiliary cruisers not known any visual information despite that they acted much important role in history. To reproduce their actual figure conversion plan drawing prepared in late 1930s must be placed to principal ground and additional research is to be reflected assuming what updates were incorporated. These drawing of Kiyosumi, Arima and Sakito marus are all showing such provision stage in 1939 before actual conversion.

「清澄丸」 IJN Kiyosumi maru

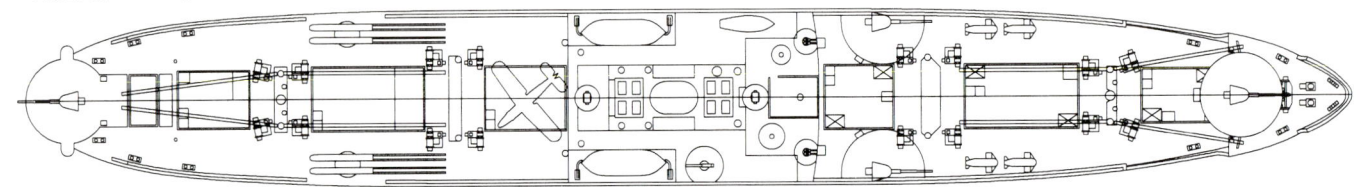

「清澄丸」 IJN Kiyosumi maru

図面と実船写真がどちらもある船として「清澄丸」があがるが、装備はかなり異なる。実際の本船は「報国丸」型と同じく通商破壊用として用いられたため、主砲8門という重武装を施し、5番船倉の上には飛行作業甲板も設置していた。現存図面は主砲4門で、爆雷なし、搭載機1機と、かなり軽武装。砲は15cmと記載されているが、シールド形状や操作半径は14cm砲に対応。なお2・3番砲座は舷側ブルワーク上端付近に操作平面を設定してある。姉妹船の「金剛丸」はこれに近い武装を施していたと推定されており、あるいはこの図面が根拠の一部となっているかもしれないが、これに従うのがひとまず最も無難な選択肢となる。「清澄丸」と「金剛丸」は姉妹船扱いとはいえ建造所の違いでディテールの差異が多く、煙突の立っている位置までずれている。前者は各所の通風筒ヘッドが大ぶりな点、後者は鳥居型ポストの右舷側に独特な形状の無線空中線支柱がある点でも簡単に見分けられる。当時公開された日本ニュースの映像中にこの支柱が写っているカットがあるが、あいにくポストのすぐ下から見上げたアングルでそこしか見えず、船の全貌は確認できない。

「有馬丸」 IJN Arima maru

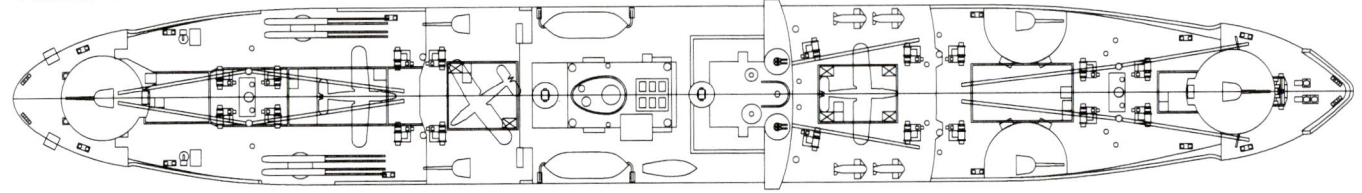

「崎戸丸」 IJN Sakito maru

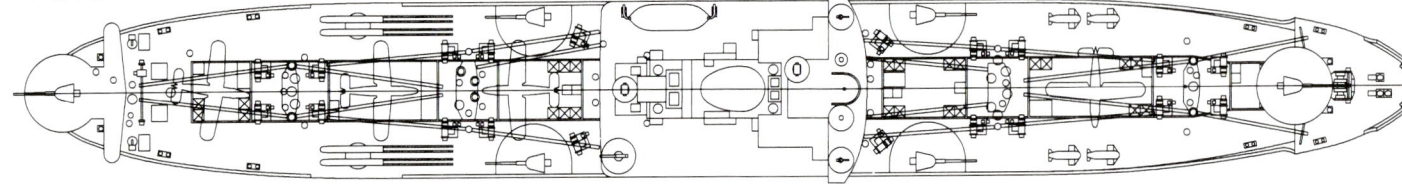

「有馬丸」「崎戸丸」 IJN Arima maru / IJN Sakito maru

郵船A型は船型が異なる「吾妻丸」と1941年末現在修理中だった「有馬丸」以外の3隻が特設巡洋艦となった。三菱長崎製の「有馬丸」「赤城丸」に対応する図面では、主砲6門を前後と2番（3番ではない）・4番倉口横に置く独特のレイアウトをとっている。実際に改装された「粟田丸」「浅香丸」「赤城丸」とは武装の量や配置など相違点が多く、あまり参考にならない。同様にS型も図面はあるが、実船は特設巡洋艦とならず、この時期の装備要領の傾向をうかがい知る程度にとどまる。実際に改装されていれば模型的にももっと厚遇されていたかも。なお、A型は搭載機3機、S型は4機も描きこまれている。実際の図面上では本稿の添付図より雑なデッサンだが、他船も含め機種はいずれも九〇式二号らしい。第一線からのお下がりを使うつもりだったのだろう。ただし同機種の生産数は150機ほど（九五式の5分の1）なので、こんなに潤沢に供給できるとは思えない。九五式も寸法はほぼ同じなので搭載スペースの点では同様に扱えるものの、複座水偵は哨戒用としては不適切のため実際はもっぱら九四式や零式の三座水偵が用いられ、搭載数や艤装面でかなりの仕様変更を要している。

第 4 部 舷窓工房

「金龍丸」
IJN Kinryu maru (scratch built)
model length:221.5mm

実船の改装要領が不明ながら図面は知られている例。主砲は6門で舷側砲座が鳥居型デリックポストの真横にあるのが特徴。実際は主砲4門だったといわれており、作例でも後部舷側のものを省略している。図面上の搭載機は2・4・5番倉上の計3機。デリックブームを1ヵ所だけ取り換えるよう指示があり（左右どちらかは未記載）、こちらは作例にも反映させたが、たぶん4番倉上の水偵を揚収する際に舷側から充分離すための処置で、実際は変更しなかったのでは。船橋正面の通風筒の頭をとって測距儀台を置くといった奇妙なレイアウトも見られ、実際にそうしたかどうか興味深い。この船は日中戦争開始直後に竣工し、即時徴用されて民間キャリアを持たず、太平洋戦争冒頭のウェーク島攻略作戦から第二次ソロモン海戦の戦没まで戦史上の登場機会も多い生粋の海軍屋。「神川丸」型のマイナーチェンジ版、かつ戦前最大級の一般貨物船で5階建ての船橋構造物も売り。上田毅八郎氏が最後に乗り組んだ「金華丸」の姉妹船と、何かと模型ファンへのアピールポイントが多い。戦時中の写真が出れば人気がぐんとアップする可能性も。

「盤谷丸」
IJN Bangkok maru (scratch built)
model length:173.5mm

このクラスは名前のとおりバンコク行きの貨客船で、喫水抑制のため扁平なスタイルをとっているのが印象的。1937年完成。姉妹船「西貢丸」。「金龍丸」と同じく改装図面のみ残っており、実船は特設巡洋艦兼敷設艦という特殊な任務を負っていたが、1939年3月付の現存図面もすでにこのタイトル。ベースとなる図面に航海船橋側面の張り出しがないなど実船と少し異なった箇所があり、完成前から表題の使用目的が固まっていたことを匂わせる。政府の建造助成を受け、フルカンギアを用いたディーゼル2機1軸という独特の機関部を持っているところからも、海軍の関与が強く示唆される興味深い船だ。改装図面では船橋構造物前後のデリックポストを撤去し、2・3番倉口に設けた各1個の専用ハッチと1組（2本）のデリックだけで機雷を収容するようになっている。船内の大半が機雷搭載スペースで、中甲板レベルの1番倉口から船尾までぶち抜きで左右各1本の機雷軌条が通り、船尾のかなり低い位置に投下口が開く。武装は主砲6門（前後、2・3番倉横）、機銃2基（船橋上左右）だが、主砲に14cmと12cm、機銃に13mm連装と7.7mm単装、探照灯に110cmと90cmが併記してあるのも特徴的で（主砲の操作フラットは12cm対応の面積）、必要に応じて装備のグレードを調節する構想だったらしい。実際の装備は12cm砲4門、7.7mm機銃1門といわれ、図のオプションよりさらに少ない。基本的には作例のように本図のスタイルを踏襲したと考えるのがまず順当ではあるが、武装を削ったぶんデリックポストを復活させて搭載能力を確保するなり、救命艇を減らすなりの変更も考えられる。機雷投下口の具体的な形状は不明だが、「常磐」タイプ（後ろから見て四角）、「高栄丸」タイプ（後ろから見て蒲鉾型）、「永城丸」タイプ（カバーで覆う）の3通りから選ぶ。また、図中で1番倉上の兵員出入口にコンパニオン（防風フード）が描かれている点も珍しい。

38 「君川丸」の巻
特設水上機母艦のキット
Kimikawa maru New Tool

「報国丸」型や「平安丸」らと並んで艦船ファンの知名度が高い特設水上機母艦「神川丸」型は、以前から商品化されても適切な造形に恵まれなかったが、ようやくアオシマ版で一定の満足が得られる状況となった。具体的なキットの検証とあわせ、時期違いや類似船への改造についても触れ、ユーザーの表現の幅を広げるヒントを提示してみたい。

アオシマの「神聖君国」

日本の模型業界は海外のそれと比べて軍艦には圧倒的な強さを持つ反面、民間船舶の経験が極端に乏しいという特徴があり、昨今の品質向上の流れの中でもどこかしら難点を抱えるキットが少なくない。

川崎汽船の「神川丸」型は、「神聖君国」と呼ばれる姉妹船4隻がいずれも海軍の特設水上機母艦となり、軍艦ファンや航空ファンの間で最も覚えめでたい商船の一つに数えられる。純貨物船のため「平安丸」型特設潜水母艦や「報国丸」型特設巡洋艦などよりはシンプルということもあり、レジンキャストによるガレージキットが出現すると最も早い時期から目をつけられ、ピットロードからインジェクションプラスチックキットでも商品化された。しかし「商船の世界では一般に垂線間長を長さと呼ぶ」という独特の慣習を見落としていて本来の値より15mm近くも船体が短く、その形状表現も実物とはかなり遠いなど、経験不足を如実に示したものとなっていた。2010年にフジミが同じカテゴリーの大型貨物船として日本郵船S型をキット化したが、こちらも10年以上もの開発年次の差にもかかわらず大同小異のレベルにとどまった。

そのような状況のもと、ファンの要望が高かった「神聖君国」の再開発をアオシマが手掛けることとなる。近年優秀なキットを安定的に送り出している同社も経験のアンバランスさからかなり苦心したようだが、結果的には概ね昨今の艦船模型に求められる水準までこぎつけた感がある。ディテール表現はまずまずで、過去の他社製品がなしえなかった高度な考証的再現を踏まえた姉妹船のキット化も進めており、多くのファンはひとまずこれで満足できることだろう。とはいえ、商船を知る目で見ればまだ消化不良の部分も残っており、いじりたいところがないでもない。そこで「もう1ランク上の神聖君国」を目指す工作に取り組んでみるが、それ以前に商品仕様の面でやや混乱が見られるようなので、まずはそのあたりの確認が前提となる。

「君川丸」飛行作業甲板の状況。1942年6月ごろ、アリューシャン攻略作戦中の撮影と推定される。本船の船上写真は数多く残っているが、この一葉は甲板上に積雪・結氷がなく、詳細なディテールがわかり資料的価値が特に高い。右側の、二人立っているところが5番倉口で、木甲板がなくターポリン（キャンバスカバー）とロープ、抑え板で被覆されている。射出機上の零式水偵はすでに濃緑色塗装だが、主翼前縁の敵味方識別帯はない。この時期の艦船搭載機でスピナーを装着している機体は少ないようで、結氷対策ではないかとのことだが、特に写真の機体では先端が白色に塗られているのが珍しい。これ以外の写真からも、デリックの操作用ワイヤーの張り方や機体の固縛方法、各種整備機材など様々な情報が得られるので、模型のディテールアップの際は是非チェックしておきたい。
（写真提供／野原茂）

「神川丸」。同年8月末、横須賀からラバウルへ進出中。搭載機は二式水戦に転換されている。同船は搭載機をソロモン方面に常駐させて補給輸送を繰り返したが、補充機材は各種あったようだ。「神川丸」は姉妹船4隻の中では唯一、日中戦争時代から特水母艦として活動しており、艤装の相違点が多い。「君川丸」と異なり5番倉口の周囲がきれいに埋められているが、横方向の飛行機運搬軌条の場所以外はハッチ本来の傾斜が残されており、写真手で二人立っているところが少し盛り上がっているように見える。また、本船の運搬軌条は前半分のみが水平。写真下端に見えるきのこ型通風筒が本来の3番デリックポストのあった場所で、すぐ内側のきせる型も商船時代と同じ（サイズは異なる）。「君川丸」の写真にも同じ場所に蓋があり、同船とほぼ同じ航空艤装を持つ「国川丸」では通風筒が立ててあることから見て、必要に応じつけ外しできたと思われる。
（写真提供／野原茂）

第4部 舷窓工房

キットの製作

船体はいわゆるバスタブ型で、大きな屈曲もないようなので比較的安心して製作に入れそう。姉妹船の発売を念頭に置いて開発されており、部品の取り付け穴をユーザーに選択開口させる工程があるが、「君川丸」の特水母としての艤装は実物の公式図面をもとにしているわけではないので、無理にこだわることはない。中部構造物は部品構成がやや煩雑で下処理をしても隙間が出てしまう部分もあり、きちんと作るにはある程度の非効率を我慢する必要がある。ただ、一見部品数が多そうな割に案外組み上がるのは早い。初回発売分に同梱されている木甲板シートは、プラパーツで挟み込まれる部分をカットしないとうまく部品同士が合わない点に注意。迷彩塗装を施す場合は旧式シールドの15cm砲を使用し、またいずれの時期においても戦時状態では大発1隻を調達したい。

ディテールアップ

船橋構造物周辺の主なスタンション類、デリックポストのポータルなどはほとんど部品に表現されており、そのまま組んでもかなり実船のイメージに近い状態となるのが魅力だが、若干オーバースケールで切れ味もゆるめ。他の場所にエッチングパーツを使うと落差が目立つので、これらをより細いものに置き換えるかどうかがディテールアップの大きな鍵となりそう。また、メーカー純正エッチングセットには微妙な考証不良が多いため、自分の好みのパーツに置き換える場合は実船写真で確認するのがお勧め。その上を目指すなら、まず倉口とウインチの形状修整が必要で、極端に難易度が跳ね上がる。かなりオーバーモールドな舷側外板の表現も検討対象。「君川丸」以外の3隻は南方で行動したため、各所の天窓を開けるといった演出までできると通をうならせる作品になる。

時期違い

「君川丸」は1943年夏に21号電探を搭載しており、キットに部品（C11）が入っている。これをD5と、D5をD4と交換する。ただし間もなく特設運送船に類別変更されており、主砲を12cm高角砲と換装、短8cm高角砲を撤去、3番デリックポストを復活。位置関係からして射出機も撤去されているはずだが、「聖川丸」ではそれ以外の飛行作業甲板や航空機運搬軌条の大半を残していたらしく、本船も同様と解釈することもできる。キットは後部甲板がピットロード版と同じ部品割になってい

「君川丸」(1)
IJN Kimikawa maru (Aoshima) model length:221.5mm

キットをそのまま組んだもの。ボックスアートや塗装指示では迷彩塗装となっているが、このキットの仕様は1943年初夏の状態なので対応する塗装は作例のもの1通りだけ。初回発売分は木甲板シートつきで、エッチングパーツセットも同時発売されている。木甲板シートは部品接着に支障があるため一部カットする必要がある。エッチングパーツは今回はそのまま使っている。

「君川丸」(2)
IJN Kimikawa maru (Aoshima) model length:221.5mm

本連載の前身「日の丸船隊ギャラリー」第18回掲載作例（一部修整あり）。11年前の作例だが、ようやくこれに対応するキットが出ることになった。当時からさらに判明した部分もあり、1レベル上の工作が読者諸兄にも手の届きやすい状況となったのは喜ばしいことだ。

「神川丸」
IJN Kamikawa maru (scratch built) model length:221.5mm

本項の「モデルグラフィックス」誌掲載後に発売された姉妹艦キット。「神川丸」はピットロードも発売したが、アオシマ版は前甲板にも飛行作業甲板を持つなど本船の特徴をより正確に再現している。船体も舷外電路のモールドが異なる専用パーツ。キットは1942年末以降の状態で、ミッドウェイ海戦以前の状態とするには多少の改造が必要。

て、ハッチの上に飛行作業甲板のパーツをかぶせる構造なので、ある程度自分の好みを反映できる。ただ同社版と異なり3番ポストのパーツはセットされておらず、現時点ではポストの部品を取り寄せて改造するか自作する必要がある。3番ポストはポータルが単純な一枚板なので自作でも難しくはないが、初心者はCランナーを取り寄せるのが簡便無難（「君川丸」専用ランナーより安価で他に流用可能な部品が多い）。中間の通風筒がある部分は選択余剰パーツから移植。

戦前状態を作る場合は、ウインドラスと船尾ドッキングブリッジの形状から、「神川丸」を使う方がいい。煙突直前の通風筒C24を余剰のC26と差し替えて背を高くする。これは左舷のものが雑用デリックのポストを兼ねていたためで、「神川丸」は左右の通風筒とも高いが、他の3隻は左舷側のみ高いため、1本はC24と同じ長さにする。あとは前部倉口のモールドを削り取り、救命艇の位置をずらして左舷側に通船を置く程度。

姉妹船

本書発売時点ですでに「神川丸」「聖川丸」は発売中。「神川丸」は日中戦争開始直後に特設水上機母艦となり、複数の現存写真から他の3隻とはやや異なる艤装要領が知られている。改装当初は射出機なしで後日搭載されたが、航空関係者にこれを2基積んだとする証言があるようで、1942年6月の写真では1基だが前後のどこかで積んでいた可能性が残っている。「聖川丸」は不完全ながら唯一戦時状態の図面資料が残っている船で、特水母当時の写真は知られていないが考証上の根拠は最もしっかりしている。「国川丸」もいくらか船上写真が残っており、船首ブルワークの形状が他と異なる特徴があるが、発売を期待できそう。

厳密な姉妹船ではないが、無視できないのが「宏川丸」だ。「神川丸」が完成早々に徴用されて予定していた運航体制が取れなくなった川崎汽船が、助成金を利用して建造した代船で、助成条件との兼ね合いで機関部がグレードアップされ、ディテールも若干異なっているものの、基本的には同じ船。戦時中は陸軍輸送船となり、ガダルカナル強行輸送作戦にも参加しているので制作意欲も湧きやすいだろう。ディテールの目立つ違いは1・4番デリックポストの高さとバウチョック（船首ブルワー

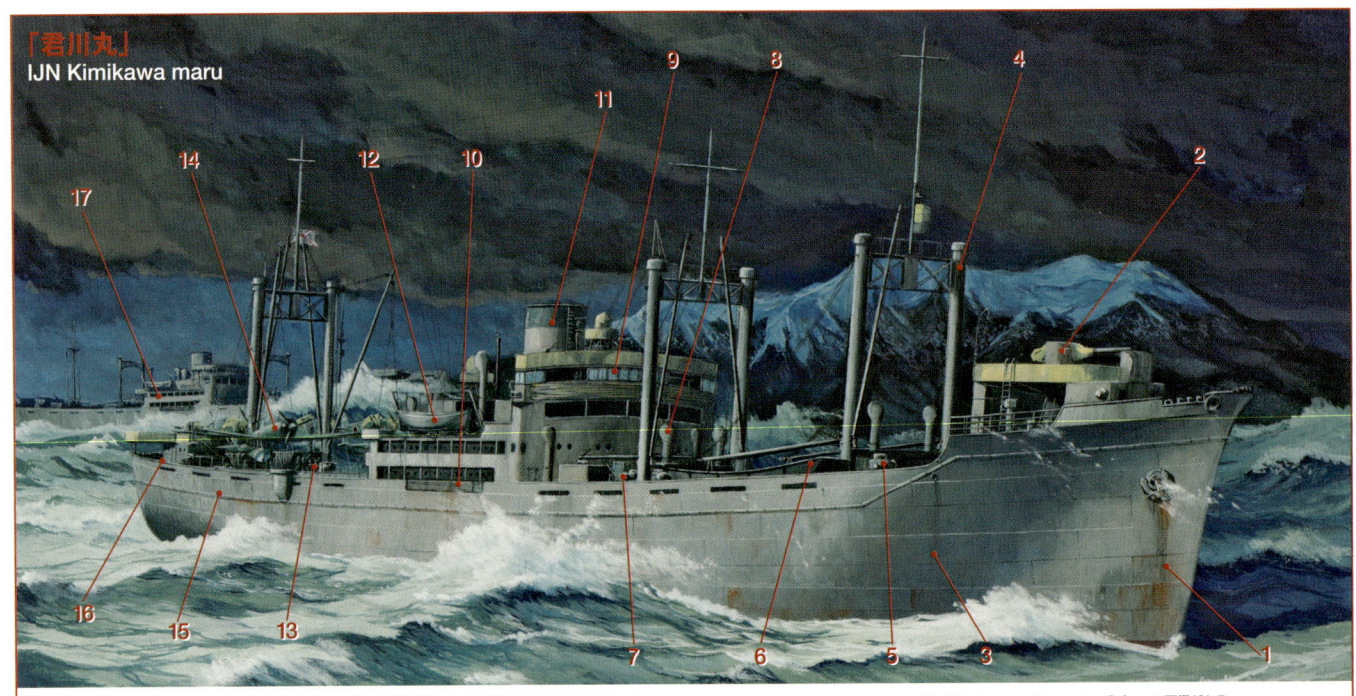

「君川丸」
IJN Kimikawa maru

1：船首／ウインドラスをデッキハウスでカバーしているのは「君川丸」のみと思われる。船首先端に防雷具ワイヤー用のフェアリーダーが増設されているが、パラベーンの格納位置は判明していない。最低1組どこかに置いておくといい。なお、船首楼や航海船橋後方などの手すりは横棒3本で専用エッチングセットと異なる。こだわる場合は交換のこと。

2：主砲／キットのシールドは「平安丸」の作例に適用したものと同じ特設艦船の15㎝砲に特有の形状で、「君川丸」の写真でもはっきり確認でき、もちろんキット化は初めての貴重な部品。ただしこれは戦時中多くの艦船で実施された対空照準装置の追加に伴うもので、「君川丸」がこれを装着したのもアッツ沖海戦の後なので、それ以前の迷彩塗装との組み合わせはない。現時点ではシールズモデルスの日露戦争時代用の装備品セットかピットロードの「報国丸」型に含まれている旧式シールド付きの部品を流用する必要がある。

3：塗装／「君川丸」の迷彩パターンは、塗装指示にある船体全体のものとボックスアートで描かれている前半分だけのものと2種類が知られている。ミッドウェー海戦の後で後ろ半分の白を塗りつぶしたも、全廃したと思われるが、矛盾の可能性を示す資料もある。北洋では塗装の傷みが激しいため、何度か塗り替えをしていたとも考えられるし、左舷側がほとんどわからないのも頭の痛い問題だが、ある程度自己裁量で塗っても構わないのでは。

4：デリックポスト／デリックブーム基部はピットロードのキットと同様、実物のユニバーサルジョイントに近づいた造形。船体状態の3番ポストが丸ごと撤去されているのは一目瞭然だが、よく調べると左舷最前部のブーム1本も取り外されている。ブームの長さは一番後ろの物のみ17.5m、他は15m。本来は全てのブームを倒してスタンドに載せた状態で収納するが、「君川丸」の特水母状態では1・2番ポスト背面の計4本を除き、ポータル（鳥居にあたる中間支柱）にホルダーを増設して立てたポストを正規収納位置にしていた模様。甲板上にあれこれ置いてある他のワイヤーの数が多いよう、1/700ではそこまでこだわる必要はないだろう。それを含めエッチングパーツのワイヤーにも考証上の不具合があるほか、一部取付位置の指示の誤り（4番ポスト前後両用の取り違え）があるので注意。ポストの梯子は1・2番が船尾側、3・4番が船首側で、後者が誤っているのでポスト本体部品やエッチングパーツを取り付ける時に注意。

5：ウインチ／ヘビーデリックに対応するウインチは他より大きい。ほか「君川丸」は4番ポスト前方のものが若干ハの字に設置されており、キットは別パーツで対応している。本来は左右の2基が対称形で全部同形のアオシマ版は珍しくピットロード版より劣っている。

6：舟艇／2番倉口右舷に大発、左舷に内火艇を配置。このほか商船時代ボートデッキにあった通船が救命艇の位置変更に伴って前部に移してあるが、置き場所は適当で内火艇の前や2番倉口の上にも見られる。内火艇以外は他から持ってくる必要がある。

7：前部倉口／前部船倉の中甲板レベル（構造上は上甲板、露天甲板がシェルターデッキなのだが、わかりにくいのでここでは中甲板と表記する）が兵員居住区に利用されており、倉口に天窓とハッチコンパニオン（フード付きの出入口）を設置している。天窓はエンジンルーム周辺のものと同じ構造だと思われるが、片開き式の板になっている。それ以外の部分はほぼ閉鎖されたと思われるが、後部と同様に開放可能な構造にとどめてあった可能性もある。

8：通風筒／実船の通風筒はサイズが数種類あるが、キットでは一番太いものがそれより細い1・4番ポストの間のものに合わせてあり、ほとんどがサイズ不足。できれば一回り大きいものを他から調達し、キットの部品は煙突の横や後部デッキハウスで省略されているものに転用したい。煙突後方で左右非対称の場所があるのは実船の通り。回転式なのでキセルの向きはどちらを向けても構わないが、北洋の悪天候下で行動する「君川丸」の場合は後ろ向きのことが多い。

9：船橋構造物／キャンバスで省略されて記述されていて船橋正面の印象にやや違和感を覚えるかもしれないが、商船の造形表現としては最も難しい部分で多少の妥協はやむを得ず、平面形状にも丸みがあるのでさほど目立たないはず。航海船橋の窓はしっかりした木枠があり、エッチングパーツには少し繊細すぎるが、対応は難しそう。実船では天測甲板の全周に手すりを設けてキャンバスを張っており、イメージとしては是非再現しておきたい。コンパスの周囲のブルワークは撤去した可能性もあるが、キットは壁の位置を誤って背面の階段の内側に設けているので修整が望ましい。ウイングの上の単装機銃は7.7㎜で、厳密には後方の甲板がほんの少し拡張されていた。ウイングの下、ボートデッキ最前部左右は閉鎖された部屋になっているが、キットは外板がない軍艦風の形状になっているので大きな修整が必要。

10：舷梯／ボックスアートに描かれていないが、商船の舷梯は常に舷側に格納されており、この部分はブルワークが内側にへこんでスタンションを少し内側に立っている。キットはこの状態をかなり適切に表現している。ただ一体成型なので、舷梯を下ろした状態にする場合は丸ごとくりぬく必要がある。専用のエッチングパーツは明らかに長さが足りないようで、キットのモールドに相当する背板がない軍艦風の形状にしか使えない。

11：煙突／頂部の金網は徴用後の追加装備。「君川丸」にはオーナーのKマークの痕跡はないが、デカールとエッチングパーツがサービスでついている。ちなみに、煙突後方左舷の箱状の装置（ターボブロワーのインテイクと推定）は図面になく、商船時代の写真で確認できるもの。無線室の前にギャレーチムニー（炊事用煙突）を追加しておこう。

12：救命艇／周辺部の内側に浮力タンクがある救命艇の構造をきちんと再現しており、ハセガワの1/350「氷川丸」型をも凌ぐ。ただダビットの部品との折り合いで少し小さい。「神川郡国」のものは角のとれた角柱で、キットパーツを活用するほうがいい。なお、救命艇とダビットの外側の手すりは起倒式なので、やはりエッチングパーツに不備がある。

13：飛行作業甲板／「君川丸」の場合、舷側ブルワークの上縁に沿って木甲板が張られており、航空機運搬軌条は全体の水平を保つために行くほど浮き上がる構造。甲板上の写真は数多く残っているものの、雪が積もっていたり人や物が多かったりで意外と詳細がよくわからない。「国川丸」もはっきり灰色塗装とその上の通行帯塗装が確認でき、「君川丸」もこの甲板を塗りつぶしていた可能性がある。また、商船の構造上ハッチの上はブルワークの上縁より高くなっており、「神川丸」や日中戦争時の「香久丸」では全体に板を敷き詰めているが、甲板の盛り上がっている。「君川丸」「国川丸」は5番倉口上を閉鎖せず、ハッチがそのまま露出していたことが確認できる。また、3番ポストとその間の通風筒のあった場所には金属の蓋があり、必要に応じ通風筒（ポスト自体が起倒式で通風筒を兼ねている）を立てることができた。「神川丸」のキットではこれが再現されているが、他の船も同じ構造だったらしい。なお「君川丸」キットの4番デリックポスト周囲の切り欠きがやや狭い。四角の左右船首側が斜めにカットされた変則六角形になるよう、両側を広げるのが望ましい。

14：搭載機／「君川丸」は当初から零水偵を搭載し、ミッドウェー海戦の前に灰色から濃緑色塗装に変更。他にアッツ・キスカ向け輸送物件として零観や二式水戦も積んだ。43年には自艦でも零観を運用したが、パイロットの練度不足で事故が頻発し、この時期には珍しく九四式水偵に機種転換していた時期がある。ボックスアートに描かれている九四式水偵は輸送物件を含め積んだことがないようだ。

15：後部船体／ピットロード版から最も形状が変わった部位。全体に丸みが強く水線付近に強いナックルがある茶碗のような断面形状だったのが、水面からダイレクトに立ち上がるV字に近いものとなった。実船写真と比べてみると納得できるはず。

16：後甲板／「君川丸」の場合、後部砲座はデッキハウスの天井を拡張している。キットではハウスの屋根全体が水平になる造形だが、厳密には屋根はシアーと並行で、砲の周りの敷板だけシアーラインをかわして水平になっているはず。ハウスの前に係船ウインチを追加するとベター。

17：「崎戸丸」／郵船S型。ガダルカナルから生還して1943年から北方に転じ、この方面の陸軍輸送船のエースとして活動した。2月19日、アッツ島が米艦隊の艦砲射撃を受け、翌日単独行動中の輸送船「あかがね丸」が撃沈されたため、日本はの「君川丸」「崎戸丸」「浅香丸」の優秀船3隻からなる「21イ」船団を第5艦隊主力が護衛して出撃。荒天下の緊迫した輸送作戦は成功したが、入港時間はわずか3時間で、揚陸量はせいぜい1000トンそこそこだったと思われる。このあと「君川丸」が「三興丸」と交代した第二次攻撃の「21ロ」船団が米艦隊と遭遇しアッツ沖海戦となり、結果として「君川丸」らは最後にアッツに入港した輸送船となった。

第4部 舷窓工房

ク）の長さ、ウォッシュポート（舷側ブルワークの水抜き穴）のパターン程度で、前述の3番ポストの問題を除けば改造の手間は知れている。デリックブームの収納位置が変更。通風筒は「神川丸」戦前状態と同じ。陸軍船としての装備はとりあえずフジミのS型から流用可能で、武装だけのランナーも別売りされている。これらはかなり大雑把でディテールアップにはとても対応できないが、気楽に取り組めるメリットもある。厳密な砲座の形状などはわからないし、そもそも陸軍輸送船にした時点で「宏川丸」は確定するので、むし

ろ割り切って装備変更だけで済ましてもいいのでは。

次に近い狙い目は「金華丸」型で、船首楼の形状が少し違うが船体は共通。船橋構造物を1階増やすなどの改造が必要ながら、特設巡洋艦「金龍丸」が最低限の手間で手に入れば悪い話ではないのでは。これ以外で寸法がほぼ合致するのは郵船S型と三井船舶「淡路山丸」型で、その他は外見が似ていても船体が一回り小さい。これらへの改造はコストパフォーマンスがかなり下がるので、慎重に検討されたし。

Again Kimikawa maru is well-known pre-war merchant ship requisitioned in WW2. Since this superior cargo liner had much simple shape as compared with passenger liner like Hikawa maru and Aikoku maru, resin kit was already released in its dawn era, later being succeeded by injection plastic model by the same manufacturer Pitroad. Unfortunately those tools, together with recent Fujimi Sakito maru class, demonstrated inexperience for merchant ship model among most of manufacturers in Japan, in contrast with their highly skilled warship models. Following the first indication to improve quality, Pitroad Aikoku maru, Aoshima developed Kimikawa maru class in 2014 and managed to represent more comprehensive and detailed differences between sister ships, Kamikawa maru and Kiyokawa maru than that of Aikoku maru and Hokoku maru. Aside from some of correction points, representation balance related with technical restriction on injection plastic will be focused for modelers.

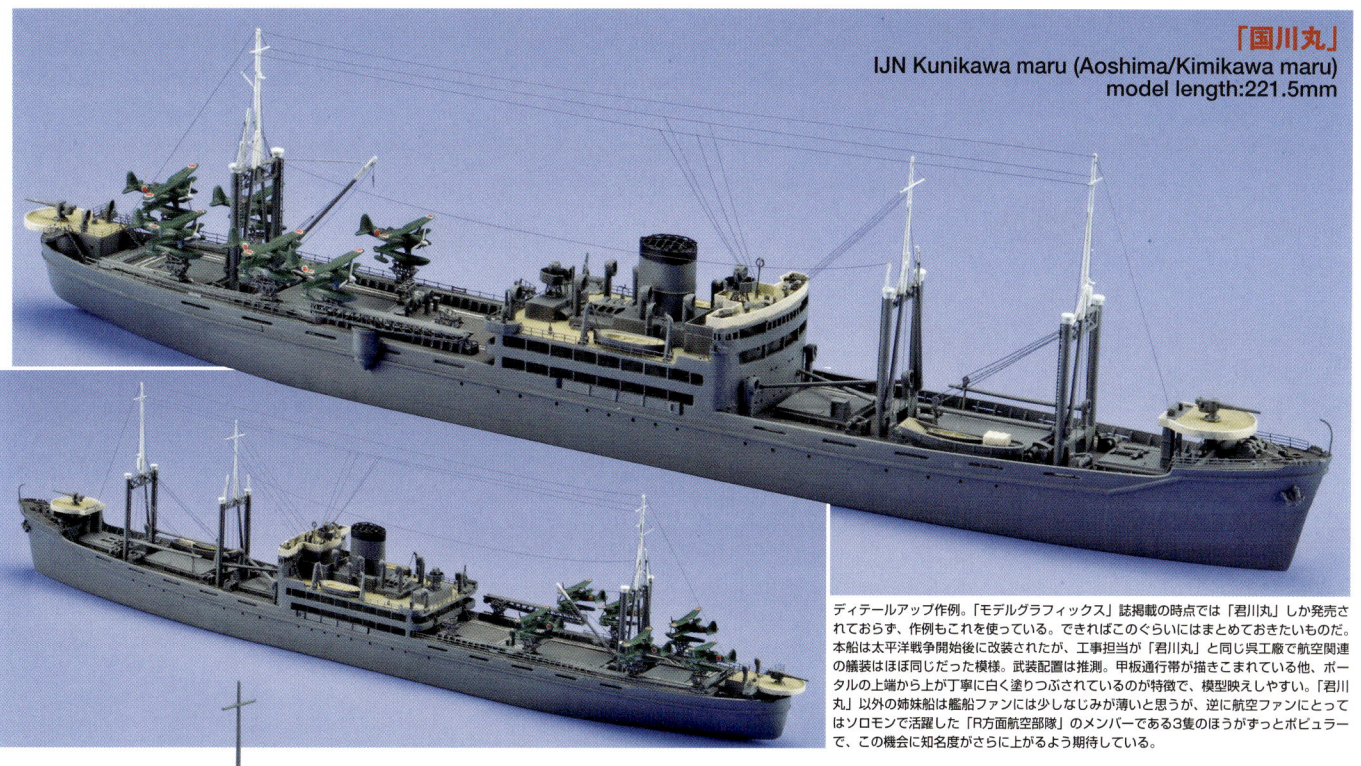

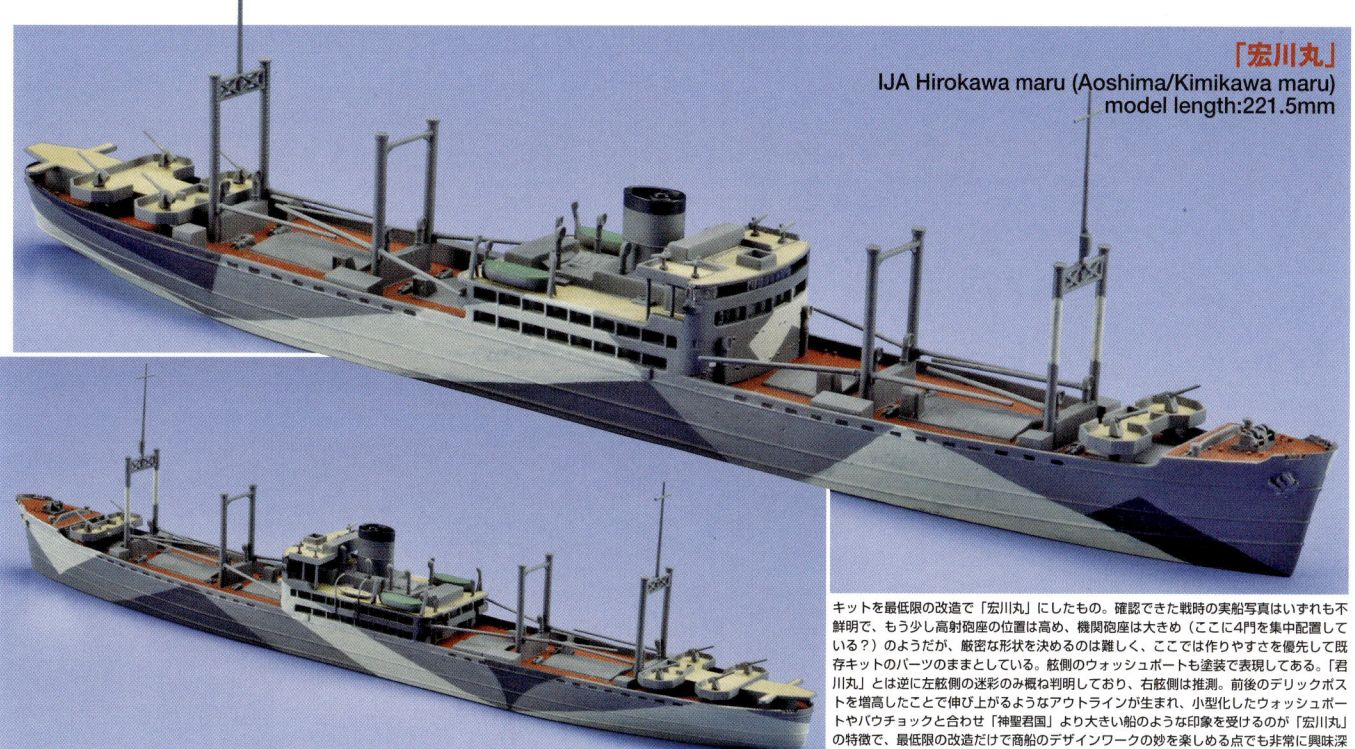

「国川丸」
IJN Kunikawa maru (Aoshima/Kimikawa maru)
model length: 221.5mm

ディテールアップ作例。「モデルグラフィックス」誌掲載の時点では「君川丸」しか発売されておらず、作例もこれを使っている。できればこのくらいにはまとめておきたいものだ。本船は太平洋戦争開始後に改装されたが、工事担当が「君川丸」と同じ呉工廠で航空関連の艤装はほぼ同じだった模様。武装配置は推測。甲板通行帯が描きこまれている他、ポータルの上端から上が丁寧に白く塗りつぶされているのが特徴で、模型映えしやすい。「君川丸」以外の姉妹船は艦船ファンには馴染みが薄いと思うが、逆に航空ファンにとってはソロモンで活躍した「R方面航空部隊」のメンバーである3隻のほうがずっとポピュラーで、この機会に知名度がさらに上がるよう期待している。

「宏川丸」
IJA Hirokawa maru (Aoshima/Kimikawa maru)
model length: 221.5mm

キットを最低限の改造で「宏川丸」にしたもの。確認できた戦時の実船写真はいずれも不鮮明で、もう少し高射砲座の位置は高め、機関砲座は大きめ（ここに4門を集中配置している？）のようだが、厳密な形状を決めるのは難しく、ここでは作りやすさを優先して既存キットのパーツのままとしている。舷側のウォッシュポートも塗装で表現してある。「君川丸」とは逆に左舷側の迷彩のみ概ね判明しており、右舷側は推測。前後のデリックポストを増高したことで伸び上がるようなアウトラインが生まれ、小型化したウォッシュポートやバウチョックと合わせ「神聖君国」より大きい船のような印象を受けるのが「宏川丸」の特徴で、最低限の改造だけで商船のデザインワークの妙を楽しめる点でも非常に興味深いアイテムだ。さすがに本船まではキット化されないはずなので、自前で作ってみるといい。

39 「相模丸」の巻

日本郵船S型
Nippon Yusen S class

フジミから発売された日本郵船S型は、史上初の日本陸軍輸送船インジェクションプラスチックキットというタイトルを得たものの、他の新作商品と同様の工作ガイドをまとめるには種々の難がある。ここでは「戦時輸送船ビジュアルガイド」の補足的意味合いの考証記事にとどめておいた。

ニューヨークライナーと日本郵船S型

戦前の日本にとって最大の外貨獲得手段は絹糸であり、変動相場制の高級品で儲けるためにはできるだけ輸送にかかる時間とコストを縮めたかった。日米航路が始まった20世紀初頭、日本から輸出した絹糸はアメリカの西海岸で鉄道に乗せかえて中心消費地の東海岸へ送るのがベスト手段だったが、鉄道運賃が高かった。第一次大戦後にパナマ運河が本格供用されると、従来のホーン岬回りより海路が格段に短くなり、船舶の高速化による一貫輸送が優位に立てる状況が発生。1930年にこの商売を始めた大阪商船は世界恐慌のまっただなかで大成功をおさめ、他の船会社も競って追従した。この目的で建造された一連の大型高速貨物船を俗に「ニューヨークライナー」と呼び、戦前の日本貨物船で最も高性能のグループとして知られる。有事の軍用を当て込んで政府が積極的に建造助成を与え、約50隻が建造。いずれも太平洋戦争では陸海軍に徴用され、三井船舶「有馬山丸」以外すべて失われた。

日本郵船はちょうど客船をたくさん作ったばかりで対応に遅れ、一時は生糸の輸送シェアを他社に全てとられてしまったが、1934年以降N型6隻、A型5隻を建造して追従。S型は姉妹船7隻が1939～41年に完成し、ニューヨークライナーとしても戦前最新で最強の布陣を敷いた。運航システムも折り返し便ではなく、そのままヨーロッパ経由で世界一周する航路となっていた。日本郵船特有の保守性をとどめたスタイルが特徴。太平洋戦争では「相良丸」「讃岐丸」が海軍特設水上機母艦、「崎戸丸」「相模丸」「佐渡丸」「佐倉丸」「笹子丸」が陸軍輸送船として行動し全船戦没した。

「崎戸丸」の武装

海軍の場合は船の武装も兵員も船の一部で、戦時中に装備が強化されることはあっても弱体化されることはまずないというのが常識だが、陸軍は船と関係なく武装だけで一つの部隊組織なので、個々の船の装備は時期によって増えたり減ったりする。「崎戸丸」は少なくとも図の3パターンが知られている。ちなみに、太平洋戦争開戦時は南米で座礁した「有馬丸」を曳航して帰国中だった。ガダルカナル戦では打上筒が初めて実戦投入されており、どこかに操作兵の陣地が設定されていた可能性がある。

アリューシャン時代に関しては、現存写真である程度裏付けが取れる。船砲隊員の手記では、この時期の高射砲は前後3門とあるが、写真を見る限り図の配置のはず。ちなみに、夜が長い冬のアッツ島でも敵機の来ない間に揚陸作業ができる限界は約4時間で、頑張っても700トンほどしか降ろせなかった。どの戦域

★イラストは「相模丸」を示す。

座ったカモ、意外と頑丈
「相模丸」は42年11月3日米潜「シーウルフ」の雷撃を受け戦没したが、当時ダバオ港内に停泊中だった。ダバオは水深が深いうえ湾口も広く、対潜防御ができないため海軍が嫌がって使わなかった港として知られるが、「シーウルフ」は「相模丸」の雷撃前から魚雷命中時までしっかり潜望鏡で写真を撮って帰ってきた。角度は左舷後方のこのあたり。それにしても、日本側報告によると魚雷は2時間で5本命中（他1本船底通過）とある。そこまでしつこく魚雷を使う必要があったかどうか。ちなみに、S型は満載排水量だと1万6000トンあまりになる。

風通しが肝心
郵船S型はやたらと通風筒が多い。作例でも2部品（柄とヘッド）で再現したものだけで48本ある。普通は小さいものを中心に適宜間引いて再現するようお勧めするが、逆に極端に少ない「神川丸」型との対比を考えると、あえてこだわるのも一つの手。「相模丸」の写真を見ると、民間状態から少し変化していて面白い。前後マスト側面のデリックポストを兼ねている通風筒のヘッドが、なぜかきせる状からこのこ状に取り換えられていたりする。

見分けがつかない
船名もなくて七癖、めぼしい船も同じ造船所で作ってもどこか違っていて、関係者やマニアなら見分けがつくようになっているものだが、S型にはこのようなポイントがほとんどない。最大の識別点は航海船橋横の舷灯の高さというみっちいもので、それも三菱長崎製の4隻は共通。その次は「佐倉丸」のみ烹炊所煙突の頭がH型になっていること。いずれも光線の状態や角度によっては全く確認できない。

スペシャルのS？
日本郵船は貨物船をグループごとに同じ頭文字で統一する慣習があり、このクラスも全てSで始まる。大正時代のT（「対馬丸」もこの1隻）から、L、M、N、A、Sという順番で脈絡はなく、TはTransportから、N（「長良丸」型）は郵船最初のニューヨークライナーのNらしい。Sはとりあえず戦前最新で世界一周の凄い船のSと覚えておこう。

意外な共通点
「讃岐丸」と「佐渡丸」は、S型の中で郵船としての2代目を襲名した2隻でもある。初代「讃岐丸」は同じく初代「常陸丸」の、「佐渡丸」は「信濃丸」の姉妹船。後者は「常陸丸」遭難のとき一緒にいてロシア艦隊に攻撃され、修理のあと「信濃丸」と一緒に対馬海峡ピケットラインについた曰くつきの船だ。二代目「佐渡丸」はガダルカナル増援輸送作戦に2度参加した唯一の船だが、広瀬船長は第一次輸送のとき海軍の命令で物資を一部積んだまま帰ったことで陸軍側に詰問されたうえ、第二次輸送で船橋に直撃弾を受けて戦死するという悲運の人となった。

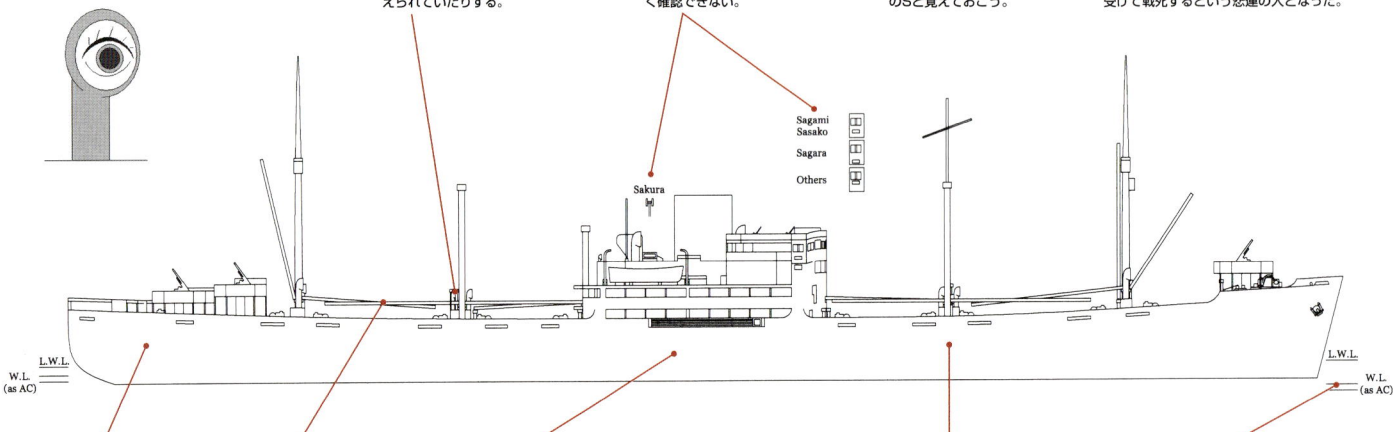

弱点は尻にあり
ほとんどのニューヨークライナーは1軸推進だったが、S型は2軸。一見2軸のほうがよさげに見えるが、1軸は反動舵ができないため海軍が嫌がって使わなかった港として新しい技術を活用するためわざとそうしていたのだ。これは本来推進抵抗になるはずの舵を翼型断面にして、スクリューの水流をあてることで逆に推進力を得るというナイスな発想で、1軸の国際汽船「金剛丸」は1万200馬力で21.6ノットを出したのに対し、S型は1万1000馬力近く出しながら20ノット出なかった。S型が2軸だったのは、ダメージコントロールの観点や軽貨状態でも推進効率が落ちにくいといった、軍用の利便性から海軍が要求したためと説明されている。

整理整頓
前線での輸送船はたいていデリックブームを使用状態のまま固定し、すぐ荷役できるようにしてある。しかしデリックにはそれぞれ正規の収納位置があり、キットと実船写真を見比べることで、それぞれの適正な長さを逆算することもできる。「日本汽船名簿」というオフィシャルの要目リストには各倉口のサイズとデリックブームの長さが記載されているため、フルスクラッチの場合はこの本船図面がなくてもここからかなり精度の高い推測図面を起こすこともできる。また、簡単に付け外しできる構造のため、徴用後に撤去、追加、収納位置変更といった違いが出ることもあり、不意打ちを食わないよう注意したい。

機関が売り
現在の商船はほとんどディーゼルエンジンで、所要スペースや燃費に劣る蒸気タービンやレシプロエンジンを積んでいるものはまずないが、大型船舶用のディーゼルが本格的に使われるようになるのは昭和に入ってからで、当時はまだ一部の上等な船だけだった。ニューヨークライナーのディーゼルは複働式といって、図のようにピストンヘッドを両側から動かすことで軽量大出力を狙っていた。しかしこの形式は調整と保守点検が難しく、1958年を最後に製作されなくなっている。スピードの面からみれば、ニューヨークライナーは現在の外航コンテナ船の祖先と見ることもできるが、その中間にいろいろ複雑な荷物絡みのからくりがあると見るべし。

複働式ディーゼル概略図
上下交互に燃料噴射

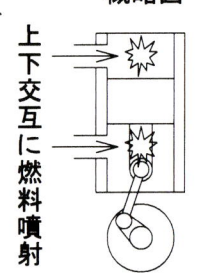

緑には塗らないこと
フジミの「佐渡丸」の箱絵はなぜか緑塗装となっている。いちいち詮索しないがともかく緑はない。この色は1944年6月5日付の船舶保護指示第29号に基づくものだが、陸軍のS型5隻は1944年2月戦没の「崎戸丸」で全滅している。

喫水線
S型の載貨重量は約1万トン。数字の上では分解すれば船倉の中に重巡洋艦1隻が入る。特設水上機母艦や前線任務用艦は船倉を居住区などにも使うため、目一杯積むことはまずないし、むしろ浮きすぎて推進効率が下がるため、ある程度バラストを積んで調節する。参考までに、図には商船状態の満載喫水（LWL）と、1939年当時のS型特設巡洋艦改装計画図の喫水位置（満載時と軽荷時）を入れておいた。たいてい軽荷の船は船首側が少し余分に浮き上がるが、特設水上機母艦は搭載機の運用の都合であまり傾くと困るので、実際写真でも船体はもっと水平に見える。トリムの問題まであまり厳密にこだわる必要はないとしても、フジミのS型では乾舷が低すぎて「相良丸」の迷彩を再現できない。

第4部 舷窓工房

でも状況は大同小異で、当時の参謀の手記本にも「1日ハ4時間ナリ」というタイトルが付いている。

最終時のソナーは陸軍が独自開発した「ら号機」と呼ばれるもので、実際に搭載した船は6隻のみとされる。「船舶砲兵」の記述では、聴音機（「す号機」）とセットで運用し、す号機で探知した音源の詳細位置をら号機で特定する建前だったようだ。しかし性能不良に加え爆雷戦の前に送受波機を手動で引き上げる必要があり、あまり役に立たなかったという。

なお、陸軍輸送船の武装関係は基本的にほとんど図面資料がなく、「崎戸丸」のように写真があればいい方で、文献から数の記録が得られても正確な位置や砲座形状は全くわからないのが普通だ。筆者の作図なり作例の形状は便宜的に決定したもので、「戦時輸送船ビジュアルガイド」でもそう断ってあるにもかかわらず、フジミのS型をはじめ国内外で筆者の図面をほぼそのままトレースしたような商品が出回っているので注意されたい。

Nippon Yusen Sakito maru class was the latest superior cargo ship called to New York Liner and seven sisters were commissioned in 1939-41. During the Pacific War two of seven sisters Sagara maru and Sanuki maru were requisitioned by Navy and served as auxiliary seaplane tender, while the rest were chartered by Army. Sakito maru is rare instance in Army transport known changes of armament in much part of her wartime career. Armament of them were not for own ship, for Army had regarded that independent shipboard artillery organization must dispatch due unit to each ship to cope with any situation. Therefore the armament of individual ship was often changed and it is not surprising that the amount of it to important ship like Sakito maru was reduced after withdrawal from Aleutian front. Sagami maru was taken photos by USS Seawolf when torpedoed at Davao harbor and her tricolor camouflage and HA gun sponson can be seen.

「崎戸丸」武装要領図

ガダルカナル強行輸送（1942年10月）75㎜高射砲×4、20㎜高射機関砲×4

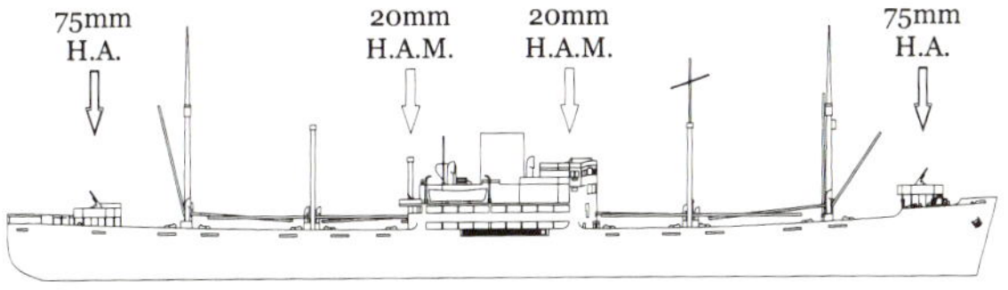

アッツ沖海戦（1943年3月）＊迷彩なし 75㎜高射砲×6、20㎜高射機関砲×4

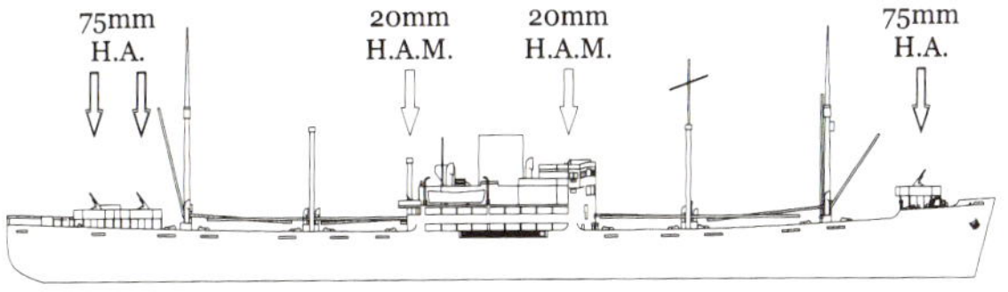

最終時（1944年2月）75㎜高射砲×2、75㎜野砲×1、37㎜速射砲×1、20㎜高射機関砲×2、ら号機×1、爆雷

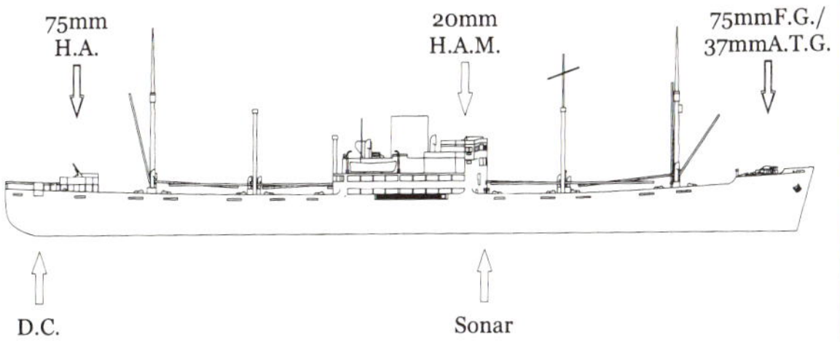

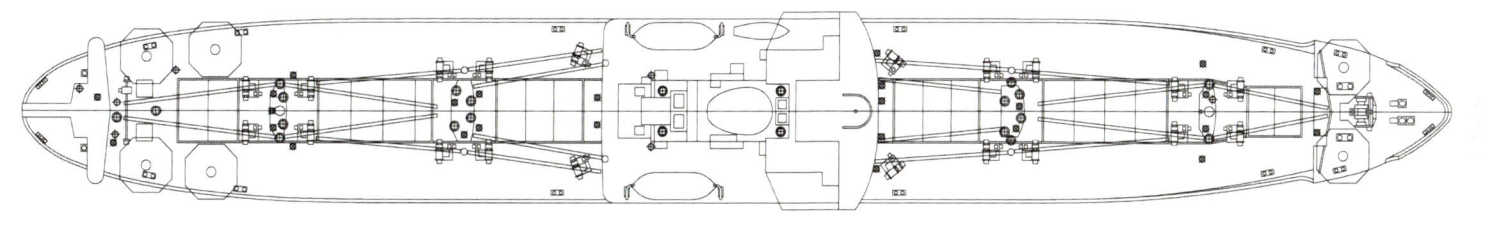

D.C. / Sonar

郵船S型上面図 図は「笹子丸」一般艤装図（1/100の青図）から起こした各種艤装品の配置図。上甲板と船首楼は鉄露出、船橋構造物と船尾のドッキングブリッジはほぼ全面が木版張りとなっていた（作例では省略しているが、煙突周りにも板張りの部分がある）。ディテールアップの参考にしていただきたい。

◉ きせる型通風筒（大）　　⊕ きせる型通風筒（小）
⊕ きせる型通風筒（中）　　⊗ きのこ型通風筒

「相模丸」
IJA Sagami maru (scratch built) model length:218.5mm

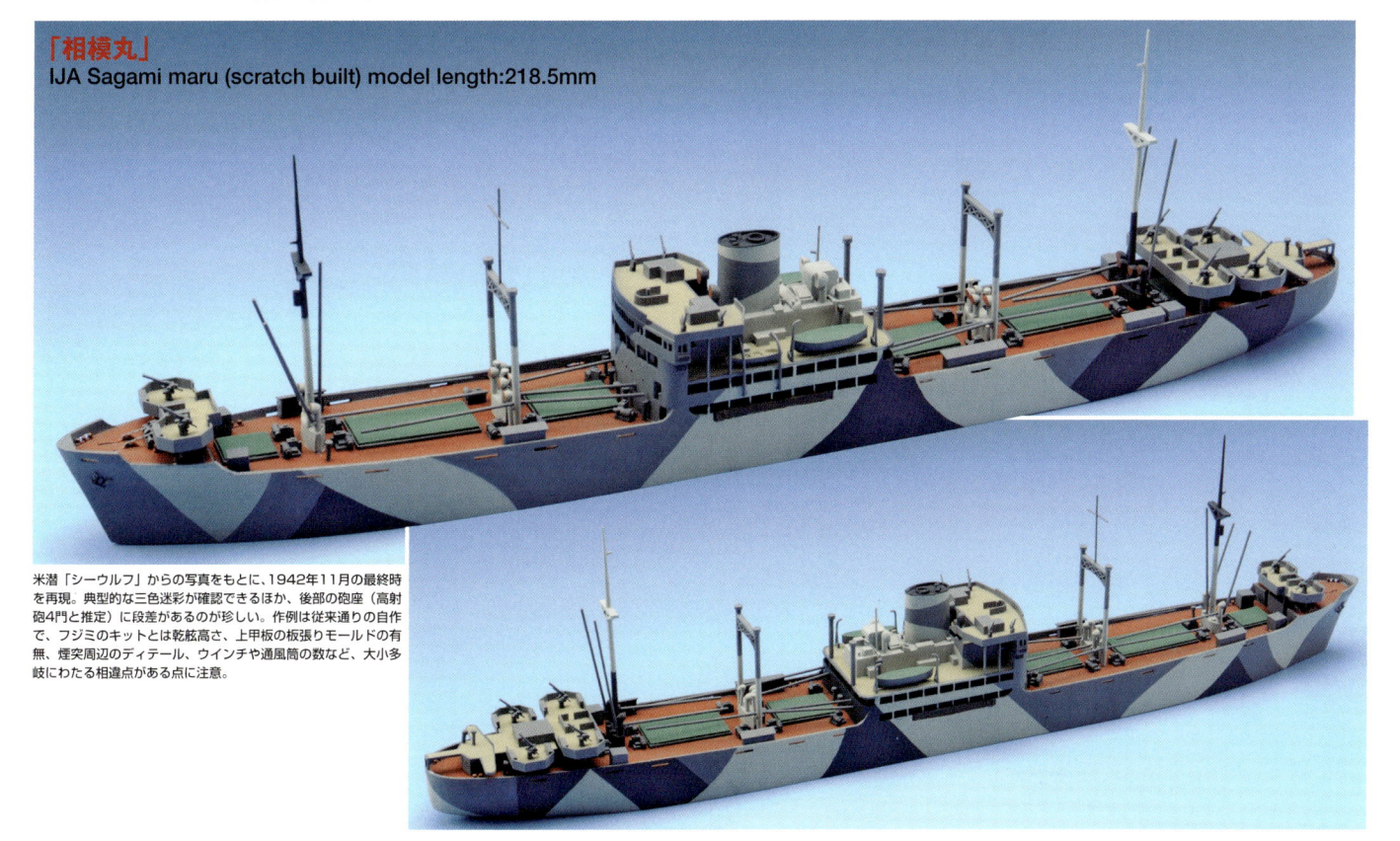

米潜「シーウルフ」からの写真をもとに、1942年11月の最終時を再現。典型的な三色迷彩が確認できるほか、後部の砲座（高射砲4門と推定）に段差があるのが珍しい。作例は従来通りの自作で、フジミのキットとは乾舷高さ、上甲板の板張りモールドの有無、煙突周辺のディテール、ウインチや通風筒の数など、大小多岐にわたる相違点がある点に注意。

40 「日栄丸」の巻
太平洋戦争末期の川崎型タンカー
Kawasaki Tankers in late war

太平洋戦争中の主力艦隊給油艦として活躍した川崎型と呼ばれる大型タンカーは、フジミから多数のバリエーションキットが発売されたが、その仕様はすべて大戦前半までの状態となっている。たまには大戦末期の状態で作ってみるのもいいのでは。

太平洋戦争末期の川崎型タンカー

「能登呂」型以後の日本海軍の艦隊給油艦整備計画における屋台骨的存在が、「東亜丸」以降の通称「川崎型」と称する民間タンカーだが、太平洋戦争開戦までに就役した12隻のうち8隻がマリアナ沖海戦までに戦没してしまった。翌7月に沈んだ「国洋丸」までの各船は、開戦時からさほど大きな改修は受けておらず、せいぜい25mm連装機銃1〜2基程度と爆雷、水測兵器、逆探あたりを装備したにとどまっていた。

残る3隻のうち、「日栄丸」はマリアナ沖海戦参加後間もなく内地へ帰還。「厳島丸」は同海戦後のバックアップ給油のため後方を移動中米潜の雷撃を受け、応急修理ののち8月初め内地着。「極東丸」も2月に受けた被雷損傷の修理を昭南で済ませ、7月中旬に内地へ戻っていた。洋上給油設備を完備したこれら3隻は日本海軍にとって頼みの綱であり、主力の戦闘艦艇と並んでかなり大幅な対空火器の強化が実施されたようだ。しかし、「極東丸」は9月のマニラ大空襲で被弾擱座、「厳島丸」はレイテ沖海戦後のバックアップ給油のため移動中再び雷撃を受けて沈没。最後の「日栄丸」も翌年1月に昭南から内地へ向かう途中で雷撃撃沈された。

2007年末から相次いでフジミから発売された川崎型タンカーは、他の商船系アイテムと同じく超絶ディテールを売り物とするシーウェイモデル特シリーズのラインナップでは例外的な存在で、スケールモデルとしての完成度は決して高くない。バリエーション展開も「日本丸」の戦前状態を除いては大戦前半で固められ、いちおう姉妹船の差をつけた程度にとどまっている。他の最新キットと並べるためにはどこまで手を入れるべきかを突き詰めた作例は過去に紹介しているが、もうちょっと妥協したいという方もおられるだろうから、ここではアプローチを変えて、筆者が普段フルスクラッチビルドで作っている程度の比較的基本に近いレベルの作例を用意してみた。

最大のポイントは言うまでもなく船橋構造物。船体との接合を含め、あちこちで微妙につじつまが合っていない部分のカタをつけるのが第一。航海船橋前面下部など素通しにしたい部分は、縁の厚みや切れ味にこまかく気を配り、寸法をうまく足し引きすればキットのパーツでもなんとかなる。その他の部分も全般にできるだけ解像度を上げないと、せっかくエッチングパーツになっているキャットウォークの脚が飼い殺しでもったいない。各艤装品の自作が難しい場合、救命艇ダビットはピットロードの「報国丸」型の余りを流用、ウインチは同社の「知床」型か「間宮」、ウインドラスは同じく同社「間宮」かハセガワの「氷川丸」あたりから型取りする。ディテールアップの自信があるようならアオシマの「間宮」の部品でもいい。通風筒は全般に小柄で、さらに小さいものを省いているので、機関室用のひとまわり大きいものを自作するか他から見つくろってきて、キットの部品を

「日栄丸」
Nichiei maru

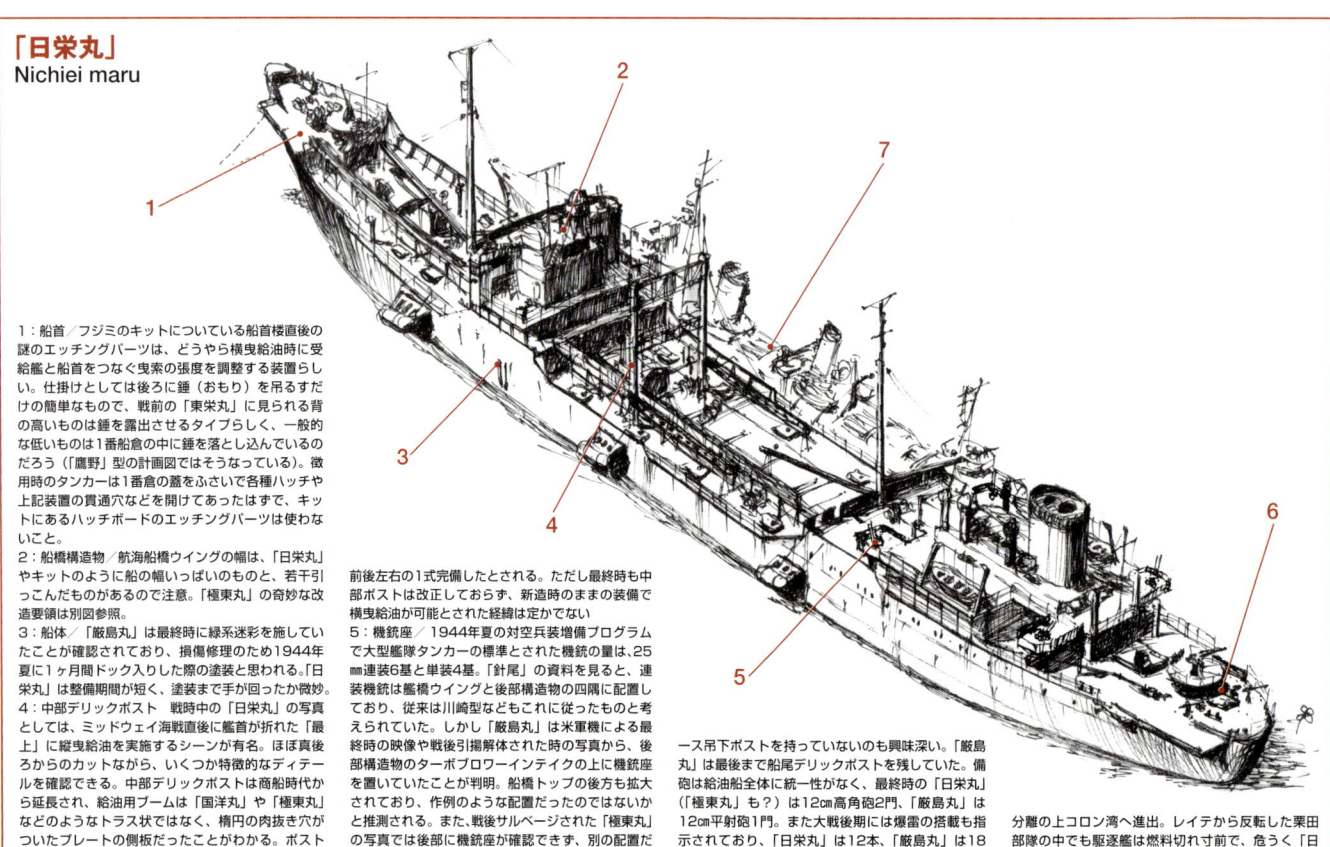

1：船首／フジミのキットについている船首楼直後の謎のエッチングパーツは、どうやら横曳給油時に受給艦と船首をつなぐ曳索の張度を調整する装置らしい。仕掛けとしては後ろに錘（おもり）を吊るすだけの簡単なもので、戦前の「東栄丸」に見られる背の高いようなトラス状ではなく、一般的な低いものは1番船倉の中に錘を落とし込んでいるのだろう（「鷹野」型の計画図ではそうなっている）。徴用時のタンカーは1番船倉の蓋をふさぐため各種ハッチや上記装置の貫通穴などを開けてあったはずで、キットにあるハッチボードのエッチングパーツは使わないこと。

2：船橋構造物／航海船橋ウイングの幅は、「日栄丸」やキットのように船の幅いっぱいのものと、若干引っこんだようなものなので注意。「極東丸」の奇妙な改造要領は別図参照。

3：船体／「厳島丸」は最終時に緑系迷彩を施していたことが確認されており、損傷修理のため1944年夏に1ヶ月間ドック入りした際の塗装と思われる。「日栄丸」は整備期間が短く、塗装まで手が回ったか微妙。

4：中部デリックポスト　戦時中の「日栄丸」の写真としては、ミッドウェイ海戦後に艦首が折れた「最上」に縦曳給油を実施するシーンが有名。ほぼ真後ろからのカットながら、いくつか特徴的なディテールを確認できる。中部デリックポストは商船時代から延長され、給油用ブームは「国洋丸」や「極東丸」などのようなトラス状ではなく、楕円の肉抜き穴がついたプレートの側板だったことがわかる。ポストの位置を移動したかは不明だが、新造時から幅広のタイプなのでひとまず原位置のままと推定。「厳島丸」は1944年に入ってから洋上給油設備を施したが、前後左右の1式完備したとされる。ただし最終時も中部デリックポストは改正しておらず、新造時のままの装備で横曳給油が可能とされた経緯は定かでない

5：機銃座／1944年夏の対空兵装増備プログラムで大型艦隊タンカーの標準とされた機銃の量は、25mm連装6基と単装4基。「針尾」の資料を見ると、連装機銃は艦橋ウイングと後部構造物の四隅に配置しており、従来は艦艇などもこれに従ったものと考えられていた。しかし「厳島丸」は米軍機による最終時の映像や戦後引揚解体された時の写真から、後部構造物のターボブロワインテイクの上に機銃座を置いていたことが判明。船橋トップの後方も拡大されており、作例のような配置だったのではないかと推測される。また、戦後サルベージされた「極東丸」の写真では後部に機銃座が確認できず、別の配置だった可能性もある。

6：船尾／「日栄丸」は新造時持っていた船尾デリックポストを撤去。多くの船で見られる縦曳給油用ホース吊下ポストを持っていないのも興味深い。「厳島丸」は最後まで船尾デリックポストを残していた。備砲は給油船全体に統一性がなく、最終時の「日栄丸」（「極東丸」も？）は12cm高角砲2門、「厳島丸」は12cm平射砲1門。また大戦後期には爆雷の搭載も指示されており、「日栄丸」は12本、「厳島丸」は18本を定数としていた模様。他に九三式聴音機を搭載。

7：駆逐艦／レイテ沖海戦当時、ちょうどヒ76で資源輸送任務についていた「日栄丸」は急遽船団から分離の上コロン湾へ進出。レイテから反転した栗田部隊の中でも駆逐艦は燃料切れ寸前で、危うく「日栄丸」に救われた。「厳島丸」は同船に次いでコロンへ向かったが、不要として反転命令を受けたあと米潜の雷撃を受ける。

第4部 舷窓工房

順次各所に割り振っていくといい。デリックブームは逆に、部品についているY字の取付基部をカットして一本棒にしてしまおう。その他は各自で気が済むまで。大戦末期のように決め手の資料が乏しい状態にする場合は、かえってある程度甘口にするほうが取り回しがいいぐらいに解釈するのが楽だ。

海軍特設給油船「日栄丸」について

日栄丸 Nichiei maru
（日東汽船／1万20総トン）

1937年に複数の実業家が共同設立した日東鉱業汽船（1943年日東汽船となる）の1番船。神戸税関などを手掛けた広島出身の建築業者で初代社長の森田福市（原爆で死去）が、会社設立に先立って姉妹船「東栄丸」とともに発注した。1938年6月竣工。太平洋戦争開戦時は南方侵攻作戦用給油艦で、以後も生え抜きの艦隊タンカーとして活躍を続け、川崎型で唯一1945年まで残っていたが、内地帰還中の1月7日マレー沖で米潜「ベスゴ」の雷撃を受け沈没。

海軍特設給油船「厳島丸」について

厳島丸 Itsukushima maru
（日本海洋漁業統制／1万6総トン）

川崎型タンカーの1隻で、建造順では「日栄丸」のひとつ前。1937年12月竣工。所有者の日本水産は1943年3月から終戦直後まで日本海洋漁業統制を名乗る。「日栄丸」とは対照的に1941年11月の徴用からずっと後方での輸送任務に従事し、ヒ01から同船団の常連として行動。マリアナ沖海戦直前に艦隊配備となって洋上給油装備を施したが、初出撃で損傷、修理再出撃後の10月27日ボルネオ北岸で再び米潜「バーガル」の雷撃を受け、航行不能のまま救難手段もなく付近を4日漂流した末、米軍機に発見撃沈された。「橋立丸」が竣工して日水の日本三景が揃った翌日のことである。

「旭東丸」

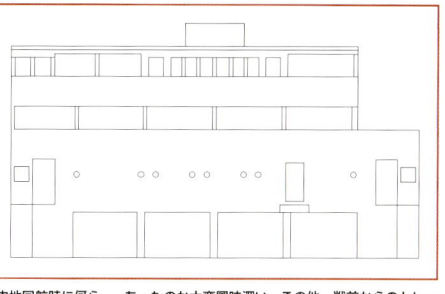

「極東丸」は太平洋戦争開始後「大八洲丸」と改名したが、海軍部内では旧名のまま「旭東丸」と表記した。極東という西欧本位の用語が問題視されたか。本船は1944年9月のマニラ大空襲時に被弾擱座したが、戦後浮揚のうえ「かりほるにあ丸」として復活。日立桜島での再生工事の映像で特に目を引くのが、図のように艦橋構造物の左側が欠けている点だ。損傷による欠落ではなくきちんと整形してあり、内地回航時に何らかの必要があって仮工事をした可能性もあるが、戦時中そのように改造したのであればなぜそうする必要があったのか大変興味深い。この他、戦前からのトレードマークだった船尾右舷のクレーンや左舷の給油ポストも撤去されていた様子。

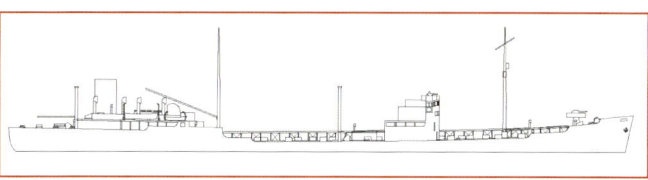

「黒潮丸」

播磨造船が戦前建造した優秀タンカー3隻は川崎型をマイナーチェンジしたもので、同じグループに含むこともある。「黒潮丸」は唯一タービンエンジンを搭載した実験船で、後の「風早」型給油艦や戦時標準1TL型の設計母体となったもの。太平洋戦争開戦時も海軍特設給油船となっていたが、早くも1942年5月解傭。ボイラーの調子がよほど悪かったようで、ひたすら故障しては直すを繰り返していたが、1945年1月の戦没まで陸軍支配下の民需船として内地～昭南の資源輸送任務に従事し続けた。具体的な武装などは不明だが、ぎりぎり今回の対象に入る船として紹介するが。しばしば南航時に飛行機を積んでおり、マニア受け狙いで作ってはいかが。

In 2007-2008 Fujimi released Kawasaki type auxiliary fleet oilers' kit, though all of them represented early war configuration. Today the final configuration of Itsukushima maru in late 1944 is much known by photos taken by US aircraft. Fujimi's kit is not so detailed unlike other their latest superior productions and hull shape is desirable to be corrected, but it also can be said that the moderate state enabled many modelers to convert readily to late war fitting.

「日栄丸」
IJN Nichiei maru (Fujimi/Nippon maru) model length:229mm

フジミのキットを改造して1944年秋の状態を再現。ある程度体裁を整えるための追加工作は半ば必須と言っていい。勢いに任せて短期間でバリエーション展開した割に大定番の大戦末期状態を欠いたのは、具体的な武装配置などの製品化に必要な情報がないせいもあるだろうが、このキットぐらいのグレードならそこそこ推測で押し切っても充分成り立つ感じではある。しかしできれば上位のキットが欲しい。かつて企画室黒潮が発売していたレジンキャストキットは形状表現がフジミ版より良好だったが、現在はまず入手できない。

「厳島丸」
IJN Itsukushima maru (HP) model length:223mm

フジミ以前に出ていたHPモデルのレジンキットを手直ししたもの。商品自体「厳島丸1944年」として出されているものを使っているが、考証は曖昧。若干の寸法のずれのほか、ディテール表現もやや見当外れなところがあり、船橋構造物は自作した。現在はわざわざこのキットを利用するメリットはない。本船に関しては「モデルグラフィックス」誌掲載後に最終時の映像が発見されたため、本書掲載に合わせ所要の修整を施した。グリーンの川崎型タンカーも新鮮で面白いが、本船に関してはニッスイのマークをつけて「図南丸」船団の鯨油輸送に携わっていた戦前の状態もいいのでは。

105

41 「間宮」の巻

給糧艦
Store ship

日本海軍の各種特務艦艇の中でも現場の艦隊将兵の間で最も親しまれたのが給糧艦「間宮」だといわれる。最近ようやく模型の世界でも日の目を見た同艦をはじめ、日米英にしか存在しなかった給糧艦の実態をまとめてみた。

給糧艦

「空想科学読本」シリーズの著者・柳田理科雄が「宇宙戦艦ヤマト」のイスカンダル遠征作戦を科学的に検証したところ、食料の貯蔵スペースは無補給でもほとんど問題にならないという結果が出たとか。しかし現実の軍艦ではそう簡単にはいかない。寸法ざっと120×10mの特型駆逐艦でも乗組員は200名以上で宇宙戦艦の2倍弱、空母「赤城」はその10倍にのぼり、大雑把に言うと45人学級7クラスの小学校の全校児童＋教職員が住んでいることになる（ある世代の人にしか実感がわかないと思うが）。もちろん1年分も食料をため込んでいるわけではなく、こまめに補給を受ければいいが、それを艦隊単位で面倒見る側に立ったら大変な話だ。しかも一般家庭と違い冷蔵庫がほとんどない。ろくにサプリメント食品もない戦前、兵員の健康管理に配慮した食糧補給は決して簡単ではなかった。

駆逐艦や潜水艦などの小型艦に対しては、水雷母艦や潜水母艦がついて食の面倒も見ることがあるし、場合によってはそれに近い汎用艦隊支援艦も用意されるが、ことさら食糧補給に特化した補助艦艇を用意する環境とは、艦隊そのものの規模が大きい場合や、作戦上の制約から充分な補給が受けられる港に長期間立ち寄れない可能性がある場合に限られる。そのため、過去に本格的な大型給糧艦を整備したのは日米英の3ヵ国だけだ。英米ではストアシップと呼ばれるカテゴリーがこれに相当し、第一次大戦時から使われていたが、通常の食料品はもちろん、本格的な冷蔵設備を施して生鮮食料品を提供するほか、生活雑貨の類まで扱うことになっていた。

日本海軍がこれに興味を深めたのはワシントン軍縮条約の締結後で、1923年度計画で建造された「間宮」は、タンカーの予算を転用し運送艦として翌年7月竣工し、後から新設された給糧艦籍に入れられた。えらく手際がいいように見えるが、詳細設計と建造を担当した神戸川崎はどうやら、米太平洋艦隊の最新ストアシップ「アークティック」級を参考に、以前建造した貨客船「はわい丸」の図面をこねくり回して設計をまとめたらしい。サイズの上では当時世界最大の給糧艦で、搭載する補給品はざっと「1万8000名の3週間分」と称され、単に野菜や肉などの主食類

「伊良湖」
HIJMS Irako

「間宮」に次ぐ給糧艦。同じ神戸川崎で設計建造され、太平洋戦争開戦の3日前に竣工した。全長152mで第二次大戦までの給糧艦では世界最大。ほぼ「間宮」をそのままアップデートしたような外見と性能で、補給能力は「2万5000人の2週間分」。1日に最中6万個、大福1万個などを生産できた。44年9月コロンで空襲を受け大破放棄。レジンキャストキットはかなり昔から出ていたが、知名度は「間宮」に劣るのでインジェクションキット化は難しそう。

「リライアント」
RFA Reliant

1923年建造の貨物船を取得して33年就役したもので、大戦間の英海軍では最大の給糧艦。全長144mで「間宮」よりほんの少し小さいぐらい。RFA（補助艦隊）で運航されており、平時は黒とバフの2色塗装だった。

「アークティック」
USS Arctic AF-8

米海軍の給糧艦。1919年建造の貨物船を改造して21年就役したもので、他に姉妹艦2隻がある。全長127mで「間宮」より一回り小さいが、御覧の通り外見はそっくり。「間宮」の設計にあたってこの艦を参考にしたのは間違いないだろう。

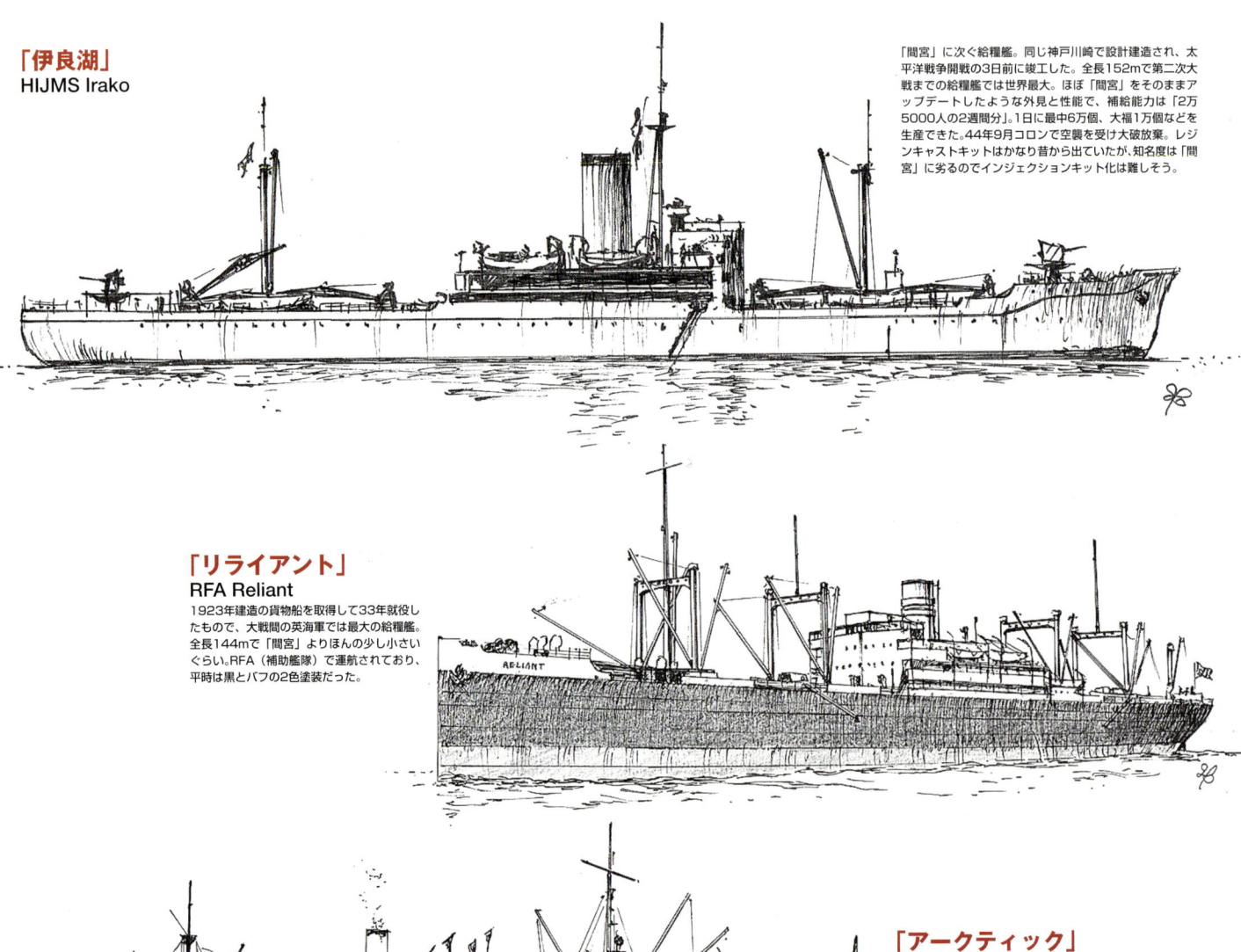

第4部 舷窓工房

や砂糖、醤油などの調味料にとどまらず、豆腐や蒟蒻のような日配食品、羊羹、饅頭、アイスクリームといった嗜好食物類にラムネまで、様々な飲食物の生産施設を完備。海の上にいる限り船乗りの最大の楽しみは食うことばかり、艦隊の将兵からは絶大な人気を誇る存在となった。といっても、それは「間宮」のほんの表向きの部分でしかなく、艦上には予備の水上偵察機や標的船も搭載可能で、艦隊の訓練時には自ら標的を曳航し、小規模の病院設備を持ち、上等の洗濯仕立ても可能、強力な無線設備を搭載して艦隊の交信状況をチェックする任務までこなしていた。これほど大型の補助艦艇は貴重なだけに都合よくこき使われた感じだが、なんとなくアイスクリームを差し出してくれるほんわかしたオネーサンでイメージばっちりと思いきや、実際はむしろ家政婦のマミヤと呼んだ方がいいぐらいの仕事師だったのだ。

軍縮明け後の1938年計画で2番目の大型給糧艦「伊良湖」が建造。他に生鮮品の輸送のみを担当する小型の「杵埼」型など5隻が作られた。しかし太平洋戦争では全く数が不足し、開戦時点で24隻の特設給糧船が在籍。8000総トン級の「厚生丸」以外は小型のトロール漁船や冷蔵運搬船が多く用いられ、戦争後期には貨物船改造の1隻が正規の艦籍に入った。米海軍では当初から太平洋の補給事情がよくなかったため、1941〜42年に既存船の改造で大型から中型の15隻をストアシップに編入。終戦直前にかけて大型4隻と中型の「アドリア」級17隻が加わった。他にもリバティ船を改造した下位艦種の配給船が十数隻あり、イギリスも戦時中それと同等のカナディアン・ヴィクトリー級貨物船など15隻を流用している。ちなみに、給糧艦の排水量や総トン数は比較対象値としては非常に扱いづらく、「間宮」の基準排水量1万5820トン、総トン数8000弱（公称値ではない？）に対し、「伊良湖」の排水量は3分の2しかなく、「はわい丸」の総トン数は9500トンぐらいある。冷静に寸法値を見比べるほうがいい。

「間宮」は戦時中おもに内地とトラックの間を往来して補給にあたっていたが、43年10月米潜「シアロウ」の雷撃を受け損傷。修理後パラオからの帰途で再び「スピアフィッシュ」の雷撃により損傷。それでも「間宮」は立ち直って前線へ向かい、44年11月末には沈船ひしめく瀕死のマニラへの補給任務を成功させた。しかし12月20〜21日、海南島東方の南シナ海で米潜「シーライオン」の雷撃を2度にわたって受け沈没。「承知しました」と一言残して地獄行きの任務さえ果たした究極の家政婦マミヤは、そのまま戻ることなく、かつての主たちの面影を追って暗闇の中へと消えていったのだった。

One of most peculiar auxiliary warship is store ship. Although the task is simple; serving for daily life of fleet crewmen, especially delivering rations, the situation that such ship is needed is not so simple, for it means that considerable scale of fleet is expected to stay long in open sea or area being lack of any port to receive enough supply in the Navy's tactical plan. Therefore only US, UK and Japanese navy introduced the category. In fact, food is best support for sailors driven into such situation and Mamiya, only IJN store ship in interwar period was said to be most favored ship in fleet strength. She had been carefully moved during war but torpedoed in several times, and finally sunk by USS Sealion in Dec 1944 in South China Sea.

「間宮」
HIJMS Mamiya (scratch built)
model length:215.5mm

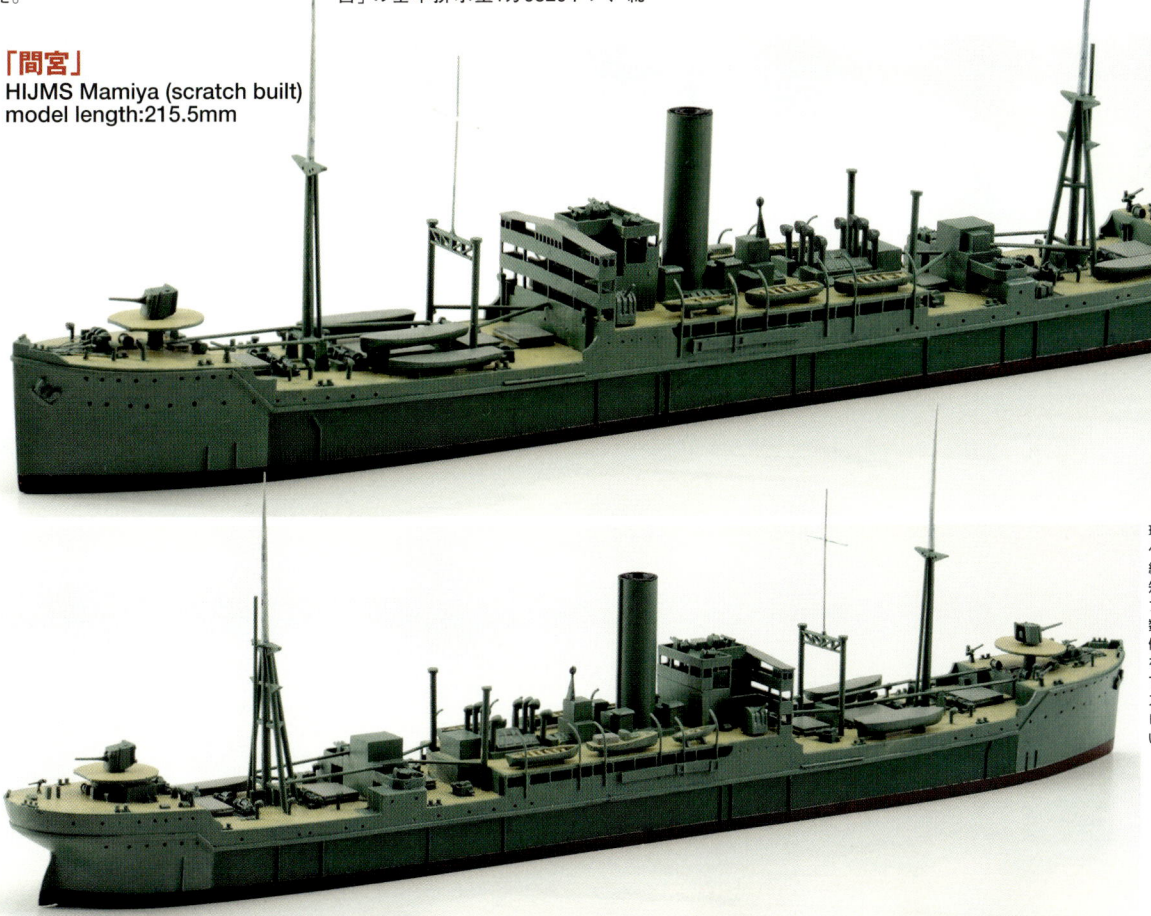

現存する1936年の公式図面をベースとして、1944年末の最終時を再現。本艦は全長の値が知られていないが、タイプシップで寸法の同じ「はわい丸」の数値（495ft）を採用。工作の便宜を優先してタンブルホームを省略し、上甲板の幅で作図している。「モデルグラフィックス」誌で本例が掲載された後、ピットロードとアオシマが相次いでキット化を実施。

42 「はわい丸」の巻

「間宮」キットの利用
Conversion from Mamiya

給糧艦「間宮」のキットは2014年にピットロードとアオシマから発売されたが、ここでは前者を用いて類似船への改造の要領についてまとめている。もちろん後者に対しても適用可能な話なので、好みのキットを用いてカスタマイズに挑んでいただきたい。

「間宮」競演

2013年以降、オンラインゲーム『艦これ』の人気を背景として従来なかなか商品化できなかった艦のキットが相次いで実現したが、「間宮」もそのひとつ。キットを発売した両社とも、筆者の作例と同じく基幹資料として呉市海事歴史科学館所蔵の1936年当時の公式図面を用いているため、基本的にさほど大きな違いはなく、考証上の根拠はしっかりしている。一種の流行りものでもあり、ピットロード版は企画着手から非常に速いペースで2014年夏の発売までこぎ着けたが、船体の基本形状と表面処理に癖があり、ボックスアートも考証的に模型製作の参考にできない。一方、アオシマは早い段階では同じ時期までの発売を予告していたが、結局同年末にずれ込み、実艦としてではなく『艦これ』関連商品の仕様が先になった（その後エッチングパーツ付きの一般仕様を発売）。造形上はピットロード版より練り込まれているが、やや原図にとらわれすぎており、図面上と実際の喫水位置の違いを無視したため、船脚が低く実艦写真とはやや異なる印象になってしまう欠点を持つ。けだしここが商船タイプの船の最も厄介な部分で、ユーザーの側ではなかなか対応できない要素についてはできるだけメーカーがケアすべきだと考えられる。たとえばフジミのタンカーのような厚みのある船底板を足すような形の配慮があってもよさそうなものだ。

類似船への改造

「間宮」の基本形状は直立船首・カウンタースターンの三島型で1本煙突と、同時代のごく一般的な商船の特徴を備えているが、では他の船にも簡単に改造できるかというと全然そうではない。当時の貨物船は大型のもので載貨重量1万トンを目安に寸法を設定されており、おのずと「間宮」より一回り小さいところに集中する傾向がある。「間宮」に対応するサイズの船は基本的に貨客船で、寸法も形状もばらばらのため改造対象の選定が難しく、工事の手間も相当かかる。そんな中で例外的に「間宮」と酷似した形状を持つのが前述した大阪商船の「はわい丸」型だ。この両者を関連付ける文献資料は確認できていないが、実際に両者の図面を起こしてみると、「はわい丸」型のほうが若干船首尾楼が短く、それに伴ってハッチやマストの位置が少しずつずれているものの、基本的な船体寸法や形状、中央船楼の位置と長さはきれいに一致しており、後に建造された「間宮」が同船のデザインを踏襲しているのは物証面から明らかだろう。フルスクラッチに慣れていないモデラーにとって土台の船体があるのは有難いことこの上ない話のはず。ピットロード版は船体形状を別とすれば、喫水調整の面で大きなアドバンテージがあり、同じ二軸推進なのでフルハルのままでも製作可能。アオシマ版はディテールがかなり繊細になっているぶん改造母体としては使いづらく、この目的に関しては上級者向けといえる。

陸軍輸送船「はわい丸」「ありぞな丸」について

はわい丸 Hawaii Maru
（南洋海運／9457総トン）

大阪商船が北米西岸航路の強化のため建造した貨客船6隻のうち、

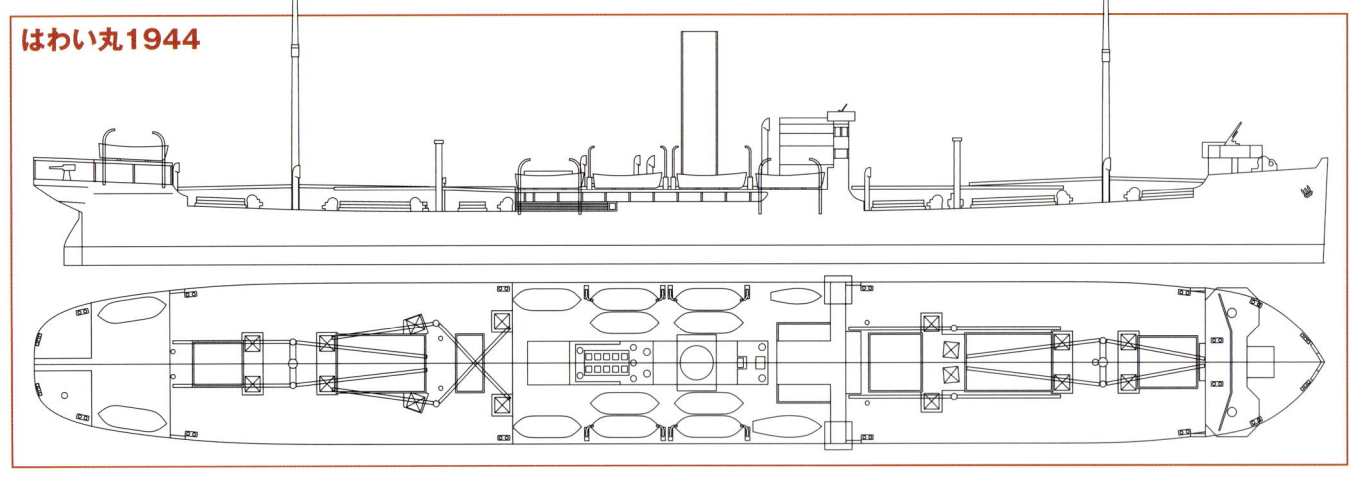

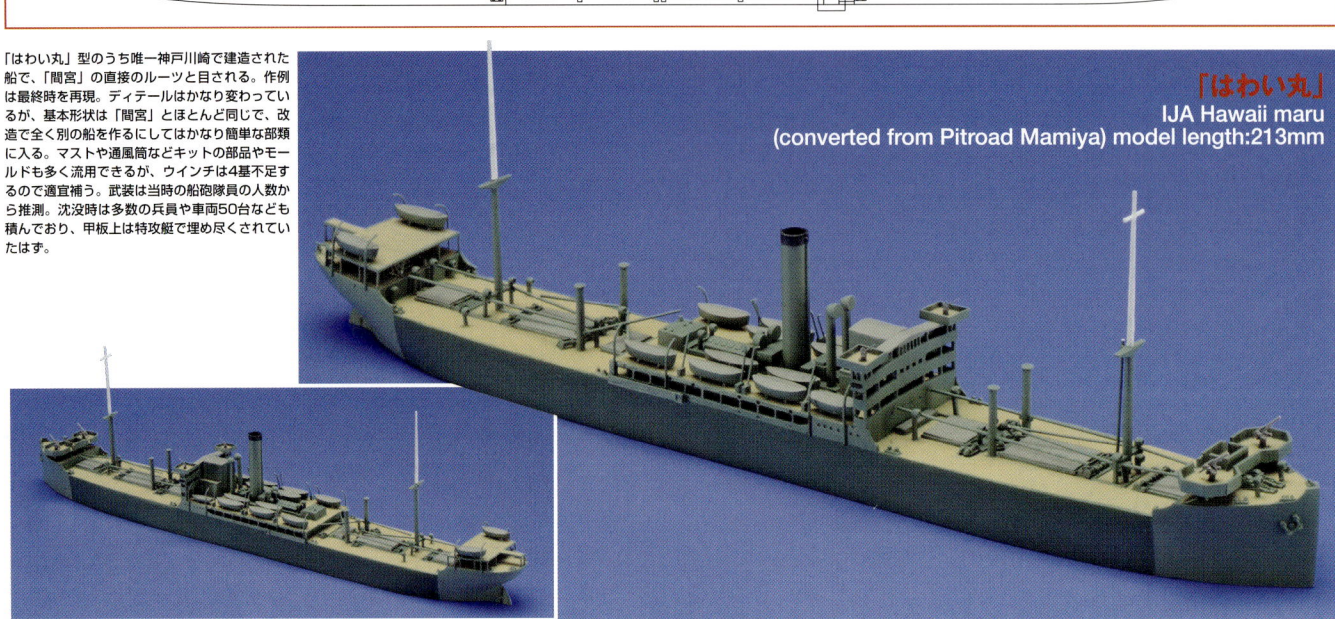

はわい丸1944

「はわい丸」型のうち唯一神戸川崎で建造された船で、「間宮」の直接のルーツと目される。作例は最終時を再現。ディテールはかなり変わっているが、基本形状は「間宮」とほとんど同じで、改造で全く別の船を作るにしてはかなり簡単な部類に入る。マストや通風筒などキットの部品やモールドも多く流用できるが、ウインチは4基不足するので適宜補う。武装は当時の船砲隊員の人数から推測。沈没時は多数の兵員や車両50台なども積んでおり、甲板上は特攻艇で埋め尽くされていたはず。

「はわい丸」
IJA Hawaii maru
(converted from Pitroad Mamiya) model length:213mm

第4部 舷窓工房

最も早く1915年7月竣工。ハワイと名がついているが大阪商船はハワイには寄港せず、姉妹船も「あらびあ丸」「あふりか丸」「まにら丸」などで航路と無関係な命名。本船は戦時中南洋海運へ移籍。1944年12月2日、ミ29船団に加入中、米潜「シーデヴィル」の雷撃を受け沈没。位置は屋久島西方の戦艦「大和」とほぼ同じ位置で、当時は陸軍輸送船として海上挺身第22戦隊の特攻艇60隻などを搭載しており、爆薬に引火して大爆発を起こし、乗組員・船砲隊・乗船者合計2000名以上全員戦死の壮絶な最期を遂げた。

ありぞな丸 Arizona Maru
（大阪商船／9683総トン）

「はわい丸」型の後期建造船で、船首楼が若干長い。同形の「あらばま丸」は戦前事故損失。1920年完成で太平洋戦争当時はすでに老朽の類類に属していたが、陸軍防空船として緒戦の南方侵攻から第一線で活動。1942年11月のガダルカナル第二次輸送作戦では11隻船団の最後尾で出撃するも、14日午後の空襲で航行不能、総員退船のあと誘爆沈没した。

Since hull plan of Mamiya is supposed to be based on OSK Hawaii maru class semi-cargo passenger liner, it will be much easy to convert Mamiya tool to those semi-sister ships. For this construction Pitroad version must be able to use readily, though inaccurate hull shape might trouble merchant ship enthusiasts. Aoshima version is too strictly detailed to use for conversion basis, aside from freeboard shortage came from planned full-road draft. To build Arizona maru forecastle has to be lengthened.

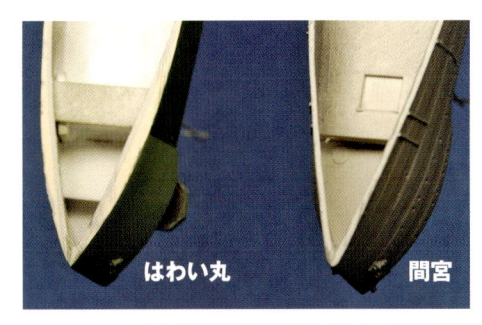

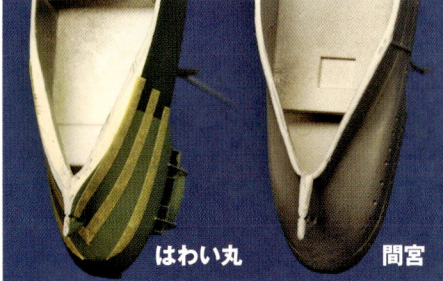

船体形状を修正した「はわい丸」と無修整の「間宮」の対比。ピットロード版は船首尾が不自然に絞り込まれており、実船に近づけるには相当量のパテを盛る必要がある。また「はわい丸」の船尾側には、便宜的に2mm幅のマスキングテープで外板のパネルラインを示してみた。カウンタースターンの場合、側面形状の角がついているところから下は舷側の外板のラインがそのまま船尾まで続いており、これを知っているか否かで造形表現も大きく変わる。逆にいうと、後でこのようなラインがうまく出せるかどうかが造形の良し悪しをはかる尺度となる。ピットロード版は型抜きの都合でモールドが消えており、アオシマ版は単純な鉢巻状のモールドが入っていて間違い。サーフェイサーの厚塗りなどで段差を表現し直す場合、骨折り損をしないよう注意したい。実際にマスキングをする場合、上甲板のガンネルの直下に上張りが来るので写真とはパターンが逆となり、多少のしわ寄せでテープの幅を狭める必要がある場合も出てくる。経験を積むしかない。

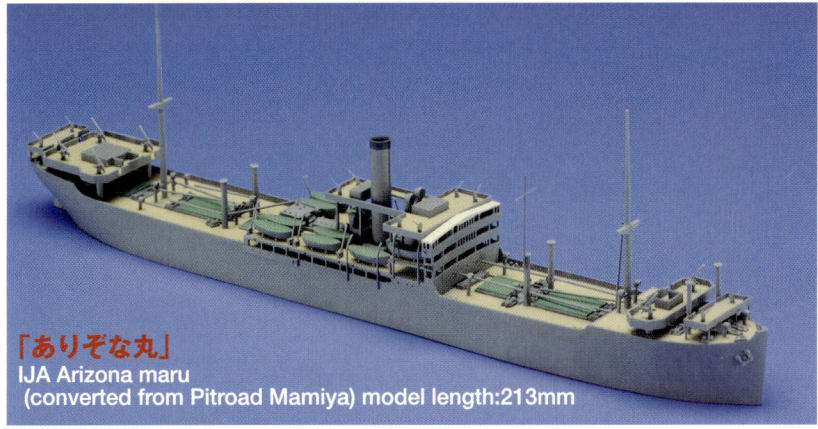

「ありぞな丸」
IJA Arizona maru
(converted from Pitroad Mamiya) model length:213mm

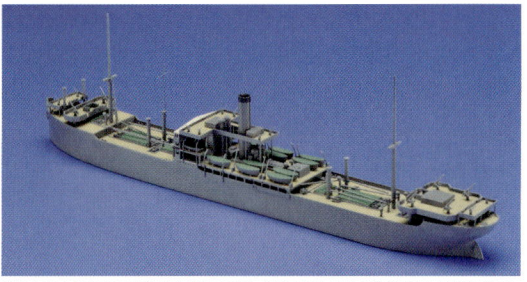

「はわい丸」型の中でも戦歴度で際立つ1隻。武装に関しては「船舶砲兵」に記述があり、概ね作例の配置だったとされている。船自体にも船首楼の延長とブルワークの追加が必要なので難易度は上がるが、改造対象としてはかなり魅力的。なお、以前「日の丸船隊ギャラリー」でフルスクラッチした際は引用文献の不備から実際より5m大きく寸法を取っており、『戦時輸送船ビジュアルガイド』掲載図面とともに訂正する。

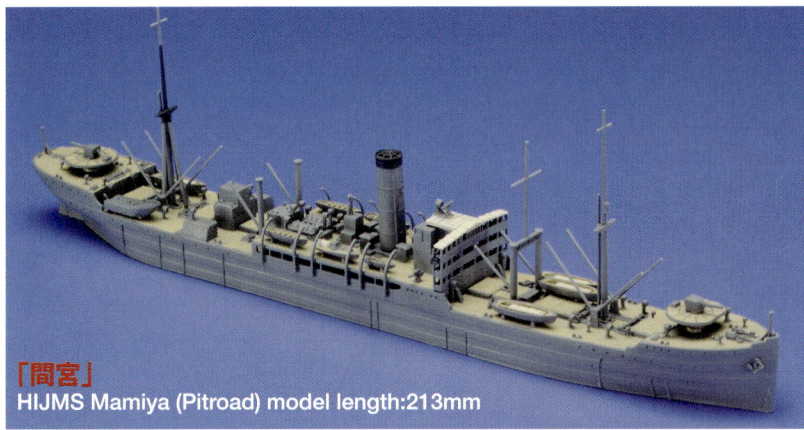

「間宮」
HIJMS Mamiya (Pitroad) model length:213mm

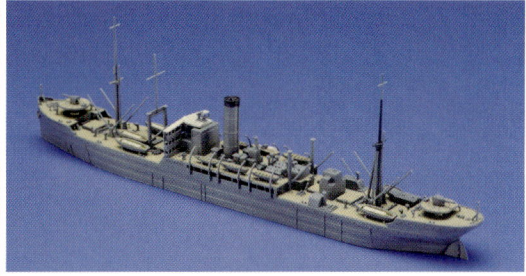

比較対象としてベースキットをそのまま作ったもの。キットのモールドに従って下部船体を切り離して水線模型としたが、実船に近い位置にラインを引いてあるためアオシマ版より第一印象が自然に見える。そこはある意味絵心の入った商品で、フルハルは故意か否かにかかわらずキットの潜在価値を高めている。ちなみに、各倉口にあるモールドはハッチカバーを示すものだが、これは木製の消耗備品で、荷役時以外は上にターポリン（キャンバスカバー）をかける。キットの塗装指示にように灰色で塗られることはない。

「間宮」
HIJMS Mamiya (Aoshima) model length:213mm

こちらがアオシマ版。基本形状・ディテール表現ともピットロード版を凌ぐが、一見して実艦写真より船脚が沈んでいる印象。ここが公式図面上の満載喫水からと一概に間違いとは言えないが、通念上は実物の喫水線が水線模型の基準となるから何ともおさまりが悪い。また、作例はこれといって微調整もせず組んであるが、艦橋構造物の部品構成が複雑で合わせ目が残りやすく、支柱が太い点も目立つので、このあたりは特に慎重な工作を心掛けたい。

109

43 「Uボートの……」の巻
アクセサリーパーツの再利用
Recycle Scratch Building

とっかかりがおっくうだと思っていても、ちょっとした導入があると自然に手が進むこともある。ここでは船のスクラッチに関して適当なネタを用意した。コレ持て余していたんだよな〜という方は結構おられるのでは。

アクセサリーパーツの利用

ハセガワの1/700UボートVIIC・IXC型のキットには、アクセサリーパーツとして沈みかけの輸送船がついている。このキットはウォーターラインシリーズ第一期外国艦編の最終盤に発売され、当時としては異常にハイレベルな完成度で知られるが、Uボート自体が小さいぶんサービスで上記の部品が付属する。図体だけは主役より大きくて存在感はかなりのもの。面白い企画ではある一面、ウルフパックを作ろうとして何箱も買うと机の上が沈船林立というデメリットもないではない。どうにかして沈む前のフネにならないかと思いつくのも自然の成り行きだろう。

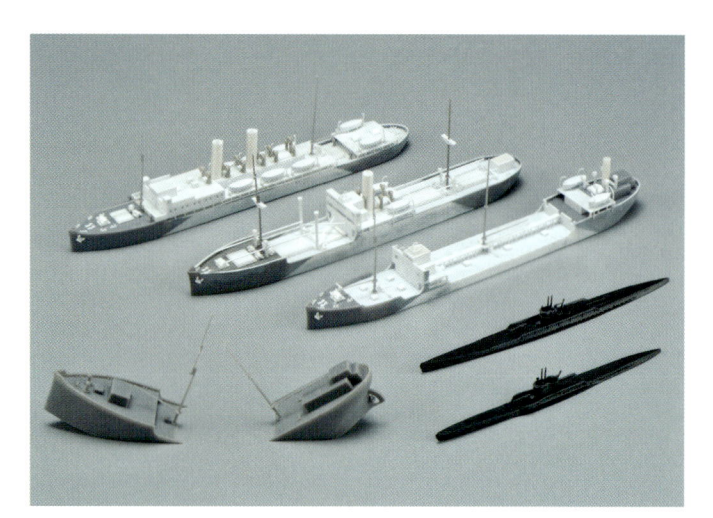

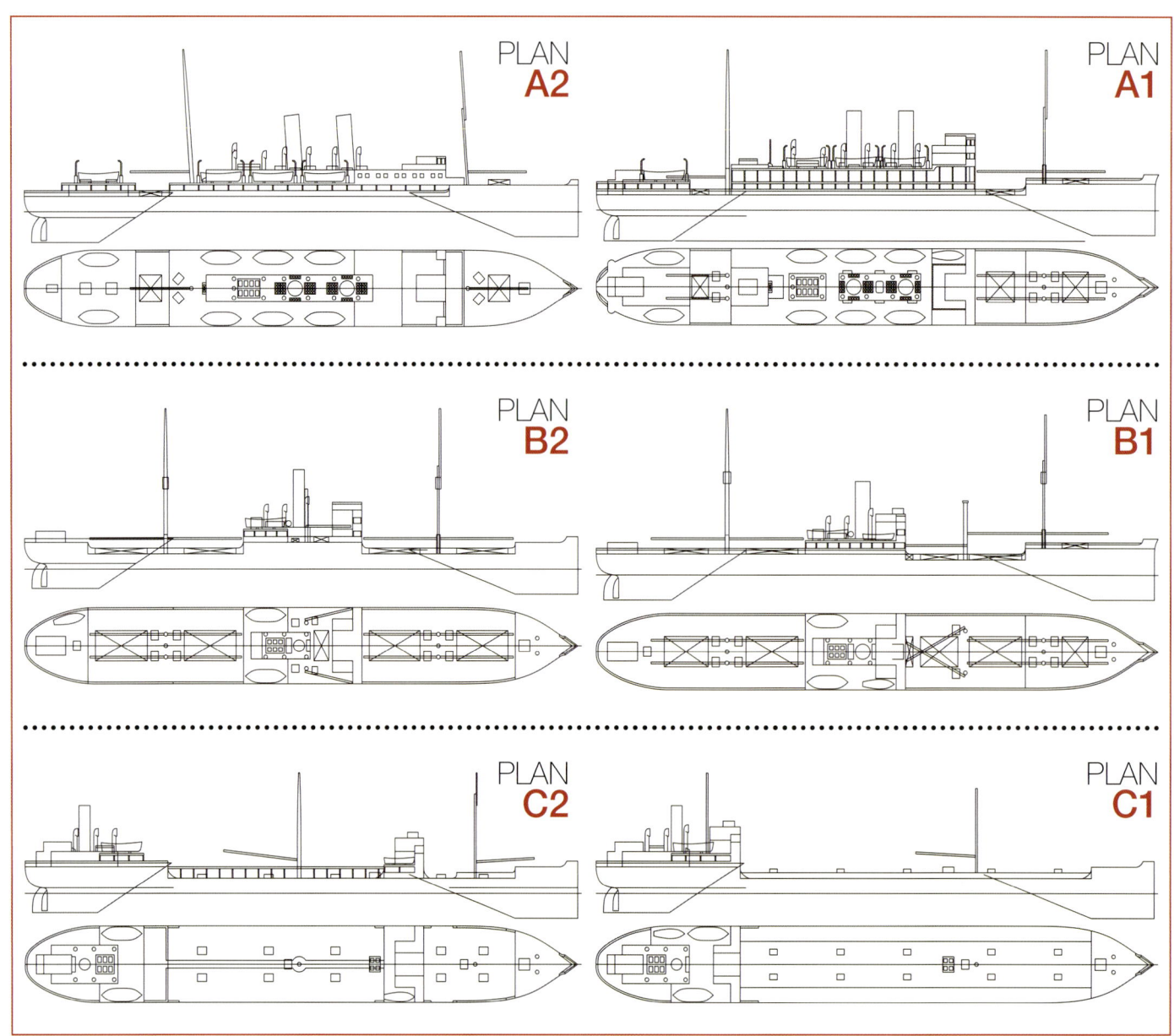

この船、モールドが繊細でもっともらしいが、あくまでアクセサリーの域を出ないもの。何かの元ネタがあるわけではないようで、基本形状も艤装品関連も通則から逸脱しており、普段から自作慣れした人間からすれば、わざわざここから改造で何かを作るのは骨折り損に思えてしまう。とはいえ、別にそこまでまじめに考えなくても全然OK、無駄に沈船ばかりたまるより有効利用したいと考える人もいるだろう。現在国産インジェクションキットの艦船としてはトップクラスのお買い得商品だ

PLAN A2　PLAN A1
PLAN B2　PLAN B1
PLAN C2　PLAN C1

110

第4部 舷窓工房

けに、無為に見過ごすのは惜しい課題だ。
　そこで、あえてこのアイテムを利用した再生船のサンプルモデルを用意してみた。部品の使い方がわかりやすいよう、作例は無塗装の状態としてある。当方としてはまったくの遊び半分では気が引けるのでかなり大真面目に取り組んでいるが、どちらにせよフィクションなので、各自の腕に見合う範囲で手抜きなりアレンジなりしていただきたい。

Vintage, but highly detailed kit of Hasegawa 1/700 U-boat contains attractive accessary; merchant ship divided in two and just sinking. Although much less accurate both in shape and detail, it is undoubtedly clever addendum regarding difficulty to build by modelers themselves. These meddlesome plans in this page suggest you to avoid growing ship wreck collection. Since not representing real specific ship all plans can be used as easy sample for extensive grade of modelers.

キットのパーツをそのまま組んだもの。この沈船は船体の幅から見て3000総トン級ぐらいで、大西洋横断船団としては小物だが、これより大きくしても主役との兼ね合いが立たないし、ダイオラマとしては遠近法的に見立てるとかえって効果的なので問題なし。まともな船1隻を刻んでこれを作るのは結構大変で思い切りもいるので、サービスとしてはまことに当を得たものだろう。この状態のままであればディテールも適当。船として見た場合の問題点としては、船首尾とも基本形状が不良、ウインチやウインドラスがない、甲板室のしつらえや舵の処理が雑といった点があがる。可能な限りこれらをフォローしながら作業を進めると完成度が高まるだろう。また、前後で船体の深さや喫水線の位置が異なるため、通常は水線模型として作ってつじつま合わせをする必要がある点に注意。別掲のサンプルプランは、いずれも船体長150mm（船首先端の突き出しを除く）で設計してある。もちろん完全なフィクションなので、厳密に寸法をフォローする必要はない。キットのブルワークの高さ（1mm）はやや不足で、いちおう0.5mm角のプラ棒を重ねてカサ増ししておくといい。なお、キットにはシアーラインがなく完全に平坦な構造で、図面でもそのままトレースしているが、うまくカットを調整してシアーをつけてやるとさらに見栄えがアップするだろう。

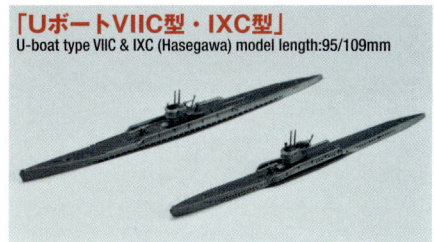

「UボートVIIC型・IXC型」
U-boat type VIIC & IXC (Hasegawa) model length:95/109mm

こちらがキットの本来の主役であるUボート。2型式とも大戦中期の量産型で、クレッチュやシェプケなどの役者が活躍した黄金時代から外れているのだが、発売当時の模型少年にUボートはコレというイメージを鮮烈に植え付けた。

「プランA」PLAN A

キットのパーツをできるだけ使う方向で考えると、思い切って貨客船にしてしまうのが合理的。垂直式の船首を生かすのであれば、全体を古めかしい感じに仕立てる。甲板支柱や通風筒を多めに立ててやるのがポイント。客船ならある程度は商業的に装飾の要素を織り込む場合もあると考え、少々の無駄を承知で芝居に徹する感覚でもいいのでは。ただクルーザースターンなので、あまり古くしすぎないほうがいい。サンプルでは1920年代の船に多く見られるウエリン式ボートダビットをあらってみた。用意したプランはA1が比較的正統派なのに対し、A2（作例）は鉄道連絡船を模したもの。本来はもっとスリムな船形だが、一般に平たいシルエットのものが多く作りやすい。史上初の実戦用空母（水上機母艦）「エンガディン」などはちょうどこのサイズで、このプランを応用して格納庫をのせてみるのも面白い。

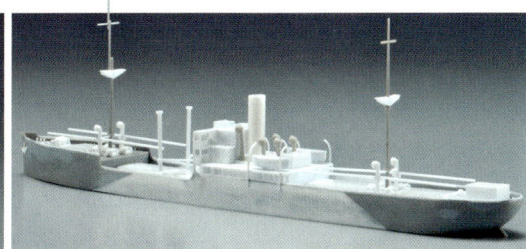

「プランB」PLAN B

一般型貨物船への改造を示す。このぐらいのサイズの貨物船は実際にいくらでもいる平凡な船。細かいことにこだわらず、1隻ごとに気分次第であちこち変えながら作っていい。B1（作例）はできるだけ部品形状をそのまま使うようにしたプラン。前後で中途半端にデッキがずれている船は実在しないわけではない。特に鉱石のような比重の大きい貨物の運搬を重視する場合、推進軸の通るスペースで生じるロスを補って前後の船倉の容積バランスをとることがあるのだ。このようなハーフデッキ方式をとることがある。これならフルハルモデルとしても製作可能（どういうメリットがあるかはともかく）。B2は部品にかなり手を加えて、より一般的な三島型の貨物船にしたもの。煙突と船橋の間に倉口を置くのは、石炭焚きの船で荷役設備を燃料搭載と兼用するために多用された配置で、付近に載炭ハッチを置くのがお約束。B1では3番倉と船橋を入れ替えて船橋前に載炭ハッチを置いてあり、重油焚きとみなしてこれを省き、デリックポストを船橋側へ移すといった応用法が考えられる。

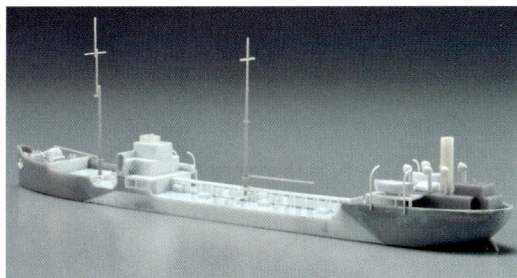

「プランC」PLAN C

小型タンカーの場合。実際にはこのサイズのタンカーはあまりないのだが、造形的にはこれが一番楽。C1の船尾船橋型のほうがやや作りやすいが、戦前はこのタイプはあまり見られず、中央船橋型のC2（作例）のほうが現実的である。一方、C1のトランクデッキ方式はやや変則的ではあるものの、船橋の位置とは無関係なのでC2と相互に入れ替えて作っても構わない。煙突も同様で、C2のように缶室が機関室の後ろにある配置はタンカーでは珍しくない。なお、戦前はこのサイズの商船だとほとんどが蒸気式ウインチを使っており、特にタンカーでは安全上の都合で蒸気式が必須だが、既存キットからは適当な部品がほとんど手に入らない。

111

44 「ヴェンチュアラー」の巻

潜水艦のフルスクラッチ
Full Scratch Building on HMS U-V class

そもそもフルスクラッチビルド自体が敷居の高い芸だと思われているうえ、超細密キットが巷に氾濫する昨今のこと、ますますおっくうだと感じている方が少なくないはずだ。しかしフネの世界もそう狭くはない。手頃なネタを探して内緒で腕を磨いてみよう。

現代のフルスクラッチ論

模型は趣味の世界の怖さが顕著に出るジャンルだ。プラモデルという市販品を作っている限り、どこか人より良くしたければ必然的に煮詰めるしか手がない。高級食材と凄腕シェフのせめぎ合いがますます頂点を押し上げていく一方、生活上の必然性や絶対的需要がないため家庭料理にあたる分野が弱体化しやすい。感性が大きな地位を占めるキャラクターモデルの製作では、部品そのものの寸法や形状を変更するといった根本にかなり踏み込んだ技法は結構見かけるが、スケールモデルではあまりやらないので、おのずとその傾向が強くなる。戦車や飛行機のようにほとんどの元ネタが生産品であれば、同じ商品を別のものとして作ることもできるが、艦船は現物が一品物である以上、そうそう同じものを何度も作る気にはなれない。それでいて、第二次大戦の戦闘機や戦車があらかたキット化されつくした現在でも、第二次大戦の戦艦でさえ日本とドイツ以外はキットがそろわない。手詰まりを起こしやすいわけだ。

モデラーがみんな自前でチャッチャと船を作れるようになってしまったら商売あがったりなどと警戒するメーカーはまさかいないと思うが、もちろん現実にはあり得ないし、むしろモデラー層の地力がそれに近づけば、少しぐらいキットに問題があっても勝手に直しておしまいになる。艦船模型ではとりわけ重要な省略の問題も含め、メーカー側がうまくユーザーにツッコミどころを提供し、ユーザーの多くが主体的に余裕を持って対処できるような適度にゆるい対面関係が望ましいと思うし、それを構築するための環境戦略として模型誌がどう立ち回るかも面白いポイントだろう。フルスクラッチという技法の検証もその一つになる。なかなか自作を充分踏まえた上でモデリングポリシーを固めるのは難しいかもしれないが。

「U・V級 変遷図」
注：艦首尾の寸法差はV級を基準とする

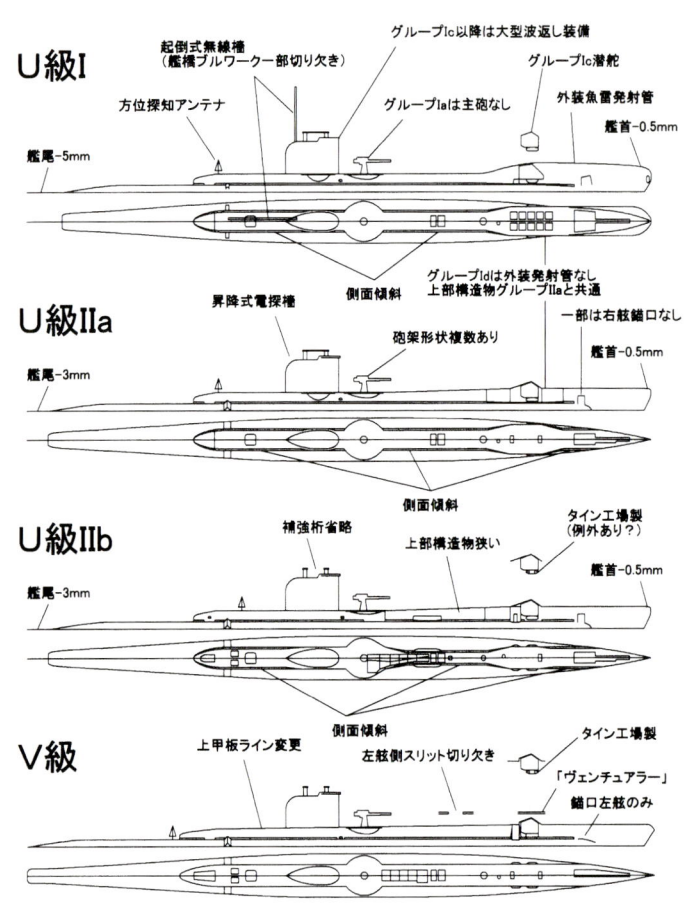

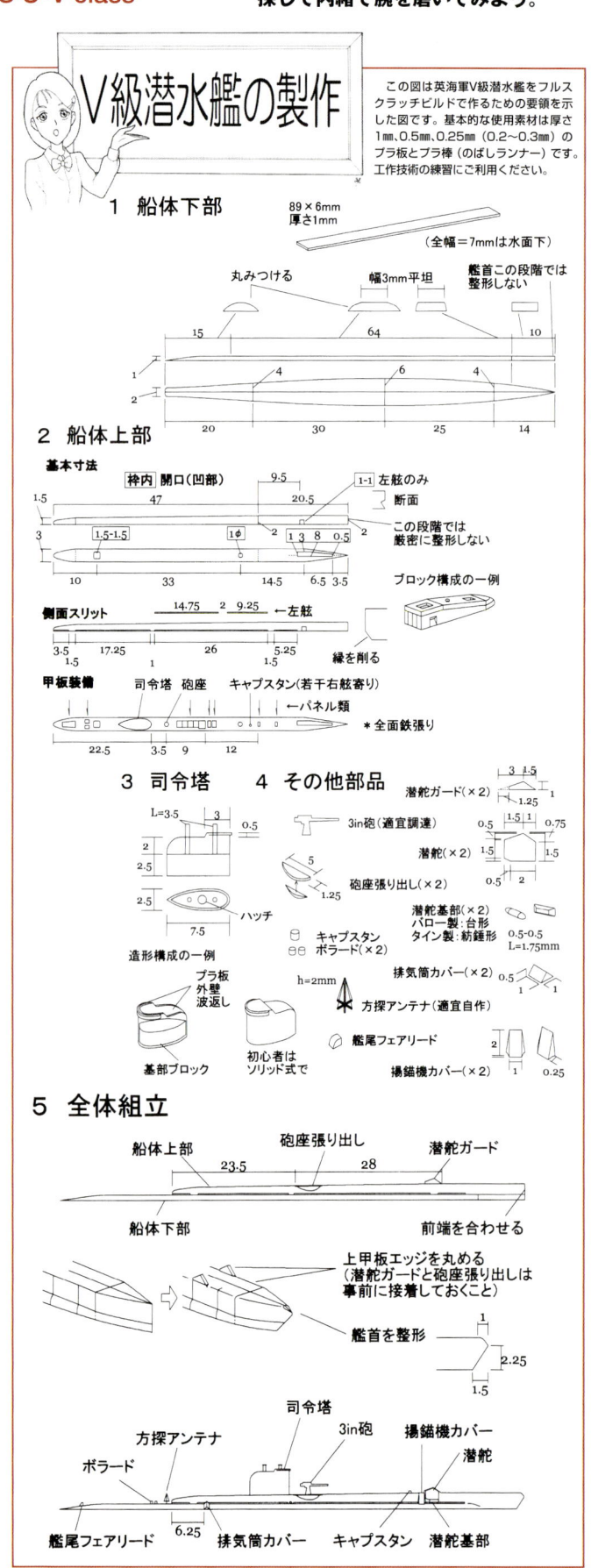

U級I
U級IIa
U級IIb
V級

V級潜水艦の製作

この図は英海軍V級潜水艦をフルスクラッチビルドで作るための要領を示した図です。基本的な使用素材は厚さ1mm、0.5mm、0.25mm（0.2〜0.3mm）のプラ板とプラ棒（のばしランナー）です。工作技術の練習にご利用ください。

1 船体下部
2 船体上部
3 司令塔
4 その他部品
5 全体組立

第4部 舷窓工房

英海軍 U・V級潜水艦とその製作

第二次大戦前、英海軍は対潜戦闘の訓練標的に使っていた旧式艦の代替用として、非武装の小型潜水艦3隻を計画。これが情勢の変化を受け、武装を追加して近海作戦用潜水艦に発展のうえ、多数の追加建造が実施された。これがU・V級潜水艦で、水上排水量540トン、単殻式のシンプルなデザイン、水上速力約11ノットと地味な性能ながら高い実用性を誇り、潜水艦が本来苦手とする地中海のような狭い戦場で真価を発揮した。英潜水艦の最高戦果はU級の「アップホルダー」が記録しており、大型客船4隻を含む総トン数13万トンはアメリカを含めた連合国としても最大となる。

フルスクラッチの対象として今回取り上げたのが、このU・V級潜水艦だ。潜水艦はそれほど大きくないし、艦上にはせいぜい司令塔と大砲が1個ずつのっているのが普通で、煙突も複雑なマストもない。Uボートや伊号潜水艦など一部の人気アイテムを除けばキット化の望みも薄く、くたびれ儲けのリスクも小さい。しかし必ずしもくみしやすい相手ではなく、基本的なデザインが似ているものが多く区別するのが難しかったり、多数の水抜き穴がディテール表現上の隘路となりやすかったりもする。裏を返せば、癖があってディテールも少ない艦を選べば恰好の練習相手になるだろう。もちろん、シルエットの再現だけなら戦後の涙滴船体時代のほうが楽ではあるが、筆者の専門外なのと、あまりに単純すぎてつまらないので、やはり王道の第二次大戦で探したい。U・V級はサイズ的に作りやすいし失敗してもこたえない。1/700ではいちおうHPモデルのレジンキャストキットもあるが、わざわざ買うほど思い入れのある日本人もそういはないだろう。値段の問題だけでなく、基本的に水線模型の潜水艦はレジン向きではなく、水線付近で破損しやすいうえ、ゆがむと修復が極めて難しいから、下手に手を出すと銭失いになりかねないのだ。手順さえ覚えれば大抵の潜水艦は応用で製作できる。ぜひ読者諸兄も「理にかなったマイナーコレクション」に挑戦していただきたい。

As quality of injection plastic model, especially in detail reproduction is advancing more than ever, full scratch building might be getting reluctant subject for many modelers. Still remembering importance of this basic skill seems to be needed, not only to prevent excessive burden on manufacturer, but also to respect voluntary for modeler themselves. Submarine of waterline model has some aspects of advantage to adopt as the object; structure is very simple, size is much small, scarcely developed tool on the market. Even if resin kit could be found, it is very difficult to correct when hull, having sharply edged side in many instance, is warped. Therefore modeler will be able to build submarine with minimum damage if failed and emerged new tool. In the latter occasion, if anything, you will experience rare redundant. The author suggests British navy U-V class submarines as reasonable exercise.

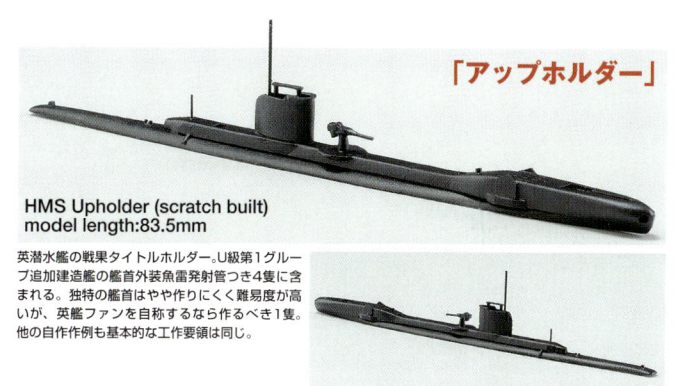

「ヴェンチュアラー」

HMS Venturer (scratch built)
model length: 89mm

計画上のV級1番艦。ちょっと意外だが、唯一Uボートを複数(U771、U864)撃沈した連合軍潜水艦という記録を持つ。フルスクラッチの対象としては最も簡単そうなアイテムと見て今回表題に採用した。作例の製作期間は2隻で1日。実物は全長9cmなので、これでもそこそこサマになるが、もっと凝りたい方は水抜き穴などのディテールを追加していくといいだろう。

「アップホルダー」

HMS Upholder (scratch built)
model length: 83.5mm

英潜水艦の戦果タイトルホルダー。U級第1グループ追加建造艦の艦首外装魚雷発射管つき4隻に含まれる。独特の艦首はやや作りにくく難易度が高いが、英艦ファンを自称するなら作るべき1隻。他の自作作例も基本的な工作要領は同じ。

「ソクウ」

「ジク」

いずれもU級の戦時建造艦で、「ソクウ」が別項のグループd、「ジク」はIIbにあたる。上の2隻とは別規格で作っているが、各グループの特徴は再現してある。多少雑めに作っても、ワンポイントで手すりなどをつけておくとある程度もっともらしく見える。

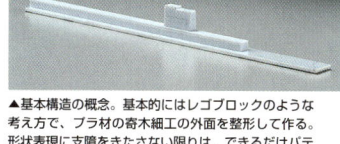

▲基本構造の概念。基本的にはレゴブロックのような考え方で、プラ材の寄木細工の外面を整形して作る。形状表現に支障をきたさない限りは、できるだけパテ類を使わないほうが調整やディテール工作に有利で、作品に切れ味を出しやすい。ブロックの構成を決定するには多少の慣れも必要だが、決まった答えに対してどのような式を立てるかは本人の自由。そこにフルスクラッチの醍醐味があるともいえるだろう。

	タイプ	分類基準	船体	外装魚雷	潜舵基部	上部構造	備砲	波返し	無線檣	隻数	艦名
U・V級分類図	U級Ia	初期艦砲なし	初期	○					○	2	48C/Undine, 66C/Unity
	U級Ib	初期艦砲あり	初期	○			○		○	1	59C/Ursula(USSR V4)
	U級Ic	第一次追加 外装魚雷あり	初期	○			○	○		4	N19/Utmost, N89/Upright, U95/Unique, N99/Upholder
	U級Id	第一次追加 外装魚雷なし	初期				○	○		8	N17/Urge, N55/Undaunted, N56/Union, N65/Usk, N82/Umpire, N87/Una, N93/Unbeaten, N97/Urchin(ORP Sokol)
	U級IIa	第二次追加	延長			○	○	○		10	P31/Ulleswater(Uproar), P32, P33, P34/Ultimatum, P35/Umbra, P36, P37/Unbending, P38, P39, P41/Uredd(HNoMS Uredd)
	U級IIb	第三次追加 バロー製	延長		滑らか	細い	○	○		16	P42/Unbroken(USSR V2), P43/Unison(USSR V3), P44/United, P45/Unrivalled, P46/Unruffled, P47(HMNS Dolfijn), P48, P49/Unruly, P51/Unseen, P52(ORP Dzik), P53/Ultor, P54/Unshaken, P64/Vandal, P65/Upstart(RHS Amfitriti), P66/Varne(HNoMS Ula), P67/Vox(FFL Curie)
	U級IIc	第三次追加 タイン製	延長		尖る	細い	○	○		8	P55/Unsparing, P56/Usurper, P57/Universal, P58/Untamed(Vitality), P59/Untiring, P61/Varangian, P62/Uther, P63/Unswerving
	V級a	第四次追加 バロー製	再延長		滑らか		○	○		14	P68/Venturer, P69/Viking, P71/Veldt, P72/Vampire, P73/Vox, P74/Vigorous, P75/Virtue, P76/Visigoth, P82/Upshot, P83/Urtica, P84/Vineyard(FFL Doris), P85/Variance(HNoMS Utsira), P86/Vengeful(RHS Delfin), P87/Vortex(FFL Morse)
	V級b	第四次追加 タイン製	再延長		尖る		○	○		8	P77/Vivid, P78/Voracious, P79/Vulpine, P81/Varne, P95/Virulent, P96/Volatile, P18/Vagabond, P29/Votary (20 cancelled)

U・V級潜水艦は基本寸法に即して3グループに大別されるが、外見上は表の9通りになる(他にも微細な相違点あり)。あくまで本稿内での便宜的分類。
艦名はペナントナンバー(最初の3隻はアルファベットが後ろ)/固有名詞(括弧内は改名)。U級第2グループ(第二次追加艦)からは当初ペナントナンバーしか与えられなかったが、1942年末に従来艦と同じく固有名詞の艦名をつけるよう規定変更された。そのため、それ以前に沈んだ艦には固有名詞の記載がない。

113

column 4 模型的リアリティ
Scale model's reality

　艦船模型の発達は即ち細密化への挑戦であり、今や虫眼鏡でもわからないほどのディテールがついた部品も全く珍しくない。しかし縮小率が高い以上必ず細密化の限度があり、蝋人形のような極限的再現はあり得ない。必ずどこかに省略の線引きが求められる。しかし、実際に商品なり作品なりを見ると、必ずしもあらゆるディテールが同じ段階できれいに四捨五入されていない場合が多い。むしろ最近よく見かけるのは、厳密なスケールでは本来捨てられるはずのものをオーバースケールに表現してでも拾おうとする姿勢だ。また、舷側外板の重ね張りを凸（まれに凹）モールドの境界線だけで表現する例に代表される、実物とは異なるアレンジも混在している。まあ間違いといえば間違いだが、似顔絵と同じことで、受け手の印象に残りやすい部分を誇張することでかえって共感や納得を得やすいこともあるから、あながち否定されるべきものでもない。どうやら日本人はこの種の記号化・再構築の技巧に慣れているのか、普段あまり意識することはないが、どちらかというと欧米では再現度の向上をよりスケールの大きい（縮尺度の小さい）模型に依存する傾向が強いように見受けられる。

　いずれにせよ、模型作りは細かいに越したことはないと言って間違いではないだろうが、だから細かくない作品が否定されるわけではない。モデラーの多様性を担保するのが「間合い」の考え方で、そのとり方の幅が非常に広いのが艦船模型の懐の深さ。本当にうまいモデラーとは自分の間合いを持っている人だとすれば、きっと誰でもうまい人になる。趣味とはそういうものであってほしい。

Probably modeling is resembled to drawing portrait. Detail and accuracy are undoubtedly major factor, although not all. Sometimes comic deformation gets support from majority and a standard of aesthetic sense changes at any time and probably place. To accept diversity of modeler, sense of distance might be one of reasonable barometer; good modeler has own distance showing maximum performance in one's work. If so detail is not always to be decisive matter. On the other hand certain grade of accuracy might be needed to show respect for motif and share sense of fun with world modelers.

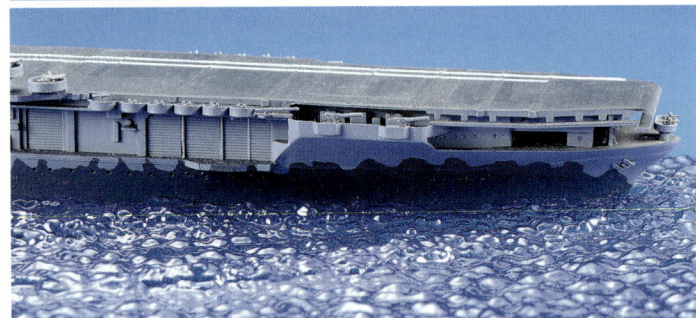

◀特に海外の作品には、塗装や海面表現を含めたトータルバランスのセンスに秀でた絵画的情緒のあるダイオラマが多く見られる。日本ではもっぱら船そのものに手をかけ、水線模型でも下は平板、またはテクスチャー的表現の海面にとどめる作品が多い。たぶん盆栽を意識してそうしている人はほとんどいないと思われるのに、結果として同じようなスタイルになっているから人間のDNAとは不思議なものだ。写真はピットロード／トランペッターの「ホーネット」に付属の海面ベース（ここで使っている艦はタミヤ）。初回発売分と最近の再販品は透明。いちおうウェーキが再現されているが、この種のバキュームフォーム（注型式ではなくレリーフ状の型に押し付ける方法）では先端がとがる実際の風浪の形状をうまく表現できないのが難点。単品売りの海面ベースも表現は大体同じで、波形や波高・波長の相互関係がうまく表現できているものはなかなかないようだ。

▶ダイオラマ作品における傾向として、海外では海面に濃色が、日本では明色が好まれる点があがる。海面に明るい色の印象があるのは低い角度から見ると空が写るからで、模型のダイオラマベースでも同じ効果が得られる。本当は上空から見た真っ暗な色が正解で、外国艦では甲板に濃い色を塗ることが多いから迷彩効果との共存も合う。しかし作品に反映すべき自分目線の海の印象を持っているのは誇らしいことだし、日本艦艇は滅多に対空迷彩をしないので理屈が気になることもなく、明るい色で一向にかまわないとみんな思っているはずだ。

◀スケールモデルの基本は全体的な再現範囲の均一化であり、上手にアジャストできればさほど作り込まなくても、ある距離感において実物そっくりに見えてくるものだ。写真は「国洋丸」（フルスクラッチ）と「君川丸」（アオシマ）の模型写真を実船写真と合成したもの。模型的にはアレンジの違い程度で大きな差はないが、実物か否かの見分けやすさでは格段の違いがある。筆者の美観としてはこのような映像が前提になっているわけだが、模型の世界の流儀はまた別の話で、誰もが手にできる生産品で、商品技術と造形の関係性やファンの嗜好傾向などメーカーのノウハウが反映された結果が「君川丸」ということになる。物事のスタンダードが時代とともに変化するのも自然の成り行きではあるものの、スケールモデルであるからにはモチーフへのリスペクトとして、あるいは洋の内外を問わず同好の士と模型に対する認識を共有するうえで、ある程度の正確さの追求は必要となるだろう。

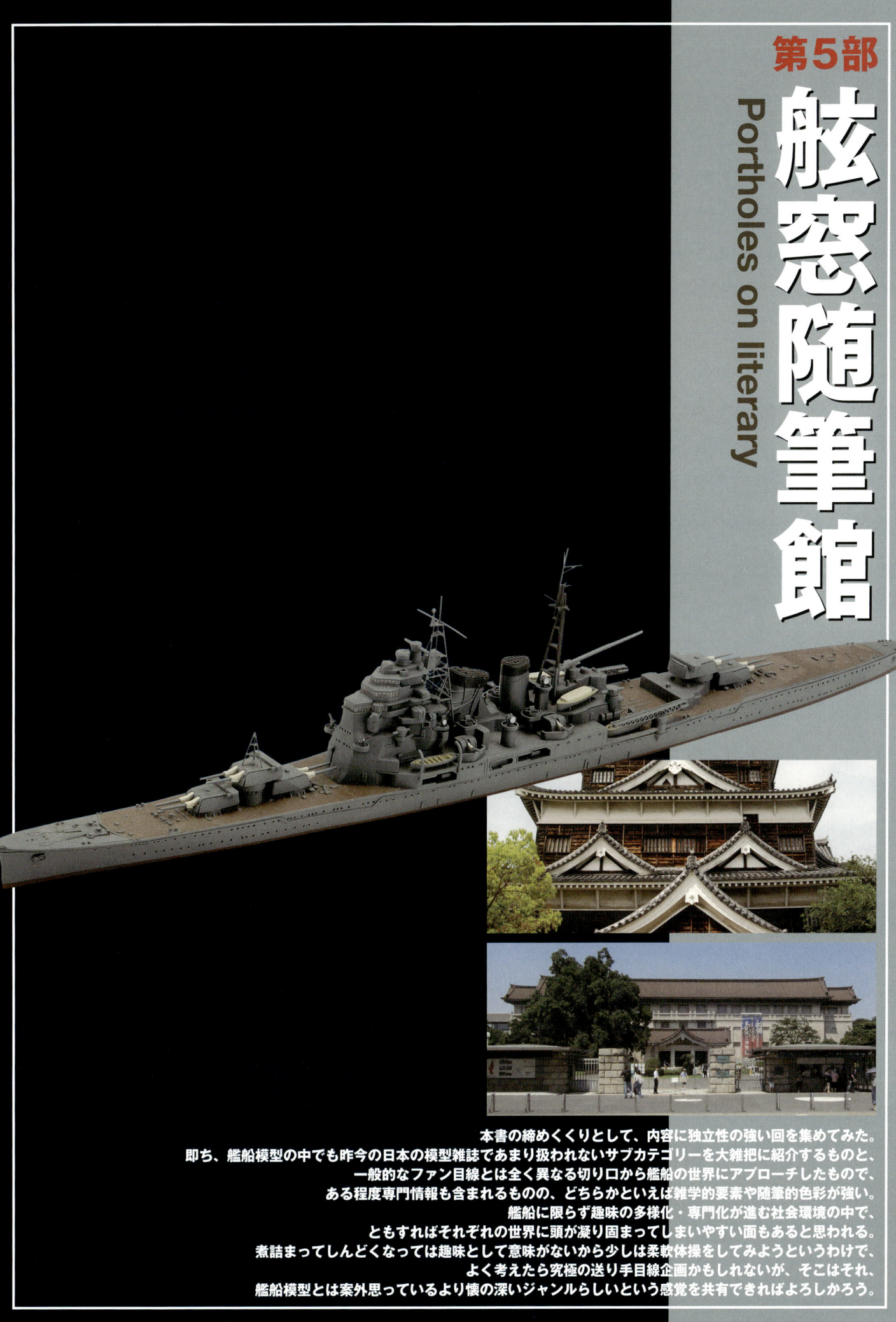

第5部
舷窓随筆館
Portholes on literary

本書の締めくくりとして、内容に独立性の強い回を集めてみた。
即ち、艦船模型の中でも昨今の日本の模型雑誌であまり扱われないサブカテゴリーを大雑把に紹介するものと、
一般的なファン目線とは全く異なる切り口から艦船の世界にアプローチしたもので、
ある程度専門情報も含まれるものの、どちらかといえば雑学的要素や随筆的色彩が強い。
艦船に限らず趣味の多様化・専門化が進む社会環境の中で、
ともすればそれぞれの世界に頭が凝り固まってしまいやすい面もあると思われる。
煮詰まってしんどくなっては趣味として意味がないから少しは柔軟体操をしてみようというわけで、
よく考えたら究極の送り手目線企画かもしれないが、そこはそれ、
艦船模型とは案外思っているより懐の深いジャンルらしいという感覚を共有できればよろしかろう。

45 「ツェサレヴィッチ」の巻

艦船のデザインと芸術
Art with maritime design

兵器に対して美的センスを論じるのは考えものではあるけれども、それぞれの兵器が生まれた時代の芸術的傾向との関連を探るのは、歴史の本質を理解する上で貴重なアプローチとなるだろう。ここではアール・ヌーヴォーとアール・デコという比較的よく耳にするキーワードを選んでみた。

艦船のデザインと芸術

特に近代以降、艦船のデザインはモダニズムの世界にあり、装飾様式を排除して工学的合理性を前面に押し出した無機質的な構成を尊ぶ傾向が強い。そもそも船のデザインには厳しい自然条件に対処するための機能的な縛りが強く、まして軍艦は戦闘兵器であるから、本来が人間の精神的豊かさの発露とみなされ一種の遊び要素である芸術性が介在する余地は乏しい。しかし商船、特に客船ではそれは商売の要素として見過ごせないものだし、時代の流れというのはあるもので、たとえ軍艦でも往々にしてなにがしかデザインの中に時代の空気を感じさせる何かが含まれる。

アール・ヌーヴォー

アール・ヌーヴォーと呼ばれる芸術様式が隆盛したのは19世紀末から20世紀初頭にかけてで、産業革命がもたらした社会構造の変化への反動にジャポニズムも一枚かんで自然主義的な表現が好まれ、とかく全体にうねうねした不規則曲線を使う傾向が強い。代表的な建築としては、やはりガウディのサグラダファミリア教会があがるだろう。その特質上、艦船のデザインとの相性はあまりよくなく、たいていは船体構造と関係ない内装なり細部の装飾に利用される程度と見られる。強いて言うなら、本場フランスの装甲艦。この時期の戦艦はタンブルホームという上部重量縮減設計を大げさに用いた徳利型の船体断面をもち、大半は1隻ずつデザインが違うという面倒臭い感じがいかにもアール・ヌーヴォーっぽい。ただし、これらの特徴は以前から続いているもので、建造に10年かかってたまたま完成がアール・ヌーヴォーと重なっただけという場合もある。

同じころ、タンブルホームとはまったく別の理論でよく似た外見の商船があった。ターレットシップと呼ばれるもので、やはり断面形が徳利型だが、これは穀物のようなばら積み貨物が最もナチュラルにおさまる船倉の形状をそのまま船体形状として造形したもの。無駄な容積や構造を省いて収益性を上げる狙いがあったようだが、さすがに船として扱いにくそうで普及はしなかった。

したがって、これらの特異なデザインは直接アール・ヌーヴォーとの関連性を論じるより、それを生み出した時代背景から似たような雰囲気のものができたと考えるほうが納まりがいい。

アール・デコ

軍艦界の革命児「ドレッドノート」が出現した1906年、服飾デザイナーのポール・ポワレがコルセットを使わない女性の着こなしを提唱し、ファッション界にも大きな近代化の波が押し寄せる。アール・ヌーヴォーのデザインコンセプトは旧来の女性ファッションとの結びつきが強く、この変化の影響を強く受けてアクセサリーが陳腐化し、アール・ヌーヴォー自体も衰退。急速な工業化を背景としてデザインの世界では、旧来の装飾的な様式から脱却し、工学的合理性を前面に打ち出したモダニズムと呼ばれるコンセプトが次第に主流となっていく。とはいえ、過渡的ないし中間的な動きもあり、アール・ヌーヴォーの自然模写的構成からモダニズムに通じる幾何学構成へと移行した新たな装飾様式が発生。1925年パリで開かれた「現代装飾美術と工業美術の国際博覧会」のタイトルからアール・デコの名前が定着した。建築物の代表例としては、アメリカの摩天楼や日本の百貨店など。名称の由来からして本質的に艦船のデザインとの接点も持っていると考えられる。しかし、もともとアート自体がデコラティブなものだし、モダニズム自体にも工業と芸術の融合を模索する動きがあったから、何をもってアール・デコとするかの線引きは簡単ではなく、研究者の立場によっても変わる。当事者が必要があってやっていても事情のわからない第三者にはすごくアートっぽく見えてしまったり、同じことが必然であったりなかったりといった曖昧さが生じるのは仕方あるまい。前者の好例が「高雄」型重巡洋艦の艦橋構造物で、複雑な階層構造は様々な部署の便宜を図った結果だが、日本人なら誰もが姫路城のような城郭を連想せずにはいられない。現実にこの構造は部内でも漫然とした肥大化と批判されており、余分な構造という意味でもアートの香りを漂わせているようだ。後者の典型例として出現するのが1930年代の流線型ブームで、たとえば船の世界でも大西洋ライナーのような高速の大型客船では、水面上のデザインに風圧の影響を考慮するのはそれなりに有益だが、小型の内航客船ではほとんど意味がない。それでも流行でか

アール・デコ仕様のシトロエンC6と、第二次大戦中のドイツ商船「コメータ」

車の模様をデザインしたのは、抽象画家として活動したドローネー夫妻の妻ソニア。独船の塗装はほとんどこれと同じような様式で、迷彩というよりほとんどただの美術作品になっているところが、いかにもドイツ的凝り性。第二次大戦の米海軍メジャー17迷彩や、その発展形メジャー30番台も似たようなセンスのものであり、アール・デコとの接点を見出すことができる。

「ターレット」
SS Turret

1893年建造の貨物船。この形式の船をターレットシップと呼ぶようになった由来の船で、潜水艦を連想させる丸っこいガンネルが特徴的。外形をよりバルジ状にしたモニタータイプ、もう少し形状を落ち着かせたアーチタイプ、漢字の凸の字状の断面にしたトランクデッキといった派生デザインがその後もいろいろ作られたが、この船に見られるような独特な船尾付近の造形はやはりアール・ヌーヴォーの香りを感じさせる。

第5部 舷窓随筆館

っこいいから装飾的要素として流線型が取り入れられた。

もっと単純に装飾的デザインが求められたのが、新造の練習艦。後述するイタリアの「アメリゴ・ヴェスプッチ」などは、機能的必然性は一切ないが戦列艦風の格好をしており（戦列艦そのものではないところがミソ）、典型的なアール・デコだ。フランスの練習巡洋艦「ジャンヌ・ダルク」も、居住性の面である程度意味はあるものの、どちらかといえば見た目の優雅さを演出する手段として客船風の遊歩甲板を持っている。そして日本の練習巡洋艦「香取」型も、普段は軍艦を作らない三菱横浜の設計チームが安い予算と商船構造の船に戦艦ぽいイメージを狙ったデザインを施したものであって、戦術的要求に基づく厳格性とは距離があり、やはりアール・デコに片足が入っている。

デザインの成否が艦船の生存に直結するほどシビアでありながら、本質的に高度な芸術性を求められるものが、迷彩塗装だろう。両次大戦で米海軍の艦船迷彩に大きな影響を与えたエヴァレット・ワーナーのデザインコンセプトはかなりアール・デコ的であり、第二次大戦中のドイツ商船にはもはや芸術的意図しかないのではと思ってしまうほどの手の込んだ迷彩も見られる。

模型製作というのは、モチーフが何であれ一種の芸術活動でもある。こと艦船模型に関しては、装飾的要素のコントロールセンスが重要なポイントとなる。あなたのモデリングはアール・デコ？ モダニズム？ それとも……？

Of course it is difficult to relate modern warship design to art considering fundamental difference between serious and indispensable demand on warship design, and art design regarded as expression of affluence and comfort of life. Even so most of human creation is clothing an indication of period, and we can realize how sense of art have taken root firmly in our thought. In fact Art deco can't be divided with Modernism because that the latter is not always equal to functional refinement. As a result geometric design of camouflage, created by Everett Warner for example, can be described to 'one of most serious art', meaning that survive of crewman depends on the designer's sense. If a design stands on functional need does not display essential function it turns to an art at once. Also, if one can't understand function of the design, it can be seen only to be an art for him. The bridge structure of Takao class had received such doubt from Navy staff themselves.

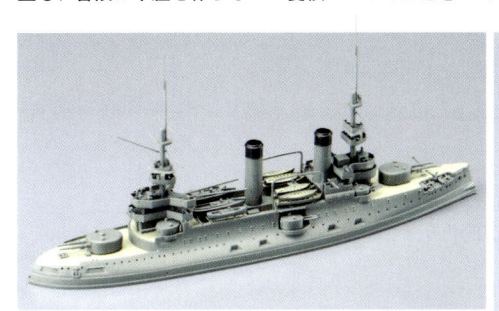

「ツェサレヴィッチ」
Russian Navy Tsesarevich (Kombrig) model length:167mm

ロシア海軍の戦艦だが、1903年完成のフランス製。同時期のフランス戦艦のレジンキャストキットはいくつか出ているものの、入手しやすいのは日露戦争絡みの本艦では（作例はコンブリック）。典型的なタンブルホームのデザインで、「三笠」を見慣れた軍艦ファンの目からすれば不条理な感じもするかもしれないが、独特の曲線がいかにも宮崎アニメと相性がよいと見え、『ハウルの動く城』では仏艦をモチーフにしたと思われる軍艦も登場する。

1932年完成の重巡洋艦。独特の構造美ともデコラティブともつかない艦橋構造物は艦船ファンの人気が高い。ちょうど世間ではナショナリズムが台頭し、愛知県庁舎のキット化でも話題となった帝冠様式（瓦葺のビル）の建築が増え始めた時期にあたるが、この帝冠様式もアール・デコの派生形とみなされる。「高雄」型の艦橋構造物はまさしく時代の鑑のような存在。

「鳥海」
HIJMS Chokai (Aoshima) model length:292mm

「香椎」
HIJMS Kashii (Aoshima) model length:192mm

太平洋戦争直前に完成した練習巡洋艦。1930年代の戦艦のデザインエッセンスを客観的に記号化して取り込んだような設計で、無理にこじつければナショナリズム的モダンデザイン風アール・デコといったところ。艦橋周辺には側壁の傾斜や甲板の段差といった機能性の乏しい造形処理が見られるほか、建造中に見栄えだけの理由で煙突を延長している。1隻あたり予算が「陽炎」型駆逐艦の7割程度といわれており、安い割にはそこそこうまくまとめたようでもあるし、どこかハリボテ感が漂っているようにも見える。作例はアオシマの新版を一部修整。

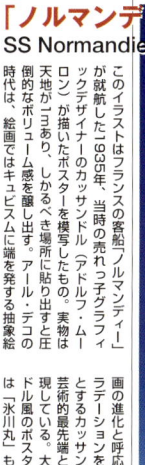

「ノルマンディー」
SS Normandie

このイラストはフランスの客船「ノルマンディー」が就航した1935年、当時の売れっ子グラフィックデザイナーのカッサンドル（アドルフ・ムーロン）が描いたポスターを模写したもの。実物は天地がヨコも、しかるべき場所に貼り出され圧倒的なボリューム感を醸し出す。アール・デコの最先端といえる本ポスターを模写するうえで、芸術的な時代に斬新に取り組んでいる大阪商船などの他の船会社もカッサンドル風のポスターを作っている。船内装飾としては「氷川丸」もアール・デコ。

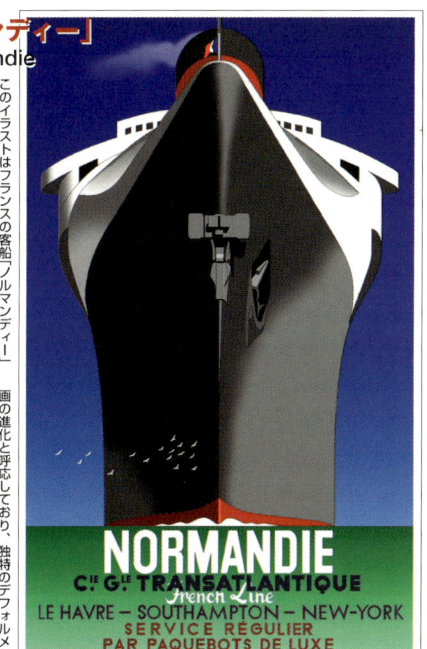

NORMANDIE
Cie Gle TRANSATLANTIQUE
French Line
LE HAVRE - SOUTHAMPTON - NEW-YORK
SERVICE REGULIER
PAR PAQUEBOTS DE LUXE
ET A CLASSE UNIQUE

117

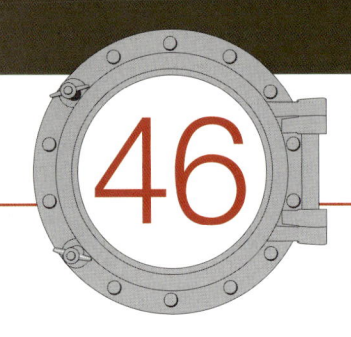

46 「カティ・サーク」の巻
帆船模型
Sailing Ship model

保存帆船「カティ・サーク」が2007年に起こした火災事故をご記憶の方もおられるだろう。たまには帆船の模型も作ってみたいが、生粋の艦船モデラーを自負している人でも帆船には二の足を踏むことが多いのでは。帆船とプラモデルの関係や今後の見通しなどを考察してみよう。

帆船模型

バンダイが出している漫画アニメ『ONE PIECE』の海賊船のキットのような極端な例をさておけば、帆船のインジェクションプラスチックキットは長らく雌伏を続けており、現在の国産定番商品はいずれも発売から30年以上を経ている。帆船模型ファンの作品展示会も時折見かけるものの、あまり模型雑誌で扱わないぶん艦船モデラーのあいだでも「別世界の何か」ぐらいの認識しかないのが大方だろう。

いわゆる帆船模型は実物の建造にかかわる縮小モックアップが由来とのことで、それゆえ素材まで含めた再現度重視のフルハルモデルを好む傾向があるようだ。おそらくは帆やリギングのスケールバランスをとるのが難しいなどの理由から、マチエールに起因する縮尺感の喪失には比較的寛容という印象もある。スケールモデルの隆盛期には帆船も各国で盛んにインジェクションプラスチックキット化され、簡便かつ精密な基礎造形の面では大きなアドバンテージがあったはずだが、結局帆船特有の艤装がプラスチック製精密スケールモデルの概念と折り合わなかったのが物別状態の要因と思われる。

典型的な例が1970年代のイマイ1/350帆船シリーズで、当時の現用帆船を中心とするラインナップの充実と高い商品技術に加え、当初は水線模型で発売され、ウォーターライン世代を帆船に呼び込むにはうってつけの存在となりそうなものだった。しかし、少なくとも当時子供の筆者にとっては、あえて太めの糸で簡易化したリギングでさえしょせん手に負えるものではなかった。しかもこの太い糸と、それに見合う強度を得るため太めに設計されたマストやヤードがスケールバランスを崩している。メーカーはよかれと思ってしたはずだが、そもそも縫い糸を結んだり通したりする作業自体が近代艦船モデラーとしてのスケールモデルに対する世界観にそぐわないところに、わざわざ火に油を注ぐようなアレンジを加えてしまったということらしい。

エッチングパーツが開発されると、ラットラインのような帆船模型の鬼門をかなり繊細に表現できるようになった。イマイから例の1/350の金型を引き継いだアオシマは、今世紀に入ってエッチングパーツ付きの「日本丸」型を戦時仕様の名目で発売したものの、現時点では単発的な企画にとどまっている。艦船モデラーにも張り線を好む上級者が増え、帆船のようなハリセン攻めも面白そうだと思われる向きもあろうが、実際のところ帆船のリギングにこだわろうとすると、やはり糸の柔軟性が重宝してくる。適正な糸を用い、真ちゅう挽き物のような新技術で細さと強度が両立できるマストやヤードを調達し、ピンレールなどある程度の索具固定部品だけでも金属化すれば、このぐらいのスケールでもよりバランスのとれた作品になるのではなかろうか。むしろ、一般的な艦船模型式のリギングを考えるなら1/700のほうが気楽なのではという考え方もある。サイズは小さくなるものの、リギング以前に帆船への興味を持たせる段階の存在も欲しいし、1/700ならボトルシップという帆船特有の（と決めつける必要もないが）楽しみ方もある。意外と既存キットがほとんどない未開拓分野なので狙い目かもしれない。模型メーカーか、映画などのメディアか、あるいは実船か、どこがきっかけを作るか興味が持たれる。

Originally traditional style of wooden sailing ship model have been not popular in Japan compared with plastic modern warship model. To represent sailing ship in injection plastic is involving essential difficulty; plastic as material could not be given enough strength to withstand tension of rigging threads. Most of current tools distributed in market are vintage model, although many modelers are getting used rigging for modern ship in styrene, metal and photo etching, a prospect for sailing ship model in smaller scale might be not so pessimistic.

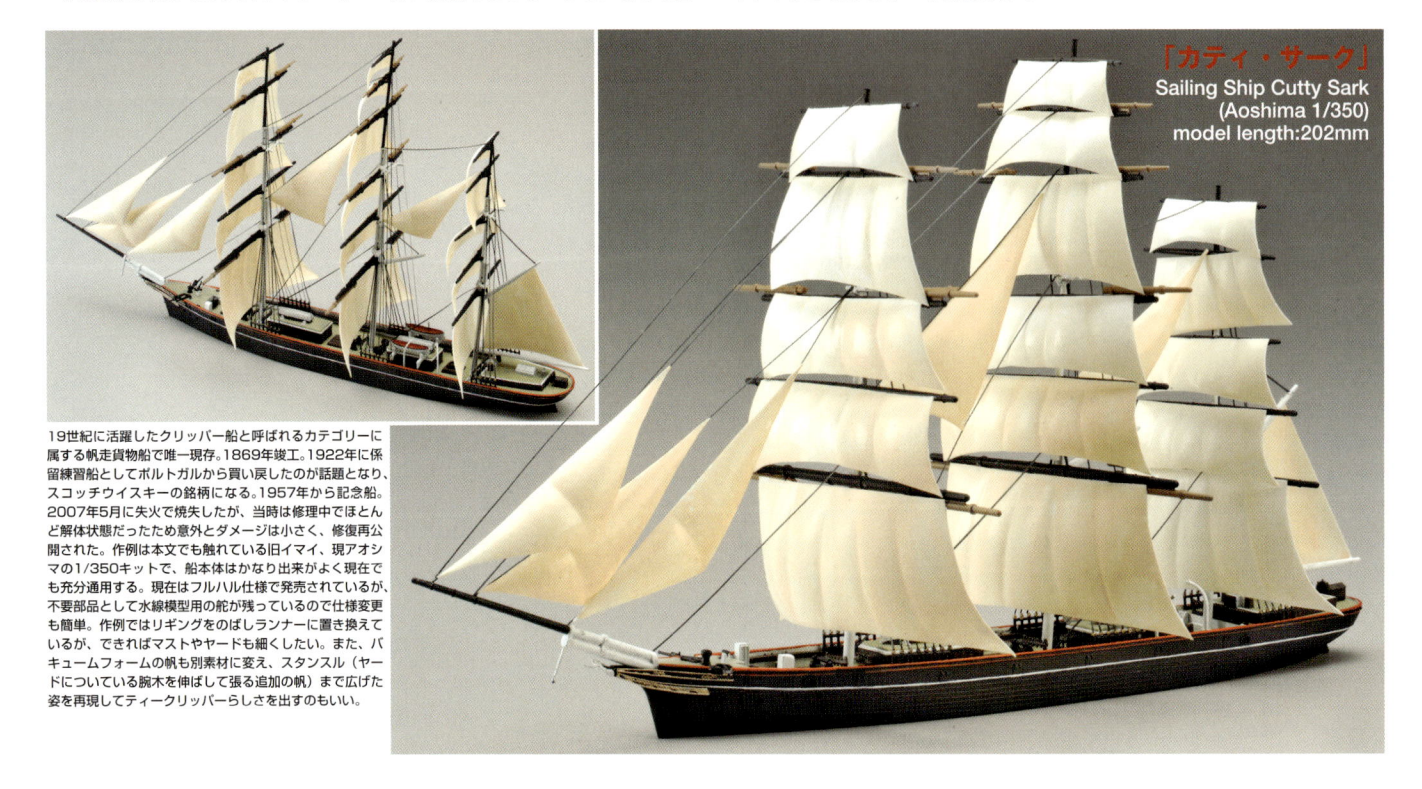

「カティ・サーク」
Sailing Ship Cutty Sark
(Aoshima 1/350)
model length:202mm

19世紀に活躍したクリッパー船と呼ばれるカテゴリーに属する帆走貨物船で唯一現存。1869年竣工。1922年に係留練習船としてポルトガルから買い戻したことが話題となり、スコッチウイスキーの銘柄になる。1957年から記念船。2007年5月に失火で焼失したが、当時は修理中でほとんど解体状態だったため意外とダメージは小さく、修復再公開された。作例は本文でも触れている旧イマイ、現アオシマの1/350キットで、船本体はかなり出来がよく現在でも充分通用する。現在はフルハル仕様で発売されているが、不要部品として水線模型用の舵が残っているので仕様変更も簡単。作例ではリギングをのばしランナーに置き換えているが、できればマストやヤードも細くしたい。また、バキュームフォームの帆も別素材に変え、スタンスル（ヤードについている腕木を伸ばして張る追加の帆）まで広げた姿を再現してティークリッパーらしさを出すのもいい。

第 5 部 舷窓随筆館

17世紀から19世紀中ごろまで海上戦の主役を張った戦列艦の代表例。1805年のトラファルガー海戦で英艦隊の旗艦として活躍し、現在もポーツマスで展示中。起工1759年、途中放置されて19年後の1778年就役、トラファルガー海戦時の艦齢27年というスパンの長さが帆船時代ならでは。作例はアメリカのリンドバーグというメーカーの1/500キットだが、これも年代物と見え少々玩具的なグレード。旗が後ろ向きになびいているところなど微笑ましい。しかしキットにはしっかり糸もついている（作例では省略）。1/700ではスカイトレックスのトラファルガー海戦シリーズというホワイトメタル製品で発売中。

「ヴィクトリー」
HMS Victory
(Lindberg 1/500)
model length:132mm

「日本丸」
Sailing Ship Nippon maru
(Aoshima 1/350, scratch built 1/700)
model length: 246/126mm

1930年製の帆走練習船。厳密には汽帆両用。現在は任務を二代目に譲って横浜で係留中。作例はアオシマの1/350キットによる戦時状態と1/700フルスクラッチビルドの引揚輸送船時代。キットは単に帆装を外して作るよう指示しているだけで、モノ自体は1970年代当時のまま。商品には帆やヤードの部品も入っており、どちらかといえばキットの時代に直すより平時状態で作るほうがいいようだ。二代目のキット化が当面最大のヤマになりそうだより、1/700で「日本丸」新旧2種を「海王丸」との2隻セットで出すぐらいならインジェクションプラスチックキットでも成立しそうなものだ。なお、近年ではロシアのメーカー・ズヴェズダがいくつか帆船ものを出しており、船自体への興味や愛着は別として何か新作帆船キットを作ってみたいという方はチェックしておくといい。

1/350

1/700

これも現アオシマの1/350キット。イタリア海軍の練習帆船だが、建造時期は「日本丸」とほぼ同じ1931年で、実はれっきとしたWWII艦船。一般的な練習帆船と異なり戦列艦をモチーフにしており、アール・デコ色の強いデザインがチャーミング。作例がキット付属の糸でリギングを施した状態で、帆装とそれ以外の艦装が異なるバランス感覚でまとめられた商品形態となっているのがわかる。塗装はかなり曖昧なのであしからず。なお、当時発売されたキットの大半も同じ時期に建造された船で、しかもそのほとんどが今も現役という。このスケールの艦船でダイオラマを作るときにサポートアイテムとして利用してはいかが。

「アメリゴ・ヴェスプッチ」
RN Amerigo Vespucci
(Aoshima 1/350)
model length:228mm

47 「タイタニック」の巻

1/1200 艦船模型
1/1200 Ship model

たぶん「タイタニック」は世界で最もよく知られた豪華客船であり、ジェームズ・キャメロン監督の映画をはじめ話題には事欠かない。ところで、世界には日本でほとんど流通していない客船模型市場があるのをご存じだろうか。この1/1200というスケールに着目してみよう。

客船今昔

「タイタニック」に代表される20世紀中盤までの大西洋横断ライナーは、もちろん東西間の旅客往来手段でもあったが、乗船者数の主体はアメリカ行きの移民だった。遊歩甲板でくつろぐ上流階級者たちの足元、黒塗りの船体内には新天地を目指す移住者や季節労働者などの貧しい人々がひしめき合っていた。レオナルド・ディカプリオの役どころも「故郷のアメリカにもどる貧困層」だそうだが、いずれにせよ豪華客船とひと口にいっても客のランクに天地の差があったのは事実で、映画のストーリーもそこがキモになっているといえるだろう。サイズの大小もさることながら、ブルーリボンと呼ばれる速度タイトルを巡って船主の国の技術力が問われる面もあり、1930年代中ごろにはすでにサイズ、機関出力、速力とも「大和」を凌駕していた。

純粋な移動手段としての遠航客船は戦後次第に航空機に押されて姿を消し、現代の大型客船はいずれもクルーズ客船と呼ばれる一種のレジャー施設となっている。国同士の威信競争の面は消え、純粋な商業活動で建造・運航がなされる。最大では20万トン台の船まであるが、パナマ運河の通航制限幅（約33m）の都合で平均サイズは10万トン弱付近。速力も経済性優先で20ノット台に落ち着いた。現在最大のクルーズ船会社であるアメリカのカーニバル社は徹底した大衆化を売り物に急成長し、世界各国の運航会社を傘下に収める一大グループ企業となった。快適な長期の船旅イコールお金持ちの道楽という固定観念はむしろ傍流になったということらしい。といわれても自宅以外で長期滞在するのは盆暮れの帰省先で充分と思っているのが勤労ニッポンのつらいところ。快適な長期の船旅イコールお年寄りの道楽というのが現実のようだ。

1/1200 模型

住民には艦船模型の天国と思われている日本でも、世界的には結構な市場規模があるにもかかわらずほとんど流通していないジャンルがある。その典型例が1/1200スケールだ。発祥はイギリスとのことだが現在はドイツが生産の中心地。型取りの都合で少し割り引いて1/1250として発売されている場合もあるものの、このスケールなら同列として扱ってもいいだろう。軍艦もあるにはあるが、このスケール最大の特徴は商船の圧倒的充実。特にこの世界の

「タイタニック」
RMS Titanic (Revell 1/1200) model length:221mm

ご存じレオ様が運命をともにした船。決して防水対策を手抜きしていたわけではなく、むしろ最新の造船技術の脆さを露呈したものと見られているようだが、救命設備やマニュアルの不備が事件を助長したのは確か。長年本船ネタがタブーだった建造地ベルファストで、ついにタイタニック博物館がオープンしたのも話題となった。今回紹介する客船の作例はいずれもドイツレベルの1/1200インジェクションプラスチックキット。かなり玩具寄りの位置付けできれいに作るのは少し難しいが、国内流通価格1000円ほどと興味本位でサクッと作るにはうってつけ。入手した商品には1999年の刻印があるものの、他よりかなりディテールが甘く、出自自体はもっと前では。このスケールなのに外板を1枚単位でモールドする濃厚な味付けは「タイタニック」のプラモデルでは常套手段。

第5部 舷窓随筆館

花形である豪華客船は、「大和」よりずっと大きいものもざらにあるから1/700ではちょっとコレクションとしては手に余るところがあるのだが、1/1200だと「タイタニック」などの有名どころが20cmを出るぐらいになって具合がいい。もっと小さい普通の船は大人のミニカー的な位置づけになるのだろう。そんな大物小物が現地へ行くとごまんと並んでいて、なぜか「山月丸」クラスのような日本でもメジャーとは言い難い貨物船までキット化されているから驚く。やや細密化競争で重苦しさを感じるようになった1/700に代わる気軽な艦船模型コレクションシリーズの再開発を考えるなら、充分すぎるほどの土壌が出来ているといえるのでは。

その気になれば海外の店から通販で購入できるはずだが、あいにく現在国内に輸入取扱店はなく、日本の市場にはせいぜいドイツレベルのインジェクションプラスチックキットあたりが散発的に流れる程度にとどまっている。国内でこのスケールを扱っているのは大阪の小西製作所のみ。同社だけでもかなりの品揃えがあるが、販売しているのはダイカスト製の完成品に限り、組立キットや別素材の発売には消極的。市場拡大の切り札となりうる存在だったイーグルモスの隔週刊「世界の軍艦コレクション」は、知ってか否か似て非なる1/1100スケールを採用し、自らを狭い枠に押し込める形となってしまった。1/1200の既存ラインナップの充実を活用するためには、起爆装置としての国産製品の新開発はもちろん必要として、日本語で海外品を気軽に買える窓口の確保とともに、欧米ほど客船が身近にない日本で商船関連の需要をいかに引き出すかが大きな鍵となりそう。

In European market 1/1200 or 1/1250 scale model is well established. Although a manufacturer Konishi is known, this large-scale category of ship model is quite unpopular in Japan, and one of the reason seems to be that merchant ships, forming large part of line up, especially passenger liner does not have attracted Japanese interest very much. Regarding technological progress this category of scale must be reviewed as secondary collection object after 1/700 scale.

1969年竣工の大西洋ライナー。第二次ベビーブーム世代なら幼少期に図鑑で独特の煙突を見た記憶がある方も少なくないのでは。豪華客船の代名詞となったデザインは普通のフェリーだけでなく、休館したお台場の「船の科学館」の建物にまで模倣された。船名は現在の女王ではなく船自体が2代目という意味で、現在「クイーン・エリザベス3」が就航中。本船はそれに伴い現役を退き、現在ドバイで海上ホテルとなっている。この船で全長293m、キットで25cm弱ぐらい。

「クイーン・エリザベス2」
RMS Queen Elizabeth 2 (Revell 1/1200) model length:244mm

ドイツレベルの地元アイーダ・クルーズ社の1番船として1996年竣工。2001年に「アイーダカラ」と改名しているので、キットの発売もそれ以前とわかる。社名のロゴなど色違いがいかにもバウハウスの国。3万8000総トンはクルーズ客船としては小さめの部類だが、そのぶん同社船特有のクリクリお目々とクチビルがお似合い。妖怪人間にも似ていると思ったら、実際に「アイーダベラ」もいる。なお、「クイーン・エリザベス2」のキュナード、本船のアイーダ・クルーズ、2012年に「コスタ・コンコルディア」の横転事故で世間を騒がせたコスタ・クルーズとも、現在カーニバル・グループの一員。

「アイーダ」
MS Aida (Revell 1/1200) model length:160mm

「羽黒」
HIJMS Haguro (Konishi 1/1250)
model length:165mm

小西の1/1250製品。塗装済完成品としてのみ販売中。今なおインジェクションプラスチックキットでは実現していない「妙高」型新造時があるところがなかなか渋いが、同社はプラモデル市場を意識した商品展開には消極的で、品質的にも隔絶された感が強い。プラモデルやレジンキャストキットのメーカーが動かないと活性化は難しそうだ。

「吹雪」
HIJMS Fubuki (Konishi 1/1250, Tamiya 1/700)
model length: 98/168mm

サイズの比較。いずれも駆逐艦「吹雪」型で、大きいほうがタミヤ1/700、小さいほうが小西の1/1250。小西版はタミヤ版の少しあとの開発で、後部煙突付近の形状表現に類似が見られる。タミヤのキットも1970年代当時としては優秀作だが、現代の商品技術ならこれ以上のものを1/1250に落とし込むことも充分可能だろう。

48 「アリス」の巻

植物艦名（1）
Flower class corvettes

植物の名前を大々的に軍艦の艦名に用いたのは、世界でも日本とイギリスのみ。このセンスの共有にイギリスへの親近感を覚える日本人も多いのでは。まずは軍艦界の世界最大の植物コレクション・英海軍「花」級コルヴェットに焦点を当てる。

軍艦と植物

軍艦、特に中心的なカテゴリーのものにどのような名前がついているかを見れば、その国の人が自分たちの威厳や規律、伝統を重んじる精神を表現する上でどんなものが適当と考えているかをうかがい知ることができる。20世紀前半の主要軍艦といえば戦艦、巡洋艦、駆逐艦、潜水艦、航空母艦の5種だが、主要海軍国でこの中に草花の名前を大々的に取り入れたのは日本だけ……と聞けばニンマリこそすれ、恥ずかしいとは思わないはずだ。日本人が植物に持つ一種の崇高感を再認識させられる。ところが、上記5種以外を含めたあらゆるカテゴリーで単純に植物名を冠した軍艦の数となると、圧倒的にイギリスが多い。命名対象の大半は両次大戦中の護衛艦艇で、突発的に大量の需要が発生するという特徴があるが、それにしても100や200の固有名詞が簡単に充足できるのが凄いところ。日本語には仮名文字ベースで発音が細切れになりやすい、漢字で意味を裏付ける都合から名称が冗長かつ情緒的になりやすいといったシステム上の特質がある反面、艦名としては仮名5文字程度までに抑えたい感覚もあるため、おのずと対象が絞られてしまうと考えられる。いくら馴染みがあっても、マツヨイグサやワスレナグサ、ミヤマリンドウなどを艦名に使うのはどうかと思うだろう。艦船の世界にまで草花があふれるイギリスをうらやましいと思えるのも日本人ならでは、と納得するしかない。あれだけ軍艦を作りまくったのに、アメリカは植物名を一切使わなかったのだ。

「花」級コルヴェット

第一次大戦では史上初めて潜水艦による組織的通商破壊作戦が実施され、それに対応するための対潜護衛艦艇という新たなジャンルも発生した。広大な海上交通路で神出鬼没の行動をとる潜水艦を抑え込むには何より数が必要で、性能はいいに越したことはないけれども現実的に贅沢は望めない。戦時と平時の需要の格差が猛烈に激しく、必要な時にすぐ作れて実質的な使い捨てという、お

1/700の全長は約90mm。ライバルのVII型Uボート（95mm）と並べるにも手頃なサイズだし、このスケールでもコレクションアイテムとしてインジェクションキット化したら結構ハマるファンも少なくない？

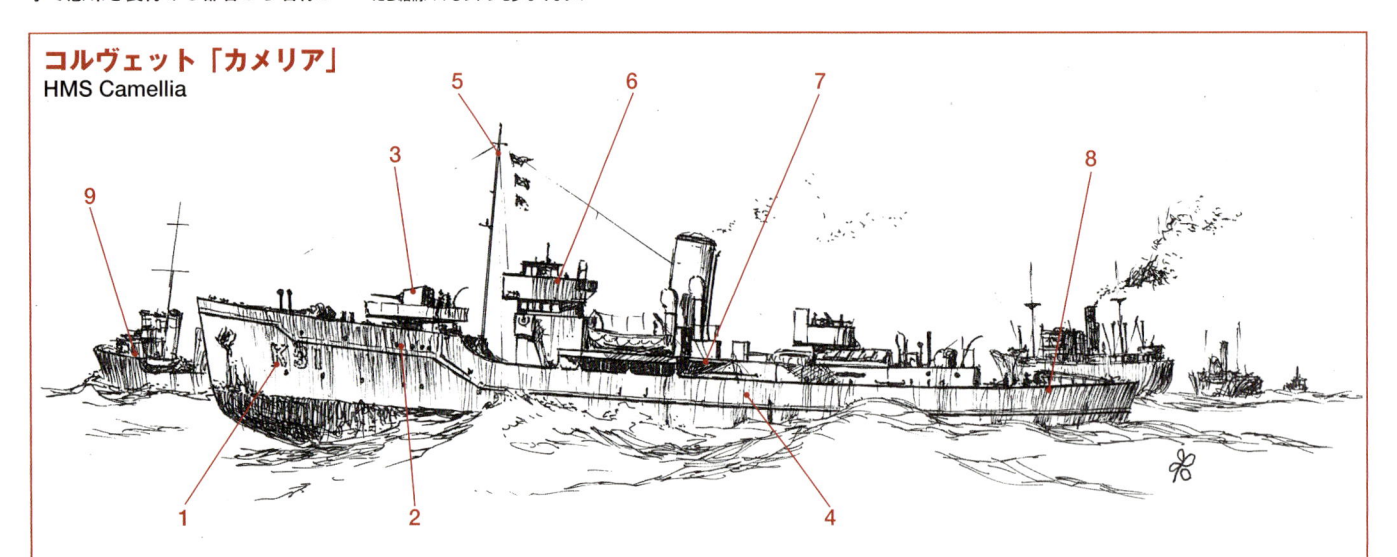

コルヴェット「カメリア」
HMS Camellia

1：艦名／カメリアCamelliaは椿のことで、花言葉は「理想の愛」など。花はもちろん化粧品に使われる油も有名だが、学術的にはお茶（和名チャノキ）も近縁なのは意外。ペナントナンバーのイニシャルは最初の26隻はM、以後Kを使用。
2：船首楼／初期建造艦は船橋の直前までで終わっているが、遠洋護衛艦に転用されたことで居住性の向上が必要となり、途中から煙突付近まで延長されて長船首楼型となった。この点をはじめ、生産中の改正事項は既存艦にも順次適用され、アップデート改修を実施している。
3：主砲／4インチ砲1門。大戦中期以降はシールドの横にロケット照明弾ランチャーを装着。米海軍仕様はシールドなし。改「花」級は船体形状の変更に伴い砲座の位置を高くしている点で区別できる。
4：船体／ルーツとなったノルウェー式捕鯨船は第一次大戦中に出現したもので、漁船としては比較的高速で運動性に優れ、シアーを大きくとってサイズの割には航洋性も高いという利点が買われたと考えられる。いちおう捕鯨船「サザン・プライド」をベースにしていることになっているものの、かなり大型化しており、直接的な結びつきはほとんどない。改「花」級はさらに船首付近のシアーを大きくしていたが、外洋のうねりの波長に対して決定的に長さが不足との理由で建造打ち切りとなった。なお、「カメリア」を含む極初期建造艦の一部には舷外電路があったが、その後一般的な艦内電路に変更されている。
5：マスト／オリジナルデザインではマストと煙突の間に無線アンテナを張っており、両者の距離をとるため船橋の前にマストがあった。艦橋構造物の拡大に伴い、煙突後部機銃座にアンテナ支持架を置くか、機銃座を後ろに下げて後部マストを新設し、前部マストを艦橋の後ろに移動させる対策が取られたが、例外も多い。
6：艦橋／オリジナルデザインは船首楼後端から離れて艦橋から後部にかけて一続きのデッキハウスがあり、日本の海防艦「占守」型と同じレイアウトだった。最初はごく船型的な小さいブリッジだったが、20mm機銃座やレーダーの設置で次第に大型化し、後期型では最上部前方に水測室を置く英海軍特有のレイアウトを採用。最終的には1フロア追加され、特有の頭でっかちなシルエットとなった。特に艦橋の形状は艦と時期によって差異が激しい。
7：機関部／レシプロ2750馬力、16ノット。ほぼUボートの水上速力と同じで、敵が得意の集団浮上夜戦を仕掛けてくるといたずらに右往左往する場面もあった。しかし「花」級より速い日本の丙・丁型海防艦が米潜水艦の水上速力より3ノット前後劣速で苦戦を強いられたのと比べると、相手がよかったと言えなくもない。
8：後部／後甲板は爆雷関連のみで占められ、初期は爆雷25本、投射機（K砲）2基、軌条2本だが、1940年中に爆雷50本、投射機4基、軌条2本となった。バリエーションとして少数の掃海具装備型がある。漁船式設計の特徴で艦尾側がかなり沈んでおり、乾ドックに入ると前のめりになる。
9：「ウルヴァリン」／「カメリア」は「花」級では最初期の1隻（完成順では8番艦）で、1941年3月にはUボート・エースの一角ギュンター・プリーンの「U47」が戦没した船団OB293の護衛陣に加わっていた。この船団は商船37隻に対し駆逐艦2、コルヴェット2の護衛で、空船の多い西航船団ということもあって比較的手薄だった。かつては「U47」は「ウルヴァリン」に撃沈されたといわれていたが、現在では何らかの自損事故とする説が有力。

第5部 舷窓随筆館

よそ船らしくない性質を要求される。この問題を認識していたイギリスは、ナチスドイツの台頭を見て1938年頃から軽便護衛艦艇の研究に着手。小規模造船所でも建造可能なサイズや構造と充分な運動性を両立させるため、捕鯨船をベースとした新デザインを生み出し、使われなくなっていた帆船時代の名称であるコルヴェットをその類別にあてた。開戦直前の39年7月末に第1期30隻の建造発注を実施。次々と追加され、44年末までに約300隻が完成した。このうちカナダ海軍などで使われたものを除く3分の2ほどが、第一次大戦中建造された汎用スループ艦の後を継いで花（flower）の名前を採用。一般に「花」級と訳されているが、花のイメージが強い藤や桜は含まれず（前者は「樹木」級トローラー、後者は英艦では未使用）、厳密には園芸用語の「花卉」のほうが順当。Uボートの戦力と作戦海域の拡大を受け、もともと近海用のつもりだったのがサイズ不足を承知で大西洋横断などの遠航船団にも投入。段階的にアップデートを施され、末期には船体形状を変更した改型へ移行した。船としては決して優秀ではないが、1940年春には就役を開始して本格的遠洋護衛艦であるフリゲートが登場するまでのつなぎ役を果たし、戦略的には大成功の艦と言える。

「花」級の模型

このクラス、どういうわけか西欧では異常に人気が高く、日本でも専門の洋書店に行けば1冊丸ごと「花」級だけを扱った本が結構見つかるし、模型も小は1/1250から大は1/72まで多種多様なキットが発売されている。いくらプラモ王国ニッポンといえども漁船型護衛艦の1/72インジェクションキットなど到底考えられないことで、あちらの方々にとって海上護衛戦がいかにインパクトの強いものかを端的に示している。

なにも「モデラーたるもの日本海軍の悪習に染まるべからず」などと勿体ぶることはないが、その歴史的重要性をさておいても、ラブリーな名前とコロコロした外見の「花」級コルヴェットは気分転換にいいアイテム。形状的にフルスクラッチはやや難しいので、どの艦でもいいから手軽に作りたい場合は、最近相次いで数種類の姉妹艦が発売されたポーランドのミラージュモデルの1/400インジェクションキットを作るか、特定の艦が欲しければ12通りものバリエーションがあるHPモデルの1/700レジンキットから適当なものを見つくろって手を入れるといい。日頃カミさんやお嬢ちゃんに白い目で見られている方は、これで少し敵の気をそらす作戦もアリかも。成功は保証しない。

Seeing what the major category of warship was named after, what the people of the nation think to express their dignity, discipline and spirit esteeming tradition can be gathered. While that for less important ships probably much depends on national characteristic, for Royal navy adopted hundreds of botanical names to escort warfare ships in both world war while US navy never used it in spite of their enormous wartime productions. For Japanese eyes, it is very surprising that flower class corvette is much liked by European modelers and various scale, containing even 1/72, of kits have been developing, because of Japanese unfamiliarity to escort warfare, while the author have to confess to be envious of such phenomenon at a position of Japanese as described in the next chapter.

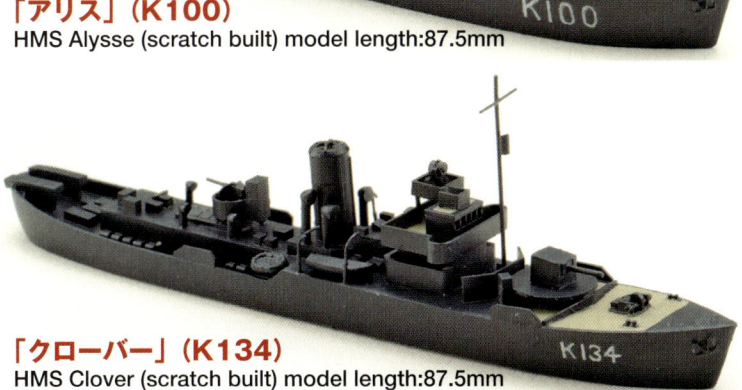

「アリス」（K100）
HMS Alysse (scratch built) model length:87.5mm

「クローバー」（K134）
HMS Clover (scratch built) model length:87.5mm

2004年から始まったシリーズ物の女児向けアニメで、しばしば花をネタとして用いる『プリキュア』。本書発売の2015年時点で放映中の『Go!プリンセスプリキュア』でセンターに立つのもキュアフローラだが、作例は本稿が『モデルグラフィックス』誌に掲載された2013年当時の『ドキドキ！プリキュア』メンバー・四葉ありす（キュアロゼッタ）にちなんだ2隻。ありその担当声優・渕上舞は軍艦をモチーフとした漫画『蒼き鋼のアルペジオ』のアニメ版でヒロイン・イオナ（伊401）も演じている。クローバーは2009年の『フレッシュプリキュア！』で、世界観を代表する植物として花も有効に用いられた。「アリス」は1941年6月の竣工と同時に自由フランス海軍へ引き渡されており、このとき旧名「アリッサムAlyssum」を仏語（Alysse）に変更。菜の花を凝縮したような黄色い花壇用植物で、花言葉は「落ち着き」。「クローバーClover」は同じ第五次発注艦10隻に含まれ、完成日1ヵ月違いで形状もほぼ同じ。

「タイム」（K210）
HMS Thyme (scratch built) model length:87.5mm

「バターカップ」（K193）
HMS Buttercup (White Ensign) model length:87.5mm

サイモン＆ガーファンクルで一躍知られたイングランドの古典曲「スカボロー・フェア」。サラ・ブライトマンやセルジオ・メンデスなどカバーしたアーティストは枚挙にいとまがない。元カノ（歌手によっては元彼）への断ちきれない思いを切々と歌い上げた四行詩の二行目が「パセリ、セージ、ローズマリー、タイム」というハーブの名前で固定されているが、「花」級にノミネートされた「タイムThyme」は淡い紫の小さい花で勇気の象徴。1941年10月竣工の後期艦で、3階建ての艦橋など改「花」級の仕様を一部取り込んだハイブリッドタイプ。「花」級にはやはりパステルトーンのウェスタン・アプローチ迷彩がいい。「タイム」のような変則的なパターンの艦も多く、塗装でも結構楽しめる。なお、「パスリー（パセリ）」は供与された米駆逐艦の「キャプテン」級フリゲートにあって人名として使用されたらしく、「セージ」は属名の「サルビア」（「花」級）との混乱を避けて未使用。「ローズマリー」は第一次大戦中に建造された初代「花」級のスループで第二次大戦時もなお在役だった。

こちらはネタ物ではなく市販キット。エッチングパーツや塗料など各種こだわりアイテムで知られる老舗ホワイトエンサインのレジンキャストキットで、20年以上前の商品ながら高い細密度を誇る。この艦は本国製「花」級の最晩期建造艦（1942年4月完成、最後から数えて6番目）だが、掃海艇仕様に改造のうえベルギー人乗組員の手で運用、1944年ノルウェー海軍へ移管された。1942年夏以後「花」級の建造はほとんどカナダに移り、改「花」級の本国建造艦10隻も全て他国に移管されている。バターカップ（Buttercup：和名キンポウゲ）の名前は鮮やかな黄色の花がバターの色の元という迷信から来ているが、実際は中毒を起こすため家畜は生食厳禁とのこと。花言葉は「栄誉」など。なお、ホワイトエンサインは2014年末にいったん活動終了が報じられ、その後再開したものの、2015年7月時点で艦船キットは取り扱っていない。

49 「桜」の巻

植物艦名（2）
Botanical name in IJN

旧日本海軍で艦名に植物が使われたのは駆逐艦だけで、ファンなら今更つつき回すまでもないだろうと思うかもしれないが、よく調べると今まで見過ごしていた由来や関連性、日本特有の傾向などが再発見できて興味深く、軍艦の世界の更なる奥行きを楽しめることだろう。

日本の植物艦名

日露戦争後、駆逐艦の建造方針を従来の小型（三等）から大型（一等）・中型（二等）に転換した際、二等駆逐艦の名前として植物が初めて採用された。初登場は1912年完成の「桜」「橘」で、平安時代に紫宸殿という宮廷儀式の場の前に植えられた「左近の桜」「右近の橘」が由来。左近や右近は近衛府という天皇の身辺警護隊の控え所が建物の正面階段の左右にあったことからきており、艦名候補としても最適と考えられたらしい。この時期、新たな戦場となるべき太平洋では三等駆逐艦が小さすぎて使えないため、戦力を1から立て直さなければならない状況でありながら、一等・二等ともたった2隻しか作れないほど財政が困窮しており、排水量500トンそこそこの小型艦でもかなり神経を使っていたことがわかる。

第一次大戦に入って急遽「桜」型を量産することになり、その1番艦は「樺」と命名。姉妹艦の艦名が「榊」「桂」「梅」など皇族とのゆかりが深いブランド樹木なのに対し、「樺」は安価な木材のひとつでかなり格が劣る。あえてこれを1番艦に使ったのは、実はシラカバなどを指す現在の慣用法ではなく、桜の樹皮を意味する古い用法（桜の皮で作ったものを樺細工という）を踏まえていたと考えるとすっきりする。樺の木を桜材の代用として使う場合もあるらしい。舷側に右書き出しで表記すると随分自虐的な感じがする名前でもあるが、桜だと思っていたら……ということが現実に起こりうるから怖い。

規定では「草木」という表現が使われていたが、当分の間はもっぱら樹木名を用いており、「樅」型第1グループまでの5タイプ30隻まで続いた。「柿」「栗」「梨」のように専ら果実が目当てのものや、草か木かよくわからない「竹」は最後のほうになる。

八八艦隊計画に向けて駆逐艦の建造ペースが急速に高まり、「樅」型第2グループの1番艦「菊」から草花が登場。最初に菊と聞いてなるほどと思わない人はいないのでは。2番目の「葵」は、花の葵と印籠の葵では植物としては全くの別物で、京都の賀茂神社の葵祭あたりを考慮すると花を扱ったと見るほうがよさそう。以下「樅」型最終艦までの13隻は草かんむりの1文字で統一され、モチーフ自体の外見の整合はほとんど考慮されていないようで、「藤」「蓮」「菫」のように花を愛でるものから「薄」「葦」「蓬」のようにほとんどただの雑草みたいなものまで入っている。

準備段階では「樅」型の末期にも「藤袴」などの二文字艦名が用意されていたらしいが、実現は次の「桔梗」型となる見込みだった。ところが、このとき選ばれたとされる名前にはややこしいものが多く、「菖蒲（しょうぶではなくあやめ）」のような紛らわしいもの、「杜若（かきつばた）」「紫陽（あじさい）」のように漢字と読みが連動しないもの、マイナーな「海棠（かいどう）」に画数多すぎの「躑躅（つつじ）」と、真偽のほどすら疑わしいラインナップとなっていた。もっともこれには、第一次大戦中イギリスから地中海作戦用として供与された駆逐艦2隻に「栴檀（せんだん）」「橄欖（かんらん）」という、これまた複雑な仮艦名をつけたという伏線も存在する。その後「桔梗」型は建造数増加を見込んで番号艦名に変更され、ワシントン軍縮条約締結後の計画再編では「若竹」以下のより平易な名称と差し替えられた。唯一旧名がそのまま復活した「刈萱（かるかや）」は固有種名ではなく、カヤ類の一部（オガルカヤ、メガルカヤなど）または茅葺き屋根の材料（薄なども含む）を示すざっくりした名称。田植えに使う稲の苗である「早苗」も、種名とは程遠い慣用語だ。しかし、一般的な感覚として「早苗」と「朝顔」が同列でもおかしいとはあまり思わないだろう。草冠もそうだが、字面に共通項があれば少しぐらい内容に不整合があってもOKというのが日本の命名基準の特徴と見える。もちろん「刈萱」のような曖昧な名称は外国にはなく、花なら全部固有種の花だ。

この傾向がよりはっきり表れるのが、第二次大戦中に登場した丁型駆逐艦。昭和に入って駆逐艦のサイズ基準がさらに高くなり、二等駆逐艦も建造されなくなっていたが、戦時中の損失を補うため新たな小型量産駆逐艦として丁型が出現。排水量1000トンという公式のボーダーラ

駆逐艦「桜」
HIJMS Sakura

1：艦首／同時期の戦艦などと同じ、軽度のクリッパーバウ。駆逐艦では「桜」「橘」だけの特徴。「樺」型は垂直に変更されたため、先端の突き出しの分だけ全長が短い。

2：主砲／艦首のみ12cm砲、他8cm砲4門。同様の混載は同時期の英駆逐艦でも見られるが、英艦は4インチと3インチの組み合わせ。米駆逐艦は3インチ5門だったから、日本艦はこれより強力。しかしイギリスは直後に4インチの単一口径化を実施し、アメリカは中型駆逐艦の建造をやめて1000トン以上の大型一本に絞ったため、「桜」型はかなり苦しくなった。

3：艦橋／艦首からの距離が短い上にキャンバスカバーだけの簡素な艦橋で、外洋上の運用はかなり厳しそう。日本式デザインの模索は艦橋位置の変更から始まったといえる。

4：魚雷発射管／45cm連装2基。米艦は連装3基で火力より魚雷重視だった。逆に英艦は火力重視で魚雷発射管は単装2基だったが、直後に連装化を実施。第一次大戦直後は駆逐艦の大型重武装化が急速に進んでいて、へたにたくさん作って一気に陳腐化するより少数建造で様子見をしたのはある意味正解だったといえなくもない。

5：煙突／缶数5基の3本煙突で、1番煙突のみ竣工直後に延長した。「樺」型は缶数4基で1番煙突が細くなった点が、艦首と並んで「桜」型との大きな識別点。機関は主要国が日露戦争後に順次タービンを採用していた中でレシプロに甘んじており、技術的に凡作と評されている一方、第一次大戦中の急速建造には好都合だったとされる。

6：艦名／舷側の艦名は、竣工当初は艦尾と同じサイズと書体の平仮名で、間もなく少し大き目の片仮名を採用。なお「樺」型は日本海軍の10隻のほかフランス海軍向けに12隻が輸出されており、こちらは同国植民地の土着部族名（「アラブ」「ソマリ」「トアレグ」など）を用いたため部族（tribal）級、または異邦人（etranger）級とも呼ばれる。実はこれとは別にトロール漁船34隻が軍用として輸出されており、こちらに植物名がつけられていた。桜はないがサクラソウ（primevere）、ジブリアニメ絡みのヒナゲシ（coquelicot）などが使われている。もちろん西洋でも桜は実だけとは限らず、ペレス・プラードのマンボの持ちネタ「セレソ・ローサ」（ピンクの桜）も元はシャンソン（作曲者ピエール・ルイギーは「薔薇色の人生La vie en rose」でも知られる）だが、なぜか各国とも採用しておらず、今のところ「桜」は日本固有艦名。あるいは英語で果樹の花（blossom）と花卉の花（bloom）を別個に扱うことと関連があるかもしれない。

7：船体／日本海軍の二等駆逐艦は「桜」型から「若竹」型まで6形式あるが、垂線間長は「桜」「樺」型と「桃」以後の2通りしかない。また、平面形状では「楢」型までと「樅」「若竹」型の2通りになり、前者は艦尾が細くすぼまっているのが特徴。キットのない前4タイプを作りたい場合、平面形の問題などを考えると船体は自作する方がずっと手っ取り早いが、どうしても自信がなければ「樅」型を使ってもいい。この場合、キットの寸法が本来より5mm短いため、修整量は「桃」「楢」型が+5mm、「桜」「樺」型が−2mmと、かえって古いタイプの方が近いという変な現象が起こっている。

8：艦尾／3軸推進。日本駆逐艦ではこの時期の4タイプ（「桜」「樺」「海風」「磯風」型）だけに見られる特徴。第一次大戦後に張り出しを設け、連繋機雷を搭載可能とした。

第 5 部 舷窓随筆館

インからすれば一等駆逐艦ながら、この時点で二等駆逐艦の大半がリタイヤないし転籍していて大量に余っていた植物名を使うことになった。最初に使われたのはおなじみ「松」「竹」「梅」で、初期デザインの「松」型18隻は今回も樹木名で統一され（竹はぎりぎりセーフとして）、すべて二代目。設計簡易化を進めた「橘」型は14隻が完成したが、約40隻分まで名前が決まっており、目ぼしい草花はもちろん、初の3文字艦「八重桜」、昔話のネタである「飛梅」、無理やりでっち上げたような「黄菊」、もはや単なる無統制集団でしかない「千草」のようなキワモノも用意されたという。また、一度使われた一文字名は「樅」型の最後の2隻（「蕨」「蓼」）以外全て投入されたが、「若竹」型絡みの二文字名は計画分・採用分を問わず全く使われていない。結果として旧海軍の駆逐艦の植物名は、貸与の2隻を除く全て訓読みとなっている。

日本艦艇の特徴として、沈んだ船の名前を継がないという慣例がある。特に戦没した艦の名は、アメリカでは名誉を称える意味で積極的に使われるが、日本では縁起が悪いと見なされる。事故による損失の場合は様々で、過去の駆逐艦では「電」や「春雨」など復活した例もある。二等駆逐艦は第二次大戦まで戦没はないが、2隻が事故で失われており、奇しくも「蕨」「早蕨」と同じモチーフの名前だったから、丁型でもこの名前が採用される可能性はまずなかっただろう。また、哨戒艇に転籍した艦もほとんど戦没しているが、転籍のとき番号名に改めており、それらの旧艦名も遠慮なく再利用されている。

1952年に海上自衛隊の前身である海上警備隊が発足したとき、根幹兵力となったのがアメリカから供与されたフリゲートとLSSL（兵員揚陸艦から派生した火力支援艇）だが、これらに使われたのが草木名だった。当時のこととて、できるだけやんわりした印象の名前を使いたい意味合いもあったのだろうが、ここでも樹木と草花で命名対象が分割されていた。最終的な数は樹木名のフリゲート18隻、草花名のLSSL53隻で、公式の艦名が平仮名になったため、「あやめ」や「つつじ」も堂々と復活。「はまゆう」や「ひなげし」など花の名前が大幅に増え、「せきちく」や「りんどう」といった音読み名も参入。なぜか漢字どころか和名でもない「かんな」まで登場した。これらがリタイヤしたあと艦名は襲名されず、自衛隊からも植物名は消滅した。日本人の穏やかな国民性を象徴するモチーフとして、今後も積極的に使っていただきたいと思うのは筆者だけではないのでは。

Among major sea powers only Japanese Navy extensively applied botanical name to one of major warship, destroyer. The first two, Sakura and Tachibana in 1912 were named after trees at the both side of ceremony shrine of ancient imperial power. Kiku i.e. chrysanthemum, the first flower name in 1920 is a symbol of the imperial family. The Japanese people have traditionally hold nature and its produce in awe, and they will do not surprise to know the fact written at the beginning but be proud, because they regard it a good example to show their calm national characteristic. On the other hand, Japanese ship name rule tends to be much restricted by the number of pronunciation letter 'kana moji', generally more than five is avoided, accordingly some of coinages can be seen in nominees for late war type Tei destroyer.

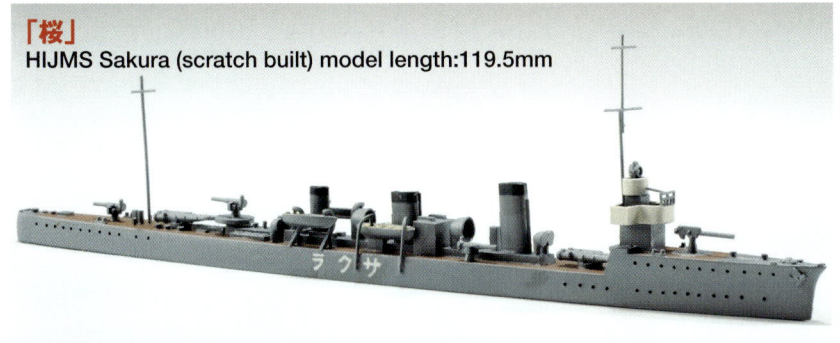

「桜」
HIJMS Sakura (scratch built) model length:119.5mm

日本海軍初の植物名艦。花言葉は「美しいこころ」。日本には公式の国花は存在しないが、日本人が自分たちの象徴として見てほしいと思う花はと問われたら間違いなく桜だろう。武士や軍人は桜の如く潔く散るべしとの美観が尊ばれ、「武士道とは死ぬことと見つけたり」という「葉隠」の一節とも結びつけられるが、実際は必死という単語を字面通り読んでしまうような感じの曲解らしい。入学式の頃に咲くのに、なぜか桜の歌は卒業式のイメージなのも不思議。本稿「モデルグラフィックス」誌掲載の2013年当時では綾瀬はるかの「八重の桜」。前項の続きで言えば水樹奈々が演じた「ハートキャッチプリキュア！」のキュアブロッサムということになる。作例はフルスクラッチだが、「樺」型の詳細図面を使っているので多少不正確。

「菊」
HIJMS Kiku as PB31 (Hasegawa/Momi) model length:121mm

樹木を除く草花としては最初の艦。言うまでもなく御紋章に使われる花で、日本人にとって特別な存在。花言葉も「高貴」。庶民にとっては秋の菊人形、刺身のつまや50円玉などでおなじみの他、レタスもキク科の植物。1940年に駆逐艦籍から除かれて「第31号哨戒艇」と改名しており、作例はハセガワの「樅」型をこの時の状態に改造したものだが、武装の減少ぐらいでさほど大きな変化はない。二代目は実現しなかったが、「橘」型駆逐艦の建造計画には「菊」のほか「白菊」「黄菊」「初菊」「野菊」と、無理やり作ったようなものを含め多数の菊ネームが用意されていた。

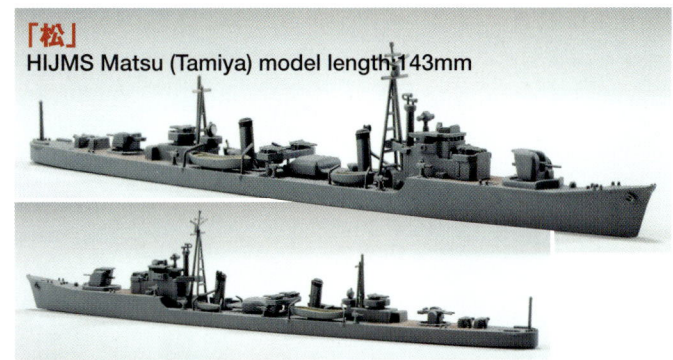

「松」
HIJMS Matsu (Tamiya) model length:143mm

太平洋戦争中に建造された丁型駆逐艦。松竹梅は樹木ネタの大定番であり、特に松は日本の海岸の美しさを象徴する「白砂青松」や陸前高田の奇跡の一本松など、常に日本人の自然に対する畏敬の心の中に根差し続ける大事な樹木だ。英海軍で樹木名を用いたのは第二次大戦中の軍用トローラー「樹木」級20隻で、樹木を花より格下扱いするというのは日本ではまず考えられないだろう。作例はタミヤのキットで、ウォーターラインシリーズでも屈指の名作。ちなみに、同シリーズで「松」の姉妹艦として発売されたのは、最初のフジミ、その後を継いだタミヤとも「桜」で、どうやら艦歴より字面で選んだらしい。ピットロードも「橘」の相方として「初桜」を選んでいる。

「すいれん」
JMSDF Suiren (scratch built) model length:69mm

海上自衛隊創設期のメンバー。LSSLとは戦時中建造された兵員揚陸艦LCI（L）を設計変更した火力支援艇で、当初LCS（L）と称していたものを戦後類別変更。フネとしてはかなり粗雑なもので、大半は1960年頃までに除籍された。睡蓮といえば印象派の巨匠モネで、晩年の一連の作品は自宅に作った庭園で描かれた。親日家としても知られ、睡蓮の池には日本風の太鼓橋を作らせていたし、和服を着せた妻を描いた「ラ・ジャポネーズ」は彼の作品中では例外的な人物画でもある。ピットロードが昔から発売している上陸支援セットの中にあるLCI（L）から改造してもいいが、形状的には自作でもそう手間は変わらない。平面形状を決めるため船底板だけ流用してもいい。

125

50 「ニューオーリンズ」の巻

艦船模型でたどるジャズ発達史
Overview to jazz history with ship model

かつてプラモデルが玩具の中で今より大きな位置を占めていた頃は、艦船模型でも世俗的興味を引くためのアイテム選定は商売上の大きな要素だったが、近年それに近い現象が再発したのは興味深い。商売は今も昔も人気が頼り。意外な切り口が隠れた真理を暴き出す……かも。

艦船模型でたどるジャズ発達史

何か1隻作ってみようと思って模型店に足を運んだところ、目当ての船はないがよく知らない船がある、でもちょっと気になる、さあどうしよう……という経験は誰しもお持ちのことと思う。ひょっとするととんでもない掘り出し物かもしれないが、結局ありがちな不人気の売れ残りで「お前わざわざそんなの買ったのか、シロートやのう」と後ろ指さされるのは格好悪い、なんてつい考えてしまうのが人情だろう。気にしないでもよろしい。長年艦船畑にいたファンからすれば、「神通」より「那珂」が売れるなんてありえないことが現実に起こっている。世の中そういうものだ。今ならその船の素性を知るなど指タッチですぐ片付くことではあるものの、こんな時代だからこそ世俗のしきたりとは全然関係ないミーハーコレクションを揃えて自慢する絶好のチャンスかもしれない。そして、ほとんどの場合1商品が「1形式」である戦車や飛行機と違い、1隻ごとに固有のアイデンティティを持つ存在である艦船のほうが、そのような趣味に向いたジャンルだという点を指摘しておきたい。ここではそんな楽しみ方の一例として、音楽と軍艦を結び付けてみた。

ニューオーリンズ〜ジャズの誕生

高らかに響くトランペット、軽やかに波打つピアノ、粋なサックス、穏やかなベース、陰に日向に自在なドラムス……基本的にはクラシック音楽と同じ楽器を使いながら、全く異質のアーバンスペースに聴衆を誘う不思議な魅力がジャズにはある。

ジャズが生まれたのは20世紀初頭のアメリカ南部で、ミシシッピ川の河口にあるルイジアナ州の州都ニューオーリンズが発祥の地とされている。それはヨーロッパとアフリカの人と音楽の出会いによって生み出されたもので、フランス系白人とアフリカ系黒人の混血であるクレオールという人々が介在役として重要な鍵を握っていたとされる。この地域の呼び名からディクシーランド（デキシーランド）ジャズ、またはそのものずばりでニューオーリンズジャズと呼ばれる音楽の典型的なものとしては、前身の一つにあたるラグタイムを扱ったものがあり、大阪人が吉本興業のオリジナルと信じて疑わない「十二番街のラグ」もそのひとつ。ミュートというアタッチメントをつけたトランペットが奏でる「ホンワカパッパ」というあの音色と、ヨーロッパの音楽をコミカライズしたような軽妙なリズムからは、いかにも陽気な鼓笛隊、南のミュージックバンドといったイメージが思い浮かぶだろう。南部随一の歓楽街を支えるジャズメンの人的資源の裏付けとして南北戦争の軍楽隊との関連も指摘されているようだが、第一次大戦参戦後、海軍施設の拡充のため歓楽街が閉鎖され、ミュージシャンたちが現地で職を失ったことがジャズの拡散を促すきっかけとなった点からしても、艦船もあながち無関係ではない。トランペット奏者でありながらダミ声の歌も人気を博したルイ・アームストロングがニューオーリンズの出身だが、彼のレパートリーの中に「セ・シ・ボン」などシャンソン由来のものが含まれるのも歴史的含蓄がある。最高峰のトランペッターの一人ウイントン・マルサリスもニューオーリンズ出身だ。

ピッツバーグ〜モダンジャズの巨人

1920〜30年代、ジャズはアメリカ生まれのニューミュージックとして世界に知られるようになり、ニューヨークのショービジネスの中でも台頭していく。デューク・エリントン、ベニー・グッドマン、グレン・ミラーなど、優れた指揮者をいただくビッグバンドはいずれもこの時代に編成され、この3バンドの代表作「A列車で行こう」「シング・シング・シング」「イン・ザ・ムード」など、現在もブラスバンドの定番演奏として使われるスイングジャズの名曲が大戦間のジャズシーンを象徴する。第二次大戦末期、ヨーロッパでの慰問旅行中にグレン・ミラーが事故死した件は航空ファンの守備範囲。

戦後ジャズの主流は、数人規模の小編成セッションで演奏するモダンジャズへと移行する。高い個人技を前面に押し出しつつ、一方では冷静に理論を詰めて新しい作曲スタイルを生み出すなど、ジャズメンの活動は現代音楽史の一要素として重要な役割を演じるのだった。トランペットの帝王的存在マイルス・デイヴィスがシャンソンに題材を求めた「枯葉」は、「十二番街のラグ」と同じくミュートを使いながら正反対のサビが染みわたる演奏で、ジャズが音楽として成熟期に入ったことをうかがわせる。現在日本で最も知られているモダンジャズの作品といえば、NHKの「美の壺」のテーマソングになっている「モーニン」だろう。タイトルは朝ではなく、嘆きの感情を帯びた呻きを意味しており、ピアノソロの後ろに他の楽器が続く形が何度か繰り返される「コール＆レスポンス」というアフリカ由来の音楽技法とともに黒人色を強く打ち出した曲だが、1958年に同曲を発表したアルバムでファンキーなイメージをはっきり印象付けたのが、リーダーでピッツバーグ出身のアート・ブレイキーが繰り出すエネルギッシュなドラムスだ。彼は大の親日家で生前足しげく来日公演を繰り返し、日本人の妻をめとっていた時期もある。同じアルバムで彼と組んだユニット「ザ・ジャズ・メッセンジャーズ」のメンバーは、すべて同じペンシルヴァニア州の州都フィラデルフィアの出身で、トランペットのリー・モーガンは5年後にロックの要素を取り入れた「ザ・サイドワインダー」で有名レーベル・ブルーノートのアルバム販売数記録を打ち立てる。フィラデルフィアの出身者には他にもボサノヴァのアーティストとの共演で知られるスタン・ゲッツなどがおり、ピッツバーグもさりげに多くの名盤でベースを務めたポール・チェンバースらを輩出している。

ハンコック〜ジャズからの飛躍

1960年代後半、エレクトリックサウンドが音楽の世界に大きな影響を及ぼすようになる。マイルス・デイヴィスは1970年に野心作「ビッチェズ・ブリュー」を発表。3年後、その影響を強く受けつつ、やや先鋭色を薄めたカジュアルなイメージのアルバム「ヘッドハンターズ」を世に送って、フュージョンと呼ばれる新たなムーブメントの方向づけに大きく関与したのが、ピアニストのハービー・ハンコックだった。シカゴ出身。1962年のデビューアル

第5部 舷窓随筆館

バム「テイキン・オフ」の収録作で、「ヘッドハンターズ」にも含まれる「ウォーターメロン・マン」が代表作。65年には船の1航海の様々なシーンを題材にした曲で1枚のアルバムを構成する「処女航海」を出すなど、作曲家・音楽プロデューサーとして才能を発揮。時代の空気をかぎわけるセンスに卓越した人物と評されており、今もジャズ界の大御所として存命だ。もちろん筆者は1970年代前半の日本におけるハンコックの人気を直接体感したわけではないが、75年に渋谷公会堂と中野サンプラザで収録された来日公演アルバム「洪水」から当時の盛り上がりをうかがい知ることができる。

When plastic model had shared larger proportion in toy in 1960s and early 1970s, item selection to attract public interest was great commercial element. Recently such tendency is emerging again in Japanese model industry, mainly comes of online game, since foreign model customers sometimes must wonder about new kit announcement by Japanese manufacturers. It is just natural that an individual build one's model collection stands on public interest, though it is possible that an individual build collection stands on individual interest, because diversity and variety is true worth of hobby.

「ニューオーリンズ」
USS New Orleans CL-32 (Pitroad) model length:257mm

ワシントン海軍軍縮条約によって史上初めて「紙の上から生み出された軍艦」である重巡洋艦。米海軍は当初あまり1万トンという排水量の上限にこだわらず、自分のセンスで適当にバランスをとって作っていたが、ロンドン条約で保有量の制限が生じたこともあり、シビアなデザインに転じていく。「ニューオーリンズ」級は船体のサイズを切り詰めて防御を強化しており、日本の「高雄」型と幅は大体同じだが全長は20m短い。とにかくソロモンでコテンパンにやられ、一晩で姉妹艦7隻中3隻を失い、大西洋にいた「タスカルーサ」を除く残り3隻も船体が折れたりハチの巣にされたりと散々な目にあった。おかげで知名度が上がり、トランペッター／ピットロードからインジェクションプラスチックキットが発売されたのが救い。ただ、本稿で紹介した2クラスの重巡のキットはいずれもトランペッターの初期の作品で、設計技術の未熟さに起因する広義の欠陥が多く、ただ部品を合わせるだけでは隙だらけのおもちゃになってしまう。慎重に工作を進めたい。

「ピッツバーグ」
USS Pittsburgh CA 72 (Pitroad) model length:293mm

第二次大戦中に就役開始した「ボルティモア」級重巡洋艦の1隻。条約の制限がなくなったため排水量は1万3000トンを超え、無理なく強い船を作っている。戦史の上ではだめ押し以上の意味がないクラスだが、ピットロードはレジンキャストに続いてインジェクションプラスチックでもこのクラスをキット化。作例は商品入手の都合で「ボルティモア」から改造しているが、艦尾など別の部品がセットされているため、「ピッツバーグ」が欲しいならできるだけそのもののキットを買うほうがいい。ジャズファンとしては戦艦「ニューヨーク」や軽巡「フィラデルフィア」も欲しいところだが、前者は太平洋戦争当時2番目に古い米戦艦で船自体に人気がない（1/350ではキットがある）。後者の属する「ブルックリン」級は「ホノルル」や「ヘレナ」といったタレントを抱えながらキット化に恵まれないクラスで、発売されても「フィラデルフィア」は他からの改造で調達することになるはず。「モーニン」を聞きながら「ピッツバーグ」と「フィラデルフィア」を並べて草刈正雄を気取ってみたいものだが。

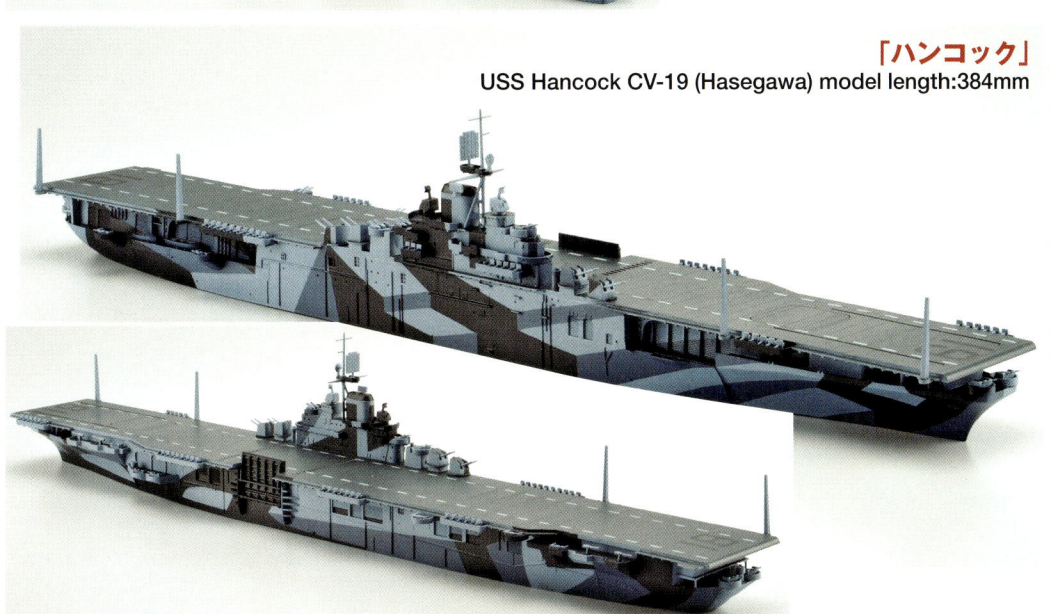

「ハンコック」
USS Hancock CV-19 (Hasegawa) model length:384mm

対日反攻の象徴的存在「エセックス」級空母の1隻。このクラスはまず全長の違いで2種に大別され、一般に短船体型・長船体型と呼ばれるが、艦首の40㎜機銃座を1基から2基に増やすためだけの措置で、艦首先端以外の違いはない。ハセガワは1974年にウォーターラインシリーズでキット化した際、前者を「エセックス」、後者を「ハンコック」としてリリースした。ある程度戦史をかじっていれば、長船体型なら1番艦「タイコンデロガ」や2番艦「ランドルフ」のほうが身近な印象を受けるはずだが、そこでよりによって「ハンコック」だったのは、案外ハービー・ハンコックに絡めたからだったのではなかろうか。プラモデルのビギナー人口が多かった当時、戦史をよく知らない一般人の目を引くアイテム選定は今よりはるかに重視されており、ハセガワは他にも「荒潮」や「三日月」といった字面優先と思われるキットを出している。実艦の名前の由来はジョン・ハンコックというアメリカ合衆国独立時の政治家。商品内容はまあ時代なりで、機動隊タイプの20㎜機銃シールドが名物。左舷側のディテールが実艦と大幅に異なるなど考証の欠点もあり、のちにドラゴンやピットロード／トランペッターがキット化するとマニアからは顧みられなくなったが、これらは流通量が少なく、結局頼むべきはハセガワの状況となっている。追加バリエーションとして「ヨークタウン（二代目）」「タイコンデロガ」が発売された際に一部金型が修整され、既存の2隻もレーダーが追加された新仕様のランナーが入っている。作例ではアイランド周辺の目立つ所は少し直しているが、迷彩塗装に力を入れて造形上の不利を補うのも得策だ。

127

世界の舷窓から ～七つの海をめぐる模型的艦船史便覧～
See the world by ship

■スタッフ STAFF

文 Text
岩重多四郎 Tashiro IWASHIGE

模型製作 Modeling
岩重多四郎 Tashiro IWASHIGE

イラスト Illustration
岩重多四郎 Tashiro IWASHIGE

編集 Editor
後藤恒弘　Tsunehiro GOTO
吉野泰貴　Yasutaka YOSHINO

撮影 Photographer
株式会社インタニヤ　ENTANIA

アートデレクション Art Director
横川 隆　Takashi YOKOKAWA

出典

1 「瑞鳳」の巻　新規書き起こし ＊「大和」連載第1回使用（修整）「瑞鳳」「多摩」「響」「伊19」追加
　「赤城丸」の巻　連載第36回　2013年10月号（通巻347号）＊「第159号輸送艦」追加
2 「関西丸」の巻　連載第16回　2012年2月号（通巻327号）
3 「プリンス・オヴ・ウェールズ」の巻　連載第14回　2011年12月号（通巻325号）
　「キプリング」の巻　連載第15回　2012年1月号（通巻326号）＊「ズールー」追加「ウォーカー」
　「ウィンザー」を「ホワールウインド」「イーグレット」と差し替え
4 「ホーネット」の巻　連載第10回　2011年8月号（通巻321号）＊「レキシントン」追加
　「デンヴァー」の巻　連載第11回　2011年9月号（通巻322号）
5 「グロワール」の巻　連載第42回　2014年4月号（通巻353号）＊「ゲパール」を「ヴォルタ」と差し替え
6 「ビスマルク」の巻　連載第29回　2013年3月号（通巻340号）＊「Z32」を「グラフ・シュペー」と差し替え
7 「リットリオ」の巻　連載第30回　2013年4月号（通巻341号）
　その他の国の迷彩　新規書き起こし
8 「黒船」の巻　連載第1回　2010年11月号（通巻312号）
9 「ウォーリア」の巻　連載第2回　2010年12月号（通巻313号）
10 「三笠」の巻　連載第3回　2011年1月号（通巻314号）
11 「信濃丸」の巻　連載第4回　2011年2月号（通巻315号）
12 「U9」の巻　連載第44回　2014年6月号（通巻355号）
13 「シュルクーフ」の巻　連載第43回　2014年5月号（通巻354号）
14 「ブイスカヴィッツァ」の巻　連載第21回　2012年7月号（通巻332号）
15 「タシケント」の巻　連載第22回　2012年8月号（通巻333号）
16 「ファン・ゲント」の巻　連載第23回　2012年9月号（通巻334号）
17 「吹雪」の巻　連載第38回　2013年12月号（通巻349号）
　陰影とカウンターシェイド　新規書き起こし
18 「Z1」の巻　連載第45回（本誌特集用）回　2014年7月号（通巻356号）＊「Z20」を「Z43」と差し替え
19 「ZH1」の巻　連載第45回　2014年7月号（通巻356号）
20 「T28」の巻　連載第46回　2014年8月号（通巻357号）
21 「SP1」の巻　連載第47回　2014年9月号（通巻358号）
22 「アトランティス」の巻　連載第48回　2014年10月号（通巻359号）＊「トール」を「コルモラン」と差し替え
23 「ウッカーマルク」の巻　「日の丸船隊ギャラリー」第66回　2007年9月号（通巻274号）
24 「カサビアンカ」の巻　連載第12回　2011年10月号（通巻323号）
25 「ソクウ」の巻　連載第13回　2011年11月号（通巻324号）
26 「エンパイア・モードレッド」の巻　連載第6回　2011年4月号（通巻317号）
27 「フォート・ヴァーチャーズ」の巻　連載第7回　2011年5月号（通巻318号）
28 「スティーブン・ホプキンス」の巻　連載第8回　2011年6月号（通巻319号）
　「デイモス」の巻　連載第9回　2011年7月号（通巻320号）
29 「イースデイル」の巻　連載第39回　2014年1月号（通巻350号）
30 「ラパーナ」の巻　連載第40回　2014年2月号（通巻351号）
31 「大瀬」の巻　連載第41回　2014年3月号（通巻352号）
32 「でりい丸」の巻　連載第35回　2013年9月号（通巻346号）
33 「安土山丸」の巻　連載第27回　2013年1月号（通巻338号）
　模型的塗装表現　新規書き起こし
34 「平安丸」の巻　連載第28回　2013年2月号（通巻339号）＊「平安丸」修整
35 「りおでじやねろ丸」の巻　連載第26回　2012年12月号（通巻337号）
36 「報国丸」の巻　番外（ニューキットレビュー）2011年11月号（通巻324号）
37 「金龍丸」の巻　連載第25回　2012年11月号（通巻336号）
38 「君川丸」の巻　連載第50回　2014年12月号（通巻361号）＊「神川丸」追加
　「宏川丸」の巻　連載第51回　2015年1月号（通巻362号）＊「国川丸」修整
39 「相模丸」の巻　連載第5回　2011年3月号（通巻316号）
40 「日栄丸」の巻　連載第17回　2012年3月号（通巻328号）＊「厳島丸」修整
41 「間宮」の巻　連載第38回（本誌特集用）回　2013年12月号（通巻349号）
42 「はわい丸」の巻　連載第52回　2015年2月号（通巻363号）＊「間宮」（アオシマ版）追加
43 「Uボートの……」の巻　連載第32回　2013年6月号（通巻343号）
44 「ヴェンチュアラー」の巻　連載第31回　2013年5月号（通巻342号）
　模型的リアリティ　新規書き起こし
45 「ツェサレヴィッチ」の巻　連載第24回　2012年10月号（通巻335号）
46 「カティ・サーク」の巻　連載第19回　2012年5月号（通巻330号）
47 「タイタニック」の巻　連載第20回　2012年6月号（通巻331号）
48 「アリス」の巻　連載第33回　2013年7月号（通巻344号）
49 「桜」の巻　連載第34回　2013年8月号（通巻345号）
50 「ニューオーリンズ」の巻　連載第49回　2014年11月号（通巻360号）
　＊連載第52回まで：第18回・32回（本誌特集用）回・37回は本書未収載

128

特型駆逐艦の就役当時、フランスの海事雑誌で特集記事の挿絵に使われたイラスト。日本画の影響も受けたといわれるアール・ヌーヴォーの画家アルフォンス・ミュシャを模した作風と、1番艦「吹雪」になぞらえた日本刀を構えた雪女のデザインが印象的。当時欧米が特型から受けた衝撃を端的に示しているが、後世から見れば日本海軍の艦隊決戦思想が時代遅れの道へと踏み出しつつあったことを暗示しているようでもあって興味深い。
（著者画：この解説はフィクションです）

世界の舷窓から
～七つの海をめぐる模型的艦船史便覧～

発行日　2015年9月21日　初版第1刷

発行人　小川光二
発行所　株式会社 大日本絵画
〒101-0054　東京都千代田区神田錦町1丁目7番地
Tel 03-3294-7861（代表）
URL; http://www.kaiga.co.jp

編集人　市村弘
企画／編集　株式会社 アートボックス
〒101-0054　東京都千代田区神田錦町1丁目7番地
錦町一丁目ビル4階
Tel 03-6820-7000（代表）
URL; http://www.modelkasten.com/

印刷・製本
大日本印刷株式会社

内容に関するお問い合わせ先：03（6820）7000　（株）アートボックス
販売に関するお問い合わせ先：03（3294）7861　（株）大日本絵画

Publisher/Dainippon Kaiga Co., Ltd.
Kanda Nishiki-cho 1-7, Chiyoda-ku, Tokyo 101-0054 Japan
Phone 03-3294-7861
Dainippon Kaiga URL; http://www.kaiga.co.jp
Editor/Artbox Co., Ltd.
Nishiki-cho 1-chome bldg., 4th Floor, Kanda
Nishiki-cho 1-7, Chiyoda-ku, Tokyo 101-0054 Japan
Phone 03-6820-7000
Artbox URL; http://www.modelkasten.com/

© 株式会社 大日本絵画
本誌掲載の写真、図版、イラストレーションおよび記事等の無断転載を禁じます。
定価はカバーに表示してあります。
ISBN978-4-499-23162-6